MSE

MATHEMATICS
SCIENCE
ENGINEERING

기본을 튼튼히 다질 수 있는
한빛아카데미의 이공계 기본 교재 시리즈

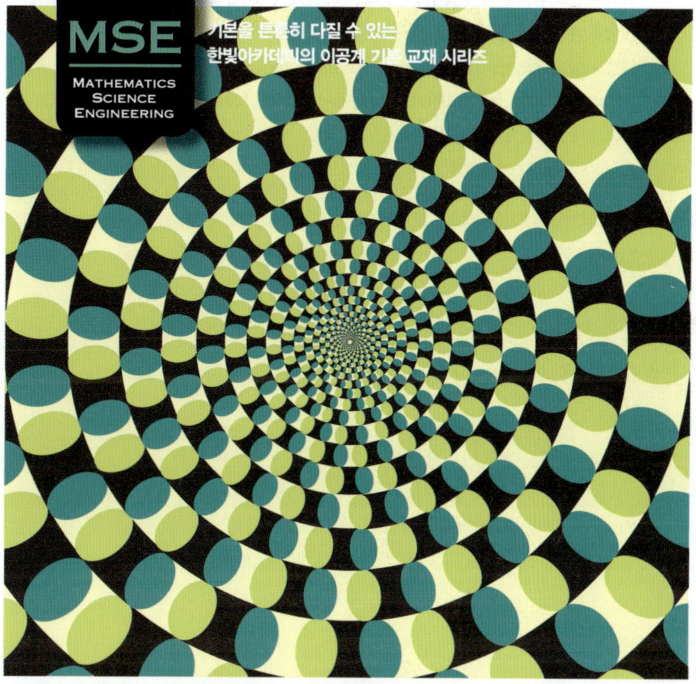

공학 핵심수학 2판

기초부터 심화까지 핵심만 쏙쏙

함남우 지음

한빛아카데미
Hanbit Academy, Inc.

지은이 **함남우** nhahm@incheon.ac.kr

서강대학교 수학과를 졸업하였고, 동 대학교 대학원에서 이학석사 학위를 취득한 다음, 미국 텍사스대학교 오스틴 캠퍼스에서 신경망의 접근성에 관한 연구(Degree of Approximation by Neural Networks)로 이학박사 학위를 취득하였다. 2000년 이후부터 인천대학교에서 수학과 교수로 재직 중이다. 저서로는 『해석개론(제2판)』(경문사, 2017), 『해석학의 반례』(경문사, 2017), 『공학 기초수학(2판)』(한빛아카데미, 2022), 『기초 미분적분학(3판)』(한빛아카데미, 2023) 등이 있다.

공학 핵심수학 2판 : 기초부터 심화까지 핵심만 쏙쏙

초판발행 2020년 7월 6일
7쇄발행 2025년 9월 8일

지은이 함남우 / **펴낸이** 전태호
펴낸곳 한빛아카데미(주) / **주소** 서울시 서대문구 연희로2길 62 한빛아카데미(주) 2층
전화 02–336–7112 / **팩스** 02–336–7199
등록 2013년 1월 14일 제2017–000063호 / **ISBN** 979–11–5664–499–6 93410

총괄 · 책임편집 김은정 / **기획** 김은정 / **편집** 조우리 / **교정** 박한솔 / **진행** 조우리
디자인 김연정 / **전산편집** 백지선 / **제작** 박성우, 김정우
영업 김호철, 김태진, 김성삼, 이정훈, 임현기, 이성훈, 김주성, 심지연

이 책에 대한 의견이나 오탈자 및 잘못된 내용은 출판사 홈페이지나 아래 이메일로 알려주십시오.
파본은 구매처에서 교환하실 수 있습니다. 책값은 뒤표지에 표시되어 있습니다.

홈페이지 www.hanbit.co.kr / 이메일 question@hanbit.co.kr

Published by HANBIT Academy, Inc. Printed in Korea

MSE
MATHEMATICS
SCIENCE
ENGINEERING

기본을 튼튼히 다질 수 있는
한빛아카데미의 이공계 기본 교재 시리즈

MSE 시리즈로 전공의 초석을 다지자!

기본을 튼튼히 다질 수 있는 학습 구성

명쾌한 해답이 있는 콘텐츠

무엇을 왜 배우는지, 어떻게 풀고,
어디에 쓰는지를 알려준다.

핵심이 보이는 원리와 개념

명확한 정의와 논리적 전개로
핵심을 짚어준다.

개념을 다지는 예제

친절하고 상세한 풀이 과정을 보여준다.

응용력을 길러주는 연습문제

수준별/유형별 연습문제를 담았다.

지은이 머리말

공학수학에 대한 두려움을 떨치면 전공이 보인다!

『공학 기초수학』의 심화 교재로 집필하였던 『공학 핵심수학』이 출간된 지 벌써 5년이 지났습니다. 기존의 『공학 핵심수학』을 집필하는 데 많은 노력을 기울였음에도 불구하고, 교재에 대한 보완과 개선이 필요하다고 판단되어 1년 간의 작업 끝에 『공학 핵심수학(2판)』을 완성하였습니다. 2판은 단순히 예제와 연습문제를 교체하는 데 그치지 않고 내용을 수정 및 보완하여 학생들이 공학을 이해하는 데 조금 더 도움이 되는 수학 기본서가 될 수 있도록 집필하였습니다.

초판과 달라진 점은 다음과 같습니다.

(1) 13개 장으로 구성하였던 교재의 내용을 정비하고 보완하여 15개 장으로 구성하였습니다. 특히, 미분과 적분은 기초와 응용으로 나누어 보다 상세히 다루었고, 행렬과 푸리에 변환에 관한 내용을 보완하였습니다.

(2) 초판은 장별로 4~7개 절로 구성하였는데, 2판에서는 모든 장을 5개 절로 재구성하여 균형을 맞추었습니다.

(3) 초판의 예제와 연습문제를 전면 개정하였습니다.

(4) 공학에서 수학이 필요한 이유를 설명하는 도입글을 수정하였고, 이론으로 배운 수학을 적용할 수 있는 공학 문제를 보완하였습니다.

2판은 수학의 기초가 되는 함수의 정의와 성질에서부터 수학의 핵심 요소인 미분과 적분의 기초와 응용 그리고 공과대학의 전공에서 필요한 수학의 심화 요소인 다변수함수의 미분과 적분, 벡터함수, 미분방정식, 라플라스 변환, 푸리에 급수와 푸리에 변환까지 가능한 쉽게 이해할 수 있도록 내용을 구성하였습니다.

고등학교 과정에서부터 어려움에 부딪혀 수학을 일찍 포기한 학생들이 많습니다. 특히 전공 공부를 이해하는 데 수학이 필수인 공학계열 학생들이 수학을 포기한다면 전공 공부에 대한 자신감마저 잃어버릴 수 있습니다. 이 교재를 통해 수학의 기초를 탄탄히 다지고, 공과대학의 전공에서 다루는 수학의 핵심 개념을 확실하게 이해할 수 있기를 기대합니다.

백 개의 돌계단을 올라가는 가장 좋은 방법은 무엇일까요? 먼저 첫 번째 계단을 오르는 것이 아닐까 합니다. 그리고 두 번째 계단을 오르고, 그 다음 계단을 오르다 보면 어느 순간 백 번째 계단까지 오르게 될 것입니다.

공학수학의 가장 기본을 다룬 이 책에서 출발하여 모든 학생들이 원하는 수준까지 도달할 수 있기를 희망합니다.

감사의 글

『공학 핵심수학(2판)』의 기획에서부터 출간까지 많은 도움을 주신 한빛아카데미(주)의 전태호 대표님께 감사드립니다. 2판을 진행하면서 원고의 문장 흐름뿐만 아니라 작은 오류까지 섬세하게 수정해준 편집부 조우리 님께도 깊은 감사의 마음을 전합니다. 끝으로 집필하는 동안 묵묵히 응원해준 가족과 친구들에게도 고마움을 전합니다.

지은이 함남우

미리보기

누구를 위한 책인가

이 책은 수학을 어려워하거나 수학에 자신이 없는 공학계열 학생들을 대상으로 한다. 수학의 기초를 단단히 다지며, 전공에서 다루는 수학을 쉽게 이해할 수 있도록 구성하였다. 또한 배운 내용을 공학 문제에 적용해봄으로써 수학과 전공의 연계성을 확인할 수 있다.

이 책을 시작하려면

이 책은 공학수학을 배우기 전 알아야 하는 '수학의 기초', '수학의 핵심'과 더불어 공학수학의 주요 내용인 '수학의 심화'까지 차례로 다룬다. 따라서 1장부터 순서대로 학습하다 보면 어느새 공학에 필요한 수학 개념을 이해할 수 있을 것이다.

이 책의 구성요소

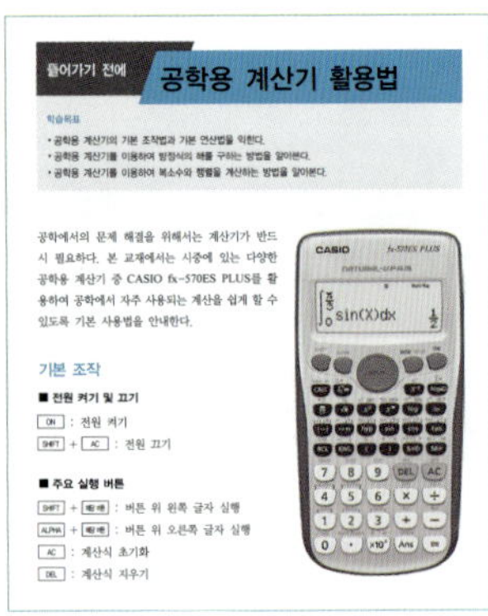

들어가기 전에

복잡한 공학 문제를 해결하는 데 필요한 공학용 계산기 활용법을 다룬다.

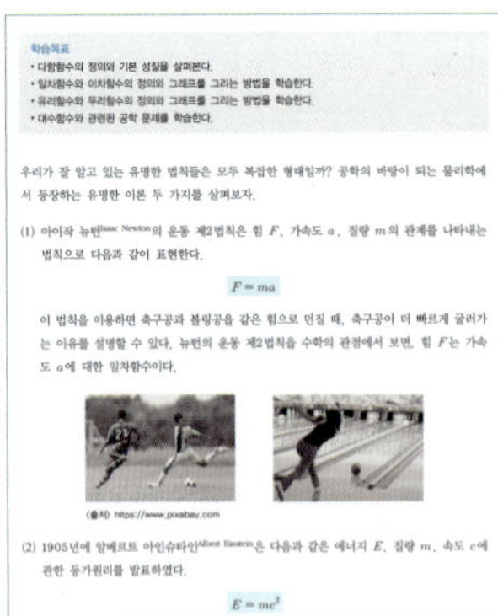

도입글

해당 장의 수학 개념이 공학에서 활용되는 실례를 살펴본다.

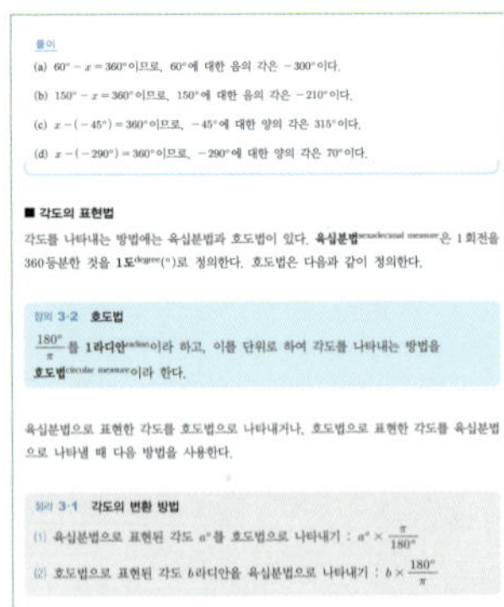

정의 및 정리

해당 주제에서 기억해야 할 중요한 핵심 용어를 정의하고, 주요 개념과 수식을 정리하여 보여준다.

이 책의 구성

PART 01 수학의 기초

1 함수의 기초(1~3장)

대수함수, 지수함수, 로그함수, 삼각함수를 정의하고, 각 함수의 특징을 살펴본다.

2 복소수와 행렬(4~5장)

공학에서 자주 사용하는 복소수와 행렬의 정의와 연산 방법을 살펴본다.

PART 02 수학의 핵심

3 극한과 연속(6장)

극한을 이해하고 연속의 성질을 학습한다.

4 미분과 적분(7~10장)

극한을 이용한 미분과 적분의 정의를 알아보고, 이를 다양한 함수에 활용하여 문제에 적용하는 방법을 학습한다.

PART 03 수학의 심화

5 다변수함수의 미분과 적분(11장)

다변수함수의 극한, 연속, 미분, 적분을 계산하는 방법을 학습한다.

6 벡터함수(12장)

공학에서 활용도가 높은 벡터함수를 정의하고 그 성질을 이해한다.

7 미분방정식의 기초(13장)

미분방정식을 분류하고 일반해, 특수해를 구하는 방법을 학습한다.

8 라플라스 변환(14장)

공학에서의 복잡한 미분방정식 문제를 쉽게 해결할 수 있는 라플라스 변환을 이해한다.

9 푸리에 급수와 푸리에 변환(15장)

전자공학, 통신공학 등 다양한 공학 분야에서 활용도가 높은 푸리에 급수와 푸리에 변환을 다루는 방법을 학습한다.

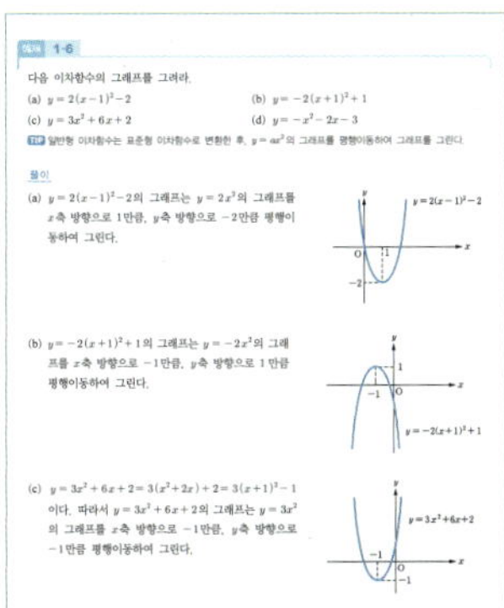

예제 및 TIP

본문에서 다룬 개념들을 적용한 문제와 상세한 풀이를 담았다. 문제를 풀 때 도움이 되는 공식이나 내용을 TIP으로 제시한다.

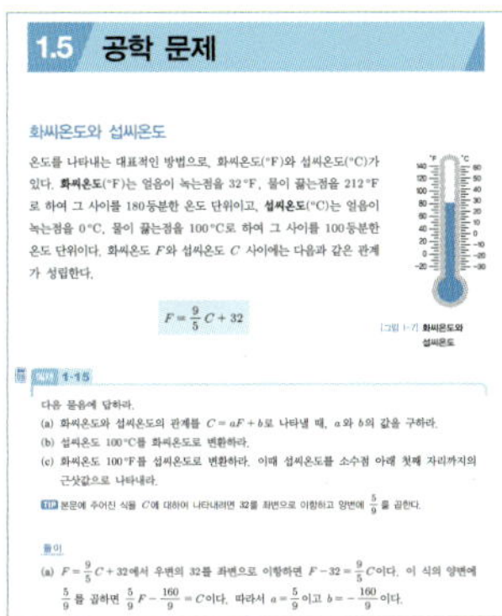

공학 문제

해당 주제가 적용된 공학 문제를 다양하게 다룬다. 또한 공학용 계산기를 이용할 수 있는 문제를 🖩로 표기하여 제시한다.

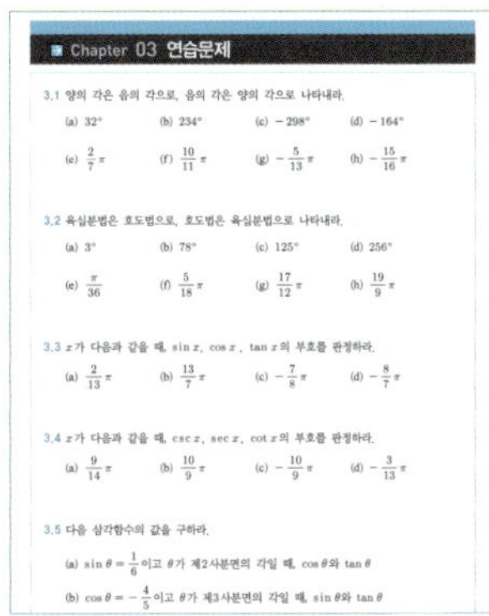

연습문제

해당 장이 끝날 때마다 본문에서 익힌 내용을 문제를 풀어보며 정리한다.

학습 로드맵

이 책에서 다루는 주제들 간의 흐름과 연계성을 보여준다. 기본적으로 1장부터 차례로 학습해야 하지만, PART 01은 선택적으로 진행해도 무방하다.

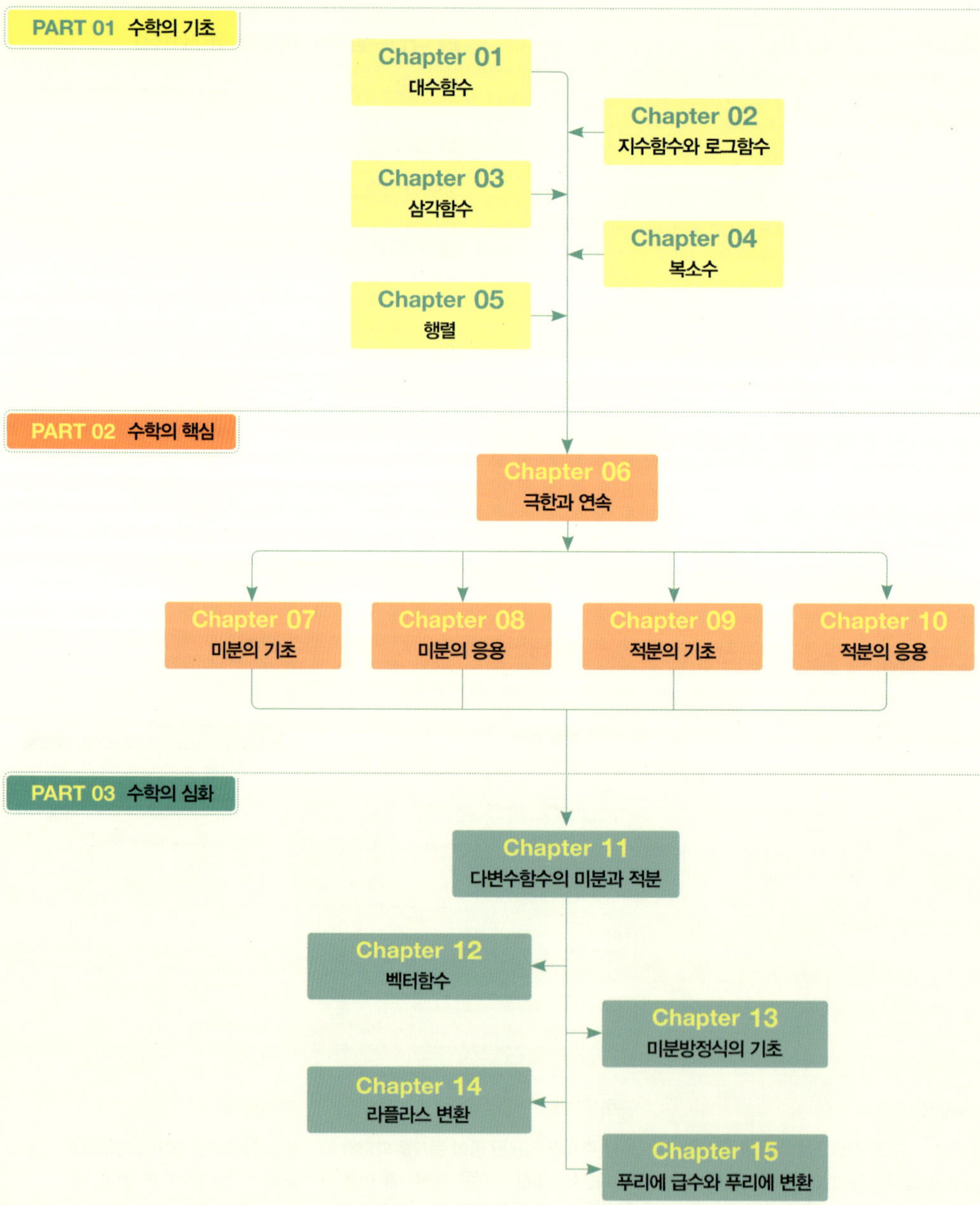

강의 계획

표준 스케줄 표

주	해당 장	주제
1	1장, 2장	대수함수, 지수함수와 로그함수
2	3장	삼각함수
3	4장	복소수
4	5장	행렬
5	6장	극한과 연속
6	7장	미분의 기초
7	8장	미분의 응용
8		**중간고사**
9	9장	적분의 기초
10	10장	적분의 응용
11	11장	다변수함수의 미분과 적분
12	12장	벡터함수
13	13장	미분방정식의 기초
14	14장	라플라스 변환
15	15장	푸리에 급수와 푸리에 변환
16		**기말고사**

▶ 1장 ~ 5장은 수업 환경에 따라 생략 가능하다.

강의보조자료 및 참고문헌

강의보조자료

한빛아카데미 홈페이지에서 '교수회원'으로 가입하신 분은 인증 후 교수용 강의보조자료를 제공받을 수 있습니다. 한빛아카데미 홈페이지 상단의 〈교수전용공간〉 메뉴를 클릭하세요.

http://www.hanbit.co.kr/academy

연습문제 정답

본 도서는 대학 강의용 교재로 개발되었으므로 전체 연습문제 해답은 제공하지 않습니다. 단, 홀수 번 정답은 아래의 경로에서 내려받을 수 있습니다.

한빛아카데미 홈페이지 접속 → [도서명] 검색 → 도서 상세 페이지의 [부록/예제소스]

참고문헌

- Dennis G. Zill (1998). 공업수학 Ⅰ, Ⅱ(황일 외, 번역). 교보문고.
- James Stewart (2002). *Calculus* (5th ed.). Brooks/Cole.
- Dennis G. Zill, Warren S. Wright (2013). *Differential Equations with Boundary-Value Problems* (8th ed.). Cengage Learning.
- James W. Brown, Ruel V. Churchill (2014). *Complex Variables and Applications* (9th ed.). McGraw-Hill.
- 함남우 (2014). 공학 기초수학. 한빛아카데미.
- 함남우 (2017). 기초 미분적분학(개정판). 한빛아카데미.
- 함남우 (2017). 해석개론(제2판). 경문사.

목차

PART 02 수학의 핵심

PART 03 수학의 심화

들어가기 전에

공학용 계산기 활용법

학습목표

- 공학용 계산기의 기본 조작법과 기본 연산법을 익힌다.
- 공학용 계산기를 이용하여 방정식의 해를 구하는 방법을 알아본다.
- 공학용 계산기를 이용하여 복소수와 행렬을 계산하는 방법을 알아본다.

공학에서의 문제 해결을 위해서는 계산기가 반드시 필요하다. 본 교재에서는 시중에 있는 다양한 공학용 계산기 중 CASIO fx-570ES PLUS를 활용하여 공학에서 자주 사용되는 계산을 쉽게 할 수 있도록 기본 사용법을 안내한다.

기본 조작

■ 전원 켜기 및 끄기

[ON] : 전원 켜기

[SHIFT] + [AC] : 전원 끄기

■ 주요 실행 버튼

[SHIFT] + [해당 버튼] : 버튼 위 왼쪽 글자 실행

[ALPHA] + [해당 버튼] : 버튼 위 오른쪽 글자 실행

[AC] : 계산식 초기화

[DEL] : 계산식 지우기

계산 모드 지정

계산기에는 총 8종류의 계산 모드가 있지만, 여기에서는 자주 사용되는 네 가지 모드만 살펴보도록 한다.

[MODE] + [1] (COMP) : 기본 연산
[MODE] + [2] (CMPLX) : 복소수 계산
[MODE] + [5] (EQN) : 방정식의 해
[MODE] + [6] (MATRIX) : 행렬 계산

기본 연산(MODE 1 : COMP)

■ 기본 사칙연산

- $3+4$: [3], [+], [4], [=]를 차례로 누르면 결과인 7을 얻는다.

$$3+4=7$$

- $3-4$: [3], [−], [4], [=]를 차례로 누르면 결과인 -1을 얻는다.

$$3-4=-1$$

- 3×4 : [3], [×], [4], [=]를 차례로 누르면 결과인 12를 얻는다.

$$3\times4=12$$

- $3\div4$: [3], [÷], [4], [=]를 차례로 누르면 결과인 $\frac{3}{4}$을 얻는다.

$$3\div4=\frac{3}{4}$$

■ 분수의 표현

$\frac{2}{3}$를 계산하는 방법에는 다음과 같이 두 가지가 있다.

- 방법 1 : 나눗셈 기호 [÷] 사용
  [2], [÷], [3], [=]를 차례로 누르면 $\frac{2}{3}$를 얻는다.
  이 결과를 소수로 보려면 [S⇔D]를 누르면 된다.

- 방법 2 : 분수 기호 [▭/▭] 사용

  [2], [▭/▭], [3], [=]를 차례로 누르면 $\frac{2}{3}$를 얻는다.

■ 백분율 구하기

백분율의 %는 [SHIFT] + [( ] 로 사용한다.

- 15의 30% : [15], [×], [30], [SHIFT], [( ], [=]를 차례로 누르면 결과인 $\frac{9}{2}$를 얻는다.

$$15 \times 30\% = \frac{9}{2}$$

- 60 kg인 사람의 15% 증가한 몸무게 : [60], [+], [60], [×], [15], [SHIFT], [( ], [=]를 차례로 누르면 결과인 69 kg을 얻는다.

$$60 + 60 \times 15\% = 69$$

■ 근호의 계산

- $\sqrt{3}$의 소수 값 : [$\sqrt{■}$], [3], [=]를 차례로 눌러서 $\sqrt{3}$을 얻고, [S⇔D]를 누르면 결과인 1.732050808을 얻는다.

$$\sqrt{3} = 1.732050808$$

- $\sqrt[3]{3}$의 소수 값 : [$\sqrt[3]{■}$]([SHIFT], [$\sqrt{■}$]), [3], [=]를 차례로 누르면 된다. 이 경우 [S⇔D]를 누르지 않아도 결과인 1.44224957을 얻는다.

$$\sqrt[3]{3} = 1.44224957$$

■ 거듭제곱과 거듭제곱근

- 3^5 : [3], [$x^{■}$], [5], [=]를 차례로 눌러서 결과인 243을 얻는다.

$$3^5 = 243$$

- $\sqrt[5]{3}$: [$x^{■}$] 버튼 위에 써 있는 $\sqrt[■]{□}$의 기능을 사용한다.
  [5], [SHIFT], [$x^{■}$], [3], [=]를 차례로 눌러서 결과인 1.24573094를 얻는다.

$$\sqrt[5]{3} = 1.24573094$$

■ 지수와 로그

상용로그를 계산하려면 [log]를, 자연로그를 계산하려면 [ln]을 사용한다.

• $\log 3$: [log], [3], [=]를 차례로 눌러서 결과인 0.477121254를 얻는다.

$$\log 3 = 0.477121254$$

• $\ln 5$: [ln], [5], [=]를 차례로 눌러서 결과인 1.609437912를 얻는다.

$$\ln 5 = 1.609437912$$

• e^2 : [ln] 버튼 위에 써 있는 $e^{\blacksquare}$의 기능을 사용한다.
[SHIFT], [ln], [2], [=]를 차례로 눌러서 결과인 7.389056099를 얻는다.

$$e^2 = 7.389056099$$

■ 삼각함수

삼각함수를 구할 때는 [sin], [cos], [tan] 버튼을 사용한다. 이때 각도를 나타내는 방법은 다음과 같이 설정한다.

각도의 표현 설정

• 육십분법[Deg] : [SHIFT] + [MODE] + [3]

• 라디안[Rad] : [SHIFT] + [MODE] + [4]

• $\sin 30°$: [sin], [30], [=]를 차례로 눌러서 결과인 $\frac{1}{2}(=0.5)$을 얻는다.

$$\sin 30° = \frac{1}{2}$$

• $\cos 45°$: [cos], [45], [=]를 차례로 눌러서 결과인 $\frac{\sqrt{2}}{2}(=0.7071067812)$를 얻는다.

$$\cos 45° = \frac{\sqrt{2}}{2}$$

■ 공학적 표기법

[ENG] 버튼을 이용하여 표시된 값을 공학 표기로 변환한다.

- 12345의 공학적 표현 : [12345], [=]를 눌러서 화면에 12345가 나왔을 때 [ENG]를 한 번 누르면 소수점이 오른쪽으로 이동하여 12.345×10^3을 얻고, [ENG]를 한 번 더 누르면 12345×10^0을, 여기에 [ENG]를 한 번 더 누르면 12345000×10^{-3}을 얻는다. [SHIFT] + [ENG]를 누르면 소수점을 왼쪽으로 이동시킬 수 있다.

$$12345 = 12.345 \times 10^3 = 12345 \times 10^0 = 12345000 \times 10^{-3}$$

■ 적분

적분은 [$\int_{\square}^{\square}\blacksquare$]의 기능을 사용하며, 적분에 들어 있는 함수의 미지수 x는 [ )] 버튼 위에 써 있는 X를 활용한다.

- 함수 $\ln x$에 대해 $x = 1$부터 $x = e$까지의 적분 값 : $\int_1^e \ln x \, dx$

  [$\int_{\square}^{\square}\blacksquare$], [ln], [ALPHA], [ )], [ )], ▶, [1], ▶, [ALPHA], [$\times 10^x$], [=]를 차례로 누르면 결과인 1을 얻는다.

$$\int_1^e \ln x \, dx = 1$$

복소수 계산(MODE 2 : CMPLX)

복소수 계산을 하기 위해 [MODE]를 눌러서 8개의 수학 관련 기능을 확인한 후, [2]를 눌러 복소수CMPLX를 선택한다. 허수 단위 i는 [ENG]로 입력한다.

복소수 표현 설정

- 직교좌표$(a + bi)$: [SHIFT], [MODE], ▼, [3], [1]
- 극좌표$(r \angle \theta)$: [SHIFT], [MODE], ▼, [3], [2]

■ 복소수 입력

- $3 + 2i$: [3], [+], [2], [ENG], [=]를 차례로 누른다.
- $2 \angle 30$: [2], [SHIFT], [−], [30], [=]를 차례로 누른다.

■ 복소수의 크기

• $4+i$: [SHIFT], [hyp], [4], [+], [ENG], [=]를 차례로 누르면 결과인 $\sqrt{17}$을 얻는다.

$$|4+i| = \sqrt{17}$$

■ 켤레복소수

• $\overline{5+4i}$: [SHIFT], [2], [2], [5], [+], [ENG], [)], [=]를 차례로 누르면 결과인 $5-4i$를 얻는다.

$$\overline{5+4i} = 5-4i$$

방정식의 해(MODE 5 : EQN)

[MODE]를 눌러서 8개의 수학 관련 기능을 확인한 후, [5]를 눌러 방정식(EQN)을 선택한다.

■ 이차방정식의 해

• $2x^2+3x-1=0$의 해 구하기

❶ **이차방정식의 선택**

화면에 4개의 방정식 형태가 나오면 [3]을 눌러 이차방정식을 선택한다.

❷ **이차방정식의 계수 입력**

바뀐 화면에 이차방정식 $2x^2+3x-1=0$의 계수를 입력하기 위해 [2], [=], [3], [=], [-1], [=]를 차례로 누르면, 이차방정식의 좌변이 입력된다.

❸ **이차방정식의 해 구하기**

한 번 더 [=]를 누르면 $2x^2+3x-1=0$의 첫 번째 해인 $\frac{-3+\sqrt{17}}{4}$을 얻는다. 또 ⓥ를 누르면 두 번째 해인 $\frac{-3-\sqrt{17}}{4}$을 얻는다.

$$2x^2+3x-1=0 \rightarrow x = \frac{-3 \pm \sqrt{17}}{4}$$

■ 삼차방정식의 해

[MODE]를 눌러서 8개의 수학 관련 기능을 확인한 후, [5]를 눌러 방정식을 선택한다. 화면에 나타나는 4개의 방정식 형태 중 [4]를 눌러 삼차방정식을 선택하고, 이차방정식과 같은 방식으로 해를 구한다.

행렬 계산(MODE 6 : MATRIX)

행렬의 연산을 하려면 우선 [MODE]를 눌러서 8개의 수학 관련 기능을 확인한 후, [6]을 눌러 행렬[MATRIX]을 선택한다.

■ 행렬의 곱

• 2×2 행렬인 $A=\begin{bmatrix}2 & 3\\1 & 6\end{bmatrix}$과 $B=\begin{bmatrix}1 & -3\\2 & 4\end{bmatrix}$의 곱 구하기

❶ **행렬 A의 선택**

행렬[MATRIX] 선택 후, 화면에 3가지 행렬 종류가 나오면 [1]을 눌러 행렬 A를 선택한다.

❷ **행렬 A의 크기 선택**

다음 화면에서 행렬의 크기를 선택할 수 있다. 여기서 [5]를 눌러 2×2 행렬을 선택한다.

❸ **행렬 A의 성분 입력**

다음 화면에서 [2], [=], [3], [=], [1], [=], [6], [=]를 차례로 누르면 $A=\begin{bmatrix}2 & 3\\1 & 6\end{bmatrix}$이 입력된다.

❹ **행렬 B의 선택**

두 번째 행렬 B를 입력하려면 [SHIFT], [4]를 누른 후 화면에서 [2]를 선택한다. 다음 화면에서 다시 [2]를 눌러서 행렬 B를 선택한 후, 행렬 A에서와 같이 [5]를 눌러 2×2 행렬을 선택한다.

❺ **행렬 B의 성분 입력**

다음 화면에서 [1], [=], [-3], [=], [2], [=], [4], [=]를 차례로 누르면 $B=\begin{bmatrix}1 & -3\\2 & 4\end{bmatrix}$가 입력된다.

❻ AB의 계산

[AC]를 눌러서 화면을 초기화한 다음, [SHIFT], [4]를 눌러 행렬을 선택한다. 행렬 A를 사용하기 위해 [3]을 누른 후, 곱하기 기호인 [×]를 누른다. 다시 [SHIFT], [4]를 누른 후, 행렬 B를 사용하기 위해 [4]를 누른다. 마지막으로 [=]를 누르면 결과인 $AB=\begin{bmatrix} 8 & 6 \\ 13 & 21 \end{bmatrix}$을 얻는다.

$$A=\begin{bmatrix} 2 & 3 \\ 1 & 6 \end{bmatrix},\ B=\begin{bmatrix} 1 & -3 \\ 2 & 4 \end{bmatrix} \ \rightarrow \ AB=\begin{bmatrix} 8 & 6 \\ 13 & 21 \end{bmatrix}$$

■ 역행렬

위 행렬의 곱에서 사용한 행렬 A의 역행렬을 구하려면 다음과 같이 계산기를 조작한다.

[SHIFT], [4]를 누른 후, A를 사용하기 위해 [3]을 누르면 화면에 MatA가 나타난다. 다음으로 [x^{-1}], [=]를 누르면 행렬 A의 역행렬을 얻을 수 있다.

P/A/R/T 01

수학의 기초

Basic Mathematics

과학 현상이나 사회 현상을 논리적으로 설명하고 분석하려면 먼저 함수를 이용하여 그 현상을 나타내야 한다. PART 01에서는 대수함수와 초월함수에 대해 알아보고, 복소수와 행렬을 이용하여 공학 내용을 설명하고 표현하는 방법을 살펴본다.

Chapter 01
대수함수
Algebraic Function

CONTENTS

학습목표

- 다항함수의 정의와 기본 성질을 살펴본다.
- 일차함수와 이차함수의 정의와 그래프를 그리는 방법을 학습한다.
- 유리함수와 무리함수의 정의와 그래프를 그리는 방법을 학습한다.
- 대수함수와 관련된 공학 문제를 학습한다.

우리가 잘 알고 있는 유명한 법칙들은 모두 복잡한 형태일까? 공학의 바탕이 되는 물리학에서 등장하는 유명한 이론 두 가지를 살펴보자.

(1) 아이작 뉴턴Isaac Newton의 운동 제2법칙은 힘 F, 가속도 a, 질량 m의 관계를 나타내는 법칙으로 다음과 같이 표현한다.

$$F = ma$$

이 법칙을 이용하면 축구공과 볼링공을 같은 힘으로 던질 때, 축구공이 더 빠르게 굴러가는 이유를 설명할 수 있다. 뉴턴의 운동 제2법칙을 수학의 관점에서 보면, 힘 F는 가속도 a에 대한 일차함수이다.

〈출처〉 https://www.pixabay.com

(2) 1905년에 알베르트 아인슈타인Albert Einstein은 다음과 같은 에너지 E, 질량 m, 속도 c에 관한 등가원리를 발표하였다.

$$E = mc^2$$

이 공식은 질량과 에너지가 서로 교환할 수 있는 동등한 물리량이라는 것을 의미한다. 질량-에너지 등가원리를 수학의 관점에서 보면, 에너지 E는 속도 c에 대한 이차함수이다.

1.1 다항함수

단항식과 다항식

함수는 대수함수와 초월함수로 나눌 수 있다. 대수함수에는 다항함수, 유리함수, 무리함수가 있고 초월함수에는 지수함수, 로그함수, 삼각함수가 있다. 대수함수 중 가장 기본인 다항함수는 단항식과 다항식을 이용하여 정의한다.

정의 1-1 단항식

숫자와 문자, 문자와 문자의 곱으로만 이루어진 식을 **단항식**monomial이라 한다.

[정의 1-1]에 의하여 숫자와 문자의 곱으로 이루어진 식을 숫자로 나누면 단항식이지만, 문자로 나누면 단항식이 아니다. 예를 들어 $4x$를 8로 나눈 $\frac{x}{2}$는 단항식이지만, $4x$를 y로 나눈 $\frac{4x}{y}$는 단항식이 아니다. 또한 문자에 근호가 있거나 식의 중간에 $+$ 또는 $-$가 있는 식도 단항식이 아니다. 예를 들어 $\sqrt{x}$와 $x+3$은 모두 단항식이 아니다.

예제 1-1

다음 식이 단항식인지 판정하라.

(a) $3xy^4$ (b) $\frac{5x}{2y}$ (c) $\frac{y^3}{\sqrt{2}}$ (d) $x+y$

TIP 식의 중간에 + 또는 −가 있는지, 분모에 문자가 있는지, 문자에 근호가 있는지를 확인한다.

풀이

(a) 숫자와 문자의 곱으로 이루어져 있으므로, $3xy^4$은 단항식이다.

(b) 분모에 문자 y가 있으므로, $\frac{5x}{2y}$는 단항식이 아니다.

(c) 문자가 아닌 숫자에 근호가 있으므로, 숫자와 문자를 곱한 형태이다.
따라서 $\frac{y^3}{\sqrt{2}}$은 단항식이다.

(d) 식의 중간에 +가 있으므로, $x+y$는 단항식이 아니다.

정의 1-2 다항식

단항식 또는 단항식들의 합이나 차로 이루어진 식을 **다항식**polynomial이라 한다.

다항식은 단항식을 확대한 형태이므로 $2x^3$, $3x-4y^3$, x^2-y+2는 모두 다항식이다. 하지만 $\frac{x}{y}+x^2$은 단항식이 아닌 $\frac{x}{y}$를 포함하므로, 다항식이 아니다.

이제 하나의 문자 x에 대한 다항식을 정의해보자.

정의 1-3 n차 다항식

n이 자연수이거나 0일 때,

$$a_n x^n + a_{n-1}x^{n-1} + \cdots + a_1 x + a_0 \quad (\text{단, } a_n \neq 0)$$

를 x에 대한 **n차 다항식**polynomial of degree n이라 한다. 이때 a_0, a_1, a_2, $\cdots$, a_n을 다항식의 **계수**coefficient, n을 다항식의 **차수**degree라 한다.

[정의 1-3]에 의하여 x^4+5x^3-3은 x에 대한 4차 다항식이고 $1-2x-x^3$은 x에 대한 3차 다항식이다. 두 다항식을 보면, x^4+5x^3-3은 x의 차수가 높은 항부터 나열했고, $1-2x-x^3$은 x의 차수가 낮은 항부터 나열했다. 이와 같이 다항식을 나열하는 방법으로 다음 두 가지가 있다.

- **내림차순** : 하나의 문자에 대하여 차수가 높은 항부터 낮은 항 순으로 나열한다.
- **오름차순** : 하나의 문자에 대하여 차수가 낮은 항부터 높은 항 순으로 나열한다.

$1+x^3y-x^2y^2$을 x에 대한 내림차순으로 정리하면

$$x^3y-x^2y^2+1$$

이고, x에 대한 오름차순으로 정리하면

$$1-x^2y^2+x^3y$$

이다. $1+x^3y-x^2y^2$을 y에 대한 내림차순으로 정리하면

$$-x^2y^2+x^3y+1$$

이고, y에 대한 오름차순으로 정리하면

$$1+x^3y-x^2y^2$$

이다.

예제 1-2

$A=2xy+y^2$, $B=3x^2-xy+2y^2$일 때, 다음 식을 x에 대한 내림차순과 y에 대한 내림차순으로 각각 정리하라.

(a) $2A+B$ (b) $A-3B$

TIP 차수가 같은 항끼리 묶어서 식을 간단히 한 후 내림차순으로 정리한다.

풀이

(a) $2A+B=2(2xy+y^2)+(3x^2-xy+2y^2)=3x^2+3xy+4y^2$이다.
따라서 $2A+B$를 x에 대한 내림차순으로 정리하면 $3x^2+3xy+4y^2$이고, y에 대한 내림차순으로 정리하면 $4y^2+3xy+3x^2$이다.

(b) $A-3B=(2xy+y^2)-3(3x^2-xy+2y^2)=-9x^2+5xy-5y^2$이다.
따라서 $A-3B$를 x에 대한 내림차순으로 정리하면 $-9x^2+5xy-5y^2$이고, y에 대한 내림차순으로 정리하면 $-5y^2+5xy-9x^2$이다.

다항함수

다항식의 개념을 이용하여 다항함수를 정의해보자.

정의 1-4 다항함수

$y=f(x)$에서 f가 x에 대한 다항식일 때, $y=f(x)$를 **다항함수**polynomial function라 한다. 특히 $a_n \neq 0$이고,

$$f(x)=a_nx^n+a_{n-1}x^{n-1}+\cdots+a_1x+a_0$$

이면 f를 x에 대한 **n차 다항함수**polynomial function of degree n라 한다.

[정의 1-4]의 n차 다항함수를 간단히 n차함수라 한다. 예를 들어, $f(x)=x^3+5x-2$는 x에 대한 3차함수이고 $g(x)=3-2x^3-x^4$은 x에 대한 4차함수이다.

1.2 일차함수와 이차함수

일차함수의 정의

n차 다항함수 중 가장 기본적인 일차함수에 대하여 알아보자.

정의 1-5 일차함수

a, b가 상수이고 $a \neq 0$일 때 $y = ax + b$를 **일차함수**linear function라 한다.
이때 a를 **기울기**slope라 한다.

주어진 일차함수의 x절편은 함수의 그래프와 x축과의 교점, y절편은 함수의 그래프와 y축과의 교점이다. 두 점 (x_0, y_0)와 (x_1, y_1)을 지나는 일차함수의 기울기는

$$a = \frac{y_1 - y_0}{x_1 - x_0}$$

이다. 이를 이용하여 두 점 (x_0, y_0)와 (x_1, y_1)이 주어졌을 때, 두 점을 지나는 일차함수는

$$y - y_0 = \frac{y_1 - y_0}{x_1 - x_0}(x - x_0)$$

로 구한다.

예제 1-3

다음 두 점을 지나는 일차함수를 구하라.

(a) $(1, 3)$, $(2, 5)$ (b) $(3, -3)$, $(1, 4)$

TIP 두 점을 지나는 일차함수를 구하는 공식을 이용한다.

풀이

(a) 두 점을 지나는 일차함수를 구하는 공식에 의하여

$$y - 3 = \frac{5 - 3}{2 - 1}(x - 1) = 2(x - 1)$$

이므로, 두 점을 지나는 일차함수는 $y = 2x + 1$이다.

(b) 두 점을 지나는 일차함수를 구하는 공식에 의하여

$$y-4=\frac{4-(-3)}{1-3}(x-1)=-\frac{7}{2}(x-1)$$

이므로, 두 점을 지나는 일차함수는 $y=-\frac{7}{2}x+\frac{15}{2}$ 이다.

일차함수 $y=ax+b$에서 $a=0$인 경우 $y=b$가 된다. 이때 함수 $y=b$를 **상수함수**constant function라 한다.

일차함수의 그래프

일차함수의 그래프는 직선 형태이므로, 주어진 일차함수에 있는 두 점을 찾아 직선으로 연결하여 그래프를 그린다. 일반적으로 일차함수의 그래프를 그릴 때에는 x절편과 y절편을 구한 후 두 점을 직선으로 연결한다.

[표 1-1] **일차함수 $y=ax+b(a\neq0)$의 그래프와 특징**

	$a>0$	$a<0$
그래프	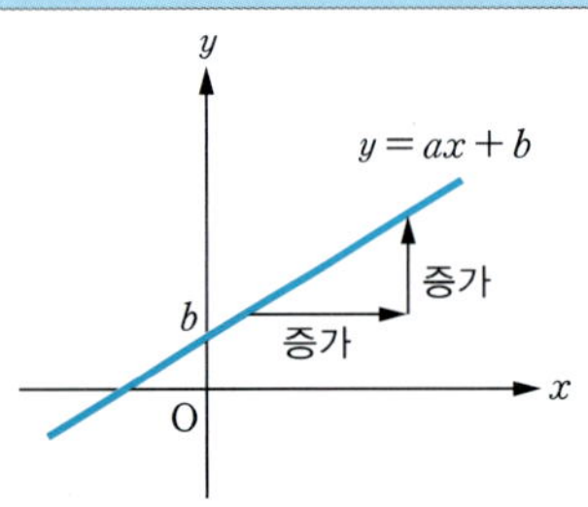	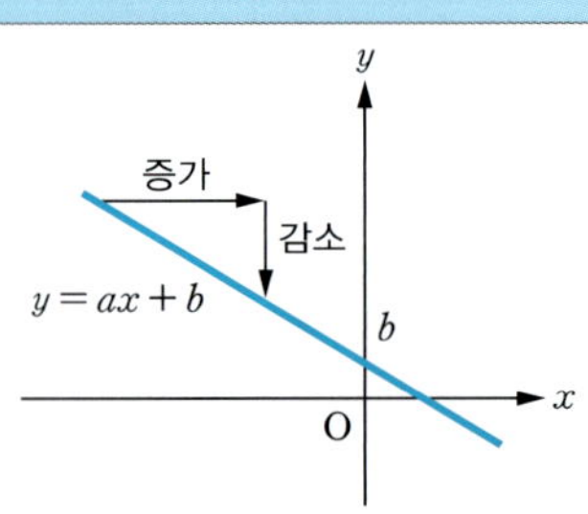
특징	• 오른쪽 위로 증가하는 직선 • x값이 증가하면 y값도 증가한다.	• 오른쪽 아래로 감소하는 직선 • x값이 증가하면 y값은 감소한다.

예제 1-4

다음 일차함수의 그래프를 그려라.

(a) $y=2x-3$ (b) $y=-3x+1$

TIP 일차함수의 x절편과 y절편을 찾아서 두 점을 연결하는 직선을 그린다.

풀이

(a) $y = 2x - 3$에서 $x = 0$일 때 $y = -3$이고, $y = 0$일 때 $x = \dfrac{3}{2}$이다.
따라서 $y = 2x - 3$의 그래프는 두 점 $(0, -3)$과 $\left(\dfrac{3}{2}, 0\right)$을 연결한 직선이다.

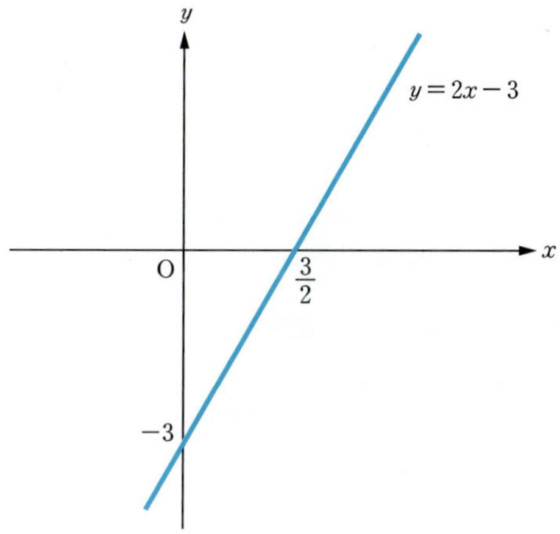

(b) $y = -3x + 1$에서 $x = 0$일 때 $y = 1$이고, $y = 0$일 때 $x = \dfrac{1}{3}$이다.
따라서 $y = -3x + 1$의 그래프는 두 점 $(0, 1)$과 $(\dfrac{1}{3}, 0)$을 연결한 직선이다.

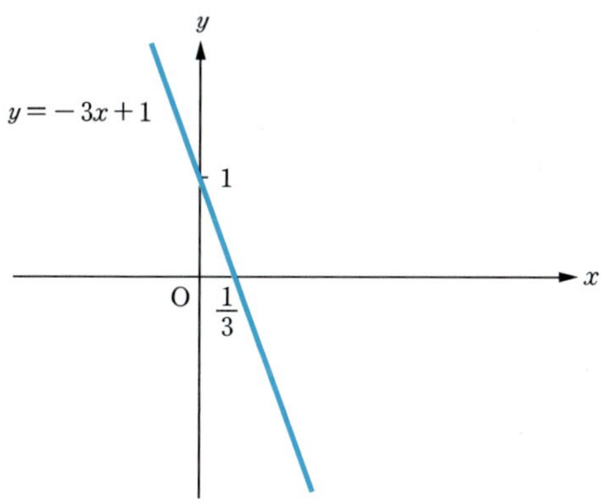

이차함수의 정의

정의 1-6 이차함수

a, b, c가 상수이고 $a \neq 0$일 때 $y = ax^2 + bx + c$를 **이차함수**quadratic function라 한다.

이차함수는 다음과 같이 두 가지 방법으로 표현할 수 있다.

- **일반형** : $y = ax^2 + bx + c$ (a, b, c는 상수, $a \neq 0$)
- **표준형** : $y = a(x-p)^2 + q$ (a, p, q는 상수, $a \neq 0$)

일반형 이차함수는 다음 방법에 따라 표준형 이차함수로 변환할 수 있다.

정리 1-1 일반형 이차함수를 표준형 이차함수로 변환하는 방법

일반형 이차함수 $y = ax^2 + bx + c$를 표준형 이차함수로 변환하는 방법은 다음과 같다.

[1단계] x^2의 계수인 a로 x^2항과 x항을 묶는다.

$$y = a\left(x^2 + \frac{b}{a}x\right) + c$$

[2단계] $\dfrac{b}{2a}$의 제곱을 괄호 안에서 더하고 뺀다.

$$y = a\left\{x^2 + \frac{b}{a}x + \left(\frac{b}{2a}\right)^2 - \left(\frac{b}{2a}\right)^2\right\} + c$$

[3단계] 완전제곱식을 포함하는 식으로 정리한다.

$$y = a\left(x + \frac{b}{2a}\right)^2 - \frac{b^2}{4a} + c$$

[정리 1-1]을 사용하여 $y = 2x^2 + 8x - 3$을 표준형 이차함수로 나타내보자.

$$\begin{aligned} y &= 2(x^2 + 4x) - 3 && \rightarrow \text{[1단계]} \\ &= 2(x^2 + 4x + 4 - 4) - 3 && \rightarrow \text{[2단계]} \\ &= 2(x+2)^2 - 11 && \rightarrow \text{[3단계]} \end{aligned}$$

예제 1-5

다음 일반형 이차함수를 표준형 이차함수로 나타내라.

(a) $y = x^2 + 6x - 1$ (b) $y = 3x^2 - 3x + 2$

TIP [정리 1-1]의 일반형 이차함수를 표준형 이차함수로 변환하는 방법을 이용한다.

풀이

(a) $y = x^2 + 6x - 1$

$= (x^2 + 6x) - 1$ ➡ [1단계]

$= (x^2 + 6x + 9 - 9) - 1$ ➡ [2단계]

$= (x+3)^2 - 10$ ➡ [3단계]

(b) $y = 3x^2 - 3x + 2$

$= 3(x^2 - x) + 2$ ➡ [1단계]

$= 3\left(x^2 - x + \frac{1}{4} - \frac{1}{4}\right) + 2$ ➡ [2단계]

$= 3\left(x - \frac{1}{2}\right)^2 + \frac{5}{4}$ ➡ [3단계]

이차함수의 그래프

이차함수 $y = ax^2 + bx + c$의 그래프는 주어진 이차함수를 표준형 이차함수로 변환한 다음, $y = ax^2$의 그래프를 그리고 그 그래프를 적절하게 평행이동하여 그린다.

■ $y = ax^2 (a \neq 0)$의 그래프

$y = ax^2 (a \neq 0)$의 그래프와 특징을 정리하면 다음과 같다.

[표 1-2] $y = ax^2 (a \neq 0)$의 그래프와 특징

	$a > 0$	$a < 0$
그래프	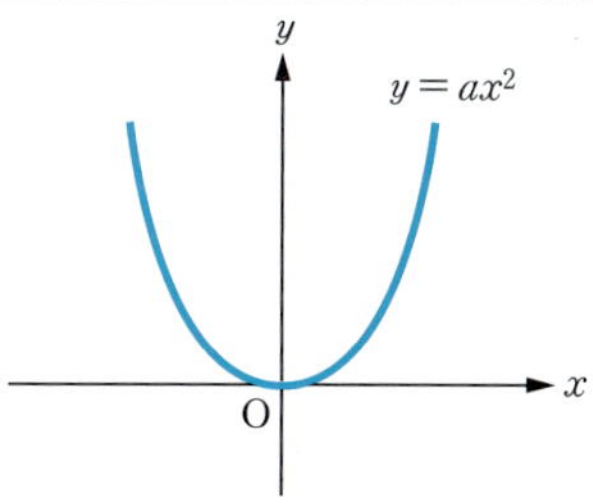	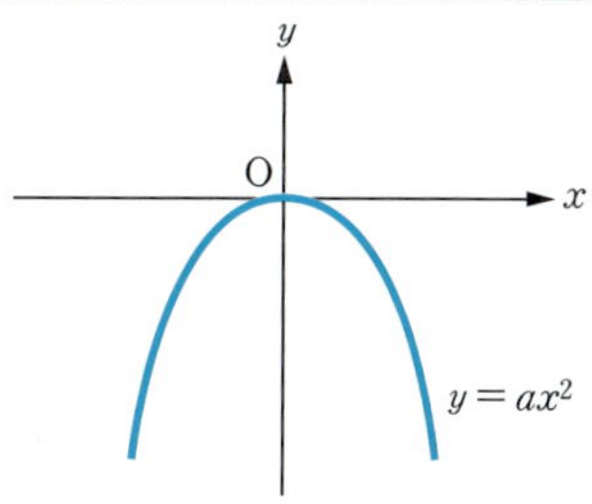
특징	• 원점을 지나는 아래로 볼록한 곡선 • $x > 0$일 때, x값이 증가하면 y값도 증가한다. • $x < 0$일 때, x값이 증가하면 y값은 감소한다.	• 원점을 지나는 위로 볼록한 곡선 • $x > 0$일 때, x값이 증가하면 y값은 감소한다. • $x < 0$일 때, x값이 증가하면 y값도 증가한다.

■ 이차함수 그래프의 평행이동

$y=ax^2$, $y=a(x-p)^2$, $y=ax^2+q$, $y=a(x-p)^2+q$의 그래프 사이에는 다음과 같은 평행이동 관계가 성립한다.

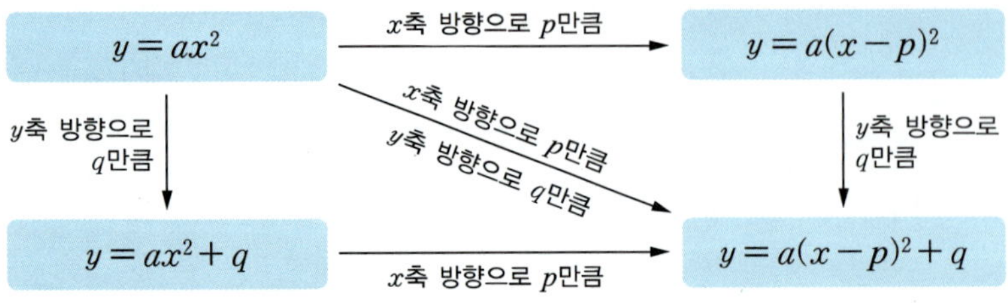

[그림 1-1] 이차함수 그래프의 평행이동 관계

[그림 1-1]에서 살펴본 이차함수 그래프의 평행이동 관계를 통해서 표준형 이차함수 $y=a(x-p)^2+q\,(a\neq 0)$의 그래프를 그릴 수 있다.

■ $y=a(x-p)^2+q\,(a\neq 0)$의 그래프

$y=a(x-p)^2+q$의 그래프는 $y=ax^2$의 그래프를 x축 방향으로 p만큼, y축 방향으로 q만큼 평행이동하여 얻을 수 있다.

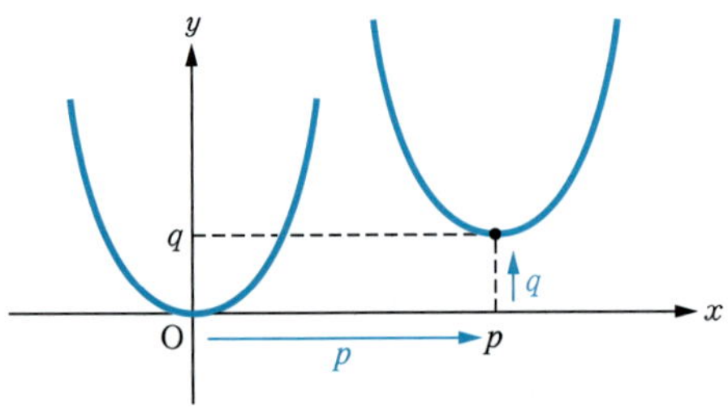

[그림 1-2] $y=a(x-p)^2+q\,(a\neq 0)$의 그래프

예제 1-6

다음 이차함수의 그래프를 그려라.

(a) $y=2(x-1)^2-2$ (b) $y=-2(x+1)^2+1$

(c) $y=3x^2+6x+2$ (d) $y=-x^2-2x-3$

TIP 일반형 이차함수는 표준형 이차함수로 변환한 후, $y=ax^2$의 그래프를 평행이동하여 그래프를 그린다.

풀이

(a) $y=2(x-1)^2-2$의 그래프는 $y=2x^2$의 그래프를 x축 방향으로 1만큼, y축 방향으로 -2만큼 평행이동하여 그린다.

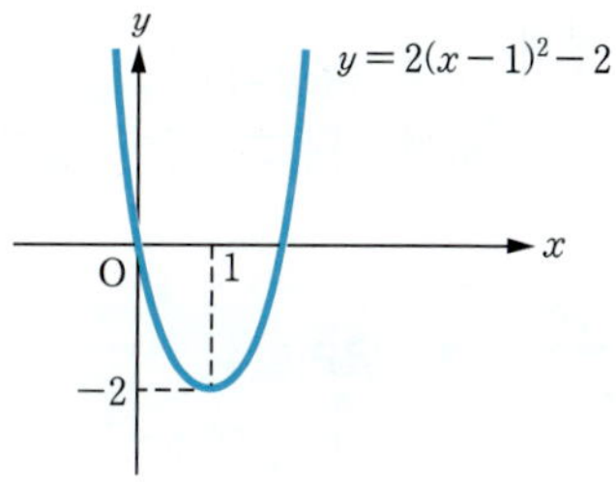

(b) $y=-2(x+1)^2+1$의 그래프는 $y=-2x^2$의 그래프를 x축 방향으로 -1만큼, y축 방향으로 1만큼 평행이동하여 그린다.

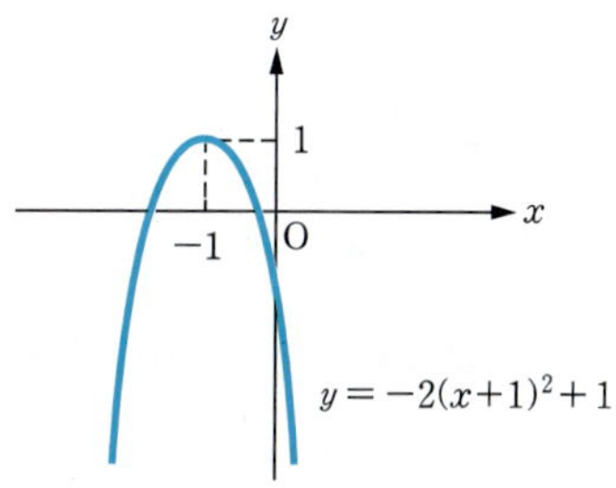

(c) $y=3x^2+6x+2=3(x^2+2x)+2=3(x+1)^2-1$이다. 따라서 $y=3x^2+6x+2$의 그래프는 $y=3x^2$의 그래프를 x축 방향으로 -1만큼, y축 방향으로 -1만큼 평행이동하여 그린다.

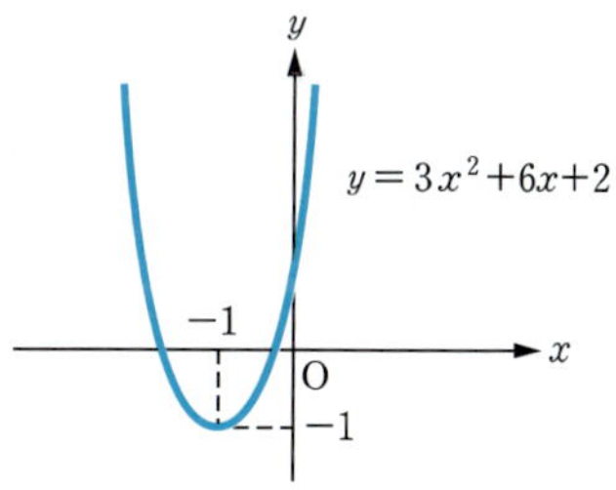

(d) $y=-x^2-2x-3=-(x^2+2x)-3$
$=-(x+1)^2-2$이다. 따라서 $y=-x^2-2x-3$의 그래프는 $y=-x^2$의 그래프를 x축 방향으로 -1만큼, y축 방향으로 -2만큼 평행이동하여 그린다.

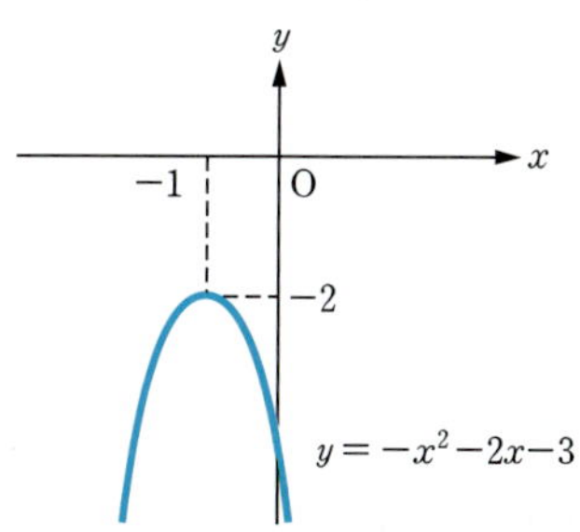

1.3 유리함수

유리함수의 정의

다항식 또는 $\frac{\text{다항식}}{\text{다항식}}$의 꼴인 분수식을 **유리식**rational expression이라 한다. 유리함수는 유리식을 이용하여 다음과 같이 정의한다.

정의 1-7 유리함수

$y=f(x)$에서 $f(x)$가 x에 대한 유리식일 때, $y=f(x)$를 **유리함수**rational function라 한다.

유리함수는 유리식과 마찬가지로 $y=2x+3$, $y=x^2+5$, $y=x^3+x-3$과 같은 다항함수와 $y=\frac{1}{x}$, $y=\frac{3x-1}{x^2+5}$과 같은 분수함수로 나뉜다. 즉, $y=f(x)$가 유리함수이면 두 다항식 $p(x)$, $q(x)$에 대하여 $f(x)=\frac{p(x)}{q(x)}$의 꼴로 나타낼 수 있다. 이때 $q(x)$가 상수함수이면 $f(x)$는 다항함수이고, $q(x)$가 1차 이상의 다항함수이면 $f(x)$는 분수함수이다.

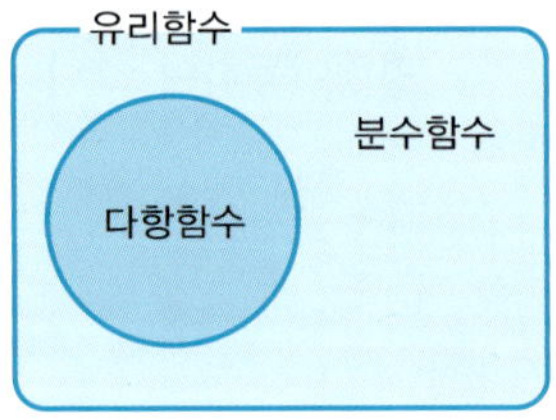

[그림 1-3] 유리함수의 분류

예제 1-7

다음 함수가 유리함수인지 판정하라.

(a) $y=\frac{2x-1}{3}$

(b) $y=\frac{\sqrt{3}\,x+1}{2x^2-x+1}$

(c) $y=\frac{\sqrt{3}\,x+2}{1-\sqrt{x}}$

(d) $y=\frac{x-1}{x+1}$

TIP 숫자에 근호가 있는 것은 상관없지만 문자에 근호가 있는 함수는 유리함수가 아니다.

풀이

(a) $2x-1$과 3이 모두 다항식이므로, $y=\frac{2x-1}{3}$은 유리함수이다.

(b) $\sqrt{3}\,x+1$과 $2x^2-x+1$이 모두 다항식이므로, $y=\frac{\sqrt{3}\,x+1}{2x^2-x+1}$은 유리함수이다.

(c) $\sqrt{3}x+2$는 다항식이지만 $1-\sqrt{x}$가 다항식이 아니므로, $y=\dfrac{\sqrt{3}x+2}{1-\sqrt{x}}$는 유리함수가 아니다.

(d) $x-1$과 $x+1$이 모두 다항식이므로, $y=\dfrac{x-1}{x+1}$은 유리함수이다.

■ 유리함수의 정의역

유리함수 $f(x)$가 다항함수인지 분수함수인지에 따라서 다음과 같이 $f(x)$의 정의역이 달라진다.

정리 1-2 유리함수의 정의역

(1) **$f(x)$가 다항함수인 경우**

정의역은 실수 전체 집합($\mathbb{R}$)이다.

(2) **$f(x)$가 분수함수인 경우**

정의역은 분모를 0으로 만드는 x값을 제외한 실수 전체 집합이다.

예를 들어, $f(x)=x^2+2x-1$은 다항함수이므로 $f(x)$의 정의역은 $\mathbb{R}$이다.
또한 $g(x)=\dfrac{x-1}{x+1}$은 분수함수이므로 $g(x)$의 정의역은 분모를 0으로 만드는 $x=-1$을 제외한 실수 전체 집합인 $\mathbb{R}-\{-1\}$이다.

예제 1-8

다음 유리함수의 정의역을 구하라.

(a) $f(x)=\dfrac{1}{2}x^3-\sqrt{3}x+\dfrac{1}{3}$

(b) $g(x)=\dfrac{1}{2}(1-\dfrac{2}{3}x-x^4)$

(c) $h(x)=\dfrac{3x-2}{(x-1)(x+2)}$

(d) $k(x)=\dfrac{x-2}{x-2}$

TIP [정리 1-2]에 따라 분수함수의 분모를 0으로 만드는 값을 정의역에서 제외한다.

풀이

(a) $f(x)$는 다항함수이므로 정의역은 $\mathbb{R}$이다.

(b) $g(x)$는 다항함수이므로 정의역은 $\mathbb{R}$이다.

(c) $h(x)$는 분수함수이고, $x=1$ 또는 $x=-2$일 때 $h(x)$의 분모가 0이 된다.
따라서 $h(x)$의 정의역은 $\mathbb{R}-\{1,-2\}$이다.

(d) $k(x)$는 분수함수이고, $x=2$일 때 $k(x)$의 분모가 0이 된다.
따라서 $k(x)$의 정의역은 $\mathbb{R}-\{2\}$이다.

[예제 1-8(d)]에서 $y=k(x)$는 $x \neq 2$일 때 분자와 분모를 약분하면 함숫값이 1이 된다. 하지만, $x=2$일 때에는 분모가 0이 되어 함숫값이 정의되지 않으므로 정의역에서 2를 반드시 제외해야 한다. 따라서 $y=k(x)$는 상수함수 $y=1$과 다른 함수이다.

유리함수의 그래프

유리함수 중 다항함수의 그래프는 일차함수와 이차함수의 그래프에서 다루었으므로, 이번에는 분수함수인 유리함수의 그래프를 그리는 방법을 알아보자.

■ $y=\dfrac{k}{x}\ (k \neq 0)$의 그래프

가장 간단한 형태의 분수함수인 $y=\dfrac{k}{x}\ (k \neq 0)$의 그래프와 특징은 다음과 같다.

[표 1-3] $y=\dfrac{k}{x}\ (k \neq 0)$의 그래프와 특징

	$k>0$	$k<0$
그래프	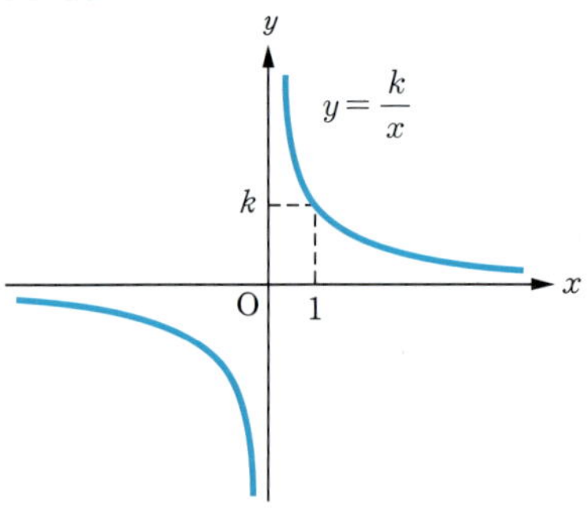	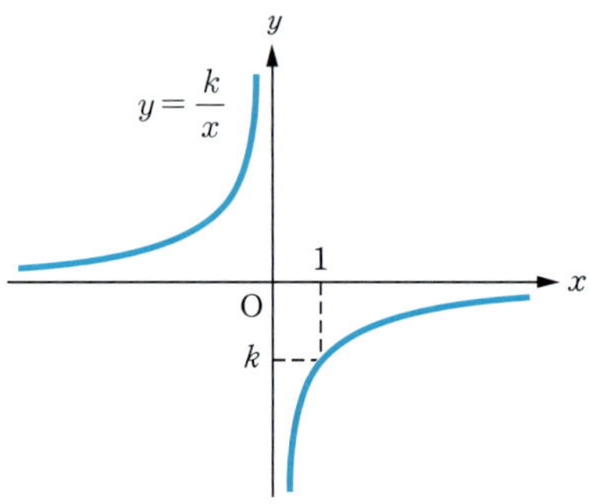
특징	• 제1사분면과 제3사분면을 지난다. • x값이 증가하면 y값은 감소한다.	• 제2사분면과 제4사분면을 지난다. • x값이 증가하면 y값도 증가한다.
	• 점근선[1]은 두 직선 x축과 y축이다. • $\lvert k \rvert$의 값이 커질수록 원점에서 멀어진다.	

1 그래프가 점점 가까워지는 직선을 점근선이라 한다.

■ $y=\dfrac{k}{x-a}+b(k\neq 0)$의 그래프

$y=\dfrac{k}{x-a}+b$의 그래프는 $y=\dfrac{k}{x}$의 그래프를 x축 방향으로 a만큼, y축 방향으로 b만큼 평행이동한 것으로, 다음과 같은 특징을 갖는다.

- 정의역은 $\{x : x\neq a$인 모든 실수$\}$, 치역은 $\{y : y\neq b$인 모든 실수$\}$이다.
- 점근선은 두 직선 $x=a$와 $y=b$이다.

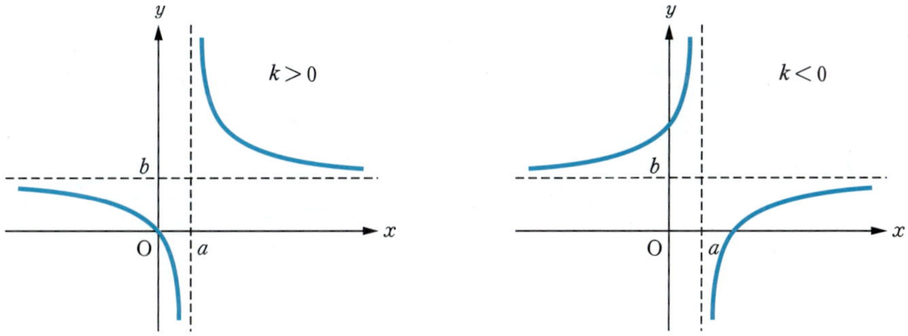

[그림 1-4] $y=\dfrac{k}{x-a}+b(k\neq 0)$의 그래프

$y=\dfrac{px+q}{rx+s}$(p, q, r, s는 상수, $r\neq 0$, $qr-ps\neq 0$)의 그래프는 $px+q$를 $rx+s$로 직접 나누어서 $y=\dfrac{k}{x-a}+b$의 꼴로 나타낸 후 그린다. 예를 들어, $y=\dfrac{2x+3}{x+1}$의 그래프를 그리려면 우선 다음을 계산한다.

$$y=\frac{2x+3}{x+1}=\frac{1}{x+1}+2$$

따라서 $y=\dfrac{2x+3}{x+1}$의 그래프는 $y=\dfrac{1}{x}$의 그래프를 x축 방향으로 -1만큼, y축 방향으로 2만큼 평행이동하여 그린다. 또한 $y=\dfrac{3x-1}{2x-1}$의 그래프를 그리려면 우선 다음을 계산한다.

$$y=\frac{3x-1}{2x-1}=\frac{\frac{1}{2}}{2x-1}+\frac{3}{2}=\frac{\frac{1}{4}}{x-\frac{1}{2}}+\frac{3}{2}$$

따라서 $y=\dfrac{3x-1}{2x-1}$의 그래프는 $y=\dfrac{\frac{1}{4}}{x}=\dfrac{1}{4x}$의 그래프를 x축 방향으로 $\dfrac{1}{2}$만큼, y축 방향으로 $\dfrac{3}{2}$만큼 평행이동하여 그린다.

예제 1-9

다음 유리함수의 그래프를 그려라.

(a) $y=\dfrac{x-1}{x-2}$ (b) $y=\dfrac{2x+3}{x+2}$

(c) $y=\dfrac{-6x+1}{3x}$ (d) $y=\dfrac{-6x+1}{-3x+2}$

TIP 주어진 유리함수를 $y=\dfrac{k}{x-a}+b$의 꼴로 나타낸 후 그래프를 그린다.

풀이

(a) $y=\dfrac{x-1}{x-2}=\dfrac{1}{x-2}+1$의 그래프는 $y=\dfrac{1}{x}$의 그래프를 x축 방향으로 2만큼, y축 방향으로 1만큼 평행이동하여 그린다.

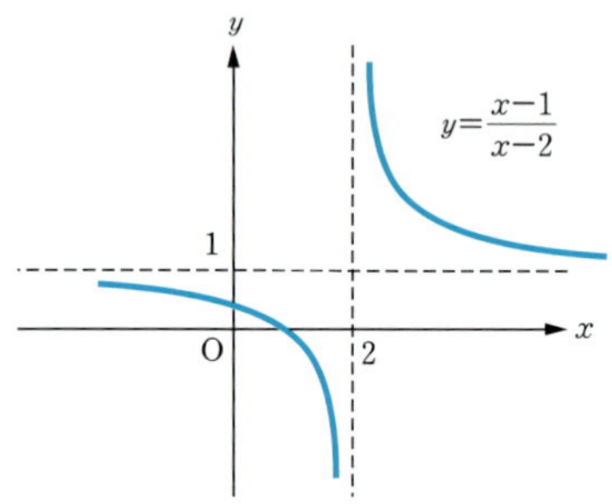

(b) $y=\dfrac{2x+3}{x+2}=-\dfrac{1}{x+2}+2$의 그래프는 $y=-\dfrac{1}{x}$의 그래프를 x축 방향으로 -2만큼, y축 방향으로 2만큼 평행이동하여 그린다.

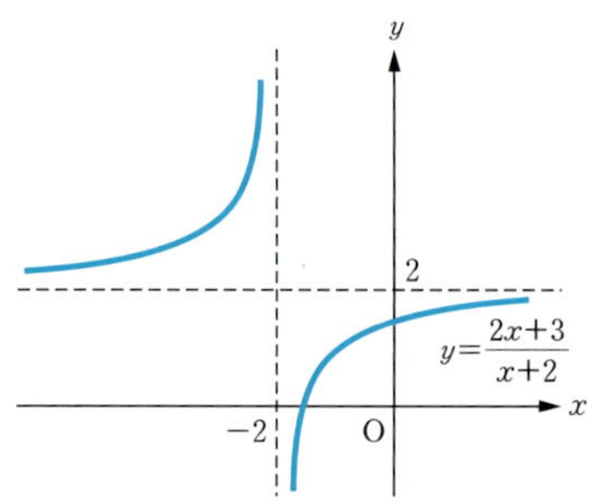

(c) $y=\dfrac{-6x+1}{3x}=\dfrac{1}{3x}-2$의 그래프는 $y=\dfrac{\frac{1}{3}}{x}$의 그래프를 x축 방향으로 0만큼, y축 방향으로 -2만큼 평행이동하여 그린다.

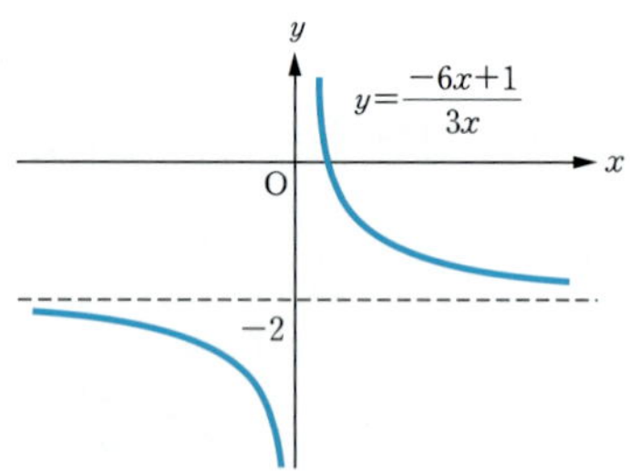

(d) $y=\dfrac{-6x+1}{-3x+2}=-\dfrac{3}{-3x+2}+2=\dfrac{1}{x-\dfrac{2}{3}}+2$의 그래프는 $y=\dfrac{1}{x}$의 그래프를 x축 방향으로 $\dfrac{2}{3}$만큼, y축 방향으로 2만큼 평행이동하여 그린다.

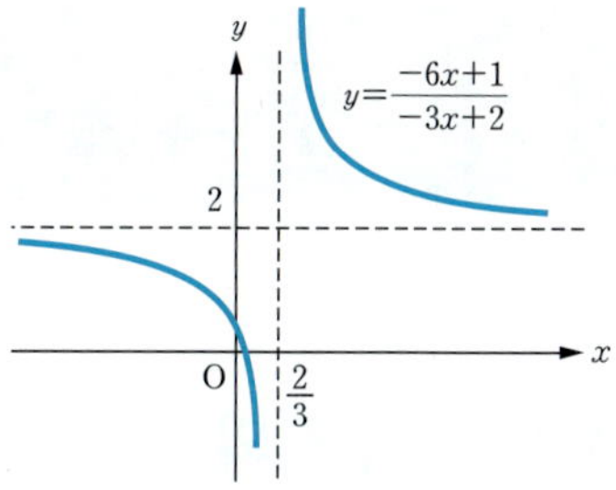

예제 1-10

$y=\dfrac{x+1}{x+1}$의 그래프를 그려라.

TIP 유리함수의 정의역을 확인하고 식을 간단히 한 후 그래프를 그린다.

풀이

$y=\dfrac{x+1}{x+1}=\begin{cases} 1, & x\neq -1 \\ \text{정의되지 않는다}, & x=-1 \end{cases}$ 이다. 따라서 $y=\dfrac{x+1}{x+1}$의 그래프는 다음과 같다.

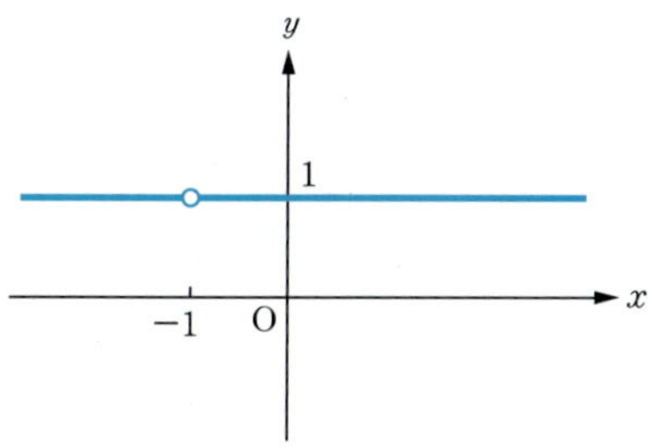

1.4 무리함수

무리함수의 정의

근호 안에 미지수가 포함된 식을 **무리식**irrational expression이라 한다. 무리함수는 무리식을 이용하여 다음과 같이 정의한다.

> **정의 1-8 무리함수**
> $y=f(x)$에서 $f(x)$가 x에 대한 무리식일 때 $y=f(x)$를 **무리함수**irrational function라 한다.

[정의 1-8]에 의하여 $y=\sqrt{x}+1$, $y=\sqrt{x+2}$, $y=\dfrac{x}{\sqrt{x-3}}$는 무리함수이지만, $y=\sqrt{2}\,x$는 근호 안에 미지수가 없으므로 무리함수가 아닌 유리함수이다.

예제 1-11

다음 함수가 무리함수인지 판정하라.

(a) $y=\dfrac{1}{2}x^2+\sqrt[3]{2}\,x$

(b) $y=x^2-3\sqrt{x}+5$

(c) $y=\dfrac{\sqrt[4]{2}\,x-5}{3}$

(d) $y=\dfrac{\sqrt[3]{x}+1}{\sqrt{x}}$

TIP 근호 안에 미지수가 있는지를 확인한다.

풀이

(a) $y=\dfrac{1}{2}x^2+\sqrt[3]{2}\,x$는 근호 안에 미지수가 없으므로 무리함수가 아니다.

(b) $y=x^2-3\sqrt{x}+5$는 근호 안에 미지수가 있으므로 무리함수이다.

(c) $y=\dfrac{\sqrt[4]{2}\,x-5}{3}$는 근호 안에 미지수가 없으므로 무리함수가 아니다.

(d) $y=\dfrac{\sqrt[3]{x}+1}{\sqrt{x}}$는 근호 안에 미지수가 있으므로 무리함수이다.

■ 무리함수의 정의역

무리함수의 정의역은 x의 차수에 따라 달라진다.

정리 1-3 무리함수의 정의역

무리함수 $f(x)=\sqrt[n]{\square}$의 정의역은 $n \geq 2$인 자연수 n에 따라 다음과 같이 달라진다.

(1) **n이 홀수일 때**

$f(x)$의 정의역은 $\square$의 정의역과 같다.

(2) **n이 짝수일 때**

$f(x)$의 정의역은 $\{x : \square \geq 0\}$이다.

$n=2$일 때에는 2를 생략하고 $f(x)=\sqrt[2]{\square}=\sqrt{\square}$로 나타낸다. 이 경우 [정리 1-3]의 (2)에 따라 근호 안의 값이 0 이상이 되게 하는 실수의 집합이 $f(x)$의 정의역이다.

예제 1-12

다음 무리함수의 정의역을 구하라.

(a) $f(x)=\sqrt{2x-6}$

(b) $g(x)=\sqrt[3]{2x-6}$

(c) $h(x)=\sqrt[4]{2-\dfrac{1}{2}x}$

(d) $k(x)=\sqrt[5]{2-\dfrac{1}{2}x}$

TIP $\sqrt[n]{\square}$에서 n이 홀수인지 짝수인지를 확인하고, [정리 1-3]을 이용한다.

풀이

(a) $f(x)$의 정의역은 $2x-6 \geq 0$을 만족하는 x들의 집합이므로, $\{x : x \geq 3\}$이다.

(b) $g(x)$의 정의역은 $y=2x-6$의 정의역과 같으므로 $\mathbb{R}$이다.

(c) $h(x)$의 정의역은 $2-\dfrac{1}{2}x \geq 0$을 만족하는 x들의 집합이므로, $\{x : x \leq 4\}$이다.

(d) $k(x)$의 정의역은 $y=2-\dfrac{1}{2}x$의 정의역과 같으므로 $\mathbb{R}$이다.

무리함수의 그래프

$a>0$일 때 무리함수의 그래프는 $y=\pm\sqrt{ax}$ 또는 $y=\pm\sqrt{-ax}$의 그래프를 그리고 이를 평행이동하여 완성한다.

■ $y = \pm\sqrt{ax}$, $y = \pm\sqrt{-ax}\,(a > 0)$의 그래프

가장 간단한 형태의 무리함수 $y = \sqrt{ax}$, $y = -\sqrt{ax}$, $y = \sqrt{-ax}$, $y = -\sqrt{-ax}$ 의 그래프는 원점을 지나며 다음과 같은 특징을 갖는다.

- $y = \sqrt{ax}$ 의 정의역은 $\{x : x \geq 0\}$이고, 그래프는 제1사분면에 그려진다.
- $y = -\sqrt{ax}$ 의 정의역은 $\{x : x \geq 0\}$이고, 그래프는 제4사분면에 그려진다.
- $y = \sqrt{-ax}$ 의 정의역은 $\{x : x \leq 0\}$이고, 그래프는 제2사분면에 그려진다.
- $y = -\sqrt{-ax}$ 의 정의역은 $\{x : x \leq 0\}$이고, 그래프는 제3사분면에 그려진다.

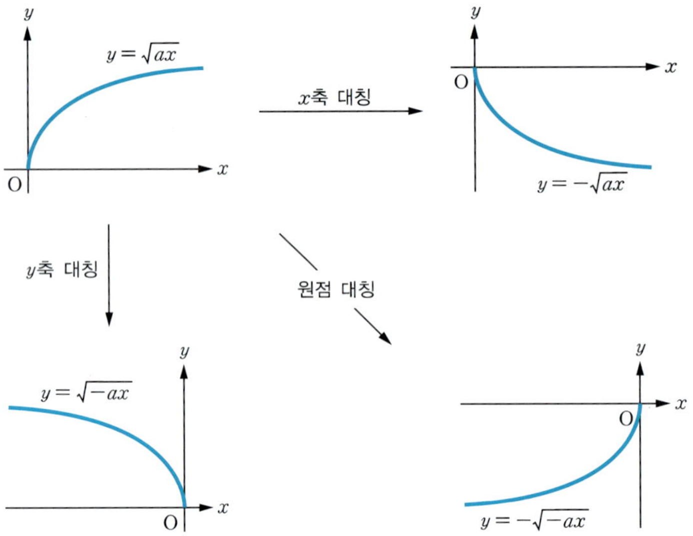

[그림 1-5] $y = \sqrt{ax}\ (a > 0)$ 그래프의 대칭이동 관계

■ $y = \pm\sqrt{a(x-b)} + c\ (a > 0)$의 그래프

$y = \pm\sqrt{a(x-b)} + c$의 그래프는 $y = \pm\sqrt{ax}$ 의 그래프를 x축 방향으로 b만큼, y축 방향으로 c만큼 평행이동하여 그린다. 예를 들어, $y = \sqrt{a(x-b)} + c\ (a > 0)$의 그래프는 [그림 1-6]과 같이 $y = \sqrt{ax}$ 의 그래프를 평행이동하여 그린다.

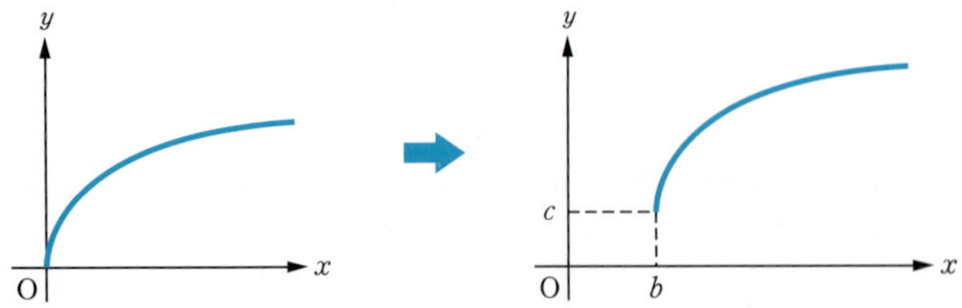

[그림 1-6] $y = \sqrt{a(x-b)} + c\ (a > 0)$의 그래프

같은 방법으로 $a<0$인 경우에도 $y=\pm\sqrt{ax}$, $y=\pm\sqrt{-ax}$의 그래프를 그린 후 평행이동하면 원하는 그래프를 그릴 수 있다.

예제 1-13

다음 무리함수의 그래프를 그려라.

(a) $y=\sqrt{3x-6}+1$

(b) $y=\sqrt{-2x+4}-1$

(c) $y=-\sqrt{x-2}+1$

(d) $y=-\sqrt{-x+3}-2$

TIP 주어진 무리함수를 $y=\sqrt{a(x-b)}+c$ 또는 $y=-\sqrt{a(x-b)}+c$의 꼴로 나타낸다.

풀이

(a) $y=\sqrt{3x-6}+1=\sqrt{3(x-2)}+1$의 그래프는 $y=\sqrt{3x}$의 그래프를 x축 방향으로 2만큼, y축 방향으로 1만큼 평행이동하여 그린다.

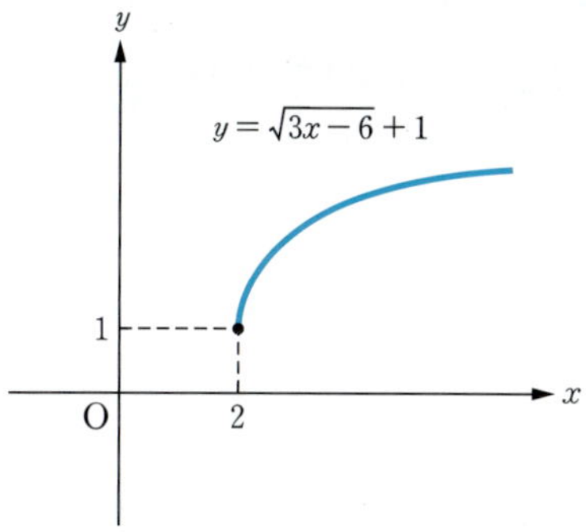

(b) $y=\sqrt{-2x+4}-1=\sqrt{-2(x-2)}-1$의 그래프는 $y=\sqrt{-2x}$의 그래프를 x축 방향으로 2만큼, y축 방향으로 -1만큼 평행이동하여 그린다.

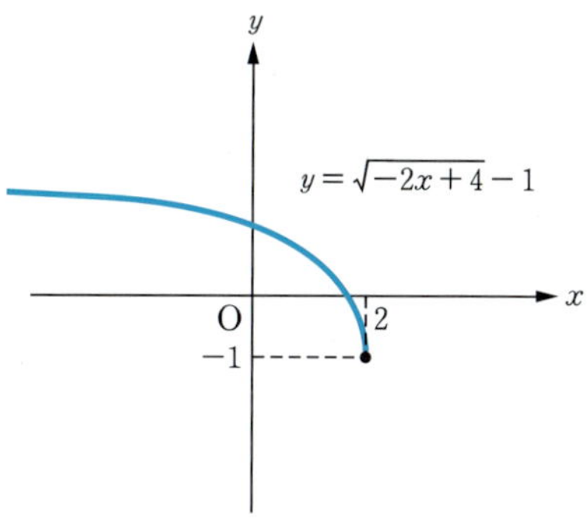

(c) $y=-\sqrt{x-2}+1$의 그래프는 $y=-\sqrt{x}$의 그래프를 x축 방향으로 2만큼, y축 방향으로 1만큼 평행이동하여 그린다.

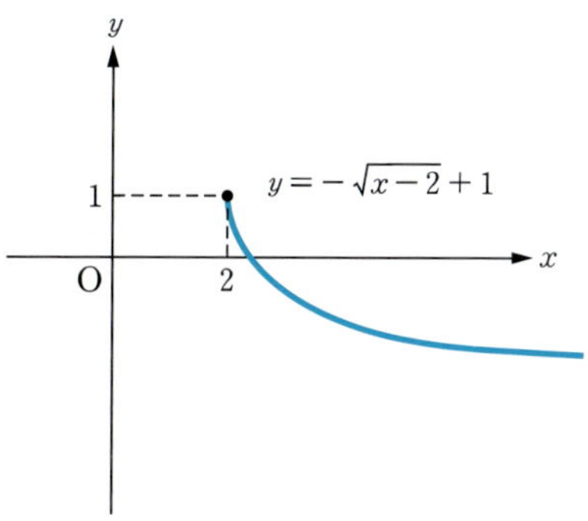

(d) $y=-\sqrt{-x+3}-2=-\sqrt{-(x-3)}-2$의 그래프는 $y=-\sqrt{-x}$의 그래프를 x축 방향으로 3만큼, y축 방향으로 -2만큼 평행이동하여 그린다.

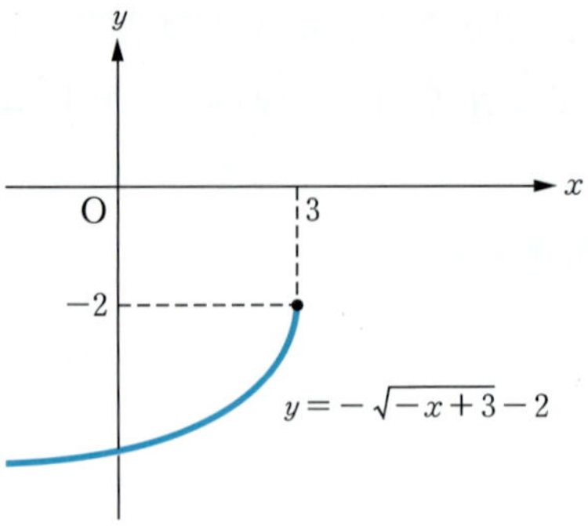

예제 1-14

다음 무리함수의 그래프를 그려라.

(a) $y=\sqrt{\sqrt{2}\,x+\sqrt{6}}+1$ (b) $y=-\sqrt{\sqrt{3}x-3}+\sqrt{2}$

TIP 주어진 무리함수를 $y=\sqrt{a(x+b)}+c$ 또는 $y=-\sqrt{a(x-b)}+c$의 꼴로 나타낸다.

풀이

(a) $y=\sqrt{\sqrt{2}\,x+\sqrt{6}}+1=\sqrt{\sqrt{2}\,(x+\sqrt{3})}+1$의 그래프는 $y=\sqrt{\sqrt{2}\,x}$의 그래프를 x축 방향으로 $-\sqrt{3}$만큼, y축 방향으로 1만큼 평행이동하여 그린다.

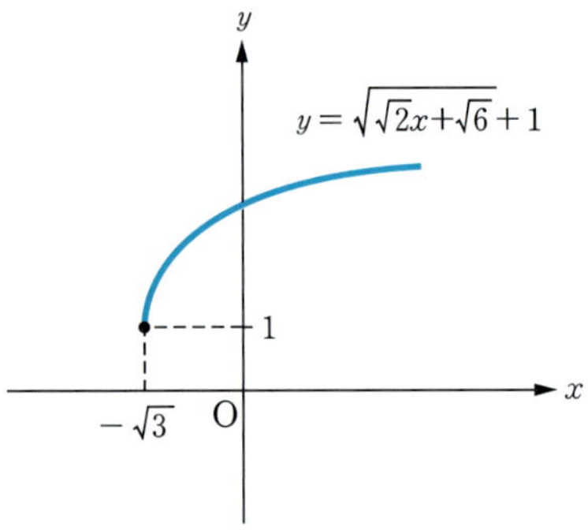

(b) $y=-\sqrt{\sqrt{3}x-3}+\sqrt{2}=-\sqrt{\sqrt{3}\,(x-\sqrt{3})}+\sqrt{2}$의 그래프는 $y=-\sqrt{\sqrt{3}\,x}$의 그래프를 x축 방향으로 $\sqrt{3}$만큼, y축 방향으로 $\sqrt{2}$만큼 평행이동하여 그린다.

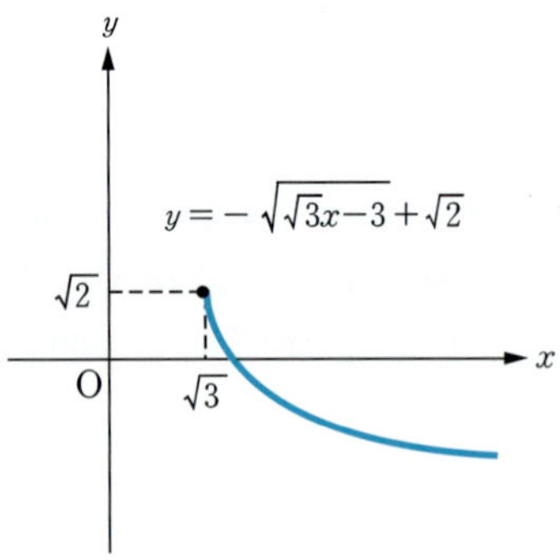

1.5 공학 문제

화씨온도와 섭씨온도

온도를 나타내는 대표적인 방법으로, 화씨온도(°F)와 섭씨온도(°C)가 있다. **화씨온도**(°F)는 얼음이 녹는점을 32°F, 물이 끓는점을 212°F로 하여 그 사이를 180등분한 온도 단위이고, **섭씨온도**(°C)는 얼음이 녹는점을 0°C, 물이 끓는점을 100°C로 하여 그 사이를 100등분한 온도 단위이다. 화씨온도 F와 섭씨온도 C 사이에는 다음과 같은 관계가 성립한다.

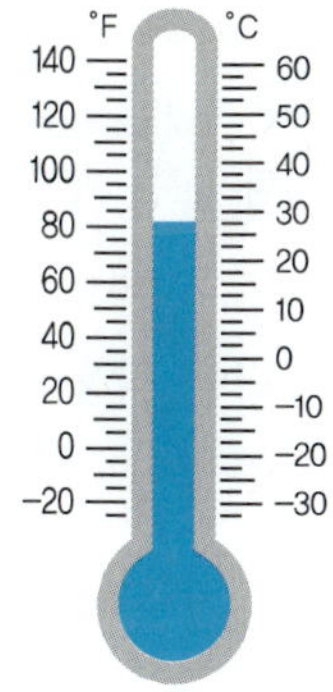

[그림 1-7] 화씨온도와 섭씨온도

$$F = \frac{9}{5}C + 32$$

예제 1-15

다음 물음에 답하라.

(a) 화씨온도와 섭씨온도의 관계를 $C = aF + b$로 나타낼 때, a와 b의 값을 구하라.

(b) 섭씨온도 100°C를 화씨온도로 변환하라.

(c) 화씨온도 100°F를 섭씨온도로 변환하라. 이때 섭씨온도를 소수점 아래 첫째 자리까지의 근삿값으로 나타내라.

TIP 본문에 주어진 식을 C에 대하여 나타내려면 32를 좌변으로 이항하고 양변에 $\frac{5}{9}$를 곱한다.

풀이

(a) $F = \frac{9}{5}C + 32$에서 우변의 32를 좌변으로 이항하면 $F - 32 = \frac{9}{5}C$이다. 이 식의 양변에 $\frac{5}{9}$를 곱하면 $\frac{5}{9}F - \frac{160}{9} = C$이다. 따라서 $a = \frac{5}{9}$이고 $b = -\frac{160}{9}$이다.

(b) $C = 100$을 $F = \frac{9}{5}C + 32$에 대입하면 $F = 212$이므로 화씨온도로 212°F이다.

(c) $F = 100$을 $\frac{5}{9}F - \frac{160}{9} = C$에 대입하면 $C = \frac{340}{9}$이고, C를 소수점 아래 첫째 자리까지의 근삿값으로 나타내면 $C = \frac{340}{9} \approx 37.8$°C이다.

등속 원운동

등속 원운동이란 원형 궤도를 일정한 속력으로 움직이는 물체의 운동을 말한다. 등속 원운동에서 속력은 변함없이 일정하지만, 방향이 바뀌기 때문에 속도는 변한다. 따라서 가속도가 존재하고 이를 식으로 나타내면 다음과 같다.

$$a = \frac{v^2}{r}$$

이때 a는 구심 가속도centripetal acceleration, v는 물체의 속도, r은 원의 반지름을 나타낸다. [그림 1-8]을 보면 원형 궤도의 접선 방향으로 운동하는 물체에 중심 방향으로 향하는 구심력이 작용하여 물체가 원형 궤도를 따라 운동함을 알 수 있다.

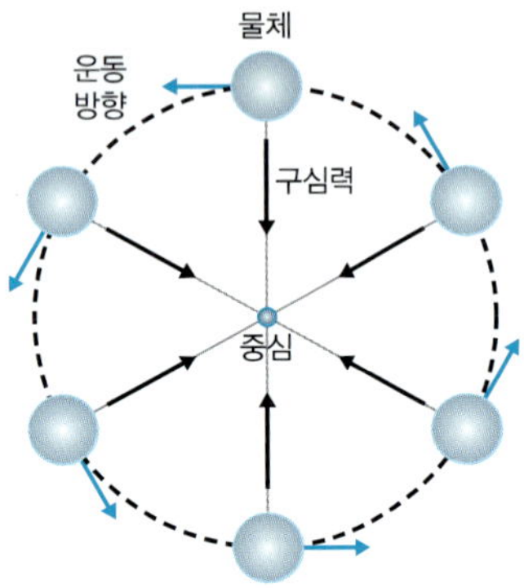

[그림 1-8] **등속 원운동**

예제 1-16

원형 도로 위에 자동차가 달리고 있다. 중력 가속도가 $g = 9.8\,\text{m/s}^2$일 때, 다음 물음에 답하라.

(a) 반지름이 $100\,\text{m}$인 원형 도로에서 자동차의 바퀴가 미끄러지지 않고 돌 수 있는 가속도가 $0.6g\,\text{m/s}^2$일 때, 자동차가 안전하게 회전할 수 있는 최대 속력을 구하라.

(b) 자동차의 바퀴가 미끄러지지 않고 돌 수 있는 가속도가 $0.8g\,\text{m/s}^2$이고 안전하게 회전할 수 있는 최대 속력이 $20\,\text{m/s}$일 때, 자동차가 안전하게 회전할 수 있는 원형 도로의 최소 반지름을 소수점 아래 둘째 자리까지의 근삿값으로 나타내라.

TIP (a)에서는 등속 원운동 공식을 v^2에 대하여 정리하고, (b)에서는 등속 원운동 공식을 r에 대하여 정리한다.

풀이

(a) 등속 원운동 공식을 v^2에 대하여 정리하여 풀면

$$v^2 = ar = 0.6 \times 9.8 \times 100 = 588\,\mathrm{m^2/s^2}$$

이다. 따라서 자동차가 안전하게 회전할 수 있는 최대 속력은 $v = \sqrt{588} = 2\sqrt{147}\,\mathrm{m/s}$ 이다.

(b) 등속 원운동 공식을 r에 대하여 정리하여 풀면

$$r = \frac{v^2}{a} = \frac{20^2}{0.8 \times 9.8} \approx 51.02\,\mathrm{m}$$

이다. 따라서 자동차가 안전하게 회전할 수 있는 원형 도로의 최소 반지름은 약 51.02 m 이다.

만유인력의 법칙

뉴턴은 1687년에 발표한 논문 〈자연철학의 수학적 원리〉를 통해 만유인력의 법칙을 처음 소개하였다. **만유인력의 법칙**law of universal gravitation은 질량을 가진 물체 사이에 작용하는 힘을 설명하는 법칙이다. 질량이 각각 m_1, m_2인 두 물체 사이의 거리가 r일 때, 두 물체 사이에 작용하는 만유인력의 법칙은 다음과 같이 표현한다.

$$F = G\frac{m_1 m_2}{r^2}$$

여기서 F는 두 물체 사이의 중력의 크기이고 G는 중력 상수이다.

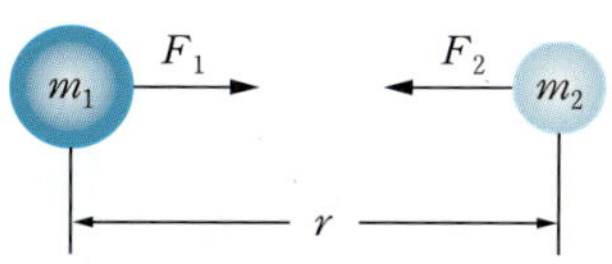

[그림 1-9] 만유인력의 법칙

예제 1-17

두 명의 남자가 일정한 거리를 두고 서있다. 중력 상수가 $G = 6.67 \times 10^{-11}\,\mathrm{N \cdot m^2/kg^2}$일 때, 다음 물음에 답하라.

(a) 서로 2m만큼 떨어져 있는 60kg의 남자와 56kg의 남자 사이의 중력을 구하라.

(b) 90kg의 남자와 72kg의 남자 사이의 중력이 (a)에서 구한 중력과 같을 때, 두 남자 사이의 거리를 구하라.

TIP 만유인력의 법칙을 이용하여 거리에 대한 이차방정식을 만들어서 해를 구한다.

풀이

(a) 만유인력의 법칙에 의하여

$$F = G\frac{m_1 m_2}{r^2} = 6.67 \times 10^{-11} \times \frac{60 \times 56}{2^2} = 5.6028 \times 10^{-8}\,\mathrm{N}$$

이다.

(b) 90kg의 남자와 72kg의 남자 사이의 거리를 rm이라 하면 만유인력의 법칙에 의하여

$$F = G\frac{60 \times 56}{2^2} = G\frac{90 \times 72}{r^2}$$

이므로 $840 = \frac{6480}{r^2}$이다.

따라서 구하고자 하는 거리는 $r = \sqrt{\frac{6480}{840}} = \sqrt{\frac{54}{7}} = \frac{\sqrt{378}}{7}$ m이다.

진자 운동

진자pendulum란 중력이 미치는 곳에서 자유롭게 흔들릴 수 있도록 한 점에 고정된 상태로 매달려 있는 물체이다. 진자가 움직이는 것을 진자 운동이라 하며, 진자의 주기[2]는 진자의 길이 l에 영향을 받는다. 진자 운동은 지구 중력에 의해 발생하는 것으로, 이를 통해 자연계의 중요한 특성을 알 수 있다. 진자의 길이가 l인 진자가 왕복하는 데 걸리는 시간 t는 다음과 같다. 이때 g는 중력 가속도이다.

[그림 1-10] 진자

$$t = 2\pi\sqrt{\frac{l}{g}}$$

2 주기는 진동현상에서 진동이 한 번 이루어지는 데 걸리는 시간이다.

예제 1-18

다음 물음에 답하라(단, $g = 9.8\,\mathrm{m/s^2}$ 이다).

(a) 진자가 왕복하는 데 걸리는 시간을 4 배로 늘리려면 진자의 길이는 어떻게 해야 하는지 설명하라.

(b) 처음 길이가 $2l$ 인 진자의 길이를 줄여서 진자의 길이가 $0.25l$ 이 되었을 때, 진자가 왕복하는 데 걸리는 시간은 처음보다 얼마나 줄어드는지를 소수점 아래 둘째 자리까지의 근삿값으로 나타내라.

TIP $t = 2\pi\sqrt{\frac{l}{g}}$ 에서 $4t$ 가 될 때 l의 값을 구하고, l의 값을 $0.25l$으로 바꾸었을 때 t의 값을 구한다.

풀이

(a) 진자가 왕복하는 데 걸리는 시간이 $4t$ 일 때, 진자의 길이를 l_1이라 하면

$$4t = 2\pi\sqrt{\frac{l_1}{9.8}}$$

이고 $t = 2\pi\sqrt{\frac{l}{9.8}}$ 이므로 위 식에 대입하면 $l_1 = 16l$ 이다. 따라서 진자가 왕복하는 데 걸리는 시간을 4배로 늘리려면, 진자의 길이를 처음보다 16배 늘려야 한다.

(b) 진자의 길이가 $2l$ 일 때 진자가 왕복하는 데 걸리는 시간을 t_0라 하면

$$t_0 = 2\pi\sqrt{\frac{2l}{9.8}}$$

이다. 진자의 길이가 $0.25l$ 로 줄어들었을 때 진자가 왕복하는 데 걸리는 시간을 t_1이라 하면

$$t_1 = 2\pi\sqrt{\frac{0.25l}{9.8}} = 2\pi\sqrt{\frac{\frac{1}{8}\cdot 2l}{9.8}} = \sqrt{\frac{1}{8}}\cdot 2\pi\sqrt{\frac{2l}{9.8}} = \sqrt{\frac{1}{8}}\,t_0 = \frac{\sqrt{2}}{4}\,t_0$$

이다. 따라서 진자의 길이가 $2l$ 에서 $0.25l$ 로 줄어들었을 때, 진자가 왕복하는 데 걸리는 시간은 처음 시간의 $\frac{\sqrt{2}}{4}$ 배이고, 이를 소수점 아래 둘째 자리까지의 근삿값으로 나타내면 $\frac{\sqrt{2}}{4} \approx 0.35$ 이다.

이도

전력공학에서 전선을 지지물에 가설할 때, 외부 환경에 노출된 전선의 길이가 변화하는 것을 감안하여 이도를 주어 케이블을 늘어뜨려 설치한다. **이도**dip란 전선이 전선의 지지점을 연결하는 수평선으로부터 밑으로 내려가 있는 길이이다.

지지물 간의 거리를 xm, 전선의 실제 길이를 ym, 이도를 dm라 할 때, 다음과 같은 관계식이 성립한다.

$$y = x + \frac{8d^2}{3x}$$

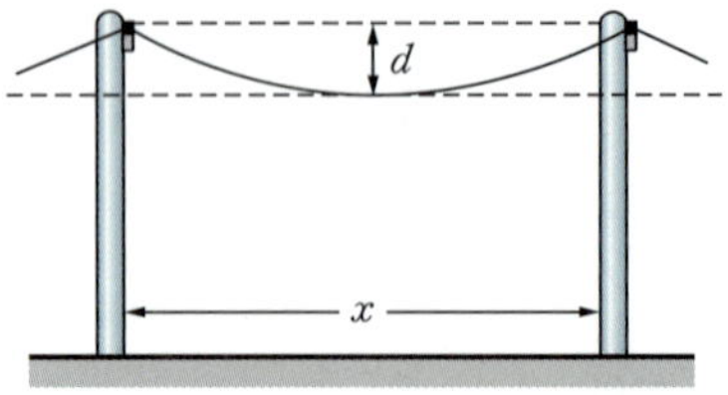

[그림 1-11] **전선의 이도**

예제 1-19

이도가 6m일 때, xm 떨어진 두 지점을 연결하는 늘어진 전선의 실제 길이 ym는 다음과 같이 표현된다.

$$y = x + \frac{96}{x}$$

늘어진 전선의 실제 길이가 22m일 때, 두 지점 사이의 거리를 구하라(단, 두 지점 사이의 거리는 7m 이상이다).

TIP 케이블 길이에 대한 식에 $y = 22$를 대입하고 양변에 x를 곱하여 이차방정식을 만들어 해를 구한다.

풀이

$22 = x + \frac{96}{x}$의 양변에 x를 곱하면 $22x = x^2 + 96$이다. 따라서 $x^2 - 22x + 96 = 0$이므로 $(x-6)(x-16) = 0$으로부터 $x = 6$ 또는 $x = 16$이다. 이때 두 지점 사이의 거리는 7m 이상이므로 두 지점 사이의 거리는 16m이다.

Chapter 01 연습문제

1.1 $A=x^2-3xy$, $B=2+xy+x^3$일 때, 다음 식을 x에 대한 내림차순으로 정리하라.

(a) $2A+4B$　　(b) $5A-B$

(c) A^2　　(d) $2AB$

1.2 다음 함수가 x에 대한 다항함수인지 판정하라.

(a) $y=\dfrac{x-1}{x^2}$　　(b) $y=\sqrt{2}\,x^3+\pi x+\dfrac{1}{2}$

(c) $y=\dfrac{1}{\sqrt{5}}x-\dfrac{3}{x}$　　(d) $y=x^2+x\sqrt{x}+1$

1.3 다음 두 점을 지나는 일차함수를 구하라.

(a) $(2,\ 3)$, $(4,\ 5)$　　(b) $(2,\ -6)$, $(-1,\ 3)$

(c) $(4,\ 0)$, $(0,\ -1)$　　(d) $(0,\ -3)$, $(2,\ 0)$

1.4 다음 일반형 이차함수를 표준형 이차함수로 나타내라.

(a) $y=x^2+6x+1$　　(b) $y=-x^2-4x+2$

(c) $y=2x^2-3x+4$　　(d) $y=-3x^2-2x+1$

1.5 다음 이차함수의 그래프를 그려라.

(a) $y=2(x+1)^2+2$　　(b) $y=-(x-2)^2-3$

(c) $y=x^2-3x+4$　　(d) $y=-2x^2+3x$

1.6 다음 함수가 x에 대한 유리함수인지 무리함수인지 판정하라.

(a) $y=\dfrac{1}{x}+\sqrt{x}+x^3$　　(b) $y=\sqrt{2}\,x^2-3x-\dfrac{1}{2}$

(c) $y=\dfrac{1}{\sqrt{2}}x+\dfrac{3}{x^2}$　　(d) $y=x^3-3x^{\frac{3}{2}}+1$

1.7 다음 유리함수의 정의역을 구하라.

(a) $y = -\frac{1}{3}x^2 + 1$

(b) $y = \frac{3x^2+1}{x^2-1}$

(c) $y = \frac{2x^2-3}{x^2+1}$

(d) $y = \frac{x}{x}$

1.8 다음 유리함수의 그래프를 그려라.

(a) $y = \frac{x-4}{x-1}$

(b) $y = \frac{x+2}{x}$

(c) $y = \frac{2x+1}{-x+3}$

(d) $y = \frac{3x-1}{-x-2}$

1.9 다음 무리함수의 정의역을 구하라.

(a) $y = \sqrt{x^2-9}$

(b) $y = \sqrt[3]{x^2-9}$

(c) $y = \sqrt[4]{3-x^2}$

(d) $y = \sqrt[5]{3-x^2}$

1.10 다음 무리함수의 그래프를 그려라.

(a) $y = \sqrt{2x+4}$

(b) $y = -\sqrt{x+2}$

(c) $y = \sqrt{6-4x}$

(d) $y = -\sqrt{-3-6x}$

1.11 갈릴레오 갈릴레이Galileo Galilei는 자유낙하 실험을 통해 t초 후의 물체의 낙하거리 $S(t)$는 다음과 같음을 발견하였다.

$$S(t) = \frac{1}{2}gt^2$$

다음 물음에 답하라(단, $g = 9.8\,\mathrm{m/s^2}$이다).

(a) 낙하거리가 1m가 되는 데 걸리는 시간 t를 소수점 아래 둘째 자리까지의 근삿값으로 나타내라.

(b) 낙하거리가 4m가 되는 지점부터 8m가 되는 지점까지 물체가 떨어지는 데 걸리는 시간 t를 소수점 아래 둘째 자리까지의 근삿값으로 나타내라.

1.12 공을 $40\,\mathrm{m/s}$의 속도로 공중으로 던졌을 때 t초 후 공의 높이가 다음과 같다.

$$y = 40t - 16t^2$$

(a) 공이 가장 높이 올라갔을 때의 시간 t를 구하라.
(b) 공이 가장 높이 올라갔을 때의 높이를 구하라.

1.13 A와 B의 몸무게는 각각 $60\,\mathrm{kg}$, $40\,\mathrm{kg}$이고 두 사람 사이의 거리는 $7\,\mathrm{m}$이다. 또한 C와 D의 몸무게는 각각 $50\,\mathrm{kg}$, $x\,\mathrm{kg}$이고 두 사람 사이의 거리는 $6\,\mathrm{m}$이다. A와 B 사이의 중력과 C와 D 사이의 중력이 같다고 할 때, x 값을 소수점 아래 둘째 자리까지의 근삿값으로 나타내라.

1.14 처음 길이가 $0.125l$인 진자의 길이를 늘려서 진자의 길이가 $4l$이 되었을 때, 진자가 왕복하는 데 걸리는 시간은 처음보다 얼마나 늘어나는지를 소수점 아래 둘째 자리까지의 근삿값으로 나타내라.

1.15 다음 물음에 답하라.

(a) $x\,\mathrm{m}$ 떨어진 두 지점을 연결하는 늘어진 전선의 실제 길이가 $y\,\mathrm{m}$일 때, y를 x에 대한 식으로 나타내라(단, 이도는 $3\,\mathrm{m}$이다).
(b) 늘어진 전선의 실제 길이가 $11\,\mathrm{m}$일 때 두 지점 사이의 거리를 구하라(단, 두 지점 사이의 거리는 $4\,\mathrm{m}$ 이상이다).

Chapter 02

지수함수와 로그함수

Exponential Function and Logarithmic Function

CONTENTS

학습목표

- 지수함수와 로그함수의 정의를 이해한다.
- 지수함수와 로그함수의 그래프를 그리는 방법을 학습하고 기본 성질을 익힌다.
- 지수함수, 로그함수와 관련된 방정식과 부등식의 풀이법을 익힌다.
- 지수함수, 로그함수와 관련된 공학 문제를 학습한다.

반감기half life란 어떤 물질이 붕괴되어 원래 양의 절반으로 줄어드는 데 필요한 시간을 말한다. 물질의 반감기를 계산하는 공식은 다음과 같다.

$$N(t) = N(0) \cdot \left(\frac{1}{2}\right)^{\frac{t}{T}}$$

이때 $N(0)$은 처음 물질의 양, $N(t)$는 t년 후 남은 물질의 양, t는 경과 시간, T는 반감기이다.

방사성 핵분열 생성물 중 세슘Cesium−137은 환경에 오랫동안 큰 위험을 끼친다. 원자력 발전소 사고와 관련하여 자주 언급되는 세슘−137에 과다하게 노출되면 근육에 작용하여 암과 백혈병 등을 유발한다.

〈출처〉 https://www.pixabay.com

2011년에 발생한 일본 원자력 발전소 사고로 유출된 세슘은 반감기가 30년이므로, 30년이 지난 2040년과 60년이 지난 2070년에 다음과 같이 남게 된다.

$$N(30) = N(0) \cdot \left(\frac{1}{2}\right)^{\frac{30}{30}} = \frac{1}{2}N(0)$$
$$N(60) = N(0) \cdot \left(\frac{1}{2}\right)^{\frac{60}{30}} = \frac{1}{4}N(0)$$

위 식으로부터 2040년에는 처음 양의 $\frac{1}{2}$이, 2070년에는 처음 양의 $\frac{1}{4}$이 여전히 남아 있을 것으로 예측할 수 있다.

2.1 지수함수

지수함수의 정의

반감기뿐만 아니라 은행 이자 계산 등 실생활에서 다양하게 활용되는 지수함수는 다음과 같이 정의한다.

정의 2-1 지수함수

$a>0$이고 $a\neq 1$이라 하자. x가 실수일 때,

$$y=a^x$$

을 **지수함수** exponential function 라 한다. 이때 a를 **밑** 또는 **밑수** base, x를 **지수** exponent 라 한다.

예를 들어, 밑수가 1이 아닌 양수이고 지수에 미지수를 포함한 $y=2^{x^2-1}$, $y=-\left(\frac{1}{3}\right)^{\frac{1}{2}x+1}$은 모두 지수함수이지만, $y=(-3)^x$은 밑수가 음수이므로 지수함수가 아니다.

예제 2-1

다음 함수가 지수함수인지 판정하라.

(a) $y=5^{x^2-x}$ (b) $y=\left(\frac{1}{3}\right)^{-x-\frac{1}{4}}$ (c) $y=(-4)^{2x+3}$ (d) $y=-6^{-x^3}$

TIP 지수함수는 [정의 2-1]의 밑수 조건을 만족해야 한다.

풀이

(a) 밑수가 5이므로 $y=5^{x^2-x}$은 지수함수이다.

(b) 밑수가 $\frac{1}{3}$이므로 $y=\left(\frac{1}{3}\right)^{-x-\frac{1}{4}}$은 지수함수이다.

(c) 밑수가 -4이므로 $y=(-4)^{2x+3}$은 지수함수가 아니다.

(d) 밑수가 6이므로 $y=-6^{-x^3}$은 지수함수이다.

지수함수의 그래프

■ $y = a^x\,(a > 0,\ a \neq 1)$의 그래프

$y = a^x$의 그래프는 밑수가 $a > 1$인 경우와 $0 < a < 1$인 경우로 나누어 그린다. 지수함수의 그래프와 그 특징은 다음과 같다.

[표 2-1] $y = a^x\,(a > 0,\ a \neq 1)$의 그래프와 특징

	$a > 1$	$0 < a < 1$
그래프	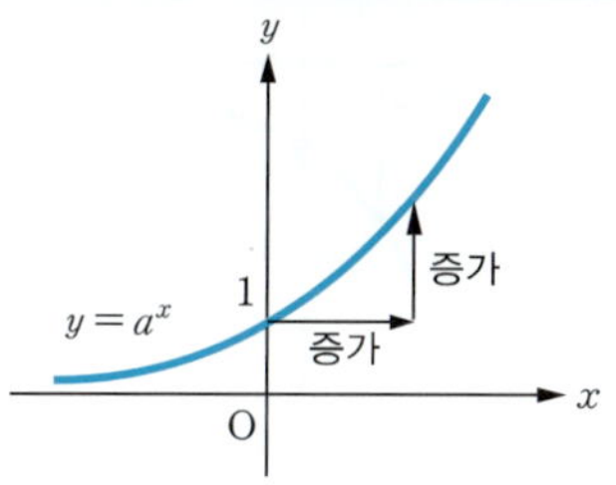	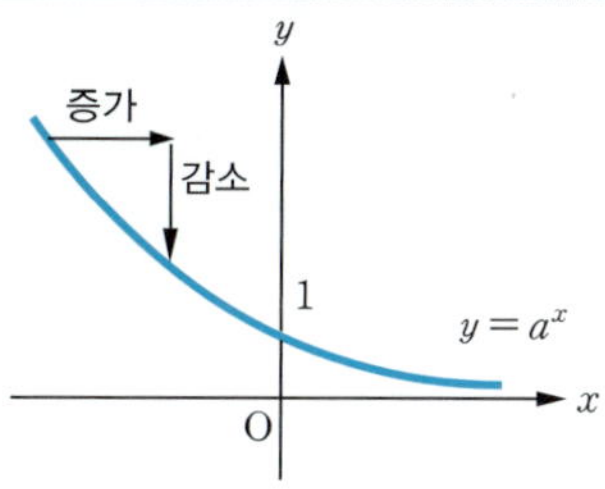
특징	• x값이 증가하면 y값도 증가한다.	• x값이 증가하면 y값은 감소한다.
	• 정의역은 $\mathbb{R}$, 치역은 $\{y : y > 0\}$이다. • 두 점 $(0,\ 1)$, $(1,\ a)$를 지난다. • 점근선은 x축이다.	

■ $y = a^x\,(a > 1)$ 그래프의 대칭이동

$y = a^x$을 y축 대칭이동하면 $y = a^{-x}$이 되고, x축 대칭이동하면 $y = -a^x$이 되며, 원점 대칭이동하면 $y = -a^{-x}$이 된다. $y = a^{-x}$, $y = -a^x$, $y = -a^{-x}$의 정의역은 $\mathbb{R}$이며, 그래프는 $y = a^x$의 그래프를 대칭이동하여 그린다.

- $y = a^{-x} = \left(\dfrac{1}{a}\right)^x$의 치역은 $\{y : y > 0\}$이고, $y = a^x$의 그래프와 y축 대칭이다.
- $y = -a^x$의 치역은 $\{y : y < 0\}$이고, $y = a^x$의 그래프와 x축 대칭이다.
- $y = -a^{-x} = -\left(\dfrac{1}{a}\right)^x$의 치역은 $\{y : y < 0\}$이고, $y = a^x$의 그래프와 원점 대칭이다.

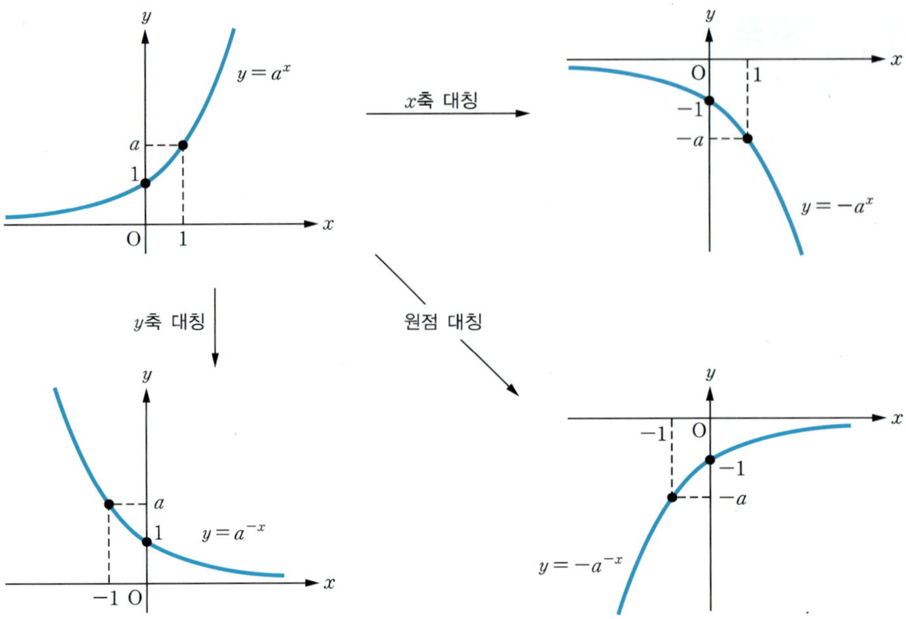

[그림 2-1] $y=a^x$ $(a>1)$ 그래프의 대칭이동 관계

$y=a^x$ $(0<a<1)$의 그래프도 [그림 2-1]과 같은 대칭이동 관계를 갖는다.

예제 2-2

다음 지수함수의 그래프를 그려라.

(a) $y=3^x$ (b) $y=4^{-x}$ (c) $y=-5^x$ (d) $y=-6^{-x}$

TIP 지수함수의 밑수 조건을 확인한 후 그래프를 그린다.

풀이

(a)

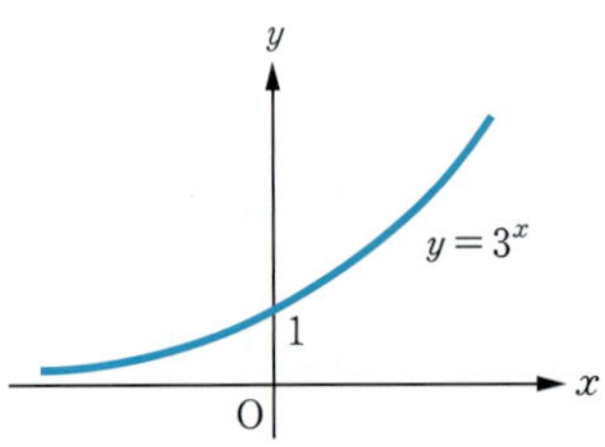

(b)

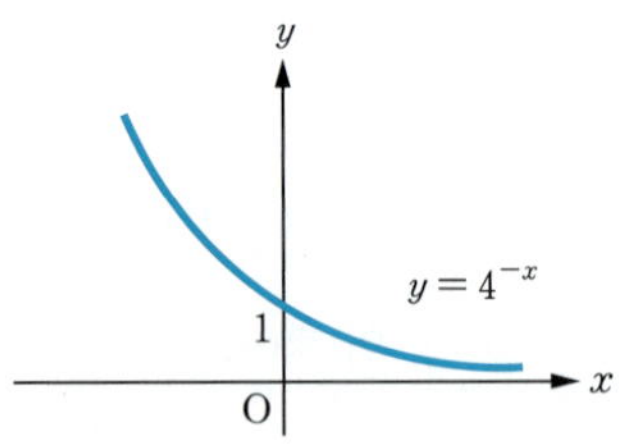

(c)

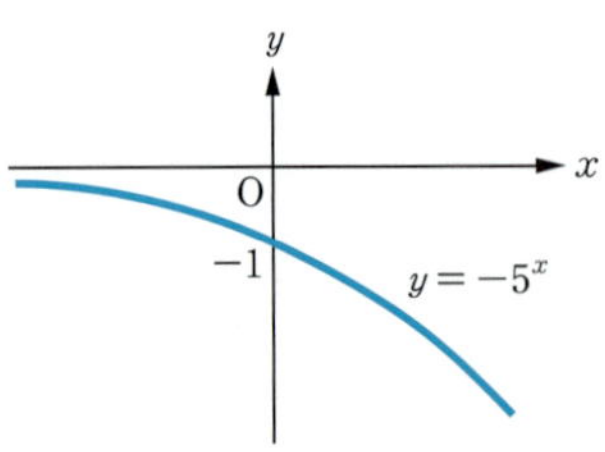

(d)

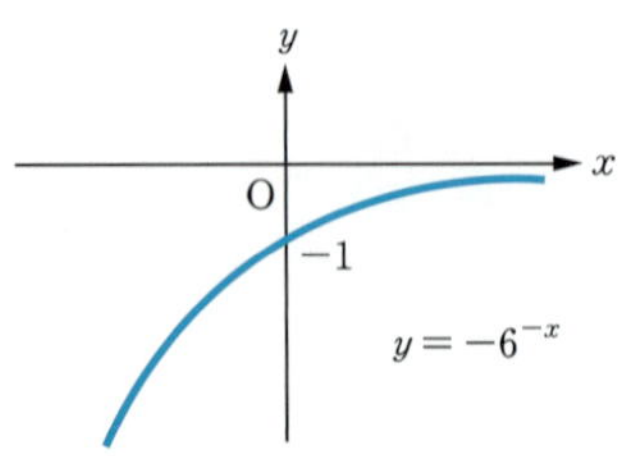

지수함수를 이용한 대소 비교

지수함수를 이용하여 두 수의 크기를 비교할 수 있다.

정리 2-1 지수함수를 이용한 대소 비교법

[1단계] 두 수의 밑수를 같게 만든다.

[2단계] 밑수의 범위에 따라 다음과 같이 판정한다.

- 밑수가 1보다 클 때, 지수가 큰 수가 둘 중 더 큰 수이다.
- 밑수가 1보다 작은 양수일 때, 지수가 큰 수가 둘 중 더 작은 수이다.

[정리 2-1]을 이용하여 $\sqrt[3]{25}$, $\sqrt[6]{125}$의 대소를 비교해보자.

[1단계] 두 수의 밑수를 5로 같게 만들면,

$$\sqrt[3]{25}=25^{\frac{1}{3}}=(5^2)^{\frac{1}{3}}=5^{\frac{2}{3}},\quad \sqrt[6]{125}=125^{\frac{1}{6}}=(5^3)^{\frac{1}{6}}=5^{\frac{1}{2}}$$

이다.

[2단계] 두 수의 밑수가 모두 5이므로, 지수가 큰 수가 둘 중 더 큰 수이다.

따라서 $\frac{2}{3}>\frac{1}{2}$이므로 $\sqrt[3]{25}>\sqrt[6]{125}$이다.

예제 2-3

다음 두 수의 대소를 비교하라.

(a) $\sqrt[3]{7}$, $\sqrt[5]{49}$

(b) $\sqrt{0.9}$, $\sqrt[3]{0.81}$

TIP [정리 2-1]의 대소 비교법을 이용한다.

풀이

(a) [1단계] $\sqrt[3]{7}=7^{\frac{1}{3}}$이고 $\sqrt[5]{49}=(49)^{\frac{1}{5}}=(7^2)^{\frac{1}{5}}=7^{\frac{2}{5}}$이다.

[2단계] 두 수의 밑수가 모두 7이므로, 지수가 큰 수가 둘 중 더 큰 수이다.

따라서 $\frac{1}{3}<\frac{2}{5}$이므로 $\sqrt[3]{7}<\sqrt[5]{49}$이다.

(b) [1단계] $\sqrt{0.9}=(0.9)^{\frac{1}{2}}$이고 $\sqrt[3]{0.81}=(0.81)^{\frac{1}{3}}=((0.9)^2)^{\frac{1}{3}}=(0.9)^{\frac{2}{3}}$이다.

[2단계] 두 수의 밑수가 모두 0.9이므로, 지수가 큰 수가 둘 중 더 작은 수이다.

따라서 $\frac{1}{2}<\frac{2}{3}$이므로 $\sqrt{0.9}>\sqrt[3]{0.81}$이다.

2.2 지수방정식과 지수부등식의 풀이법

지수방정식의 풀이법

지수에 미지수가 포함된 방정식을 **지수방정식**exponential equation이라 한다. 양변의 밑수가 같거나 지수가 같은 경우 다음과 같이 지수방정식의 해를 구한다.

정리 2-2 지수방정식의 풀이법

(1) **밑수가 같은 경우**

$a > 0$, $a \neq 1$일 때, $a^{f(x)} = a^{g(x)}$이면 $f(x) = g(x)$를 푼다.

(2) **지수가 같은 경우**

$a > 0$, $a \neq 1$, $b > 0$, $b \neq 1$일 때, 다음 중 하나가 성립한다.

- $a^{f(x)} = b^{f(x)}$이면 $a = b$이다.
- $a^{f(x)} = b^{f(x)}$이고 $a \neq b$이면 $f(x) = 0$을 푼다.

지수방정식을 풀 때, [정리 2-2]를 이용하여 밑수가 같은지 또는 지수가 같은지를 확인하고 적절한 풀이법을 선택한다.

지수방정식 $\left(\frac{3}{2}\right)^{x^2-2} = \left(\frac{2}{3}\right)^{6-5x}$을 풀어보자. $\frac{2}{3} = \left(\frac{3}{2}\right)^{-1}$이므로 지수방정식을

$$\left(\frac{3}{2}\right)^{x^2-2} = \left(\frac{3}{2}\right)^{5x-6}$$

으로 나타낼 수 있다. 양변의 밑수가 같으므로, [정리 2-2]의 (1)을 이용하면 $x^2 - 2 = 5x - 6$이다. 이를 정리하면 $x^2 - 5x + 4 = 0$이므로 지수방정식의 해는 $x = 1$ 또는 $x = 4$이다.

예제 2-4

다음 지수방정식을 풀어라.

(a) $2^{3-2x} = 2^{x-3}$

(b) $3^{x^2-x} = 9$

(c) $\left(\frac{1}{2}\right)^{2x-1} = \sqrt{2}$

(d) $4^{x^2-4x} = 5^{x^2-4x}$

TIP [정리 2-2]에 따라 밑수를 같게 만들어 풀거나, 밑수가 다른 경우 지수를 0으로 놓고 푼다.

풀이

(a) $2^{3-2x}=2^{x-3}$은 양변의 밑수가 같으므로, $3-2x=x-3$이다. 따라서 $3x=6$이므로 지수방정식의 해는 $x=2$이다.

(b) $9=3^2$이므로 주어진 지수방정식은 $3^{x^2-x}=3^2$으로 나타낼 수 있다. 양변의 밑수가 같으므로 $x^2-x=2$이다. 따라서 $(x-2)(x+1)=0$이므로, 지수방정식의 해는 $x=2$ 또는 $x=-1$이다.

(c) $\dfrac{1}{2}=2^{-1}$이고 $\sqrt{2}=2^{\frac{1}{2}}$이므로 주어진 지수방정식은 $2^{-2x+1}=2^{\frac{1}{2}}$으로 나타낼 수 있다. 양변의 밑수가 같으므로 $-2x+1=\dfrac{1}{2}$이다. 따라서 지수방정식의 해는 $x=\dfrac{1}{4}$이다.

(d) $4^{x^2-4x}=5^{x^2-4x}$은 양변의 지수는 같고 밑수가 다르므로, 지수방정식의 등호가 성립하려면 $x^2-4x=0$이어야 한다. 따라서 $x(x-4)=0$이므로, 지수방정식의 해는 $x=0$ 또는 $x=4$ 이다.

만일 지수방정식을 풀어야 하는데 밑수와 지수가 모두 다른 경우에는 어떻게 풀까? 밑수가 같거나 지수가 같은 경우를 제외한 복잡한 형태의 지수방정식은 다음 절에서 학습할 로그함수를 이용하여 해를 구한다.

지수부등식의 풀이법

지수에 미지수가 포함된 부등식을 **지수부등식**exponential inequality이라 한다. 지수부등식의 해는 다음 정리를 이용하여 구한다.

정리 2-3 지수부등식의 풀이법

[1단계] 지수부등식 양변의 밑수를 같게 만든다.

[2단계] 밑수의 범위에 따라 다음과 같이 계산한다.

- $a>1$일 때, $a^{f(x)}>a^{g(x)}$이면 $f(x)>g(x)$를 푼다.
- $0<a<1$일 때, $a^{f(x)}>a^{g(x)}$이면 $f(x)<g(x)$를 푼다.

지수부등식 $3^{x-2} < \left(\frac{1}{9}\right)^{x-2}$ 을 풀어보자.

[1단계] $3^{x-2} = \left(\frac{1}{3}\right)^{-x+2}$, $\left(\frac{1}{9}\right)^{x-2} = \left(\frac{1}{3}\right)^{2x-4}$ 이므로 지수부등식을

$$\left(\frac{1}{3}\right)^{-x+2} < \left(\frac{1}{3}\right)^{2x-4}$$

으로 나타낼 수 있다.

[2단계] 양변의 밑수가 같고 밑수가 1보다 작으므로 지수부등식의 해는 $-x+2 > 2x-4$로부터 $x < 2$이다.

지수부등식의 풀이법은 지수함수의 그래프를 이용하여 확인할 수 있다.

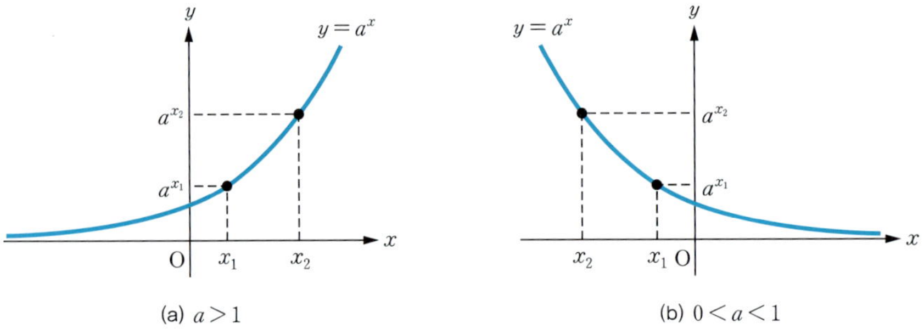

[그림 2-2] **그래프를 이용한 지수부등식의 풀이법**

예제 2-5

다음 지수부등식을 풀어라.

(a) $2^{5-3x} \geq 2^{x+9}$

(b) $\left(\frac{1}{5}\right)^{3x+2} < \sqrt[3]{5}$

(c) $0.1^{x} > 0.01^{2x+3}$

(d) $\left(\frac{1}{4}\right)^{2x+1} \leq 2^{-x}$

TIP [정리 2-3]을 이용하여 양변의 밑수를 같게 만든 후 지수부등식을 푼다.

풀이

(a) 지수부등식 양변의 밑수가 같고 밑수가 1보다 크므로 $5-3x \geq x+9$이다. 따라서 $-4 \geq 4x$이므로 지수부등식의 해는 $x \leq -1$이다.

(b) [1단계] $\left(\frac{1}{5}\right)^{3x+2} = 5^{-3x-2}$이고 $\sqrt[3]{5} = 5^{\frac{1}{3}}$이므로, 지수부등식을 $5^{-3x-2} < 5^{\frac{1}{3}}$으로 나타낼 수 있다.

[2단계] $5^{-3x-2} < 5^{\frac{1}{3}}$의 양변의 밑수가 같고 1보다 크므로 $-3x-2 < \frac{1}{3}$이다.
따라서 $-3x < \frac{7}{3}$이므로 지수부등식의 해는 $x > -\frac{7}{9}$이다.

(c) [1단계] $0.01 = (0.1)^2$이므로, 지수부등식을 $0.1^x > 0.1^{4x+6}$으로 나타낼 수 있다.
[2단계] $0.1^x > 0.1^{4x+6}$의 양변의 밑수가 같고 1보다 작으므로 $x < 4x+6$이다.
따라서 지수부등식의 해는 $x > -2$이다.

(d) [1단계] $\left(\frac{1}{4}\right)^{2x+1} = \left(\frac{1}{2}\right)^{4x+2}$이고 $2^{-x} = \left(\frac{1}{2}\right)^{x}$이므로, 지수부등식을 $\left(\frac{1}{2}\right)^{4x+2} \leq \left(\frac{1}{2}\right)^{x}$으로 나타낼 수 있다.
[2단계] $\left(\frac{1}{2}\right)^{4x+2} \leq \left(\frac{1}{2}\right)^{x}$의 양변의 밑수가 같고 1보다 작으므로 $4x+2 \geq x$이다.
따라서 지수부등식의 해는 $x \geq -\frac{2}{3}$이다.

복잡한 형태의 지수부등식도 [정리 2-3]을 이용하여 풀 수 있다.

예제 2-6

다음 지수부등식을 풀어라.

(a) $\frac{1}{2} \leq 2^{3x-1} \leq 32$　　　　(b) $\frac{1}{9} < \left(\frac{1}{3}\right)^{3-2x} < 3$

TIP 부등식에 있는 모든 항의 밑수를 같게 만든 후 지수부등식을 푼다.

풀이

(a) [1단계] $\frac{1}{2} = 2^{-1}$, $32 = 2^5$이므로, 지수부등식을 $2^{-1} \leq 2^{3x-1} \leq 2^5$으로 나타낼 수 있다.
[2단계] 부등식에 있는 모든 항의 밑수가 같고 1보다 크므로, $-1 \leq 3x-1 \leq 5$이다.
따라서 지수부등식의 해는 $0 \leq x \leq 2$이다.

(b) [1단계] $\frac{1}{9} = \left(\frac{1}{3}\right)^2$, $3 = \left(\frac{1}{3}\right)^{-1}$이므로, 지수부등식을 $\left(\frac{1}{3}\right)^2 < \left(\frac{1}{3}\right)^{3-2x} < \left(\frac{1}{3}\right)^{-1}$으로 나타낼 수 있다.
[2단계] 부등식에 있는 모든 항의 밑수가 같고 1보다 작으므로, $2 > 3-2x > -1$이다.
따라서 지수부등식의 해는 $\frac{1}{2} < x < 2$이다.

2.3 로그함수

로그함수의 정의

지수함수와 역함수 관계인 로그함수는 다음과 같이 정의한다.

정의 2-2 로그함수

$a>0$, $a\neq 1$일 때, $x>0$인 x에 대하여 $a^y=x$이면

$$y=\log_a x$$

로 나타내고 이를 로그함수logarithmic function라 한다. 이때 a를 **밑** 또는 **밑수**base, x를 **진수**antilogarithm라 한다.

[정의 2-2]에 의하여 $y=\log_a \square$를 로그함수로 정의하기 위해서는 진수인 $\square$는 양수이고, 밑수인 a는 1이 아닌 양수이어야 한다.

예제 2-7

다음 로그함수가 정의되기 위한 x값의 범위를 구하라.

(a) $y=\log_2(4x+5)$

(b) $y=\log_3(3-2x)$

(c) $y=\log_4(x^2+x)$

(d) $y=\log_5(-x^2+x)$

TIP [정의 2-2]에 의하여 로그함수의 진수는 반드시 양수이어야 한다.

풀이

(a) $4x+5>0$이어야 하므로 $x>-\dfrac{5}{4}$이다.

(b) $3-2x>0$이어야 하므로 $x<\dfrac{3}{2}$이다.

(c) $x^2+x>0$이어야 하므로, $x(x+1)>0$으로부터 $x>0$ 또는 $x<-1$이다.

(d) $-x^2+x>0$이어야 하므로, $x(x-1)<0$으로부터 $0<x<1$이다.

다음은 로그함수를 간단히 정리할 때 유용하게 사용되는 로그함수의 성질이다.

정리 2-4 로그함수의 성질

$a>0$, $a\neq 1$이고 $x>0$, $y>0$일 때 다음이 성립한다.

(1) $\log_a 1=0$, $\log_a a=1$

(2) $\log_a x+\log_a y=\log_a xy$

(3) $\log_a x-\log_a y=\log_a \frac{x}{y}$

(4) $\log_a x^k=k\log_a x$ (k는 실수)

(5) $b>0$, $b\neq 1$일 때, $\log_a x=\frac{\log_b x}{\log_b a}$

[정리 2-4]에서 '$x>0$, $y>0$'이라는 조건이 필요한 이유는 무엇일까?
예를 들어 $\log_a((-2)\cdot(-2))=\log_a 4$이지만, $\log_a(-2)$는 정의되지 않는다. 따라서

$$\log_a((-2)\cdot(-2))\neq\log_a(-2)+\log_a(-2)$$

이므로 [정리 2-4]에서 '$x>0$, $y>0$'이라는 조건이 없으면 [정리 2-4]의 (2), (3)은 성립하지 않을 수 있다. 또한 [정리 2-4]의 (5)는 '**밑 변환 공식**'이라 하며, 밑이 다른 로그를 계산할 때 유용하게 사용할 수 있다. 예를 들어, $\log_3 5+\log_9 5$에 밑 변환 공식을 적용하면 다음과 같이 식을 간단히 정리할 수 있다.

$$\begin{aligned}\log_3 5+\log_9 5&=\log_3 5+\frac{\log_3 5}{\log_3 9}\\&=\log_3 5+\frac{\log_3 5}{2}\\&=\frac{3}{2}\log_3 5\end{aligned}$$

예제 2-8

다음 식을 간단히 정리하라.

(a) $\log_2 \frac{2}{3} + \log_2 \frac{3}{16}$

(b) $\log_4 \frac{4}{11} - \log_4 \frac{2}{11}$

(c) $\log_2 5 \cdot \log_5 32$

(d) $\log_3 2 + \log_{27} 2$

TIP [정리 2-4]의 로그함수의 성질을 이용한다.

풀이

(a) $\log_2 \frac{2}{3} + \log_2 \frac{3}{16} = \log_2\left(\frac{2}{3} \cdot \frac{3}{16}\right) = \log_2 \frac{1}{8} = \log_2 2^{-3} = -3$

(b) $\log_4 \frac{4}{11} - \log_4 \frac{2}{11} = \log_4\left(\frac{4}{11} \cdot \frac{11}{2}\right) = \log_4 2 = \log_4 4^{\frac{1}{2}} = \frac{1}{2}$

(c) $\log_2 5 \cdot \log_5 32 = \log_2 5 \cdot \frac{\log_2 32}{\log_2 5} = \log_2 32 = \log_2 2^5 = 5$

(d) $\log_3 2 + \log_{27} 2 = \log_3 2 + \frac{\log_3 2}{\log_3 27} = \log_3 2 + \frac{\log_3 2}{3} = \frac{4}{3}\log_3 2$

■ 상용로그와 자연로그

$y = \log_a x$에서 밑수로 가능한 a값 중 $a = 10$과 $a = e$를 가장 많이 사용한다. 자연로그를 나타낼 때 사용하는 특별한 무리수 e는 $\lim_{n \to \infty}\left(1 + \frac{1}{n}\right)^n$으로 정의되며 그 값은 $e = 2.718\cdots$이다. 밑수 10과 e에 대응하는 특별한 두 로그함수를 다음과 같이 정의한다.

정의 2-3 상용로그와 자연로그

(1) 밑수가 10인 로그를 **상용로그**common logarithm라 하며, 이 경우 다음과 같이 밑수 10을 생략하여 표기한다.

$$y = \log_{10} x = \log x$$

(2) 밑수가 e인 로그를 **자연로그**natural logarithm라 하며, 이 경우 다음과 같이 밑수를 나타내지 않고 ln으로 간략하게 표기한다.

$$y = \log_e x = \ln x$$

로그함수의 그래프

■ $y = \log_a x$ $(a > 0,\ a \neq 1)$의 그래프

$y = \log_a x$의 그래프는 밑수가 $a > 1$인 경우와 $0 < a < 1$인 경우로 나누어 그린다. 로그함수의 그래프와 특징은 다음과 같다.

[표 2-2] $y = \log_a x$ $(a > 0,\ a \neq 1)$의 그래프와 특징

	$a > 1$	$0 < a < 1$
그래프	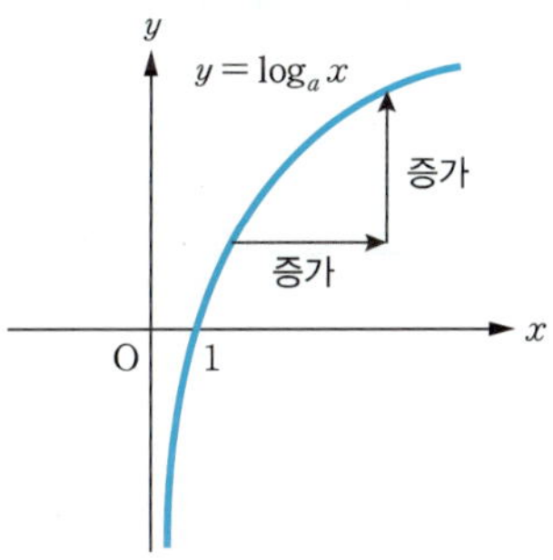	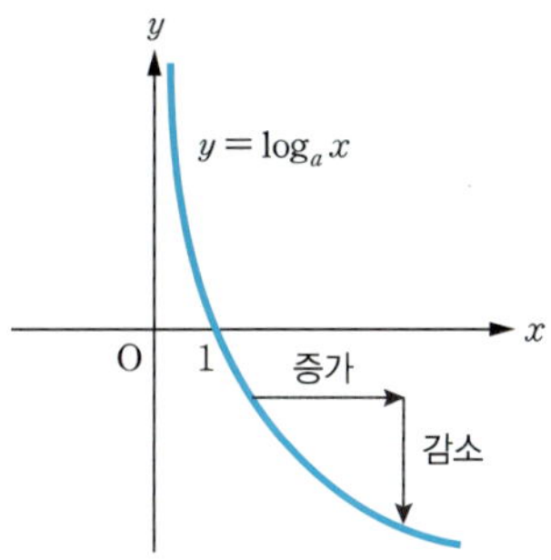
특징	• x값이 증가하면 y값도 증가한다.	• x값이 증가하면 y값은 감소한다.
	• 정의역은 $\{x : x > 0\}$, 치역은 $\mathbb{R}$이다. • 점 $(1,\ 0)$을 지난다. • 점근선은 y축이다.	

■ $y = \log_a x$ $(a > 1)$ 그래프의 대칭이동

$y = \log_a x$를 y축 대칭이동하면 $y = \log_a(-x)$가 되고, x축 대칭이동하면 $y = -\log_a x$가 되며, 원점 대칭이동하면 $y = -\log_a(-x)$가 된다.

$y = \log_a(-x)$, $y = -\log_a x$, $y = -\log_a(-x)$의 치역은 $\mathbb{R}$이며, 그래프는 $y = \log_a x$의 그래프를 대칭이동하여 그린다.

- $y = \log_a(-x)$의 정의역은 $\{x : x < 0\}$이고, $y = \log_a x$의 그래프와 y축 대칭이다.
- $y = -\log_a x$의 정의역은 $\{x : x > 0\}$이고, $y = \log_a x$의 그래프와 x축 대칭이다.
- $y = -\log_a(-x)$의 정의역은 $\{x : x < 0\}$이고, $y = \log_a x$의 그래프와 원점 대칭이다.

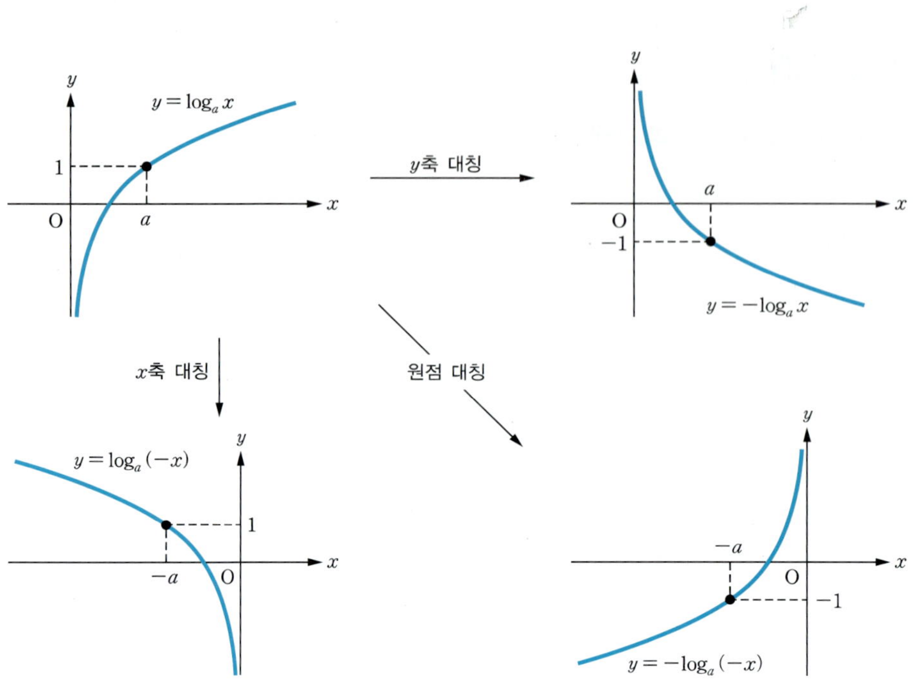

[그림 2-3] $y = \log_a x \ (a > 1)$ 그래프의 대칭이동 관계

로그함수 $y = \log_a x (0 < a < 1)$의 그래프도 [그림 2-3]과 같은 대칭이동 관계를 갖는다.

예제 2-9

다음 로그함수의 그래프를 그려라.

(a) $y = \log_3 x$

(b) $y = -\log_4 x$

(c) $y = \log_{\frac{1}{2}} x$

(d) $y = -\log_{\frac{1}{3}} x$

TIP 로그함수의 밑수가 1보다 큰 수인지 또는 0과 1 사이의 수인지 확인한다.

풀이

(a)

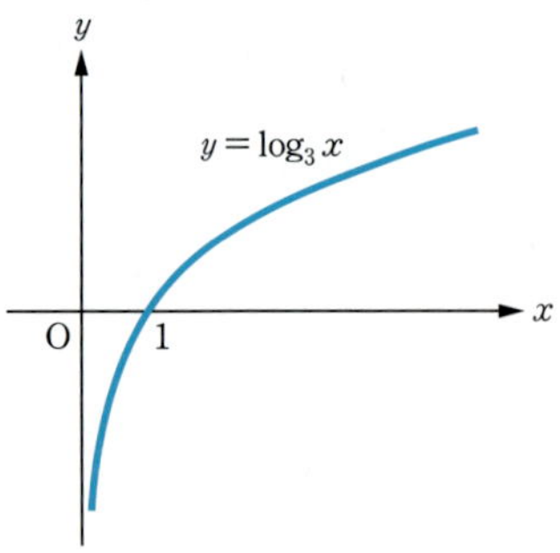

(b)

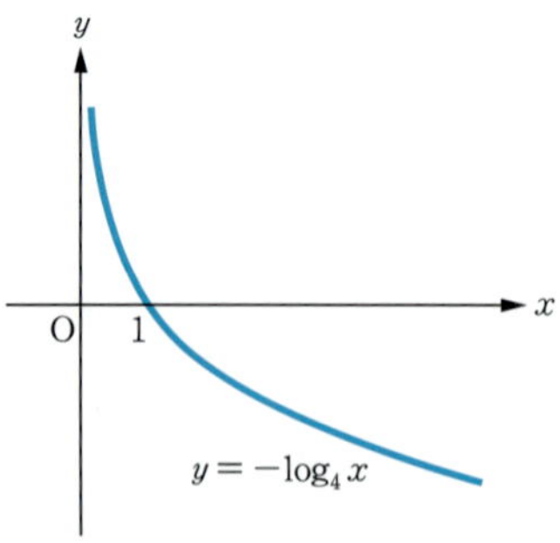

(c)

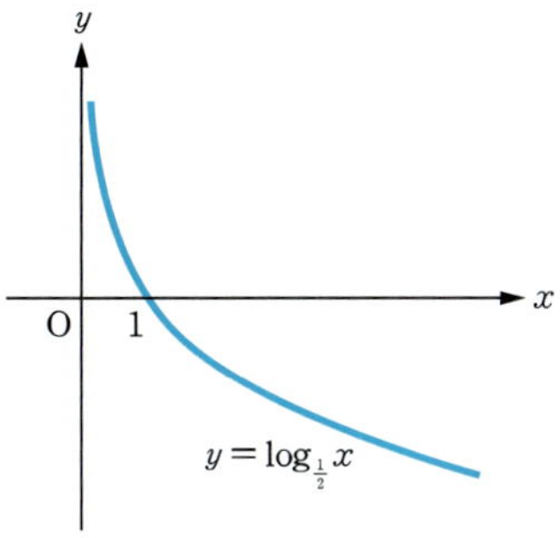

(d)

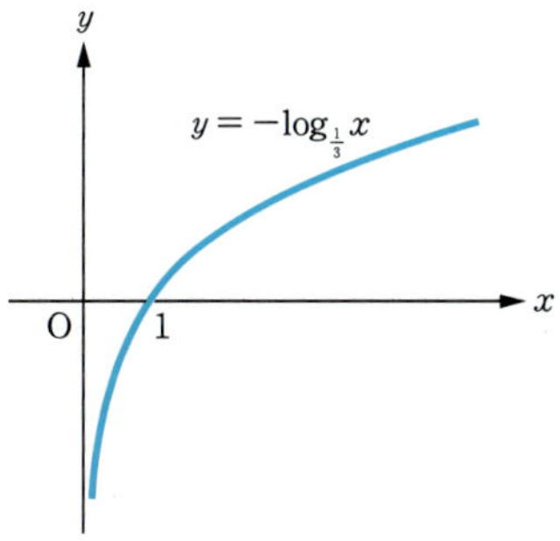

로그함수를 이용한 대소 비교

로그함수의 성질을 이용하여 두 수의 크기를 비교할 수 있다.

정리 2-5 로그함수를 이용한 대소 비교법

[1단계] 두 수의 밑수를 같게 만든다.

[2단계] 밑수의 범위에 따라 다음과 같이 판정한다.

- 밑수가 1보다 클 때, 진수가 큰 수가 둘 중 더 큰 수이다.
- 밑수가 1보다 작은 양수일 때, 진수가 큰 수가 둘 중 더 작은 수이다.

[정리 2-5]를 이용하여 밑수가 같은 $\log_3\sqrt{0.2}$ 와 $\log_3\sqrt[5]{0.008}$ 의 대소를 비교해보자.

[1단계] 두 로그의 밑수가 같으므로 진수를 비교한다.

$\sqrt{0.2}=0.2^{\frac{1}{2}}$, $\sqrt[5]{0.008}=0.008^{\frac{1}{5}}=(0.2^3)^{\frac{1}{5}}=0.2^{\frac{3}{5}}$ 이므로

$\sqrt{0.2}>\sqrt[5]{0.008}$ 이다.

[2단계] 로그의 밑수가 1보다 크므로, 진수가 큰 수가 둘 중 더 큰 수이다.

따라서 $\log_3\sqrt{0.2}>\log_3\sqrt[5]{0.008}$ 이다.

예제 2-10

다음 두 수의 대소를 비교하라.

(a) $\log_2 \sqrt[3]{5}$, $\log_2 \sqrt[5]{25}$

(b) $\log_7 \sqrt[3]{15}$, $\log_7 \sqrt[7]{225}$

(c) $\log_{\frac{1}{3}} \sqrt[4]{3}$, $\log_{\frac{1}{3}} \sqrt[5]{9}$

(d) $\log_{\frac{1}{2}} \sqrt{0.1}$, $\log_{\frac{1}{2}} \sqrt[3]{0.01}$

TIP [정리 2-5]의 로그함수를 이용한 대소 비교법을 이용한다.

풀이

(a) [1단계] 두 로그의 밑수가 같으므로 진수를 비교한다.

$\sqrt[3]{5} = 5^{\frac{1}{3}}$ 이고 $\sqrt[5]{25} = 25^{\frac{1}{5}} = (5^2)^{\frac{1}{5}} = 5^{\frac{2}{5}}$ 이므로 $\sqrt[3]{5} < \sqrt[5]{25}$ 이다.

[2단계] 로그의 밑수가 1보다 크므로, 진수가 큰 수가 둘 중 더 큰 수이다.

따라서 $\log_2 \sqrt[3]{5} < \log_2 \sqrt[5]{25}$ 이다.

(b) [1단계] 두 로그의 밑수가 같으므로 진수를 비교한다.

$\sqrt[3]{15} = 15^{\frac{1}{3}}$ 이고 $\sqrt[7]{225} = 225^{\frac{1}{7}} = (15^2)^{\frac{1}{7}} = 15^{\frac{2}{7}}$ 이므로 $\sqrt[3]{15} > \sqrt[7]{225}$ 이다.

[2단계] 로그의 밑수가 1보다 크므로, 진수가 큰 수가 둘 중 더 큰 수이다.

따라서 $\log_7 \sqrt[3]{15} > \log_7 \sqrt[7]{225}$ 이다.

(c) [1단계] 두 로그의 밑수가 같으므로 진수를 비교한다.

$\sqrt[4]{3} = 3^{\frac{1}{4}}$ 이고 $\sqrt[5]{9} = (3^2)^{\frac{1}{5}} = 3^{\frac{2}{5}}$ 이므로 $\sqrt[4]{3} < \sqrt[5]{9}$ 이다.

[2단계] 로그의 밑수가 1보다 작으므로, 진수가 큰 수가 둘 중 더 작은 수이다.

따라서 $\log_{\frac{1}{3}} \sqrt[4]{3} > \log_{\frac{1}{3}} \sqrt[5]{9}$ 이다.

(d) [1단계] 두 로그의 밑수가 같으므로 진수를 비교한다.

$\sqrt{0.1} = (0.1)^{\frac{1}{2}}$ 이고 $\sqrt[3]{0.01} = (0.01)^{\frac{1}{3}} = (0.1)^{\frac{2}{3}}$ 이므로 $\sqrt{0.1} > \sqrt[3]{0.01}$ 이다.

[2단계] 로그의 밑수가 1보다 작으므로, 진수가 큰 수가 둘 중 더 작은 수이다.

따라서 $\log_{\frac{1}{2}} \sqrt{0.1} < \log_{\frac{1}{2}} \sqrt[3]{0.01}$ 이다.

[정리 2-5]를 이용하여 밑수가 다른 $\log_2 9$와 $\log_4 27$의 대소를 비교해보자.

[1단계] 두 로그의 밑수가 다르므로 두 로그의 밑수를 2로 만들면,

$$\log_2 9 = \log_2 3^2 \text{ 이고, } \log_4 27 = \frac{\log_2 27}{\log_2 4} = \frac{1}{2}\log_2 27 = \log_2 3^{\frac{3}{2}} \text{ 이다.}$$

[2단계] 로그의 밑수가 1보다 크므로, 진수가 큰 수가 둘 중 더 큰 수이다.

따라서 $\log_2 9 > \log_4 27$이다.

예제 2-11

다음 두 수의 대소를 비교하라.

(a) $\log_3 4$, $\log_{27} 128$　　(b) $\log_{0.1} \sqrt[3]{5}$, $\log_{0.01} \sqrt{5}$

TIP [정리 2-5]의 로그함수를 이용한 대소 비교법을 이용한다.

풀이

(a) [1단계] 두 로그의 밑수가 다르므로 두 로그의 밑수를 3으로 만들면,

$$\log_3 4 = \log_3 2^2 \text{ 이고, } \log_{27} 128 = \frac{\log_3 128}{\log_3 27} = \frac{1}{3}\log_3 2^7 = \log_3 2^{\frac{7}{3}} \text{ 이다.}$$

[2단계] 로그의 밑수가 1보다 크므로, 진수가 큰 수가 둘 중 더 큰 수이다.

따라서 $\log_3 4 < \log_{27} 128$이다.

(b) [1단계] 두 로그의 밑수가 다르므로 두 로그의 밑수를 0.1로 만들면,

$$\log_{0.1} \sqrt[3]{5} = \log_{0.1} 5^{\frac{1}{3}} \text{ 이고, } \log_{0.01} \sqrt{5} = \frac{\log_{0.1} \sqrt{5}}{\log_{0.1} 0.01} = \frac{1}{2}\log_{0.1} 5^{\frac{1}{2}} = \log_{0.1} 5^{\frac{1}{4}}$$

이다.

[2단계] 로그의 밑수가 1보다 작으므로, 진수가 큰 수가 둘 중 더 작은 수이다.

따라서 $\log_{0.1} \sqrt[3]{5} < \log_{0.01} \sqrt{5}$ 이다.

2.4 로그방정식과 로그부등식의 풀이법

로그방정식의 풀이법

로그의 진수 또는 밑수에 미지수가 포함된 방정식을 **로그방정식** logarithmic equation 이라 하며, 다음과 같이 로그방정식의 해를 구한다.

> **정리 2-6 로그방정식의 풀이법**
>
> (1) **밑수가 같은 경우**
>
> $a>0$, $a\neq 1$일 때, $\log_a f(x)=\log_a g(x)$이면 $f(x)=g(x)$를 푼다.
>
> 단, 진수 조건 $f(x)>0$, $g(x)>0$을 만족하는 x값만 해이다.
>
> (2) **로그가 없는 항이 있는 경우**
>
> $a>0$, $a\neq 1$일 때, $\log_a f(x)=b$이면 $f(x)=a^b$을 푼다.
>
> 단, 진수 조건 $f(x)>0$을 만족하는 x값만 해이다.

지수방정식과는 달리 로그방정식은 방정식의 해가 로그함수의 진수 조건을 만족하는지 반드시 확인해야 한다. 예를 들어, $\log_2 x = 1 + 2\log_2(x-1)$을 정리하면 $\log_2 x = \log_2 2(x-1)^2$이므로, $x=2(x-1)^2$이다. 따라서 $(2x-1)(x-2)=0$으로부터 $x=\frac{1}{2}$ 또는 $x=2$이다. 그런데 로그함수의 진수 조건에 따라 $x>1$이어야 하므로 로그방정식의 해는 $x=2$이다.

예제 2-12

다음 로그방정식을 풀어라.

(a) $\log_2 x + \log_2(x-1) = \log_2(2x^2-6)$

(b) $\log_3(x+1) = \log_9(x+3)$

(c) $\log_4 x + \log_4(5-x) = 1$

(d) $\log_{25}(x^2-1) = \frac{1}{2}$

TIP [정리 2-6]의 로그방정식의 풀이법을 이용하고 진수 조건을 확인한다.

풀이

(a) $\log_2 x + \log_2(x-1) = \log_2(x^2-x)$이므로, $x^2-x=2x^2-6$이다.

따라서 $(x+3)(x-2)=0$으로부터 $x=-3$ 또는 $x=2$이다. 하지만 $x=-3$은 로그함수의 진수 조건 $x>1$을 만족하지 않으므로, 로그방정식의 해는 $x=2$이다.

(b) $\log_9(x+3) = \dfrac{\log_3(x+3)}{\log_3 9} = \dfrac{1}{2}\log_3(x+3)$을 이용하여 로그방정식을 정리하면 $2\log_3(x+1) = \log_3(x+3)$이므로 $(x+1)^2 = x+3$이다. 따라서 $(x+2)(x-1)=0$으로부터 $x=-2$ 또는 $x=1$이다. 하지만 $x=-2$는 로그함수의 진수 조건 $x>-1$을 만족하지 않으므로, 로그방정식의 해는 $x=1$이다.

(c) $\log_4 x + \log_4(5-x) = \log_4(5x-x^2)$이므로 $5x-x^2 = 4^1 = 4$이다. 따라서 $(x-1)(x-4)=0$으로부터 $x=1$ 또는 $x=4$이다. $x=1$과 $x=4$는 모두 로그함수의 진수 조건 $0<x<5$를 만족하므로, 로그방정식의 해는 $x=1$ 또는 $x=4$이다.

(d) $\dfrac{1}{2} = \log_{25}25^{\frac{1}{2}}$이므로, $x^2-1 = 25^{\frac{1}{2}} = 5$이다. 따라서 $(x+\sqrt{6})(x-\sqrt{6})=0$으로부터 $x=-\sqrt{6}$ 또는 $x=\sqrt{6}$이다. $x=-\sqrt{6}$과 $x=\sqrt{6}$은 모두 로그함수의 진수 조건 $x<-1$ 또는 $x>1$을 만족하므로, 로그방정식의 해는 $x=-\sqrt{6}$ 또는 $x=\sqrt{6}$이다.

방정식의 양변에 적절한 로그를 취하면 복잡한 방정식도 풀 수 있다.

예제 2-13

다음 방정식을 풀어라.

(a) $5 = 3\cdot 2^{x+4}$ (b) $x^{\log x} - x^2 = 0$

TIP 방정식의 양변에 적절한 로그를 취하여 방정식을 푼다.

풀이

(a) $5 = 3\cdot 2^{x+4}$을 정리하면 $2^{x+4} = \dfrac{5}{3}$이므로, 양변에 밑수가 2인 로그를 취하면 $x+4 = \log_2\dfrac{5}{3}$이다. 따라서 방정식의 해는 $x = -4+\log_2\dfrac{5}{3}$이다.

(b) $x^{\log x} - x^2 = 0$에서 x^2을 우변으로 이항하고 양변에 상용로그를 취하면 $(\log x)(\log x) = 2\log x$이다. $(\log x)(\log x) - 2\log x = 0$으로부터 $(\log x)(\log x - 2) = 0$이므로 $\log x = 0$ 또는 $\log x = 2$이다.
따라서 방정식의 해는 $x=1$ 또는 $x=100$이다.

로그부등식의 풀이법

로그의 진수 또는 밑수에 미지수가 포함된 부등식을 **로그부등식**logarithmic inequality이라 하며, 다음 정리를 이용하여 로그부등식의 해를 구한다.

정리 2-7 로그부등식의 풀이법

$a>0$, $a \neq 1$이라 하자.

(1) **$\log_a f(x) < \log_a g(x)$인 경우**

- $a>1$일 때, $0<f(x)<g(x)$를 푼다.
- $0<a<1$일 때, $f(x)>g(x)>0$을 푼다.

(2) **$\log_a f(x) < b$인 경우**

- $a>1$일 때, $0<f(x)<a^b$을 푼다.
- $0<a<1$일 때, $f(x)>a^b$을 푼다.

로그부등식 $\log_3 x < 1$에서 $1=\log_3 3$이고 밑수 3은 1보다 크므로, $\log_3 x < \log_3 3$을 풀면 $x<3$이다. 이때 진수 조건이 $x>0$이므로, 주어진 로그부등식의 해는 $0<x<3$이다. 또한 로그부등식 $\log_{0.1} x < 1$에서 $1=\log_{0.1} 0.1$이고 밑수 0.1은 1보다 작으므로, $\log_{0.1} x < \log_{0.1} 0.1$을 풀면 $x>0.1$이다. 이때 진수 조건이 $x>0$이므로, 주어진 로그부등식의 해는 $x>0.1$이다.

로그부등식을 풀 때에는 주어진 함수의 진수 조건을 반드시 확인해야 한다. 로그부등식의 풀이법은 로그함수의 그래프를 이용하여 확인할 수 있다.

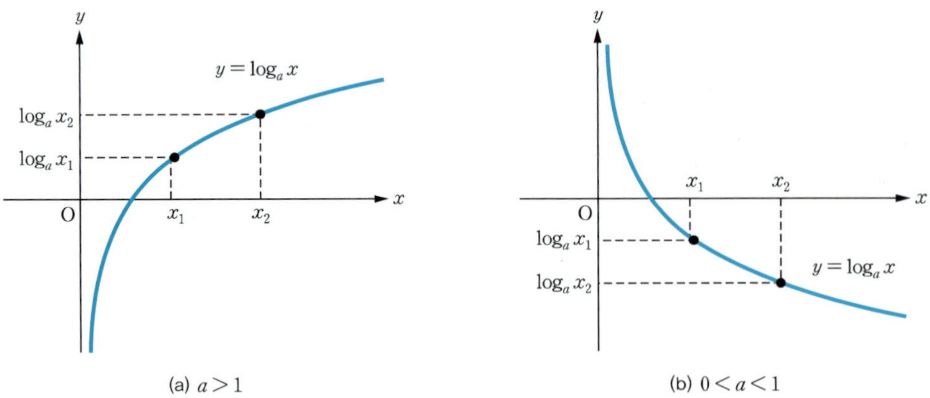

[그림 2-4] 그래프를 이용한 로그부등식의 풀이법

예제 2-14

다음 로그부등식을 풀어라.

(a) $\log_2(2x+1) < \log_2(3x-2)$　　　(b) $\log_{\frac{1}{2}}(x+3) < \log_{\frac{1}{2}}(2x+3)$

(c) $\log_4 x + \log_4(x+6) < 2$　　　(d) $\log_{\frac{1}{3}}(x+1) + \log_{\frac{1}{3}}(x-1) < -1$

TIP [정리 2-7]의 로그부등식의 풀이법을 이용하고 진수 조건을 확인한다.

풀이

(a) 밑수가 1보다 크므로 $2x+1 < 3x-2$를 풀면 $x > 3$이다. $\log_2(2x+1)$의 진수 조건은 $x > -\frac{1}{2}$이고, $\log_2(3x-2)$의 진수 조건은 $x > \frac{2}{3}$이다. 따라서 로그부등식의 해는 $x > 3$이다.

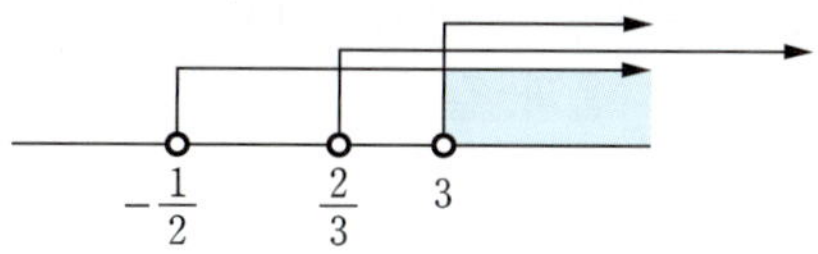

(b) 밑수가 1보다 작으므로 $x+3 > 2x+3$을 풀면 $x < 0$이다. $\log_{\frac{1}{2}}(x+3)$의 진수 조건은 $x > -3$이고, $\log_{\frac{1}{2}}(2x+3)$의 진수 조건은 $x > -\frac{3}{2}$이다. 따라서 로그부등식의 해는 $-\frac{3}{2} < x < 0$이다.

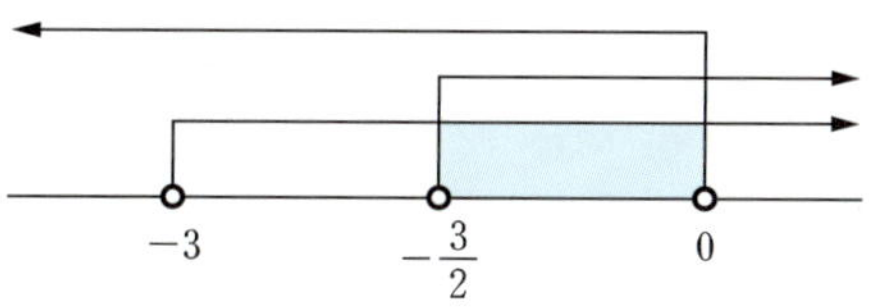

(c) $\log_4 x + \log_4(x+6) = \log_4 x(x+6)$이므로, 주어진 부등식은 $\log_4 x(x+6) < \log_4 4^2$이다. 이때 밑수가 1보다 크므로 $x(x+6) < 4^2$을 풀면 $-8 < x < 2$이다. $\log_4 x$의 진수 조건은 $x > 0$이고, $\log_4(x+6)$의 진수 조건은 $x > -6$이다. 따라서 로그부등식의 해는 $0 < x < 2$이다.

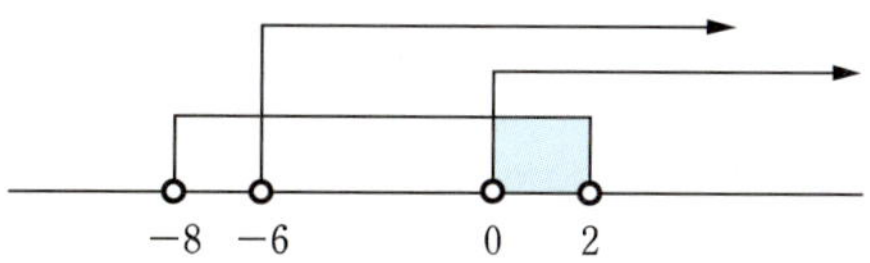

(d) $\log_{\frac{1}{3}}(x+1)+\log_{\frac{1}{3}}(x-1)=\log_{\frac{1}{3}}(x^2-1)$이므로, 주어진 부등식은 $\log_{\frac{1}{3}}(x^2-1)<\log_{\frac{1}{3}}\left(\frac{1}{3}\right)^{-1}$이다. 이때 밑수가 1보다 작으므로 $x^2-1>\left(\frac{1}{3}\right)^{-1}$을 풀면 $x>2$ 또는 $x<-2$이다. $\log_{\frac{1}{3}}(x+1)$의 진수 조건은 $x>-1$이고, $\log_{\frac{1}{3}}(x-1)$의 진수 조건은 $x>1$이다. 따라서 로그부등식의 해는 $x>2$이다.

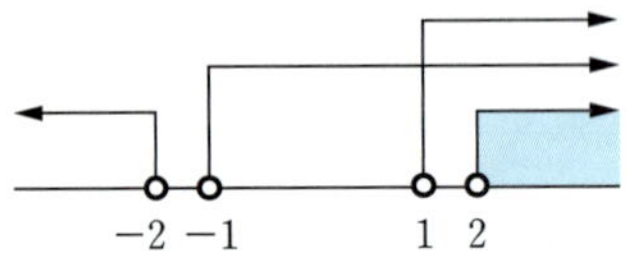

이제 지수함수와 로그함수의 관계를 이용해 복잡한 로그부등식을 푸는 방법을 알아보자. 지수함수와 로그함수의 관계는 다음과 같다.

$$\log_a x = y \Leftrightarrow x = a^y$$

지수함수와 로그함수의 그래프는 직선 $y=x$에 대하여 대칭이다.

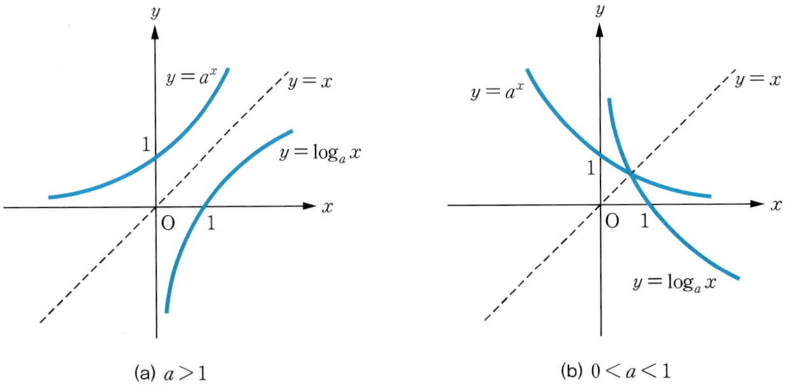

[그림 2-5] **지수함수와 로그함수의 관계**

지수함수와 로그함수가 역함수 관계임을 이용하면 복잡한 부등식의 해를 구할 수 있다.

정리 2-8 복잡한 부등식의 풀이법

[1단계] 부등식의 양변에 적당한 밑수를 갖는 로그를 취한다. 적당한 밑수가 없다고 판단되면 상용로그를 취하고, 지수에 $\log_a x$ 꼴이 있으면 양변에 밑수가 a인 로그를 취한다.

[2단계] 밑 변환 공식을 사용하여 복잡한 부등식의 해를 구한다.

예제 2-15

다음 부등식을 풀어라.

(a) $3^{x-1} > 2^{2+3x}$

(b) $\left(\frac{1}{2}\right)^{x-1} < \left(\frac{1}{5}\right)^{2-x}$

(c) $x^{\log x} \leq 100x$

(d) $x^x < x^3$

TIP [정리 2-8]을 이용하여 부등식의 해를 구한다.

풀이

(a) 부등식의 양변에 상용로그를 취하면, $(x-1)\log 3 > (2+3x)\log 2$이다. 이를 정리하면 $x(\log 3 - 3\log 2) > 2\log 2 + \log 3$이다. 따라서 $x\log\frac{3}{8} > \log 12$이므로, 지수부등식의 해는 $x < \log_{\frac{3}{8}} 12$이다.

(b) 부등식의 양변에 상용로그를 취하면, $(x-1)\log\frac{1}{2} < (2-x)\log\frac{1}{5}$이다. 이를 정리하면 $(1-x)\log 2 < (x-2)\log 5$이다. 따라서 $\log 2 + 2\log 5 < x(\log 2 + \log 5)$이므로 지수부등식의 해는 $x > \log 50$이다.

(c) 부등식의 양변에 상용로그를 취하면, $(\log x)(\log x) \leq \log x + 2$이다. 이를 정리하면 $(\log x - 2)(\log x + 1) \leq 0$이므로, $-1 \leq \log x \leq 2$이다. $\log\frac{1}{10} = -1$이고 $\log 100 = 2$이므로 $\log\frac{1}{10} \leq \log x \leq \log 100$으로부터 부등식의 해는 $\frac{1}{10} \leq x \leq 100$이다.

(d) 부등식의 양변에 상용로그를 취하면, $x\log x < 3\log x$이다. 이를 정리하면 $(x-3)\log x < 0$이므로, $(x-3 > 0$이고 $\log x < 0)$ 또는 $(x-3 < 0$이고 $\log x > 0)$이다. 그런데 $x-3 > 0$이면 $\log x < 0$일 수 없으므로, $x-3 < 0$이고 $\log x > 0$이어야 한다. 따라서 부등식의 해는 $1 < x < 3$이다.

2.5 공학 문제

박테리아의 번식

박테리아는 식중독의 원인 중 하나이다. 과연 박테리아는 어떤 온도 조건에서 번식할까?

① **60℃ 이상인 구간**

이 구간에서는 대부분의 박테리아가 번식하지 못하거나 사멸한다.

② **5℃에서 60℃ 사이의 구간**

식중독의 원인균이 가장 활발하게 번식하는 구간으로, 위험 구간 danger zone 이라 한다.

③ **5℃ 이하의 구간**

이 구간에서 대부분의 박테리아는 번식하지 않고 휴지 상태가 된다.

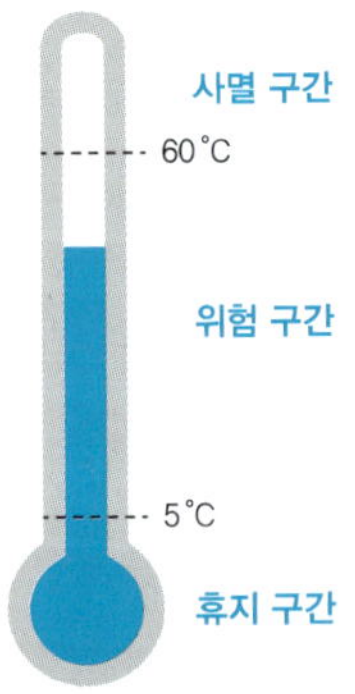

[그림 2-6] **박테리아가 번식하는 온도 조건**

예제 2-16

박테리아는 위험 구간에서 20분마다 그 개체수가 2배씩 늘어난다. 처음에 박테리아 100마리가 있었다면, t시간 후 박테리아의 수는 다음과 같다. 물음에 답하라.

$$f(t) = 100 \cdot 2^{3t}$$

(a) 박테리아가 10000마리 이상이 되려면 몇 시간이 걸리는가?

(b) 박테리아가 1000000마리 이상이 되려면 몇 시간이 걸리는가?

TIP 로그함수의 성질을 이용하여 지수부등식을 푼다.

풀이

(a) 걸리는 시간을 t라 하면 주어진 문제는 지수부등식

$$10000 \leq 100 \cdot 2^{3t}$$

으로 표현된다. 이를 간단히 정리하면 $100 \leq 2^{3t}$ 이고, 지수부등식의 양변에 밑수가 2인 로그를 취하면 $\frac{1}{3}\log_2 100 \leq t$ 이다. 이때 $\frac{1}{3}\log_2 100 \approx 2.21$ 이므로, 3시간 후 박테리아는 10000마리 이상이 된다.

(b) 걸리는 시간을 t라 하면 주어진 문제는 지수부등식

$$1000000 \leq 100 \cdot 2^{3t}$$

으로 표현된다. 이를 간단히 정리하면 $10000 \leq 2^{3t}$ 이고, 지수부등식의 양변에 밑수가 2인 로그를 취하면, $\frac{1}{3}\log_2 10000 \leq t$ 이다. 이때 $\frac{1}{3}\log_2 10000 \approx 4.42$ 이므로, 5시간 후 박테리아는 1000000마리 이상이 된다.

생물학적 반감기

생물학적 반감기는 체내에 들어온 방사성 물질이 대사 및 배설 과정을 거치면서 원래 방사능 양의 절반으로 줄어드는 데 걸리는 시간을 의미한다. 스트론튬-90의 물리적 반감기는 약 28.9년이고, 생물학적 반감기는 35년으로, 생물학적 반감기가 물리적 반감기보다 더 길다.

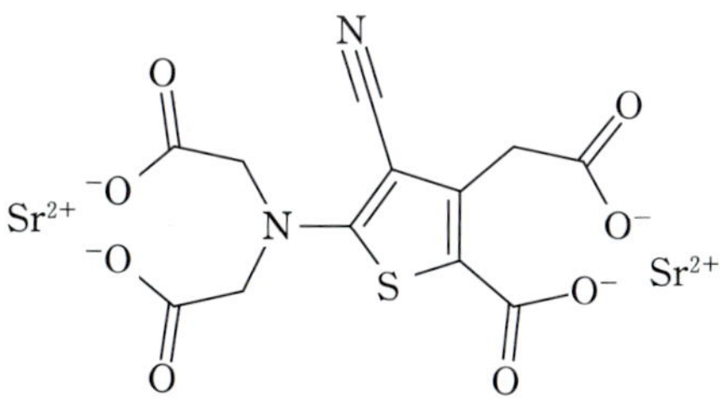

[그림 2-7] 스트론튬 화합물

예제 2-17

시버트(Sv)는 사람이 방사선에 노출되었을 때 받는 생물학적인 영향 정도를 측정하는 단위이다. 다음 물음에 답하라.

(a) 어떤 사람의 체내에 48밀리시버트(mSv)의 스트론튬-90이 있다고 할 때, 70년 후 체내에 남아 있을 스트론튬-90의 양을 구하라.

(b) 어떤 사람의 체내에 48mSv의 스트론튬-90이 있고 t년 후 체내에 16mSv의 스트론튬-90이 남았다고 할 때, t값을 소수점 아래 첫째 자리까지의 근삿값으로 나타내라.

TIP 59쪽의 반감기 공식에 주어진 자료를 대입하고 상용로그를 이용하여 해를 구한다.

풀이

스트론튬-90의 생물학적 반감기는 35년이다.

(a) 반감기 공식에 주어진 조건을 대입하면

$$N(70) = 48 \cdot \left(\frac{1}{2}\right)^{\frac{70}{35}} = 48 \cdot \left(\frac{1}{2}\right)^2 = 12$$

이다. 따라서 70년 후에 체내에 12mSv의 스트론튬-90이 남는다.

(b) 반감기 공식에 주어진 조건을 대입하면 $16 = 48 \cdot \left(\frac{1}{2}\right)^{\frac{t}{35}}$ 이므로, $\frac{1}{3} = \left(\frac{1}{2}\right)^{\frac{t}{35}}$ 이다. 양변에 상용로그를 취하면 $-\log 3 = \left(\frac{t}{35}\right) \cdot (-\log 2)$ 이다. 따라서 t값은

$$t = 35 \cdot \frac{\log 3}{\log 2} \approx 55.5\text{년}$$

이다.

환경공학과 물의 양

환경공학environment engineering이란 자연과학을 기초로 하여 대기, 수질, 토양, 해양 등의 오염 예방을 비롯한 여러 환경문제를 해결하기 위해 학문적인 연구를 하는 분야로, 자연환경의 보전과 공해방지 대책을 수립한다. 환경공학에서는 강 또는 호수의 물의 양을 주기적으로 측정하고 이를 기반으로 물의 양을 추정한다. 실제로 표면적이 넓은 호수들은 매년 자연 증발로 인해 수십만 톤의 물이 증발한다. 만일 호수로 유입되는 물이 없다면 표면적이 넓은 호수들은 가까운 미래에 물이 모두 증발할 것이다.

[그림 2-8] 자연 증발되고 있는 호주의 한 호수

예제 2-18

어느 호수의 물의 양이 매년 10%씩 줄어든다고 할 때, 이 호수에 있는 물의 양이 올해 물의 양의 $\frac{1}{2}$ 이하로 줄어드는 데 몇 년이 걸리는지를 구하라.

TIP 주어진 조건을 이용하여 지수부등식을 만들고 로그함수를 이용하여 해를 구한다.

풀이

올해 호수에 있는 물의 양을 a라 하면, n년 후 남아 있는 물의 양은 $a(0.9)^n$이므로 문제를 부등식으로 나타내면

$$a(0.9)^n < \frac{a}{2}$$

이다. 부등식의 양변에 상용로그를 취하면, $\log a + \log(0.9)^n < \log a + \log\frac{1}{2}$이므로 $\log(0.9)^n < \log\frac{1}{2}$이다. $\log 0.9 = \log\frac{9}{10} = \log 3^2 - \log 10 = 2\log 3 - 1 < 0$이고, $\log\frac{1}{2} = -\log 2$이므로

$$n > \frac{-\log 2}{2\log 3 - 1} \approx 6.57$$

이다. 따라서 호수에 있는 물의 양이 올해 물의 양의 절반 이하가 되는 데 약 7년이 걸린다.

전파 감쇠비

데시벨decibel이란 소리의 상대적인 크기를 나타내는 단위로, **전파 감쇠비**라고도 한다. 가정에서의 평균 생활 소음은 40 dB, 일상 대화는 60 dB 정도이고, 120~140 dB 정도의 소리는 사람이 듣기에 고통스러운 크기이다. 데시벨은 소리의 세기 비에 상용로그를 취하고 10을 곱한 값이다. 전파가 어떤 벽을 투과한 후 전파의 세기가 A에서 B로 바뀔 때, 그 벽의 전파 감쇠비 F는 다음과 같다.

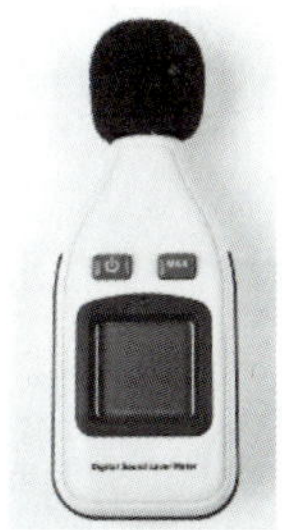

[그림 2-9] 데시벨 측정기

$$F = 10\log\frac{B}{A}$$

예제 2-19

전파 감쇠비가 $-20\,\text{dB}$인 벽을 투과한 전파의 세기가 0.05일 때, 벽을 투과하기 전의 전파의 세기를 구하라.

TIP 문제를 로그방정식으로 나타내고 로그함수를 이용하여 해를 구한다.

풀이

문제를 로그방정식으로 나타내면

$$-20 = 10\log\frac{0.05}{A}$$

이다. 따라서 $-2=\log\frac{0.05}{A}$이고, 로그함수의 정의에 의하여 $10^{-2}=\frac{0.05}{A}$이다. 따라서 $A=0.05\times 10^2=5$이므로, 벽을 투과하기 전의 전파 세기는 5dB이다.

지진과 리히터 규모

리히터 규모 Richter magnitude scale는 1935년에 미국의 지진학자인 찰스 리히터Charles F. Richter가 고안한 단위로, 지진의 강도를 나타낸다. 리히터 규모 공식은 다음과 같다.

$$M=\log\frac{A}{A_0}$$

이때 A는 진원지에서 100km 떨어진 지진계의 진폭에 의하여 측정된 지진 강도이고, A_0는 표준 지진 강도를 나타낸다.

〈출처〉 https://www.pixabay.com

[그림 2-10] **지진 현장**

예제 2-20

2016년 9월 12일 경상북도 경주에서 발생한 지진은 리히터 지진계로 진도 5.8을 기록했고, 2011년 3월 11일 동일본에서 발생한 지진은 리히터 지진계로 진도 9.0을 기록했다. 동일본에서 발생한 지진 강도는 경주에서 발생한 지진 강도의 몇 배인지 소수점 아래 첫째 자리까지의 근삿값으로 나타내라.

풀이

리히터 규모 공식을 지수로 나타내면 $\frac{A}{A_0} = 10^M$이므로, $A = A_0 \cdot 10^M$이다. 경주의 지진 강도와 동일본의 지진 강도를 각각 A_1, A_2라 하면

$$A_1 = A_0 \cdot 10^{5.8}, \quad A_2 = A_0 \cdot 10^{9.0}$$

이다. A_2를 A_1에 대하여 정리하면

$$A_2 = A_0 \cdot 10^{5.8} \cdot 10^{3.2} = A_1 \cdot 10^{3.2}$$

이고, $10^{3.2} \approx 1584.9$이므로, 동일본에서 발생한 지진 강도는 경주에서 발생한 지진 강도의 약 1584.9배이다.

Chapter 02 연습문제

2.1 다음 함수가 지수함수인지 판정하라.

(a) $y = 3^{-x}$　　(b) $y = \left(\dfrac{1}{2}\right)^{-x^2-1}$

(c) $y = \dfrac{1}{4^x - 2}$　　(d) $y = -(-5)^{x^3+2}$

2.2 다음 지수함수의 그래프를 그려라.

(a) $y = 5^x$　　(b) $y = 5^{-x}$

(c) $y = -5^x$　　(d) $y = -5^{-x}$

2.3 다음 두 수의 대소를 비교하라.

(a) $\sqrt{8}$, $\sqrt[3]{16}$　　(b) $\sqrt[3]{9}$, $\sqrt[5]{27}$

(c) $\sqrt[4]{0.3}$, $\sqrt[5]{0.09}$　　(d) $\sqrt[3]{0.4}$, $\sqrt[6]{0.064}$

2.4 다음 지수방정식을 풀어라.

(a) $2^{3x+2} = 2^{1-x}$　　(b) $3^{2x+8} = 3^{x^2}$

(c) $4^{2x^2+1} = 4^{x^2+x+13}$　　(d) $\sqrt{5}^{\,3-x^2} = \dfrac{1}{125}$

2.5 다음 지수부등식을 풀어라.

(a) $2^{2x-3} < 2^{4-3x}$　　(b) $\left(\dfrac{1}{9}\right)^{x^2} \le \left(\dfrac{1}{3}\right)^{x+1}$

(c) $5^{x^2-1} > \dfrac{1}{\sqrt{5}}$　　(d) $\left(\dfrac{1}{6}\right)^{3-2x} \ge \dfrac{1}{\sqrt[4]{6}}$

2.6 로그함수가 정의되기 위한 x값의 범위를 구하라.

(a) $\log_2(2x+1)$　　(b) $\log_3\left(3 - \dfrac{1}{2}x\right)$

(c) $\log_{\frac{1}{4}}(x^2-1)$　　(d) $\log_{\frac{1}{5}}(2x - x^2)$

2.7 다음 식을 간단히 정리하라.

(a) $\log_2 \frac{4}{3} + \log_2 \frac{7}{4} - \log_2 14$

(b) $\log_3 \frac{1}{2} - \log_3 \frac{1}{6} + \log_3 \frac{1}{4}$

(c) $\log_2 5 + \log_4 9$

(d) $2\log_3(\sqrt{2}+1) - \log_3(\sqrt{2}-1)$

2.8 다음 로그함수의 그래프를 그려라.

(a) $y = \log_5 x$

(b) $y = -\log_5 x$

(c) $y = \log_5(-x)$

(d) $y = -\log_5(-x)$

2.9 다음 두 수의 대소를 비교하라.

(a) $\log_2 9$, $\log_2 \sqrt[3]{27}$

(b) $\log_3 \sqrt[3]{\frac{1}{4}}$, $\log_3 \sqrt[4]{\frac{1}{2}}$

(c) $\log_{\frac{1}{4}} 4$, $\log_{\frac{1}{4}} \sqrt[3]{16}$

(d) $\log_{\frac{1}{5}} \sqrt[3]{0.1}$, $\log_{\frac{1}{5}} \sqrt[3]{0.01}$

2.10 다음 로그방정식을 풀어라.

(a) $\log x + \log(x+4) = \log(2x^2 - 32)$

(b) $\log_3(3x-1) = \log_9(6x+1)$

(c) $\log_2 3 = \log_8(x+1)$

(d) $\frac{1}{3}\log_{16}(2x+1) = \frac{1}{4}$

2.11 다음 로그부등식을 풀어라.

(a) $\log_2(4x+1) < \log_2(3-x)$

(b) $\log_{\frac{1}{2}}(2x+3) < \log_{\frac{1}{2}}(4-3x)$

(c) $\log_4(x-1) + \log_4(x+2) < 1$

(d) $\log_{\frac{1}{5}}(2x-3) + \log_{\frac{1}{5}}(2x+3) < -1$

2.12 다음 방정식과 부등식을 풀어라.

(a) $4 = 3 \cdot 2^{3x-1}$

(b) $3^{2x} = 5^{1-3x}$

(c) $\frac{1}{2} = 5\left(\frac{1}{3}\right)^{2x+3}$

(d) $\left(\frac{1}{2}\right)^{x+1} = 7^{2x+3}$

(e) $2^{2x} < 10 \cdot 3^x$

(f) $x^{\log x} \geq x^3$

2.13 어떤 박테리아는 위험 구간에서 30분마다 그 개체수가 2배씩 늘어난다. 처음에 박테리아가 10마리 있다고 할 때, 다음 물음에 답하라.

(a) 박테리아가 5000마리 이상이 되는 데 걸리는 시간을 구하라.

(b) 박테리아가 5000000마리 이상이 되는 데 걸리는 시간을 구하라.

2.14 소리의 세기 x에 대하여 데시벨(dB) y는

$$y = 10\log x$$

로 나타낸다. 거의 들리지 않는 소리는 0 dB, 조용한 방은 40 dB, 시끄러운 거리는 80 dB 그리고 제트기 엔진 소리는 150 dB로 측정된다. 오토바이의 소음이 80 dB이고 승용차의 소음이 50 dB일 때, 오토바이의 소음이 승용차의 소음보다 몇 배 더 시끄러운지를 설명하라.

2.15 저출산으로 인구가 감소하면, 그만큼 소비도 줄기 때문에 국가경쟁력이 약화되는 심각한 문제가 발생한다. 어느 도시의 인구가 매년 7% 씩 줄어든다고 할 때, 이 도시의 인구가 올해 인구의 $\frac{2}{3}$ 이하로 줄어드는 데 몇 년이 걸리는지를 구하라.

2.16 방사성 물질인 세슘-137의 물리적 반감기가 30년인 반면, 생물학적 반감기는 109일에 불과하다. 어떤 사람의 체내에 세슘-137이 있다고 할 때, t일 후에 체내에 남아 있는 세슘-137의 양이 처음 양의 $\frac{1}{10}$ 이하가 된다고 한다. 이때 t값을 구하라.

2.17 2017년 11월 15일 경상북도 포항에서 발생한 지진은 리히터 지진계로 진도 5.4를 기록했고, 2018년 8월 5일 인도네시아의 롬복 섬에서 발생한 지진은 리히터 지진계로 진도 7을 기록했다. 롬복 섬에서 발생한 지진 강도가 포항에서 발생한 지진 강도의 몇 배인지를 소수점 아래 첫째 자리까지의 근삿값으로 나타내라.

2.18 어떤 학생이 태블릿 PC를 구입하기 위하여 가격을 알아보았더니, 제품 A의 가격은 96만 원, 제품 B의 가격은 80만 원이고, 1개월마다 제품 A는 11%, 제품 B는 8% 씩 가격이 내려간다는 정보를 얻었다. 이런 추세가 계속된다고 가정할 때, 몇 개월 후에 처음으로 제품 A의 가격이 제품 B의 가격보다 저렴해지는지를 구하라.

Chapter 03

삼각함수

Trigonometric Function

CONTENTS

학습목표

- 삼각함수를 정의하고 기본 성질을 학습한다.
- 일반적인 삼각함수의 주기를 구하는 방법을 학습한다.
- 삼각함수의 덧셈정리와 삼각함수의 합성을 이해한다.
- 삼각함수의 최댓값과 최솟값을 구하는 방법을 학습한다.
- 삼각함수와 관련된 공학 문제를 학습한다.

서해안에 가면 해수면의 높이가 시시각각으로 변하는 현상을 관찰할 수 있다. 해수면의 높이 변화는 주로 달의 인력으로 인해 발생하는데, 이를 조석이라 하고 그 높이를 측정하는 것을 조석 관측이라 한다. 바닷물이 밀려들어와 해수면이 가장 높아졌을 때를 만조(밀물)라 하고, 바닷물이 밀려나가 해수면이 가장 낮아졌을 때를 간조(썰물)라 한다. 삼각함수를 이용하면 이러한 해수면의 높이 변화를 쉽게 나타낼 수 있다.

2019년 8월 11일 인천 지역의 만조 시간은 1시 20분과 13시 38분, 간조 시간은 7시 48분과 19시 57분이었다. 해수면의 높이는 만조 때 6.89m, 간조 때 2.77m였다. 기본 수준면의 높이가 평균 해수면 아래 4.58m임을 이용하여 시간 t에 따른 해수면의 높이 변화 $f(t)$를 삼각함수로 나타내면 다음과 같다.

$$f(t) = 2.06\cos(0.51(t - 1.33)) + 4.58$$

$0 \le t \le 24$일 때, 삼각함수 $f(t)$의 그래프를 통해서 인천 지역 해수면의 하루 동안의 높이 변화를 설명할 수 있다.

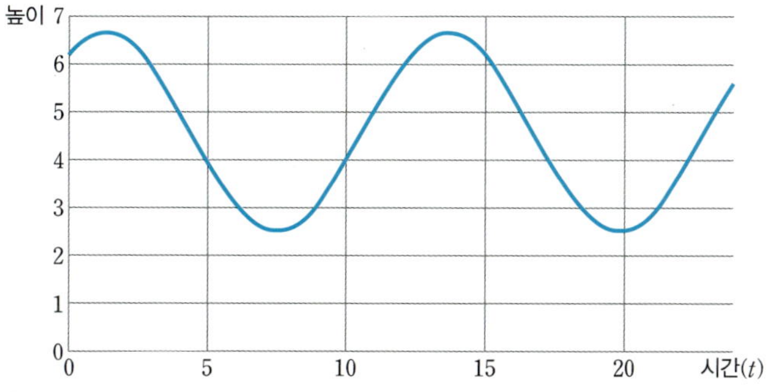

〈출처〉 https://www.badatime.com

3.1 삼각함수의 도입

각도

평면 위에 있는 두 반직선 사이의 각도를 나타내는 방법을 알아보자. [그림 3-1]은 x축의 양의 방향으로 고정된 반직선 OX와 점 O를 중심으로 반직선 OX를 θ만큼 회전하여 얻는 반직선 OP를 나타낸다.

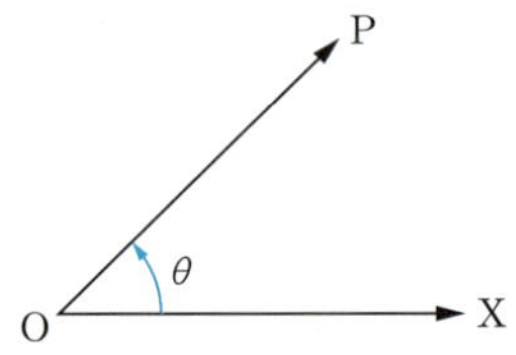

[그림 3-1] 각도

두 반직선 사이의 각도는 양의 값과 음의 값으로 나타낼 수 있다.

정의 3-1 각도의 방향

반직선 OP가 회전한 방향이 반시계 방향일 때 이 방향을 **양의 방향**positive direction이라 하고, 회전한 방향이 시계 방향일 때 이 방향을 **음의 방향**negative direction이라 한다.

[정의 3-1]에 의하여 두 반직선 사이의 모든 각도는 양의 방향과 음의 방향으로 나타낼 수 있다. 이때 양의 방향으로 회전하여 생긴 각을 **양의 각**positive angle, 음의 방향으로 회전하여 생긴 각을 **음의 각**negative angle이라 한다. 양수와 음수를 나타낼 때처럼 양의 방향으로 측정하면 각도 앞의 +를 생략하여 각도만 나타내고, 음의 방향으로 측정하면 각도 앞에 −를 붙여 나타낸다.

[그림 3-2]에서 반직선 OX에서 반직선 OP까지 양의 방향으로 회전하여 생긴 양의 각은 $30°$이고, 음의 방향으로 회전하여 생긴 음의 각은 $-330°$이다.

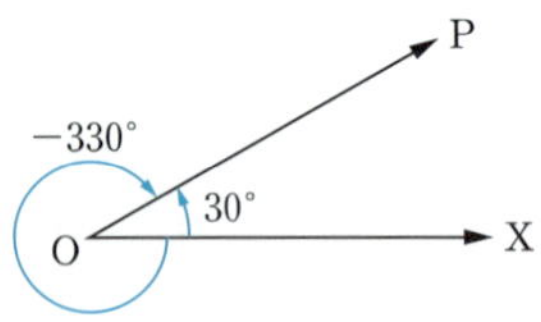

[그림 3-2] 각도의 방향

예제 3-1

양의 각은 음의 각으로, 음의 각은 양의 각으로 나타내라.

(a) $60°$　　(b) $150°$

(c) $-45°$　　(d) $-290°$

TIP (양의 각) − (음의 각) = $360°$ 임을 이용한다.

풀이

(a) $60° - x = 360°$이므로, $60°$에 대한 음의 각은 $-300°$이다.

(b) $150° - x = 360°$이므로, $150°$에 대한 음의 각은 $-210°$이다.

(c) $x - (-45°) = 360°$이므로, $-45°$에 대한 양의 각은 $315°$이다.

(d) $x - (-290°) = 360°$이므로, $-290°$에 대한 양의 각은 $70°$이다.

■ 각도의 표현법

각도를 나타내는 방법에는 육십분법과 호도법이 있다. **육십분법**sexadecimal measure은 1회전을 360등분한 것을 **1도**degree(°)로 정의한다. 호도법은 다음과 같이 정의한다.

정의 3-2 호도법

$\frac{180°}{\pi}$를 **1라디안**radian이라 하고, 이를 단위로 하여 각도를 나타내는 방법을 **호도법**circular measure이라 한다.

육십분법으로 표현한 각도를 호도법으로 나타내거나, 호도법으로 표현한 각도를 육십분법으로 나타낼 때 다음 방법을 사용한다.

정리 3-1 각도의 변환 방법

(1) 육십분법으로 표현된 각도 $a°$를 호도법으로 나타내기 : $a° \times \frac{\pi}{180°}$

(2) 호도법으로 표현된 각도 b라디안을 육십분법으로 나타내기 : $b \times \frac{180°}{\pi}$

예제 3-2

육십분법으로 표현한 각도는 호도법으로, 호도법으로 표현한 각도는 육십분법으로 나타내라.

(a) $30°$

(b) $300°$

(c) $\frac{\pi}{4}$

(d) $\frac{4}{3}\pi$

TIP (호도법) = (육십분법) $\times \frac{\pi}{180°}$, (육십분법) = (호도법) $\times \frac{180°}{\pi}$ 임을 이용한다.

풀이

(a) $30° \times \dfrac{\pi}{180°} = \dfrac{\pi}{6}$ 이므로, 30°를 호도법으로 나타내면 $\dfrac{\pi}{6}$ 이다.

(b) $300° \times \dfrac{\pi}{180°} = \dfrac{5}{3}\pi$ 이므로, 300°를 호도법으로 나타내면 $\dfrac{5}{3}\pi$ 이다.

(c) $\dfrac{\pi}{4} \times \dfrac{180°}{\pi} = 45°$ 이므로, $\dfrac{\pi}{4}$ 를 육십분법으로 나타내면 45° 이다.

(d) $\dfrac{4}{3}\pi \times \dfrac{180°}{\pi} = 240°$ 이므로, $\dfrac{4}{3}\pi$ 를 육십분법으로 나타내면 240° 이다.

삼각함수

이제 각도의 정의를 이용하여 삼각함수를 정의해보자.

정의 3-3 삼각함수

x축의 양의 방향과 각 θ를 이루는 직선과 중심이 원점이고 반지름이 r인 원의 교점을 $P(x,\ y)$라 할 때, 다음과 같이 **삼각함수** trigonometric function를 정의한다.

$$\sin\theta = \frac{y}{r},\quad \cos\theta = \frac{x}{r},\quad \tan\theta = \frac{y}{x}$$

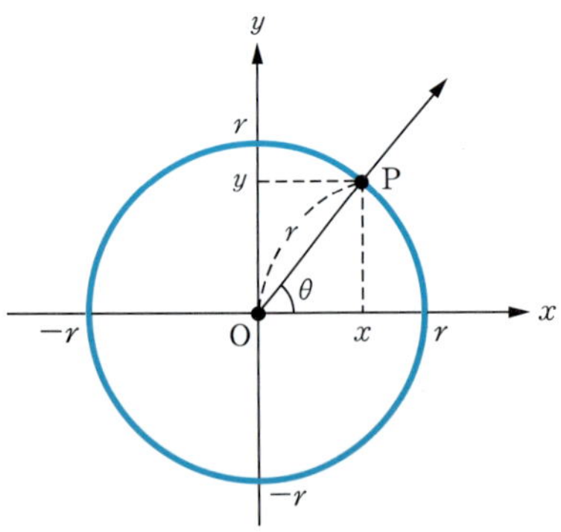

[그림 3-3] 삼각함수의 정의

$\sin\theta$, $\cos\theta$, $\tan\theta$를 이용하여 새로운 삼각함수 $\csc\theta$, $\sec\theta$, $\cot\theta$를 다음과 같이 정의한다. 이때 csc는 코시컨트, sec는 시컨트, cot는 코탄젠트라고 읽는다.

$$\csc\theta = \frac{1}{\sin\theta} = \frac{r}{y} \qquad \sec\theta = \frac{1}{\cos\theta} = \frac{r}{x} \qquad \cot\theta = \frac{1}{\tan\theta} = \frac{x}{y}$$

■ 각도에 따른 삼각함수의 부호

삼각함수는 θ에 따라서 양의 값 또는 음의 값을 갖는다. 삼각함수의 부호를 판정하기 위해 좌표평면을 4개의 영역으로 나누며, 각각을 제1사분면, 제2사분면, 제3사분면, 제4사분면이라 한다. 각 영역에서 삼각함수의 부호는 다음과 같다.

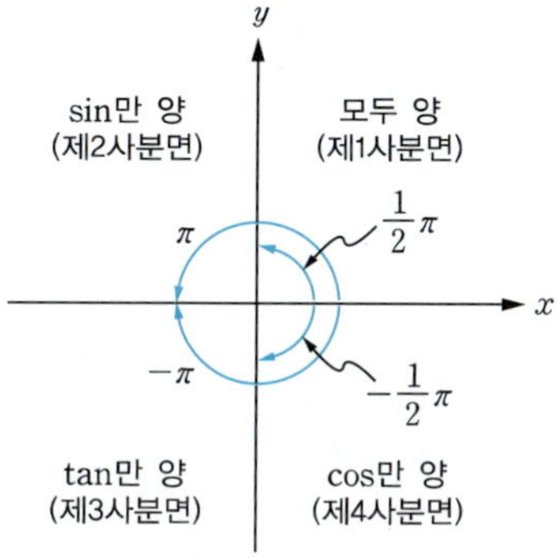

[그림 3-4] 사분면에 따른 삼각함수의 부호

[표 3-1] 사분면에 따른 삼각함수의 부호

구분	제1사분면	제2사분면	제3사분면	제4사분면
x, y의 부호	$x>0$ $y>0$	$x<0$ $y>0$	$x<0$ $y<0$	$x>0$ $y<0$
$\sin\theta = \dfrac{y}{r}$	+	+	−	−
$\cos\theta = \dfrac{x}{r}$	+	−	−	+
$\tan\theta = \dfrac{y}{x}$	+	−	+	−

예제 3-3

θ가 다음과 같을 때 $\sin\theta$, $\cos\theta$, $\tan\theta$의 부호를 판정하라.

(a) $\dfrac{3}{5}\pi$ (b) $\dfrac{7}{4}\pi$

(c) $-\dfrac{11}{6}\pi$ (d) $-\dfrac{2}{3}\pi$

TIP 주어진 양의 각과 음의 각의 위치를 확인하고, [표 3-1]을 이용한다.

풀이

(a) $\dfrac{\pi}{2} < \dfrac{3}{5}\pi < \pi$이므로, $\dfrac{3}{5}\pi$는 제2사분면의 각이다.
따라서 $\sin\theta > 0$, $\cos\theta < 0$, $\tan\theta < 0$이다.

(b) $\dfrac{3}{2}\pi < \dfrac{7}{4}\pi < 2\pi$이므로, $\dfrac{7}{4}\pi$는 제4사분면의 각이다.
따라서 $\sin\theta < 0$, $\cos\theta > 0$, $\tan\theta < 0$이다.

(c) $-\dfrac{11}{6}\pi$를 양의 각으로 나타내면 $\dfrac{\pi}{6}$이고 $0 < \dfrac{\pi}{6} < \dfrac{\pi}{2}$이므로, $-\dfrac{11}{6}\pi$는 제1사분면의 각이다. 따라서 $\sin\theta > 0$, $\cos\theta > 0$, $\tan\theta > 0$이다.

(d) $-\dfrac{2}{3}\pi$를 양의 각으로 나타내면 $\dfrac{4}{3}\pi$이고 $\pi < \dfrac{4}{3}\pi < \dfrac{3}{2}\pi$이므로, $-\dfrac{2}{3}\pi$는 제3사분면의 각이다. 따라서 $\sin\theta < 0$, $\cos\theta < 0$, $\tan\theta > 0$이다.

■ 특수각에 대한 삼각함수

좌표축에 위치한 $\theta = 0$, $\frac{\pi}{2}$와 제1사분면에 위치한 $\theta = \frac{\pi}{6}$, $\frac{\pi}{4}$, $\frac{\pi}{3}$를 특수각이라 한다. 특수각 θ에 대한 삼각함수의 값은 [표 3-2]와 같다.

[표 3-2] 특수각에 대한 삼각함수의 값

구분	0	$\frac{\pi}{6}$	$\frac{\pi}{4}$	$\frac{\pi}{3}$	$\frac{\pi}{2}$
$\sin\theta$	0	$\frac{1}{2}$	$\frac{\sqrt{2}}{2}$	$\frac{\sqrt{3}}{2}$	1
$\cos\theta$	1	$\frac{\sqrt{3}}{2}$	$\frac{\sqrt{2}}{2}$	$\frac{1}{2}$	0
$\tan\theta$	0	$\frac{1}{\sqrt{3}}$	1	$\sqrt{3}$	정의 안 됨

$\csc\theta = \dfrac{1}{\sin\theta}$, $\sec\theta = \dfrac{1}{\cos\theta}$, $\cot\theta = \dfrac{1}{\tan\theta}$임을 이용하면, 특수각 θ에 대한 $\csc\theta$, $\sec\theta$, $\cot\theta$의 값을 구할 수 있다.

예제 3-4

다음 삼각함수의 값을 구하라.

(a) $\csc\frac{\pi}{4}$

(b) $\sec\frac{\pi}{3}$

(c) $\cot\frac{\pi}{6}$

(d) $\csc\frac{\pi}{2}$

TIP [표 3-2]의 특수각에 대한 삼각함수의 값을 이용한다.

풀이

(a) $\csc\frac{\pi}{4} = \dfrac{1}{\sin\frac{\pi}{4}} = \dfrac{1}{\frac{\sqrt{2}}{2}} = \dfrac{2}{\sqrt{2}} = \sqrt{2}$

(b) $\sec\frac{\pi}{3} = \dfrac{1}{\cos\frac{\pi}{3}} = \dfrac{1}{\frac{1}{2}} = 2$

(c) $\cot\frac{\pi}{6} = \dfrac{1}{\tan\frac{\pi}{6}} = \dfrac{1}{\frac{1}{\sqrt{3}}} = \sqrt{3}$

(d) $\csc\frac{\pi}{2} = \dfrac{1}{\sin\frac{\pi}{2}} = \dfrac{1}{1} = 1$

■ 일반각에 대한 삼각함수

일반각 θ에 대하여 한 삼각함수의 값이 주어지면 나머지 두 삼각함수의 값은 [정리 3-2]와 같이 직각삼각형을 그려서 구할 수 있다.

정리 3-2 직각삼각형을 이용하여 삼각함수의 값을 구하는 방법

[1단계] 주어진 삼각함수의 절댓값에 대응하는 예각을 ϕ라 할 때, 한 각이 ϕ인 직각삼각형을 그리고 피타고라스 정리를 이용하여 각 변의 길이를 구한다.

[2단계] 위의 [1단계]에서 그린 직각삼각형을 이용하여 ϕ에 대한 나머지 두 삼각함수를 구한다.

[3단계] θ가 몇 사분면의 각인지를 확인하여 [2단계]에서 구한 삼각함수의 부호를 결정한다.

$\sin\theta = \dfrac{1}{2}$이고 $\dfrac{\pi}{2} < \theta < \pi$일 때, $\cos\theta$, $\tan\theta$의 값을 구해보자.

[1단계] $\sin\phi = \dfrac{1}{2}$일 때, ϕ가 예각인 직각삼각형을 그리면 [그림 3-5]와 같다. 이때 빗변과 높이는 각각 2, 1이며 밑변은 $\sqrt{2^2 - 1^2} = \sqrt{3}$이다.

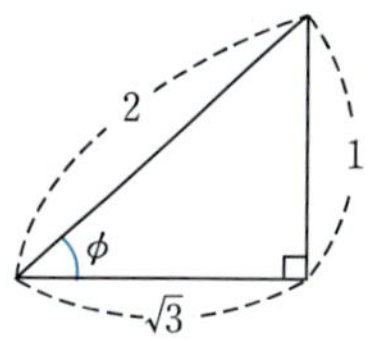

[그림 3-5] 한 각이 ϕ인 직각삼각형

[2단계] [그림 3-5]를 이용하여 $\cos\phi$, $\tan\phi$의 값을 구하면

$$\cos\phi = \frac{\sqrt{3}}{2}, \quad \tan\phi = \frac{1}{\sqrt{3}}$$

이다.

[3단계] 주어진 조건에서 θ가 제2사분면의 각이므로 $\cos\theta < 0$, $\tan\theta < 0$이다. 따라서 $\cos\theta$와 $\tan\theta$의 값은

$$\cos\theta = -\cos\phi = -\frac{\sqrt{3}}{2}, \quad \tan\theta = -\tan\phi = -\frac{1}{\sqrt{3}}$$

이다.

예제 3-5

다음 삼각함수의 값을 구하라.

(a) $\cos\theta = -\dfrac{1}{3}$ 이고 $\dfrac{\pi}{2} < \theta < \pi$ 일 때, $\sin\theta$와 $\tan\theta$

(b) $\tan\theta = -\dfrac{3}{4}$ 이고 $\dfrac{3}{2}\pi < \theta < 2\pi$ 일 때, $\sin\theta$와 $\cos\theta$

TIP [정리 3-2]의 단계에 따라서 삼각함수의 값을 구한다.

풀이

(a) [1단계]

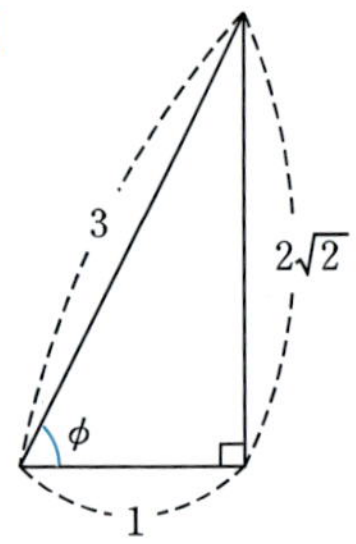

[2단계] 위의 그림으로부터 $\sin\phi = \dfrac{2\sqrt{2}}{3}$, $\tan\phi = 2\sqrt{2}$ 이다.

[3단계] θ가 제2사분면의 각이므로, $\sin\theta > 0$, $\tan\theta < 0$이다. 따라서 $\sin\theta$, $\tan\theta$의 값은

$$\sin\theta = \sin\phi = \frac{2\sqrt{2}}{3}, \quad \tan\theta = -\tan\phi = -2\sqrt{2}$$

이다.

(b) [1단계]

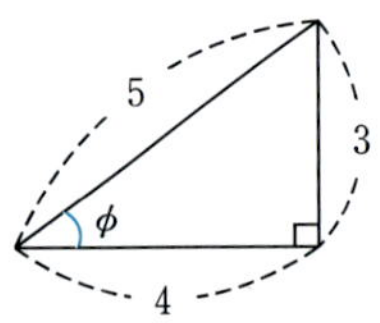

[2단계] 위의 그림으로부터 $\sin\phi = \dfrac{3}{5}$, $\cos\phi = \dfrac{4}{5}$ 이다.

[3단계] θ가 제4사분면의 각이므로, $\sin\theta < 0$, $\cos\theta > 0$이다. 따라서 $\sin\theta$, $\cos\theta$의 값은

$$\sin\theta = -\sin\phi = -\frac{3}{5}, \quad \cos\theta = \cos\phi = \frac{4}{5}$$

이다.

일반각을 제1사분면의 각으로 변환하면 특수각에 대한 삼각함수의 값을 이용하여 일반각에 대한 삼각함수의 값을 쉽게 구할 수 있다.

정리 3-3 일반각에 대한 삼각함수의 값을 구하는 방법

n이 정수일 때, 다음 단계에 따라 삼각함수의 각을 변환하여 삼각함수의 값을 구한다.

[1단계] 모든 각을 $(90° \times n) \pm \theta$ 또는 $\left(\frac{\pi}{2} \times n\right) \pm \theta$ 꼴로 고친다(단, θ는 제1사분면의 각이다).

[2단계] n에 따라 삼각함수의 종류를 결정한다.

- n이 짝수이면 삼각함수의 종류는 바뀌지 않는다.
- n이 홀수이면 사인함수는 코사인함수로, 코사인함수는 사인함수로, 탄젠트함수는 코탄젠트함수로 바꾼다.

[3단계] $(90° \times n) \pm \theta$가 위치한 사분면에서 원래 삼각함수의 부호를 찾는다. 각 θ에 대하여 [2단계]에서 결정한 삼각함수의 값을 구하고, 앞에서 결정한 부호를 붙인다.

[정리 3-3]을 이용하여 $\sin 210°$의 값을 구해보자.

[1단계] $210°$를 $(90° \times n) \pm \theta$ 꼴로 고치면, $210° = 90° \times 2 + 30°$이다.

[2단계] $n = 2$는 짝수이므로, 사인함수를 그대로 사인함수로 둔다.

[3단계] $210°$는 제3사분면의 각이므로, $\sin 210°$의 부호는 $-$이다.

따라서 $\sin 210°$의 값은

$$\sin 210° = \sin(90° \times 2 + 30°) = -\sin 30° = -\frac{1}{2}$$

이다.

[정리 3-3]을 이용하여 $\cos\frac{17}{6}\pi$의 값을 구해보자.

[1단계] $\frac{17}{6}\pi$를 $\left(\frac{\pi}{2} \times n\right) \pm \theta$ 꼴로 고치면, $\frac{17}{6}\pi = \frac{\pi}{2} \times 5 + \frac{\pi}{3}$이다.

[2단계] $n = 5$는 홀수이므로, 코사인함수를 사인함수로 바꾼다.

[3단계] $\frac{17}{6}\pi$는 제2사분면의 각이므로, $\cos\frac{17}{6}\pi$의 부호는 $-$이다.

따라서 $\cos\frac{17}{6}\pi$의 값은

$$\cos\frac{17}{6}\pi = \cos\left(\frac{\pi}{2} \times 5 + \frac{\pi}{3}\right) = -\sin\frac{\pi}{3} = -\frac{\sqrt{3}}{2}$$

이다.

예제 3-6

다음 삼각함수의 값을 구하라.

(a) $\sin 390°$

(b) $\cos 330°$

(c) $\cos\left(-\frac{4}{3}\pi\right)$

(d) $\tan\frac{11}{3}\pi$

TIP [정리 3-3]의 단계에 따라서 삼각함수의 값을 계산한다.

풀이

(a) [1단계] $390° = 90° \times 4 + 30°$이다.

[2단계] $n = 4$는 짝수이므로, 사인함수를 그대로 사인함수로 둔다.

[3단계] $390°$는 제1사분면의 각이므로, $\sin 390°$의 부호는 $+$이다.

따라서 $\sin 390°$의 값은

$$\sin 390° = \sin 30° = \frac{1}{2}$$

이다.

(b) [1단계] $330° = 90° \times 3 + 60°$이다.

[2단계] $n = 3$은 홀수이므로, 코사인함수를 사인함수로 바꾼다.

[3단계] $330°$는 제4사분면의 각이므로, $\cos 330°$의 부호는 $+$이다.

따라서 $\cos 330°$의 값은

$$\cos 330° = \sin 60° = \frac{\sqrt{3}}{2}$$

이다.

(c) [1단계] $-\frac{4}{3}\pi = \frac{\pi}{2} \times (-2) - \frac{\pi}{3}$이다.

[2단계] $n = -2$는 짝수이므로, 코사인함수를 그대로 코사인함수로 둔다.

[3단계] $-\frac{4}{3}\pi$는 제2사분면의 각이므로, $\cos\left(-\frac{4}{3}\pi\right)$의 부호는 $-$이다.

따라서 $\cos\left(-\frac{4}{3}\pi\right)$의 값은

$$\cos\left(-\frac{4}{3}\pi\right) = -\cos\frac{\pi}{3} = -\frac{1}{2}$$

이다.

(d) [1단계] $\frac{11}{3}\pi = \frac{\pi}{2} \times 7 + \frac{\pi}{6}$이다.

[2단계] $n = 7$은 홀수이므로, 탄젠트함수를 코탄젠트함수로 바꾼다.

[3단계] $\frac{11}{3}\pi$는 제4사분면의 각이므로, $\tan\frac{11}{3}\pi$의 부호는 $-$이다.

따라서 $\tan\frac{11}{3}\pi$의 값은

$$\tan\frac{11}{3}\pi = -\cot\frac{\pi}{6} = -\sqrt{3}$$

이다.

3.2 삼각함수의 주기

삼각함수의 주기

[표 3-3]을 이용하여 삼각함수의 그래프와 특징을 정리해보자.

[표 3-3] 삼각함수의 그래프와 특징

구분	$y = \sin x$	$y = \cos x$	$y = \tan x$
정의역	실수 전체 집합	실수 전체 집합	$x = n\pi + \frac{\pi}{2}$ (n은 정수)를 제외한 실수 전체 집합
치역	$\{y : -1 \le y \le 1\}$	$\{y : -1 \le y \le 1\}$	실수 전체 집합
주기	2π	2π	π
대칭성	원점 대칭	y축 대칭	원점 대칭
그래프	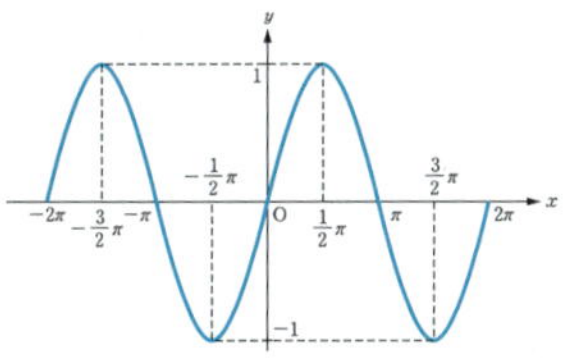	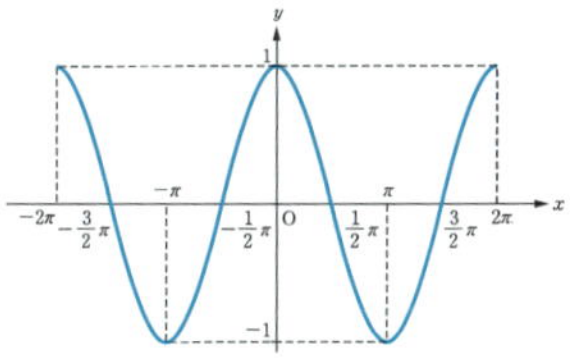	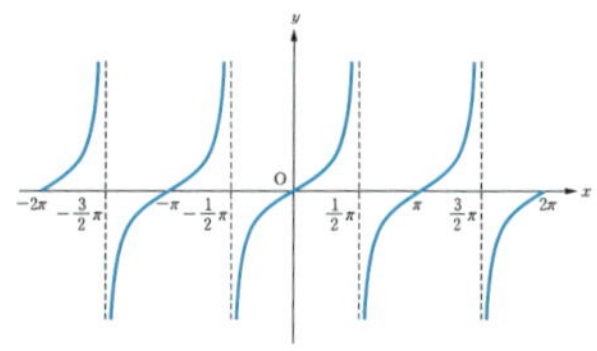

삼각함수는 대수함수나 지수함수, 로그함수와 달리 주기성을 갖는다. 일반적으로 주기함수는 일정 간격을 기준으로 반복되는 함수를 말하며, 주기함수의 엄밀한 정의는 다음과 같다.

정의 3-4 주기함수

$f(x)$가 양수 a와 정의역에 속하는 임의의 x에 대하여

$$f(x+a) = f(x)$$

이면, f를 **주기함수**periodic function라 한다. 이때, $f(x+a) = f(x)$를 만족하는 양수 a 중 가장 작은 수 a_0를 f의 **주기**period라 한다.

[표 3-3]의 그래프로부터 $y = \sin x$와 $y = \cos x$의 주기는 2π이고, $y = \tan x$의 주기는 π임을 알 수 있다.

구간 $[0, 2\pi]$에서 $y = \sin 2x$와 $y = \sin 4x$의 그래프는 [그림 3-6]과 같다.

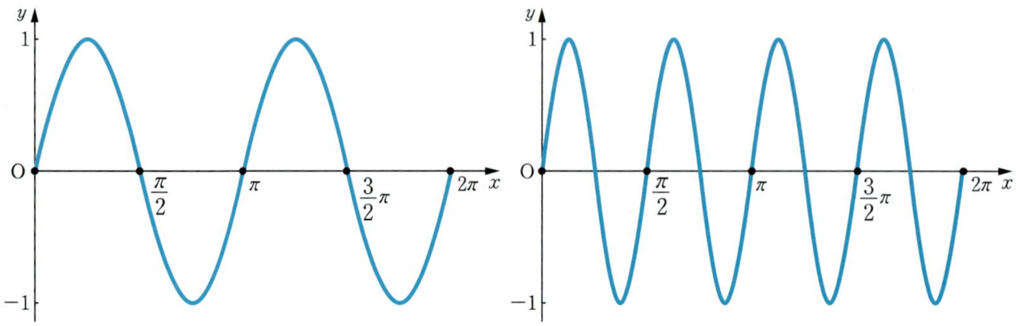

(a) $y = \sin 2x$ (b) $y = \sin 4x$

[그림 3-6] $y = \sin 2x$와 $y = \sin 4x$의 그래프

[그림 3-6(a)]를 보면, 구간 $[0, 2\pi]$에서 그래프가 2번 반복하여 나타나므로 $y = \sin 2x$의 주기는 $\frac{2\pi}{2} = \pi$이다. 또한 [그림 3-6(b)]를 보면, 구간 $[0, 2\pi]$에서 그래프가 4번 반복하여 나타나므로 $y = \sin 4x$의 주기는 $\frac{2\pi}{4} = \frac{\pi}{2}$이다.

구간 $[0, 2\pi]$에서 $y = 2\sin 2(x-1)+1$과 $y = -3\sin 4(x+2)-1$의 그래프는 [그림 3-7]과 같다.

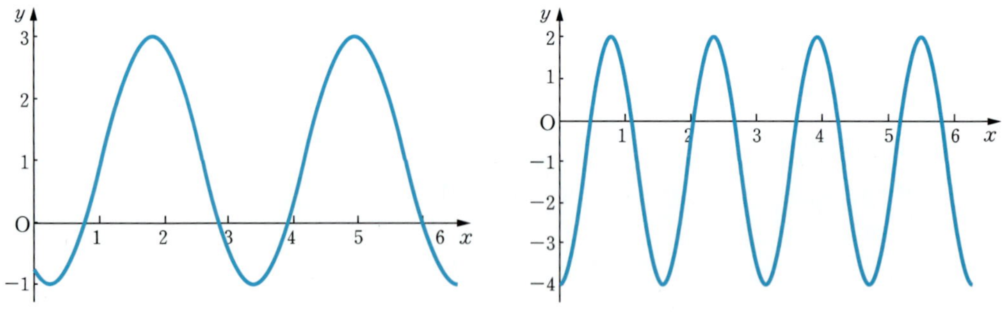

(a) $y = 2\sin 2(x-1)+1$ (b) $y = -3\sin 4(x+2)-1$

[그림 3-7] $y = 2\sin 2(x-1)+1$과 $y = -3\sin 4(x+2)-1$의 그래프

[그림 3-7]에서 알 수 있듯이, $y = 2\sin 2(x-1)+1$과 $y = -3\sin 4(x+2)-1$의 그래프는 각각 $y = \sin 2x$와 $y = \sin 4x$ 그래프의 진폭을 바꾸고 평행이동한 결과이므로, 주기가 변하지 않는다. 마찬가지로 코사인함수의 그래프를 위와 같이 비교하면, 사인함수

와 같은 결과를 얻는다.

이제 탄젠트함수의 그래프를 살펴보자. 구간 $\left(-\frac{\pi}{2}, \frac{\pi}{2}\right)$에서 $y = \tan 2x$와 $y = \tan 4x$의 그래프는 [그림 3-8]과 같다.

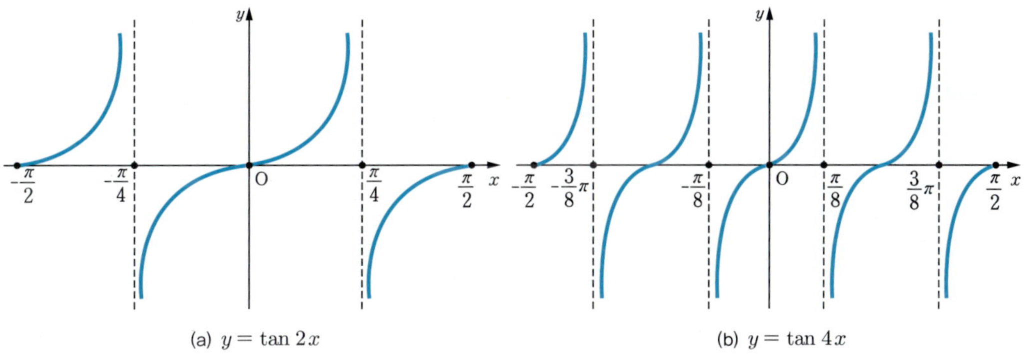

[그림 3-8] $y = \tan 2x$와 $y = \tan 4x$의 그래프

[그림 3-8(a)]를 보면, 구간 $\left(-\frac{\pi}{2}, \frac{\pi}{2}\right)$에서 그래프가 2번 반복하여 나타나므로 $y = \tan 2x$의 주기는 $\frac{\pi}{2}$이다. 또한 [그림 3-8(b)]를 보면, 그래프가 구간 $\left(-\frac{\pi}{2}, \frac{\pi}{2}\right)$에서 4번 반복하여 나타나므로 $y = \tan 4x$의 주기는 $\frac{\pi}{4}$이다.

위 결과를 정리하면 삼각함수의 주기는 다음과 같다.

[표 3-4] 삼각함수의 주기

구분	$y = a\sin(bx+c)+d$	$y = a\cos(bx+c)+d$	$y = a\tan(bx+c)+d$
주기	$\frac{2\pi}{\lvert b\rvert}$	$\frac{2\pi}{\lvert b\rvert}$	$\frac{\pi}{\lvert b\rvert}$

[표 3-4]를 통해 오직 x의 계수만 삼각함수의 주기에 영향을 준다는 것을 알 수 있다.

예제 3-7

다음 삼각함수의 주기를 구하라.

(a) $y=2\sin 3x$

(b) $y=\dfrac{1}{3}\sin 2(x-1)$

(c) $y=2\cos\dfrac{1}{3}x-1$

(d) $y=\dfrac{1}{4}\cos\left(2-\dfrac{1}{5}x\right)$

(e) $y=4\tan\left(-\dfrac{1}{2}x\right)$

(f) $y=\dfrac{1}{5}\tan(3-2x)+3$

TIP [표 3-4]의 삼각함수 주기 공식을 이용한다.

풀이

(a) $y=2\sin 3x$의 주기는 $\dfrac{2\pi}{3}=\dfrac{2}{3}\pi$이다.

(b) $y=\dfrac{1}{3}\sin 2(x-1)$의 주기는 $\dfrac{2\pi}{2}=\pi$이다.

(c) $y=2\cos\dfrac{1}{3}x-1$의 주기는 $\dfrac{2\pi}{\dfrac{1}{3}}=6\pi$이다.

(d) $y=\dfrac{1}{4}\cos\left(2-\dfrac{1}{5}x\right)$의 주기는 $\dfrac{2\pi}{\left|-\dfrac{1}{5}\right|}=10\pi$이다.

(e) $y=4\tan\left(-\dfrac{1}{2}x\right)$의 주기는 $\dfrac{\pi}{\left|-\dfrac{1}{2}\right|}=2\pi$이다.

(f) $y=\dfrac{1}{5}\tan(3-2x)+3$의 주기는 $\dfrac{\pi}{|-2|}=\dfrac{\pi}{2}$이다.

3.3 삼각함수의 덧셈정리

삼각함수의 관계

삼각함수의 거듭제곱은 다음 표현법에 따라 나타낸다.

정리 3-4 삼각함수의 표현법

(1) $y=\sin(x^2)$은 괄호를 없애고 $y=\sin x^2$으로 표현한다.

(2) $y=(\sin x)^2$은 괄호를 없애고 $y=\sin^2 x$로 표현한다.

다양한 삼각함수의 관계식은 $\sin^2 x+\cos^2 x=1$로부터 유도한다. 이 식의 양변을 $\cos^2 x$로 나누면

$$\frac{\sin^2 x}{\cos^2 x}+1=\frac{1}{\cos^2 x}$$

이고, 이를 정리하면

$$\tan^2 x+1=\sec^2 x$$

이다. 또한 $\sin^2 x+\cos^2 x=1$의 양변을 $\sin^2 x$로 나누면

$$1+\frac{\cos^2 x}{\sin^2 x}=\frac{1}{\sin^2 x}$$

이고, 이를 정리하면

$$1+\cot^2 x=\csc^2 x$$

이다. 위에서 유도한 삼각함수의 관계식을 정리하면 다음 정리와 같다.

정리 3-5 삼각함수의 관계식

(1) $\sin^2 x+\cos^2 x=1$

(2) $1+\tan^2 x=\sec^2 x$

(3) $1+\cot^2 x=\csc^2 x$

[정리 3-5]를 활용하면 주어진 삼각함수의 값으로부터 다른 삼각함수의 제곱 값을 쉽게 구할 수 있다.

예제 3-8

$\sin x = \frac{1}{4}$ 일 때, 다음 삼각함수의 값을 구하라.

(a) $\cos^2 x$

(b) $\cot^2 x$

TIP [정리 3-5]의 삼각함수 관계식을 이용한다.

풀이

(a) $\cos^2 x = 1 - \sin^2 x = 1 - \left(\frac{1}{4}\right)^2 = \frac{15}{16}$

(b) $\cot^2 x = \csc^2 x - 1 = \frac{1}{\left(\frac{1}{4}\right)^2} - 1 = 16 - 1 = 15$

삼각함수의 덧셈정리

특수각의 합이나 차로 이루어진 각에 대한 삼각함수의 값은 다음 정리를 활용하여 구할 수 있다.

정리 3-6 삼각함수의 덧셈정리

(1) $\sin(\alpha + \beta) = \sin\alpha\cos\beta + \cos\alpha\sin\beta$

$\sin(\alpha - \beta) = \sin\alpha\cos\beta - \cos\alpha\sin\beta$

(2) $\cos(\alpha + \beta) = \cos\alpha\cos\beta - \sin\alpha\sin\beta$

$\cos(\alpha - \beta) = \cos\alpha\cos\beta + \sin\alpha\sin\beta$

(3) $\tan(\alpha + \beta) = \frac{\tan\alpha + \tan\beta}{1 - \tan\alpha\tan\beta}$

$\tan(\alpha - \beta) = \frac{\tan\alpha - \tan\beta}{1 + \tan\alpha\tan\beta}$

예를 들어 $\alpha = \frac{\pi}{3}$, $\beta = \frac{\pi}{4}$ 이면 $\alpha + \beta = \frac{7}{12}\pi$, $\alpha - \beta = \frac{\pi}{12}$ 이다.

따라서 삼각함수의 덧셈정리를 이용하면 $\sin\frac{7}{12}\pi$와 $\cos\frac{\pi}{12}$의 값을 구할 수 있다.

예제 3-9

다음 삼각함수의 값을 구하라.

(a) $\sin\frac{7}{12}\pi$ (b) $\cos\frac{\pi}{12}$

TIP 일반각을 특수각의 합 또는 차로 표현한 후, [정리 3-6]의 삼각함수의 덧셈정리를 이용한다.

풀이

(a) $\sin\frac{7}{12}\pi=\sin\left(\frac{\pi}{3}+\frac{\pi}{4}\right)=\sin\frac{\pi}{3}\cos\frac{\pi}{4}+\cos\frac{\pi}{3}\sin\frac{\pi}{4}$

$$=\frac{\sqrt{3}}{2}\cdot\frac{\sqrt{2}}{2}+\frac{1}{2}\cdot\frac{\sqrt{2}}{2}=\frac{\sqrt{6}+\sqrt{2}}{4}$$

(b) $\cos\frac{\pi}{12}=\cos\left(\frac{\pi}{3}-\frac{\pi}{4}\right)=\cos\frac{\pi}{3}\cos\frac{\pi}{4}+\sin\frac{\pi}{3}\sin\frac{\pi}{4}$

$$=\frac{1}{2}\cdot\frac{\sqrt{2}}{2}+\frac{\sqrt{3}}{2}\cdot\frac{\sqrt{2}}{2}=\frac{\sqrt{2}+\sqrt{6}}{4}$$

주어진 각도가 특수각의 합 또는 차가 아니더라도 삼각함수의 값을 구하는 방법이 있다. 만일 주어진 각도가 삼각함수의 값을 아는 두 각도의 합 또는 차이면, [정리 3-6]을 이용하여 삼각함수의 값을 구할 수 있다.

예제 3-10

$\sin\alpha=\frac{1}{3}$, $\sin\beta=\frac{1}{4}$일 때, 다음 삼각함수의 값을 구하라(단, $0<\alpha<\frac{\pi}{2}$, $\frac{\pi}{2}<\beta<\pi$).

(a) $\sin(\alpha+\beta)$ (b) $\cos(\alpha-\beta)$

TIP $\cos\alpha>0$이고 $\cos\beta<0$임을 이용한다.

풀이

$\sin\alpha=\frac{1}{3}$이고 $0<\alpha<\frac{\pi}{2}$이므로, $\cos\alpha=\frac{2\sqrt{2}}{3}$이다.

$\sin\beta=\frac{1}{4}$이고 $\frac{\pi}{2}<\beta<\pi$이므로, $\cos\beta=-\frac{\sqrt{15}}{4}$이다.

(a) $\sin(\alpha+\beta)=\sin\alpha\cos\beta+\cos\alpha\sin\beta$

$$=\frac{1}{3}\cdot\left(-\frac{\sqrt{15}}{4}\right)+\frac{2\sqrt{2}}{3}\cdot\frac{1}{4}=\frac{-\sqrt{15}+2\sqrt{2}}{12}$$

(b) $\cos(\alpha-\beta)=\cos\alpha\cos\beta+\sin\alpha\sin\beta$

$$=\frac{2\sqrt{2}}{3}\cdot\left(-\frac{\sqrt{15}}{4}\right)+\frac{1}{3}\cdot\frac{1}{4}=\frac{-2\sqrt{30}+1}{12}$$

삼각함수의 합성

삼각함수의 덧셈정리를 이용하면 $a\sin\theta + b\cos\theta$ 꼴의 삼각함수의 합을 하나의 삼각함수로 나타낼 수 있다.

정리 3-7 삼각함수의 합성

(1) $a\sin\theta + b\cos\theta = \sqrt{a^2+b^2}\sin(\theta+\alpha)$

이때, $\sin\alpha = \dfrac{b}{\sqrt{a^2+b^2}}$, $\cos\alpha = \dfrac{a}{\sqrt{a^2+b^2}}$ 이다.

(2) $a\sin\theta + b\cos\theta = \sqrt{a^2+b^2}\cos(\theta-\beta)$

이때, $\sin\beta = \dfrac{a}{\sqrt{a^2+b^2}}$, $\cos\beta = \dfrac{b}{\sqrt{a^2+b^2}}$ 이다.

[정리 3-7]은 다음 과정을 통해 증명할 수 있다.

(1)
$$\begin{aligned} a\sin\theta + b\cos\theta &= \sqrt{a^2+b^2}\left(\frac{a}{\sqrt{a^2+b^2}}\sin\theta + \frac{b}{\sqrt{a^2+b^2}}\cos\theta\right) \\ &= \sqrt{a^2+b^2}(\sin\theta\cos\alpha + \cos\theta\sin\alpha) \\ &= \sqrt{a^2+b^2}\sin(\theta+\alpha) \end{aligned}$$

이때 $\sin\alpha = \dfrac{b}{\sqrt{a^2+b^2}}$, $\cos\alpha = \dfrac{a}{\sqrt{a^2+b^2}}$ 이다.

(2)
$$\begin{aligned} a\sin\theta + b\cos\theta &= \sqrt{a^2+b^2}\left(\frac{a}{\sqrt{a^2+b^2}}\sin\theta + \frac{b}{\sqrt{a^2+b^2}}\cos\theta\right) \\ &= \sqrt{a^2+b^2}(\cos\theta\cos\beta + \sin\theta\sin\beta) \\ &= \sqrt{a^2+b^2}\cos(\theta-\beta) \end{aligned}$$

이때 $\sin\beta = \dfrac{a}{\sqrt{a^2+b^2}}$, $\cos\beta = \dfrac{b}{\sqrt{a^2+b^2}}$ 이다.

예제 3-11

다음 식을 괄호 안의 형태로 합성하라.

(a) $\sin\theta+\cos\theta$ $(r\sin(\theta+\alpha))$

(b) $2\sin\theta+3\cos\theta$ $(r\sin(\theta+\alpha))$

(c) $\sqrt{3}\sin\theta+\cos\theta$ $(r\cos(\theta-\beta))$

(d) $\sin\theta+2\cos\theta$ $(r\cos(\theta-\beta))$

TIP 삼각함수의 덧셈정리를 이용하여 유도하거나 [정리 3-7]을 이용한다.

풀이

(a) $$\begin{aligned}\sin\theta+\cos\theta &= \sqrt{2}\left(\frac{1}{\sqrt{2}}\sin\theta+\frac{1}{\sqrt{2}}\cos\theta\right)\\ &= \sqrt{2}(\sin\theta\cos\alpha+\cos\theta\sin\alpha)\\ &= \sqrt{2}\sin(\theta+\alpha)\end{aligned}$$

이때 $\cos\alpha=\frac{1}{\sqrt{2}}$, $\sin\alpha=\frac{1}{\sqrt{2}}$이므로 $\alpha=\frac{\pi}{4}$이다.

따라서 $\sin\theta+\cos\theta=\sqrt{2}\sin\left(\theta+\frac{\pi}{4}\right)$이다.

(b) $$\begin{aligned}2\sin\theta+3\cos\theta &= \sqrt{13}\left(\frac{2}{\sqrt{13}}\sin\theta+\frac{3}{\sqrt{13}}\cos\theta\right)\\ &= \sqrt{13}(\sin\theta\cos\alpha+\cos\theta\sin\alpha)\\ &= \sqrt{13}\sin(\theta+\alpha)\end{aligned}$$

이때 α는 $\cos\alpha=\frac{2}{\sqrt{13}}$, $\sin\alpha=\frac{3}{\sqrt{13}}$을 만족하는 각이다.

(c) $$\begin{aligned}\sqrt{3}\sin\theta+\cos\theta &= 2\left(\frac{\sqrt{3}}{2}\sin\theta+\frac{1}{2}\cos\theta\right)\\ &= 2(\cos\theta\cos\beta+\sin\theta\sin\beta)\\ &= 2\cos(\theta-\beta)\end{aligned}$$

이때 $\cos\beta=\frac{1}{2}$, $\sin\beta=\frac{\sqrt{3}}{2}$이므로 $\beta=\frac{\pi}{3}$이다.

따라서 $\sqrt{3}\sin\theta+\cos\theta=2\cos\left(\theta-\frac{\pi}{3}\right)$이다.

(d) $$\begin{aligned}\sin\theta+2\cos\theta &= \sqrt{5}\left(\frac{1}{\sqrt{5}}\sin\theta+\frac{2}{\sqrt{5}}\cos\theta\right)\\ &= \sqrt{5}(\cos\theta\cos\beta+\sin\theta\sin\beta)\\ &= \sqrt{5}\cos(\theta-\beta)\end{aligned}$$

이때 β는 $\cos\beta=\frac{2}{\sqrt{5}}$, $\sin\beta=\frac{1}{\sqrt{5}}$을 만족하는 각이다.

3.4 삼각함수의 최댓값과 최솟값

그래프를 이용한 최댓값과 최솟값

[그림 3-9]에서 $y = \sin x$와 $y = \cos x$의 그래프를 살펴보면, 두 함수의 최댓값은 1이고 최솟값은 -1이다.

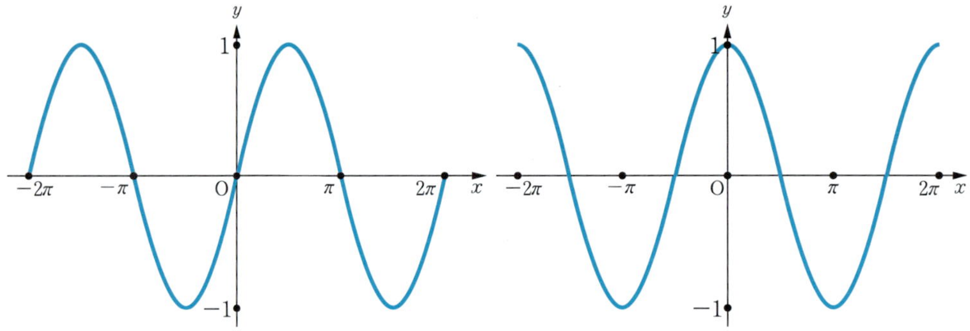

(a) $y = \sin x$ (b) $y = \cos x$

[그림 3-9] $y = \sin x$와 $y = \cos x$의 그래프

이제 [그림 3-9]의 사인함수와 코사인함수의 그래프를 바탕으로 다양한 삼각함수의 최댓값과 최솟값을 알아보자. $y = 2\sin x$와 $y = 2\cos x$는 각각 $y = \sin x$와 $y = \cos x$의 값에 2를 곱한 것이므로, 두 삼각함수의 최댓값은 2이고 최솟값은 -2이다.

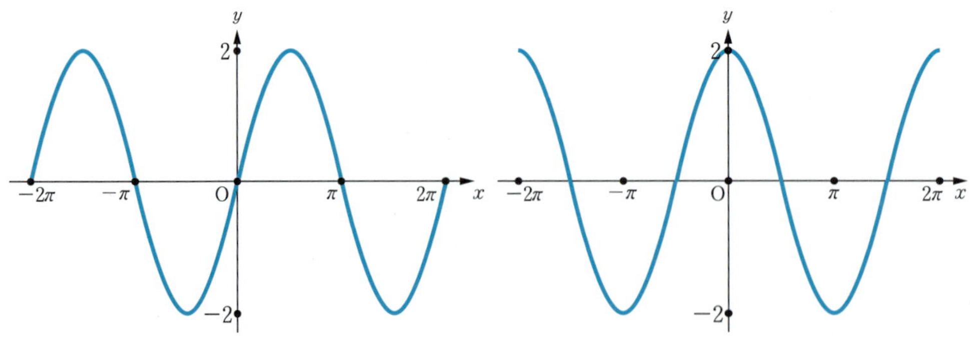

(a) $y = 2\sin x$ (b) $y = 2\cos x$

[그림 3-10] $y = 2\sin x$와 $y = 2\cos x$의 그래프

마찬가지로 $y=-3\sin x$와 $y=-3\cos x$는 각각 $y=\sin x$와 $y=\cos x$의 값에 -3을 곱한 것이므로, 두 삼각함수의 최댓값은 3이고 최솟값은 -3이다.

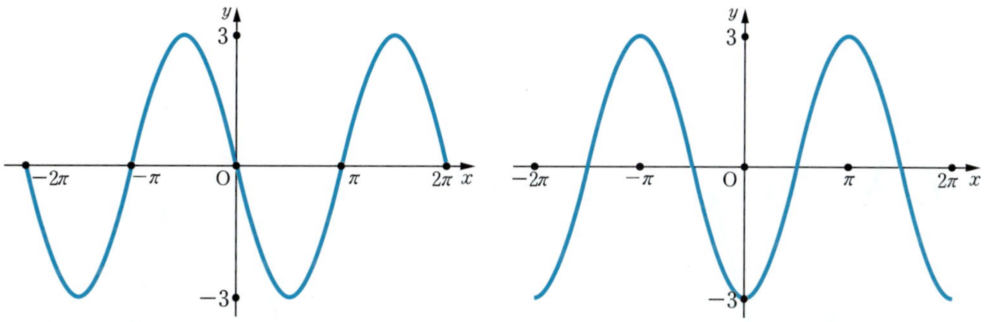

(a) $y=-3\sin x$ (b) $y=-3\cos x$

[그림 3-11] $y=-3\sin x$와 $y=-3\cos x$의 그래프

그러나 $y=\sin 3x$와 $y=\cos 3x$의 그래프는 각각 $y=\sin x$와 $y=\cos x$의 그래프와 주기만 다르므로, 두 삼각함수의 최댓값은 1이고 최솟값은 -1이다.

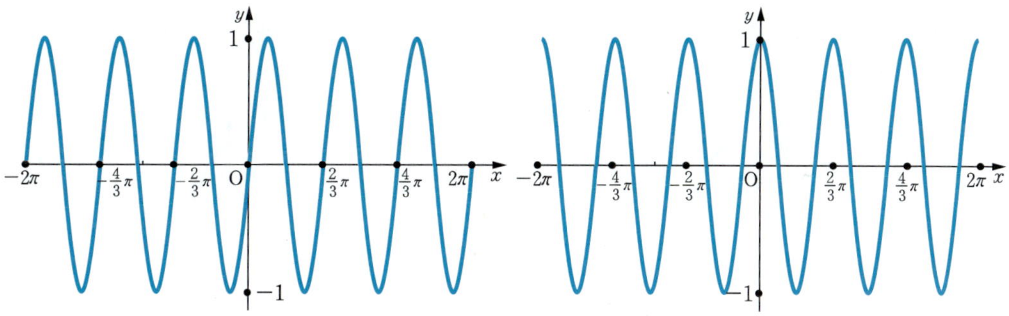

(a) $y=\sin 3x$ (b) $y=\cos 3x$

[그림 3-12] $y=\sin 3x$와 $y=\cos 3x$의 그래프

이번에는 삼각함수를 평행이동하면 최댓값과 최솟값이 어떻게 달라지는지 알아보자.

$y=\sin(x-1)$과 $y=\cos(x-1)$의 그래프는 각각 $y=\sin x$와 $y=\cos x$의 그래프를 x축 방향으로 1만큼 평행이동한 것이므로, 두 삼각함수의 최댓값은 1이고 최솟값은 -1이다.

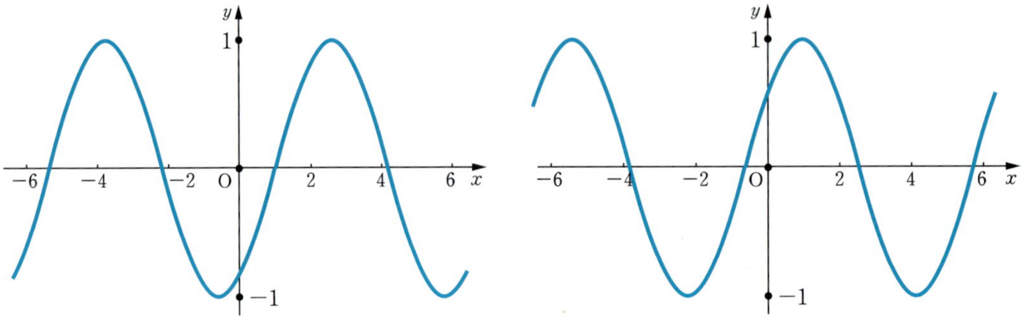

(a) $y=\sin(x-1)$　　(b) $y=\cos(x-1)$

[그림 3-13] **$y=\sin(x-1)$과 $y=\cos(x-1)$의 그래프**

$y=\sin x+2$와 $y=\cos x+2$의 그래프는 각각 $y=\sin x$와 $y=\cos x$의 그래프를 y축 방향으로 2만큼 평행이동한 그래프이므로 최댓값은 3이고 최솟값은 1이다.

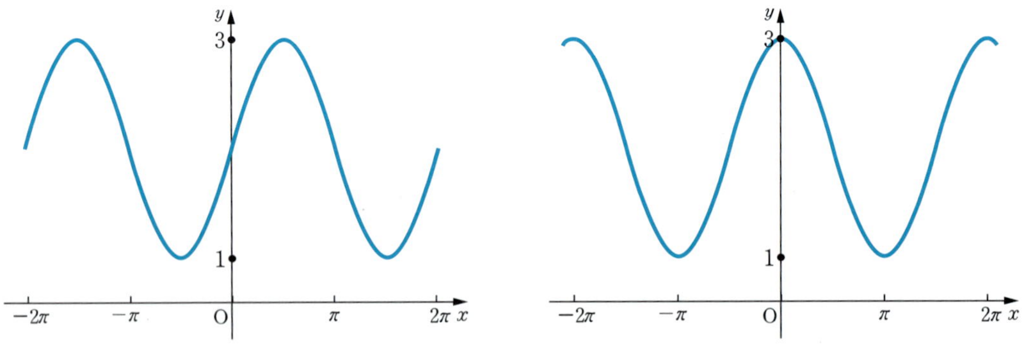

(a) $y=\sin x+2$　　(b) $y=\cos x+2$

[그림 3-14] **$y=\sin x+2$와 $y=\cos x+2$의 그래프**

일반적인 사인함수와 코사인함수의 최댓값과 최솟값은 다음 정리를 이용하여 구한다.

정리 3-8 사인함수와 코사인함수의 최댓값과 최솟값

$f(x)=a\sin(bx+c)+d$ 이거나 $f(x)=a\cos(bx+c)+d$ 일 때, $f(x)$의 최댓값은 $|a|+d$ 이고 최솟값은 $-|a|+d$ 이다.

$y=\tan x$ 의 그래프는 [그림 3-15]와 같으며 최댓값과 최솟값을 갖지 않는다.

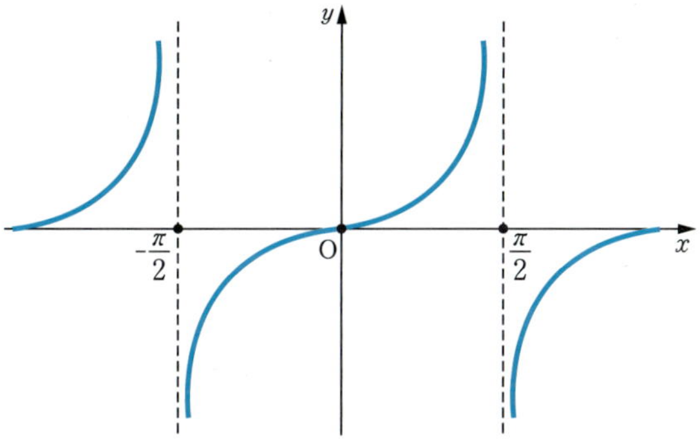

[그림 3-15] $y=\tan x$ 의 그래프

예제 3-12

다음 삼각함수의 최댓값과 최솟값을 구하라.

(a) $y=2\sin 3x$

(b) $y=-3\cos 5x$

(c) $y=2\sin 4(x-1)-3$

(d) $y=-5\cos(-3x+4)+2$

TIP [정리 3-8]의 a와 d에 대응하는 값을 찾아서 최댓값과 최솟값을 구한다.

풀이

(a) $|a|=|2|=2$이고 $d=0$이므로, 최댓값은 2이고 최솟값은 -2이다.

(b) $|a|=|-3|=3$이고 $d=0$이므로, 최댓값은 3이고 최솟값은 -3이다.

(c) $|a|=|2|=2$이고 $d=-3$이므로, 최댓값은 -1이고 최솟값은 -5이다.

(d) $|a|=|-5|=5$이고 $d=2$이므로, 최댓값은 7이고 최솟값은 -3이다.

삼각함수의 합성을 이용한 최댓값과 최솟값

앞에서 $y = \sin x$와 $y = \cos x$의 최댓값은 1이고 최솟값은 -1임을 알았다. 그렇다면 $y = \sin x + \cos x$의 최댓값은 2이고 최솟값은 -2일까? [그림 3-16]에서 알 수 있듯이, $y = \sin x$가 최댓값과 최솟값을 갖는 지점에서 $y = \cos x$는 최댓값과 최솟값을 갖지 않는다. 따라서 $y = \sin x + \cos x$의 최댓값은 2가 아니며 최솟값도 -2가 아니다.

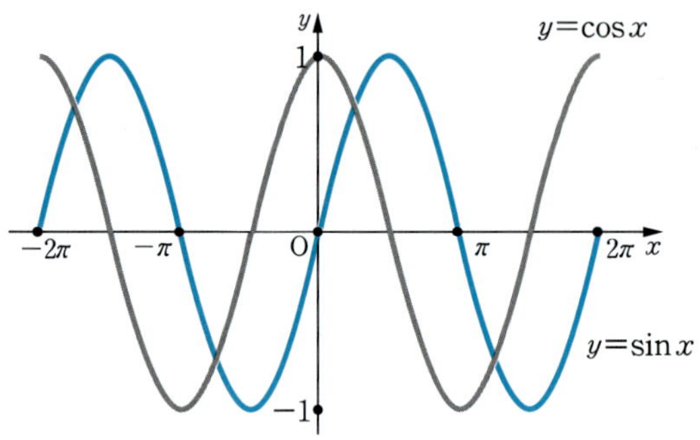

[그림 3-16] **$y = \sin x$와 $y = \cos x$의 그래프**

$y = \sin x + \cos x$의 최댓값과 최솟값은 [정리 3-7]의 삼각함수의 합성과 [정리 3-8]을 이용하여 구한다. 우선 $y = \sin x + \cos x$를 $y = \sin(x + \alpha)$의 형태로 합성하면 그 결과는 다음과 같다.

$$\begin{aligned} y &= \sin x + \cos x = \sqrt{2}\left(\frac{1}{\sqrt{2}}\sin x + \frac{1}{\sqrt{2}}\cos x\right) \\ &= \sqrt{2}\left(\sin x \cos\frac{\pi}{4} + \sin\frac{\pi}{4}\cos x\right) \\ &= \sqrt{2}\sin\left(x + \frac{\pi}{4}\right) \end{aligned}$$

따라서 $a = \sqrt{2}$이고 $d = 0$이므로, [정리 3-8]에 의하여 최댓값은 $\sqrt{2}$이고 최솟값은 $-\sqrt{2}$이다.

예제 3-13

다음 삼각함수의 최댓값과 최솟값을 구하라.

(a) $y = \sin x - \cos x$　　(b) $y = \sin x + \sqrt{3}\cos x$

(c) $y = \sin 2x + \cos 2x$　　(d) $y = 5\sin 3x - 2\cos 3x$

풀이

(a) $y = \sin x - \cos x = \sqrt{2}\left(\frac{1}{\sqrt{2}}\sin x - \frac{1}{\sqrt{2}}\cos x\right)$

$= \sqrt{2}\left(\sin x\cos\frac{\pi}{4} - \cos x\sin\frac{\pi}{4}\right) = \sqrt{2}\sin\left(x - \frac{\pi}{4}\right)$

이므로 $a = \sqrt{2}$ 이고 $d = 0$ 이다. 따라서 최댓값은 $\sqrt{2}$ 이고 최솟값은 $-\sqrt{2}$ 이다.

(b) $y = \sin x + \sqrt{3}\cos x = 2\left(\frac{1}{2}\sin x + \frac{\sqrt{3}}{2}\cos x\right)$

$= 2\left(\sin x\cos\frac{\pi}{3} + \cos x\sin\frac{\pi}{3}\right) = 2\sin\left(x + \frac{\pi}{3}\right)$

이므로 $a = 2$이고 $d = 0$이다. 따라서 최댓값은 2이고 최솟값은 -2이다.

(c) $y = \sin 2x + \cos 2x = \sqrt{2}\left(\frac{1}{\sqrt{2}}\sin 2x + \frac{1}{\sqrt{2}}\cos 2x\right)$

$= \sqrt{2}\left(\sin 2x\cos\frac{\pi}{4} + \cos 2x\sin\frac{\pi}{4}\right) = \sqrt{2}\sin\left(2x + \frac{\pi}{4}\right)$

이므로 $a = \sqrt{2}$ 이고 $d = 0$ 이다. 따라서 최댓값은 $\sqrt{2}$ 이고 최솟값은 $-\sqrt{2}$ 이다.

(d) $y = 5\sin 3x - 2\cos 3x = \sqrt{29}\left(\frac{5}{\sqrt{29}}\sin 3x - \frac{2}{\sqrt{29}}\cos 3x\right)$

$= \sqrt{29}\,(\sin 3x\cos\alpha - \cos 3x\sin\alpha) = \sqrt{29}\sin(3x - \alpha)$

이고, 이때 α는 $\sin\alpha = \frac{2}{\sqrt{29}}$, $\cos\alpha = \frac{5}{\sqrt{29}}$ 인 제1사분면의 각이다.

따라서 $a = \sqrt{29}$ 이고 $d = 0$이므로, 최댓값은 $\sqrt{29}$ 이고 최솟값은 $-\sqrt{29}$ 이다.

3.5 공학 문제

심전도

심전도electrocardiogram란 심박동이 일어나는 주기에서 심장의 전기적 활동 상태를 기록하여 그래프로 나타낸 것이다.

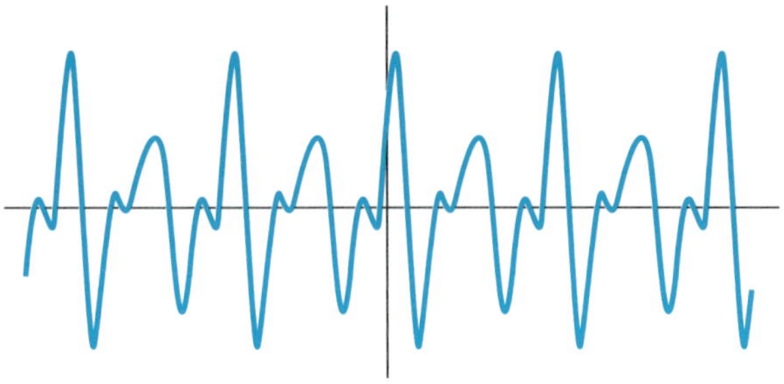

[그림 3-17] 심전도를 나타내는 그래프

프랑스의 수학자 조제프 푸리에Joseph Fourier는 주기적 파동이 아무리 복잡한 형태이더라도 진동수와 진폭이 다른 여러 사인 곡선과 코사인 곡선을 합성해서 표현할 수 있음을 발견하였다.

실제로 Mathematica 프로그램을 사용하여 $y = 2\sin 4x + 3\cos 2x + \sin 5x + \cos 3x$ 의 그래프를 그려 보면 심전도 그래프와 유사함을 확인할 수 있다.

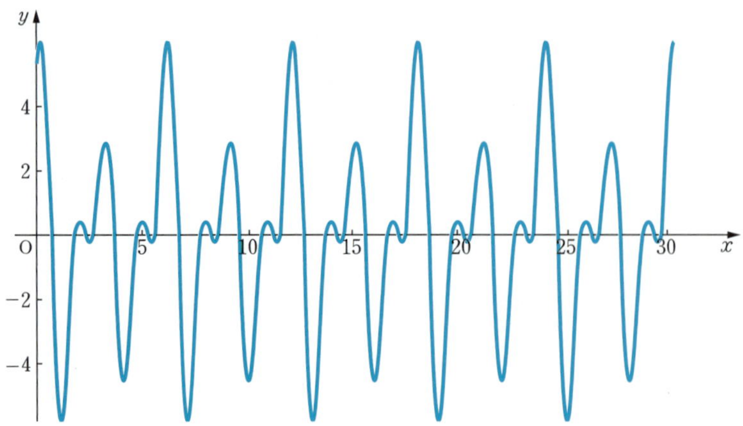

[그림 3-18] $y = 2\sin 4x + 3\cos 2x + \sin 5x + \cos 3x$ 의 그래프

예제 3-14

다음 삼각함수의 주기를 구하라.

(a) $y = 2\sin 4x + 3\cos 2x$

(b) $y = 3\cos 2x + \cos 3x$

TIP 두 삼각함수의 주기가 처음으로 만나는 값이 주어진 삼각함수의 주기가 된다.

풀이

(a) $y = 2\sin 4x$의 주기는 $\frac{2\pi}{4} = \frac{\pi}{2}$이고, $y = 3\cos 2x$의 주기는 $\frac{2\pi}{2} = \pi$이다.
따라서 $y = 2\sin 4x + 3\cos 2x$의 주기는 π이다.

(b) $y = 3\cos 2x$의 주기는 $\frac{2\pi}{2} = \pi$이고, $y = \cos 3x$의 주기는 $\frac{2\pi}{3}$이다.
따라서 $y = 3\cos 2x + \cos 3x$의 주기는 2π이다.

정현파

정현파sinusoidal wave는 길이가 A인 실에 매달려 각속도 ω로 등속 원운동을 하는 공의 위치 $x(t)$를 그래프로 나타낸 것이다. 정현파는 아날로그 주기 신호의 가장 기본적인 형태로, 사인파라고도 한다. 이때 실의 길이 A를 진폭이라고 하며, 이는 정현파의 크기를 나타낸다. 진폭 A, 각주파수 ω, 위상 ϕ일 때, 정현파 $x(t)$는 다음과 같이 사인 신호와 코사인 신호로 나타낼 수 있다. [그림 3-19]는 사인 신호로 나타낸 정현파로 T는 사인함수의 주기를 의미한다.

$$x(t) = A\cos(\omega t + \phi)$$
$$x(t) = A\sin(\omega t + \phi)$$

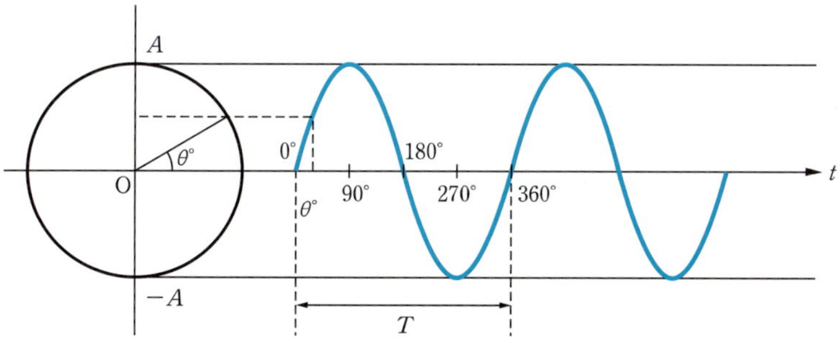

[그림 3-19] 사인 신호로 나타낸 정현파

예제 3-15

다음 그래프를 정현파 신호로 나타내면 $x(t)=A\cos(\omega t+\phi)$이다. 이때 진폭 A, 각주파수 ω, 위상 ϕ를 구하라.

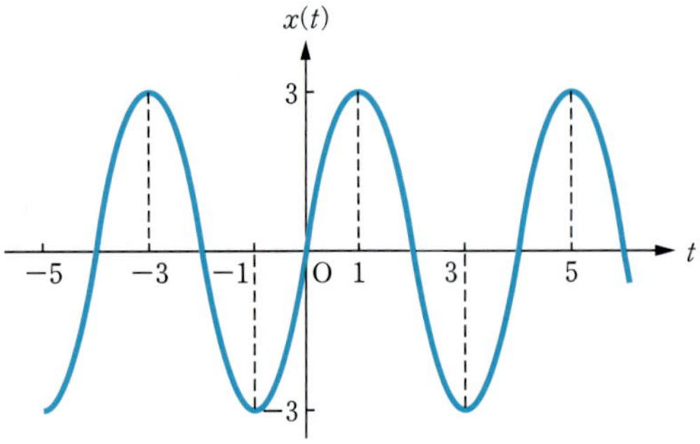

TIP 주어진 그래프의 최댓값과 주기를 이용하여 진폭, 각주파수, 위상을 구한다.

풀이

주어진 정현파의 그래프는 코사인함수이다. 이때 최댓값이 3이므로 $A=3$이고, 주기가 4이므로 각주파수 ω는 $\omega=\frac{\pi}{2}$이다. 따라서 주어진 식은

$$x(t)=3\cos\left(\frac{\pi}{2}t+\phi\right)$$

로 나타낼 수 있다. 또한 그래프가 점 $(1,\ 3)$을 지나므로 이를 위 식에 대입하면 $\phi=-\frac{\pi}{2}$이다. 따라서 주어진 그래프를 정현파 신호로 나타내면 $x(t)=3\cos\left(\frac{\pi}{2}t-\frac{\pi}{2}\right)$이므로 진폭은 3이고 각주파수는 $\frac{\pi}{2}$, 위상은 $-\frac{\pi}{2}$이다.

스넬의 법칙

스넬의 법칙 Snell's law이란 빛뿐만 아니라 일반 파동에 대해서도 성립하는 법칙으로, 굴절률이 다른 두 매질을 통과하는 빛은 두 매질의 굴절률의 비에 따라 굴절이 일어난다는 법칙이다.

스넬의 법칙에 의하면 굴절률이 n_1, n_2인 두 매질 ①, ②의 경계면상의 점 O에 입사하는 빛의 방향을 AO, 굴절하는 빛의 방향을 OB, 경계면의 법선을 HOH'이라 했을 때, 입사각 $\alpha = \angle AOH$와 굴절각 $\beta = \angle BOH'$ 사이에 다음과 같은 관계가 성립한다.

$$\frac{\sin\alpha}{n_2} = \frac{\sin\beta}{n_1}$$

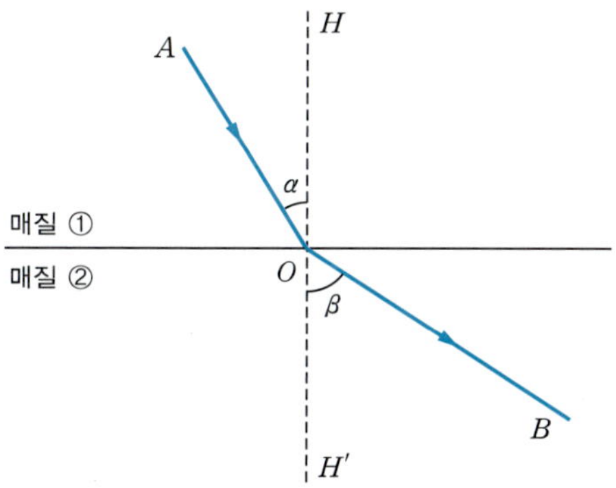

[그림 3-20] **스넬의 법칙**

예제 3-16

굴절률이 1.2인 매질에서 굴절률이 0.8인 매질을 향해 입사각 α로 빛이 들어왔을 때 빛의 굴절각이 $\frac{\pi}{6}$였다. $\sin\alpha$의 값을 구하라.

TIP $n_1 = 1.2$, $n_2 = 0.8$, $\beta = \frac{\pi}{6}$일 때, 스넬의 법칙을 적용한다.

풀이

스넬의 법칙에서 $n_1 = 1.2$, $n_2 = 0.8$이고 빛의 굴절각은 $\beta = \frac{\pi}{6}$이므로, 공식에 대입하면

$$\frac{\sin\alpha}{0.8} = \frac{\sin\frac{\pi}{6}}{1.2} = \frac{1}{2.4}$$

이다. 따라서 $\sin\alpha = \frac{0.8}{2.4} = \frac{1}{3}$이다.

교류회로에서의 전력

전력power이란 단위시간당 전류가 할 수 있는 일의 양이다. 교류회로에서의 전력은 저항과 축전기 등에서 각 위상차에 의해 손실되는 전류가 있기 때문에 실제로 유효한 전력은 옴의 법칙으로 계산된 전력보다 작다. 이러한 전력을 계산하기 위해서는 피상전력[1], 유효전력[2], 무효전력[3], 역률[4]을 알아야 한다. 피상전력을 S, 유효전력을 P, 무효전력을 Q, 역률을 $\cos\phi$ (ϕ는 전압과 전류의 위상차)라 하면 유효전력과 무효전력, 피상전력은 각각 다음과 같다.

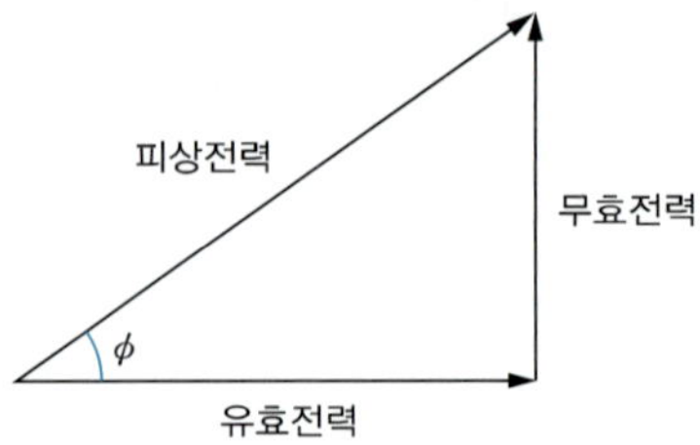

[그림 3-21] **전력 삼각형**

$$\mathrm{P} = VI\cos\phi, \quad \mathrm{Q} = VI\sin\phi, \quad \mathrm{S} = VI$$
$$(V : \text{전압}, \ I : \text{전류})$$

예제 3-17

전압이 220V이고 전류가 10A, 유효전력 P가 1100W일 때의 무효전력 Q의 값을 소수점 아래 첫째 자리까지의 근삿값으로 나타내라(단, $0 \le \phi \le \frac{\pi}{2}$).

TIP 유효전력을 이용하여 전압과 전류의 위상차를 구하고 이를 이용하여 무효전력을 구한다.

풀이

$V = 220$, $I = 10$, $\mathrm{P} = 1100$이므로, $\mathrm{P} = VI\cos\phi$에서 $1100 = 220 \cdot 10\cos\phi$이다. 따라서 $\cos\phi = \frac{1}{2}$이고 $0 \le \phi \le \frac{\pi}{2}$이므로 $\phi = \frac{\pi}{3}$이다. $\mathrm{Q} = VI\sin\phi$에 $V = 220$, $I = 10$, $\phi = \frac{\pi}{3}$를 대입하면 $Q = 220 \cdot 10 \cdot \frac{\sqrt{3}}{2} = 1100\sqrt{3} \approx 1905.3\,\mathrm{W}$이다.

1 옴의 법칙으로 계산된 이론적인 전력이다.
2 손실되는 전류를 제외하고 실제로 사용된 전력이다.
3 회로에서 실제로 사용할 수 없는 전력이다.
4 피상전력에 대한 유효전력의 비율로서, 전압과 전류가 회로에서 얼마나 유효하게 일을 하는가에 대한 비율을 의미한다.

Chapter 03 연습문제

3.1 양의 각은 음의 각으로, 음의 각은 양의 각으로 나타내라.

(a) $32°$ (b) $234°$ (c) $-298°$ (d) $-164°$

(e) $\dfrac{2}{7}\pi$ (f) $\dfrac{10}{11}\pi$ (g) $-\dfrac{5}{13}\pi$ (h) $-\dfrac{15}{16}\pi$

3.2 육십분법은 호도법으로, 호도법은 육십분법으로 나타내라.

(a) $3°$ (b) $78°$ (c) $125°$ (d) $256°$

(e) $\dfrac{\pi}{36}$ (f) $\dfrac{5}{18}\pi$ (g) $\dfrac{17}{12}\pi$ (h) $\dfrac{19}{9}\pi$

3.3 x가 다음과 같을 때, $\sin x$, $\cos x$, $\tan x$의 부호를 판정하라.

(a) $\dfrac{2}{13}\pi$ (b) $\dfrac{13}{7}\pi$ (c) $-\dfrac{7}{8}\pi$ (d) $-\dfrac{8}{7}\pi$

3.4 x가 다음과 같을 때, $\csc x$, $\sec x$, $\cot x$의 부호를 판정하라.

(a) $\dfrac{9}{14}\pi$ (b) $\dfrac{10}{9}\pi$ (c) $-\dfrac{10}{9}\pi$ (d) $-\dfrac{3}{13}\pi$

3.5 다음 삼각함수의 값을 구하라.

(a) $\sin\theta = \dfrac{1}{6}$이고 θ가 제2사분면의 각일 때, $\cos\theta$와 $\tan\theta$

(b) $\cos\theta = -\dfrac{4}{5}$이고 θ가 제3사분면의 각일 때, $\sin\theta$와 $\tan\theta$

(c) $\tan\theta = -\dfrac{3}{7}$이고 θ가 제4사분면의 각일 때, $\sin\theta$와 $\cos\theta$

3.6 다음 삼각함수의 값을 구하라.

(a) $\sin\dfrac{7}{3}\pi$ (b) $\cos\dfrac{8}{3}\pi$ (c) $\tan 225°$ (d) $\tan\left(-\dfrac{13}{6}\pi\right)$

3.7 다음 삼각함수의 주기를 구하라.

(a) $y=\sin\frac{3}{5}x$ (b) $y=\cos 7x$

(c) $y=\tan(-2x+3)$ (d) $y=\sin\frac{1}{3}(-x+4)-1$

(e) $y=-3\cos\frac{1}{4}(x+1)+2$ (f) $y=-3\tan(-\frac{x}{\sqrt{2}})+1$

3.8 $\sin x=\frac{3}{7}$일 때, 다음 삼각함수의 값을 구하라.

(a) $\cos^2 x$ (b) $\tan^2 x$ (c) $\sec^2 x$ (d) $\cot^2 x$

3.9 다음 삼각함수의 값을 구하라.

(a) $\sin\frac{\pi}{12}$ (b) $\cos\frac{7}{12}\pi$ (c) $\tan\frac{\pi}{12}$ (d) $\cot\frac{7}{12}\pi$

3.10 $\sin\alpha=\frac{2}{3}$, $\sin\beta=\frac{4}{5}$일 때, 다음을 구하라(단, $0<\alpha<\frac{\pi}{2}$, $\frac{\pi}{2}<\beta<\pi$).

(a) $\sin(\alpha+\beta)$ (b) $\sin(\alpha-\beta)$
(c) $\cos(\alpha+\beta)$ (d) $\cos(\alpha-\beta)$
(e) $\tan(\alpha+\beta)$ (f) $\tan(\alpha-\beta)$

3.11 다음 식을 괄호 안의 형태로 합성하라.

(a) $\sin\theta-\cos\theta$ $(r\sin(\theta-\alpha))$
(b) $\sin\theta-\cos\theta$ $(r\cos(\theta+\beta))$
(c) $\sqrt{3}\sin\theta+\cos\theta$ $(r\sin(\theta+\gamma))$
(d) $\sqrt{3}\sin\theta+\cos\theta$ $(r\cos(\theta-\delta))$

3.12 다음을 증명하라.

(a) $\sin 2\theta=\dfrac{2\tan\theta}{\tan^2\theta+1}$ (b) $\cos 2\theta=-\dfrac{\tan^2\theta-1}{\tan^2\theta+1}$

3.13 다음 삼각함수의 최댓값과 최솟값을 구하라.

(a) $y = 5\sin 4x$
(b) $y = 5\sin 3(x-2) - 6$
(c) $y = -\cos 4x + 4$
(d) $y = -3\cos(-9x+4) - 2$
(e) $y = \tan 2x$
(f) $y = 3\tan 2x - 1$

3.14 다음 삼각함수의 최댓값과 최솟값을 구하라.

(a) $y = 2\sin x + \cos x$
(b) $y = \sqrt{3}\sin x - \cos x$
(c) $y = \sin 3x + \cos 3x$
(d) $y = 3\sin 5x - 4\cos 5x$
(e) $y = \sin 2x + \cos 2x - 2$
(f) $y = \sin 2x - \cos 2x - 2$

3.15 정현파 $x(t) = A\cos(\omega t + \phi)$에서 T가 기본주기일 때 $f = \frac{1}{T}$을 주파수 frequency라 한다. 이때 각주파수 ω와 주파수 f는 $\omega = 2\pi f$의 관계이다. 주파수가 1Hz에서 2Hz로 바뀌면 정현파의 모양과 주기가 어떻게 바뀌는지 설명하라.

3.16 굴절률이 $\sqrt{3}$인 매질에서 굴절률이 4인 매질로 입사각이 $\frac{\pi}{3}$인 빛이 들어왔을 때, 빛의 반사각이 α였다. $\sin\alpha$를 구하라.

3.17 전압이 220V, 전류가 15A, 무효전력 Q가 220W일 때의 유효전력 P의 값을 소수점 아래 첫째 자리까지의 근삿값으로 나타내라(단, $0 \le \phi \le \frac{\pi}{2}$).

3.18 다음 물음에 답하라.

(a) 심전도를 $y = 2\sin 4x + \cos 3x$로 설명할 때, 심전도 그래프의 주기를 구하라.
(b) 심전도를 $y = 3\cos 2x + \sin 5x$로 설명할 때, 심전도 그래프의 주기를 구하라.
(c) 심전도를 $y = 2\sin 4x + 3\cos 2x + \sin 5x + \cos 3x$로 설명할 때, 심전도 그래프의 주기를 구하라.

3.19 서해안 어느 지점에서 $0 \le t \le 12$일 때, 해수면의 높이가 다음과 같다.

$$f(t) = 3.12\cos(0.52(t-2.2)) + 4.58$$

(a) 만조 시간과 만조 때 해수면의 높이를 각각 구하라.
(b) 간조 시간과 간조 때 해수면의 높이를 각각 구하라.

Chapter 04
복소수
Complex Number

CONTENTS

학습목표

- 복소수의 정의를 알고 실수와의 차이를 이해한다.
- 켤레복소수의 성질을 알고 복소수의 사칙연산을 익힌다.
- 복소수를 극형식으로 나타내는 방법을 알아본다.
- 복소수와 관련된 공학 문제를 학습한다.

주어진 복소수를 계속해서 곱하면 어떤 결과가 나올까? 프랑스 수학자 가스통 쥘리아Gaston Julia는 복소수 c를 고정하고 다음과 같은 단계를 통해 얻는 복소수가 어떤 결과를 보여주는지를 관찰하고자 하였다.

1단계	z
2단계	z^2+c
3단계	$(z^2+c)^2+c$
4단계	$((z^2+c)^2+c)^2+c$
⋮	⋮

초기에 이 문제는 수학자들의 관심을 끌었지만 c에 따라서 결과를 관찰하는 것이 너무 어려워서 쥘리아의 문제에 대한 명확한 답을 제시할 수 없었다. 하지만 프랙탈 이론의 창시자인 브누아 망델브로Benoit Mandelbrot가 컴퓨터를 이용하여 쥘리아의 문제를 복소평면에 나타냄으로써, 이 문제를 해결하였다. 다음은 Mathematica 프로그램으로 그린 망델브로 집합의 예시이다.

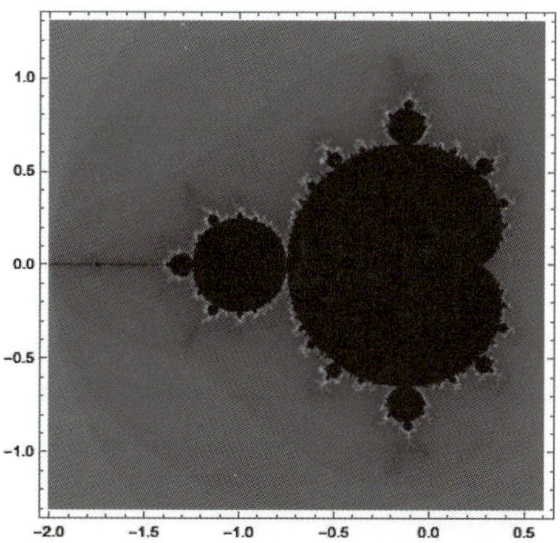

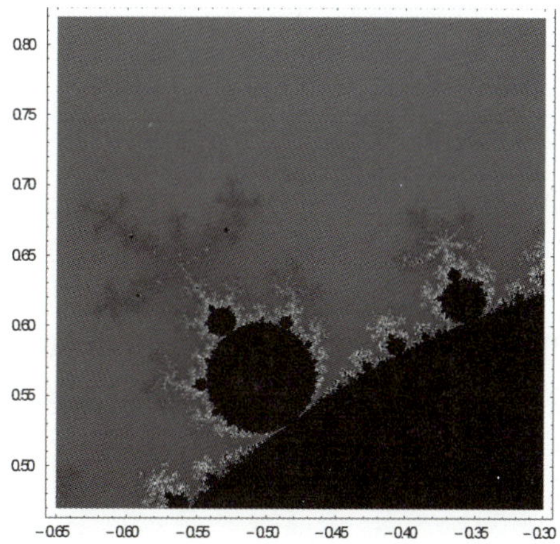

4.1 허수와 복소수

허수

허수는 '실제로 존재하지 않는 상상 속의 수'라는 의미를 담고 있다. 허수를 나타내는 단위를 정의해보자.

정의 4-1 허수단위

제곱하여 -1이 되는 수인 $\sqrt{-1}$을 **허수단위**imaginary unit라 하고 i로 나타낸다.

[정의 4-1]에 의하여 $i^2 = -1$이고 $(-i)^2 = -1$이다. 특히 $a > 0$일 때 $\sqrt{-a}$를

$$\sqrt{-a} = \sqrt{a \cdot (-1)} = \sqrt{a}\, i$$

로 나타낸다.

예제 4-1

다음을 i를 이용하여 나타내라.

(a) $\sqrt{-5}$ (b) $\sqrt{-8}$

(c) $\sqrt{-16}$ (d) $\sqrt{-27}$

TIP [정의 4-1]에 따라 $\sqrt{-1} = i$이고, $a>0$일 때 $\sqrt{-a} = \sqrt{a \cdot (-1)} = \sqrt{a}\, i$임을 이용한다.

풀이

(a) $\sqrt{-5} = \sqrt{5 \cdot (-1)} = \sqrt{5}\, i$

(b) $\sqrt{-8} = \sqrt{8 \cdot (-1)} = \sqrt{8}\, i = 2\sqrt{2}\, i$

(c) $\sqrt{-16} = \sqrt{16 \cdot (-1)} = \sqrt{16}\, i = 4i$

(d) $\sqrt{-27} = \sqrt{27 \cdot (-1)} = \sqrt{27}\, i = 3\sqrt{3}\, i$

다음 식을 보자.

$$\overset{①}{1} = \overset{②}{\sqrt{1}} = \overset{③}{\sqrt{1 \cdot 1}} = \sqrt{(-1) \cdot (-1)} \overset{④}{=} \sqrt{-1} \cdot \sqrt{-1} \overset{⑤}{=} i \cdot i \overset{⑥}{=} i^2 \overset{⑦}{=} -1$$

이와 같은 오류가 발생하는 이유는 ④에서 근호 안의 두 수가 모두 음수임에도 근호를 분리하였기 때문이다.

따라서 근호 안의 두 수가 모두 음수인 경우를 제외하면, 다음 정리가 성립한다.

정리 4-1 제곱근의 성질

(1) $a < 0$ 이고 $b < 0$ 인 경우를 제외하면, $\sqrt{a}\sqrt{b} = \sqrt{ab}$ 이다.

(2) $a > 0$ 이고 $b < 0$ 인 경우를 제외하면, $\dfrac{\sqrt{a}}{\sqrt{b}} = \sqrt{\dfrac{a}{b}}$ 이다(단, $b \neq 0$).

$a < 0$, $b < 0$일 때 $\sqrt{a}\sqrt{b} = -\sqrt{ab}$ 이다. 예를 들면,

$$\sqrt{-2}\sqrt{-3} = (\sqrt{2}\,i)(\sqrt{3}\,i) = \sqrt{6}\,i^2 = -\sqrt{6} = -\sqrt{(-2)(-3)}$$

이다. 또한 $a > 0$ 이고 $b < 0$일 때 $\dfrac{\sqrt{a}}{\sqrt{b}} = -\sqrt{\dfrac{a}{b}}$ 이다. 예를 들면,

$$\frac{\sqrt{2}}{\sqrt{-3}} = \frac{\sqrt{2}}{\sqrt{3}\,i} = -\frac{\sqrt{2}\,i}{\sqrt{3}} = -\sqrt{\frac{2}{3}}\,i = -\sqrt{-\frac{2}{3}}$$

이다.

예제 4-2

다음 식을 간단히 정리하라.

(a) $\sqrt{3}\sqrt{-5}$

(b) $\sqrt{-2}\sqrt{-18}$

(c) $\dfrac{\sqrt{-32}}{\sqrt{-2}}$

(d) $\dfrac{\sqrt{42}}{\sqrt{-3}}$

TIP [정리 4-1]을 이용하거나 $\sqrt{-1} = i$ 임을 이용하여 식을 간단히 정리한다.

풀이

(a) $3 > 0$ 이고 $-5 < 0$ 이므로, [정리 4-1]에 의하여 $\sqrt{3}\sqrt{-5} = \sqrt{-15} = \sqrt{15}\,i$ 이다.

(b) $-2 < 0$ 이고 $-18 < 0$ 이므로, $\sqrt{-2}\sqrt{-18} = -\sqrt{(-2)(-18)} = -\sqrt{36} = -6$이다.

(c) $-32<0$ 이고 $-2<0$ 이므로, [정리 4-1]에 의하여

$$\frac{\sqrt{-32}}{\sqrt{-2}}=\sqrt{\frac{(-32)}{(-2)}}=\sqrt{16}=4 \text{ 이다.}$$

(d) $42>0$ 이고 $-3<0$ 이므로, $\frac{\sqrt{42}}{\sqrt{-3}}=-\sqrt{\frac{42}{-3}}=-\sqrt{-14}=-\sqrt{14}\,i$ 이다.

복소수

정의 4-2 복소수

a, b가 실수일 때 $z=a+bi$를 **복소수**complex number라 한다. 이때 a를 z의 **실수 부분**real part, b를 z의 **허수 부분**imaginary part이라 하고, $\mathrm{Re}(z)=a$, $\mathrm{Im}(z)=b$로 표기한다.

[정의 4-2]에서 $b=0$인 경우인 $z=a$도 복소수이므로 복소수는 실수를 포함한다. 따라서 복소수 집합을 $\mathbb{C}$라 할 때,

$$\mathbb{R} \subset \mathbb{C}$$

가 성립한다.

■ 복소수의 상등

두 복소수가 같다는 것은 두 복소수의 실수는 실수 부분끼리, 허수는 허수 부분끼리 같음을 의미한다. 이를 복소수의 **상등**equality이라 한다.

정리 4-2 복소수의 상등

a, b, c, d가 실수라 하자.

(1) $a+bi=c+di$이면, $a=c$이고 $b=d$이다.

(2) $a+bi=0$이면, $a=0$이고 $b=0$이다.

[정리 4-2]의 (1)을 다르게 표현하면 다음과 같다.

$$a \neq c \text{이거나 } b \neq d \text{이면, } a+bi \neq c+di \text{이다.}$$

예제 4-3

다음 등식을 만족하는 두 실수 a와 b의 값을 구하라.

(a) $3+bi=(a-2)-2i$

(b) $a-(3a+b)i=2-4i$

(c) $(-2a+1)+(3+2b)i=0$

(d) $(a-b+2)-(3-b)i=0$

TIP 상등인 복소수는 실수는 실수 부분끼리, 허수는 허수 부분끼리 같음을 이용한다.

풀이

(a) $3=a-2$이고 $b=-2$이어야 한다. 따라서 $a=5$이고 $b=-2$이다.

(b) $a=2$이고 $-(3a+b)=-4$이어야 한다. 따라서 $a=2$이고 $b=-2$이다.

(c) $-2a+1=0$이고 $3+2b=0$이어야 한다. 따라서 $a=\frac{1}{2}$이고 $b=-\frac{3}{2}$이다.

(d) $a-b+2=0$이고 $3-b=0$이어야 한다. 따라서 $a=1$이고 $b=3$이다.

■ 복소수의 절댓값과 거리

실수에서는 서로 다른 두 실수의 크기를 비교할 수 있지만, 복소수에서는 허수 부분이 0이 아닌 두 복소수의 크기를 비교할 수 없다. 예를 들어 2와 5의 대소 관계는 $2<5$이지만 $2i$와 $5i$의 크기는 비교할 수 없으며, $4+3i$와 $2+4i$의 크기도 비교할 수 없다.

이와 같이 두 복소수의 크기는 비교할 수 없지만, 각 복소수의 절댓값(크기)은 다음과 같이 정의한다.

정의 4-3 복소수의 절댓값(크기)

a, b가 실수일 때, 복소수 $z=a+bi$의 **절댓값**absolute value 또는 **크기**modulus는

$$|z|=\sqrt{a^2+b^2}$$

으로 정의한다.

[정의 4-3]의 $|z|$는 기하학적 의미로 x축이 실수 부분이고, y축이 허수 부분인 복소평면의 원점에서 $z=a+bi$까지의 거리를 나타낸다.

예제 4-4

다음 복소수의 크기를 구하라.

(a) $z=3+i$

(b) $z=-2+3i$

(c) $w=-1-2i$

(d) $w=-5i$

TIP [정의 4-3]을 이용하여 복소수의 크기를 계산한다.

풀이

(a) $|z| = \sqrt{3^2 + 1^2} = \sqrt{10}$

(b) $|z| = \sqrt{(-2)^2 + 3^2} = \sqrt{13}$

(c) $|w| = \sqrt{(-1)^2 + (-2)^2} = \sqrt{5}$

(d) $|w| = \sqrt{0^2 + (-5)^2} = \sqrt{25} = 5$

$|z|$가 원점에서 $z = a + bi$까지의 거리를 나타낸다는 것과 피타고라스 정리를 이용하면 두 복소수 $z = a + bi$와 $w = c + di$ 사이의 거리는

$$|z - w| = \sqrt{(a-c)^2 + (b-d)^2}$$

임을 알 수 있다.

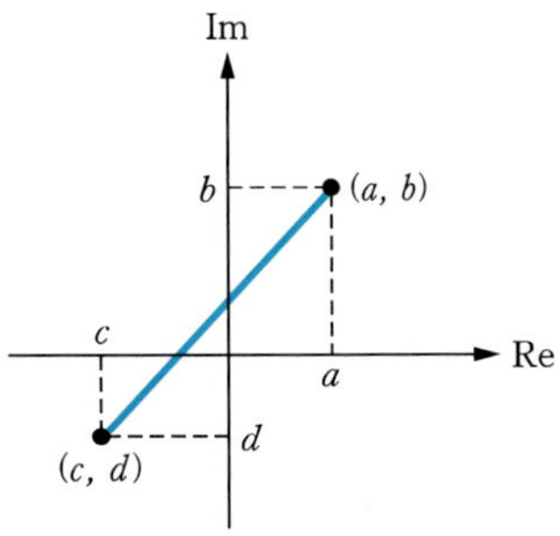

[그림 4-1] **두 복소수 사이의 거리**

예제 4-5

다음 두 복소수 사이의 거리를 구하라.

(a) $z = 1 + 3i$, $w = 2 - i$

(b) $z = 3 - 2i$, $w = -1 - 3i$

(c) $z = 2$, $w = 3i$

(d) $z = 3 + 5i$, $w = -2i$

TIP 두 복소수 사이의 거리 공식을 이용한다.

풀이

(a) $|z - w| = \sqrt{(1-2)^2 + (3-(-1))^2} = \sqrt{1+16} = \sqrt{17}$

(b) $|z - w| = \sqrt{(3-(-1))^2 + (-2-(-3))^2} = \sqrt{16+1} = \sqrt{17}$

(c) $z = 2 + 0i$ 이고 $w = 0 + 3i$ 이므로 $|z - w| = \sqrt{(2-0)^2 + (0-3)^2} = \sqrt{13}$ 이다.

(d) $w = 0 - 2i$ 이므로 $|z - w| = \sqrt{(3-0)^2 + (5-(-2))^2} = \sqrt{58}$ 이다.

4.2 복소수의 연산

복소수의 사칙연산

우선 복소수의 덧셈과 뺄셈에 대해 알아보자.

정의 4-4 복소수의 덧셈과 뺄셈

a, b, c, d가 실수일 때, 복소수의 덧셈과 뺄셈은 다음과 같이 정의한다.

(1) $(a+bi)+(c+di)=(a+c)+(b+d)i$

(2) $(a+bi)-(c+di)=(a-c)+(b-d)i$

[정의 4-4]에서 알 수 있듯이 복소수의 덧셈과 뺄셈을 계산할 때 실수는 실수 부분끼리 허수는 허수 부분끼리 계산한다. 또한 a, b, k가 실수일 때, 복소수의 실수배는

$$k(a+bi)=ka+kbi\ , \quad k(a-bi)=ka-kbi$$

로 정의한다.

예제 4-6

$z=3-2i$, $w=2+4i$일 때, 다음을 계산하라.

(a) $z+w$ (b) $z-w$ (c) $2z+3w$ (d) $-z+\frac{1}{3}w$

TIP [정의 4-4]에 따라 복소수의 실수는 실수 부분끼리, 허수는 허수 부분끼리 계산한다.

풀이

(a) $z+w=(3-2i)+(2+4i)=(3+2)+(-2+4)i=5+2i$

(b) $z-w=(3-2i)-(2+4i)=(3-2)+(-2-4)i=1-6i$

(c) $2z+3w=2(3-2i)+3(2+4i)=(6+6)+(-4+12)i=12+8i$

(d) $-z+\frac{1}{3}w=-(3-2i)+\frac{1}{3}(2+4i)=(-3+\frac{2}{3})+(2+\frac{4}{3})i=-\frac{7}{3}+\frac{10}{3}i$

이번에는 복소수의 곱셈과 나눗셈에 대해 알아보자.

정의 4-5 복소수의 곱셈과 나눗셈

a, b, c, d가 실수일 때, 복소수의 곱셈과 나눗셈은 다음과 같이 정의한다.

(1) $(a+bi)(c+di)=(ac-bd)+(ad+bc)i$

(2) $\dfrac{a+bi}{c+di}=\dfrac{(ac+bd)+(bc-ad)i}{c^2+d^2}$ (단, $c+di\neq 0$)

복소수의 곱셈은 $i^2=-1$과 곱셈 공식 $(p+q)(r+s)=pr+ps+qr+qs$를 이용하여 얻은 결과이고, 복소수의 나눗셈은 분자와 분모에 각각 $c-di$를 곱하여 분모를 실수로 만든 결과이다.

예제 4-7

$z=3+2i$, $w=-2+i$일 때, 다음을 계산하라.

(a) zw

(b) w^2

(c) $\dfrac{z}{w}$

(d) $\dfrac{w}{z}$

TIP [정의 4-5]의 복소수의 곱셈과 나눗셈의 정의를 이용하여 계산한다.

풀이

(a) $zw=(3+2i)(-2+i)=(-6-2)+(3-4)i=-8-i$

(b) $w^2=(-2+i)(-2+i)=(4-1)+(-2-2)i=3-4i$

(c) $\dfrac{z}{w}=\dfrac{3+2i}{-2+i}=\dfrac{(3+2i)(-2-i)}{(-2+i)(-2-i)}=\dfrac{(-6+2)+(-3-4)i}{4+1}=\dfrac{-4-7i}{5}$

(d) $\dfrac{w}{z}=\dfrac{-2+i}{3+2i}=\dfrac{(-2+i)(3-2i)}{(3+2i)(3-2i)}=\dfrac{(-6+2)+(4+3)i}{9+4}=\dfrac{-4+7i}{13}$

a, b가 실수일 때, 복소수의 곱셈 정의에 의하여

$$(a+bi)(1+0i)=(a\cdot 1-b\cdot 0)+(a\cdot 0+b\cdot 1)i=a+bi$$

이므로 복소수의 **곱셈에 대한 항등원**multiplicative identity은 $1+0i=1$이다.

또한 $z=a+bi$일 때 복소수의 나눗셈 정의에 의하여

$$z^{-1}=\frac{1}{z}=\frac{1}{a+bi}=\frac{a-bi}{a^2+b^2}=\frac{a}{a^2+b^2}-\frac{b}{a^2+b^2}i$$

이므로 복소수 z의 **곱셈에 대한 역원**multiplicative inverse은 $\frac{a}{a^2+b^2}-\frac{b}{a^2+b^2}i$이다.

예제 4-8

다음 복소수의 곱셈에 대한 역원을 구하라.

(a) $z=3+2i$　　(b) $z=1-3i$

(c) $z=-2+i$　　(d) $z=-4i$

TIP 곱셈에 대한 역원 공식을 이용하거나 $(p-q)(p+q)=p^2-q^2$을 이용한다.

풀이

(a) $z^{-1}=\frac{1}{3+2i}=\frac{3-2i}{(3+2i)(3-2i)}=\frac{3-2i}{9+4}=\frac{3-2i}{13}$

(b) $z^{-1}=\frac{1}{1-3i}=\frac{1+3i}{(1-3i)(1+3i)}=\frac{1+3i}{1+9}=\frac{1+3i}{10}$

(c) $z^{-1}=\frac{1}{-2+i}=\frac{-2-i}{(-2+i)(-2-i)}=\frac{-2-i}{4+1}=\frac{-2-i}{5}$

(d) $z^{-1}=\frac{1}{-4i}=\frac{4i}{(-4i)(4i)}=\frac{4i}{16}=\frac{i}{4}$

i의 거듭제곱

$i^2=-1$임을 이용하여 i의 거듭제곱을 구하면 다음과 같다.

$$i^3=i^2\times i=-i \qquad i^4=i^2\times i^2=(-1)\times(-1)=1$$

$$i^5=i^4\times i=1\times i=i \qquad i^6=i^4\times i^2=1\times i^2=-1$$

$$i^7=i^4\times i^3=1\times i^3=-i \qquad i^8=i^4\times i^4=1\times 1=1$$

$$i^9=i^8\times i=1\times i=i \qquad i^{10}=i^8\times i^2=1\times i^2=-1$$

……

이를 임의의 자연수 k에 대하여 정리하면 다음과 같다.

$$i^{4k-3}=i,\quad i^{4k-2}=-1,\quad i^{4k-1}=-i,\quad i^{4k}=1$$

따라서 i^n의 값은 n을 4로 나누었을 때의 나머지를 이용하여 간단히 나타낼 수 있다.

예제 4-9

다음 식을 간단히 정리하라.

(a) i^{17}

(b) i^{2020}

(c) $(3i)^5$

(d) $(-2i)^7$

(e) $1+i+i^2+i^3+i^4$

(f) $i^7+i^{11}+i^{15}+i^{19}$

TIP i의 지수를 4로 나누었을 때의 나머지를 이용하여 식을 간단히 정리한다.

풀이

(a) $i^{17}=i^{16+1}=i^{4\cdot4+1}=(i^4)^4\cdot i^1=1\cdot i^1=i$

(b) $i^{2020}=i^{4\cdot505}=(i^4)^{505}=1^{505}=1$

(c) $(3i)^5=3^5i^5=243i^4\cdot i=243i$

(d) $(-2i)^7=(-2)^7i^7=-128i^4\cdot i^3=-128i^3=128i$

(e) $1+i+i^2+i^3+i^4=1+i-1-i+1=1$

(f) $i^7+i^{11}+i^{15}+i^{19}=i^{4+3}+i^{2\cdot4+3}+i^{3\cdot4+3}+i^{4\cdot4+3}$
$=-i-i-i-i=-4i$

4.3 켤레복소수

정의 4-6 켤레복소수

a, b가 실수일 때 복소수 $z = a + bi$에 대하여 $\overline{z} = a - bi$를 z의 **켤레복소수**conjugate complex number라 한다.

[정의 4-6]에 의하여 복소수 $z = a + bi$의 켤레복소수는 z의 실수 부분은 그대로 두고 허수 부분의 부호를 바꾼 것임을 알 수 있다.

예제 4-10

다음 복소수의 켤레복소수를 구하라.

(a) $4 + 3i$　　(b) $2 - 3i$　　(c) 5　　(d) $6i$

TIP 주어진 복소수의 허수 부분의 부호를 바꾸어 켤레복소수를 구한다.

풀이

(a) $4 + 3i$의 허수 부분이 $3i$이므로, $4 + 3i$의 켤레복소수는 $4 - 3i$이다.

(b) $2 - 3i$의 허수 부분이 $-3i$이므로, $2 - 3i$의 켤레복소수는 $2 + 3i$이다.

(c) 5의 허수 부분이 없으므로, 5의 켤레복소수는 5이다.

(d) $6i$의 허수 부분이 $6i$이므로, $6i$의 켤레복소수는 $-6i$이다.

a, b가 실수일 때, $z = a + bi$의 켤레복소수는 $\overline{z} = a - bi$이다. $\overline{z}$의 켤레복소수는 $\overline{\overline{z}}$로 나타내고 켤레복소수의 정의에 의하여 $\overline{\overline{z}} = a + bi$이다. 따라서 $z = \overline{\overline{z}}$이다.
또한 $z + \overline{z} = (a + bi) + (a - bi) = 2a$이고 $z\overline{z} = (a + bi)(a - bi) = a^2 + b^2$이므로 $z + \overline{z}$와 $z\overline{z}$는 항상 실수가 된다.

다음은 켤레복소수의 성질을 정리한 것이다.

정리 4-3 켤레복소수의 성질

z와 w가 복소수일 때, 다음이 성립한다.

(1) $\overline{z+w} = \overline{z} + \overline{w}$

(2) $\overline{z-w} = \overline{z} - \overline{w}$

(3) $\overline{zw} = \overline{z}\,\overline{w}$

(4) $\overline{\left(\dfrac{z}{w}\right)} = \dfrac{\overline{z}}{\overline{w}}$ (단, $w \neq 0$)

이제 켤레복소수의 성질을 이용하여 다음 예제를 풀어보자.

예제 4-11

$z = 2 - i$, $w = 3 + 4i$ 일 때, 다음을 간단히 정리하라.

(a) $\overline{z} + w$

(b) $z - \overline{z}$

(c) $\overline{zw}$

(d) $z\overline{w}$

(e) $\overline{\left(\dfrac{w}{z}\right)}$

(f) $\dfrac{z}{\overline{w}}$

TIP [정리 4-3]과 복소수의 사칙연산에 대한 정의를 이용한다.

풀이

(a) $\overline{z} + w = \overline{2-i} + (3+4i) = (2+i) + (3+4i) = 5+5i$

(b) $z - \overline{z} = (2-i) - \overline{2-i} = (2-i) - (2+i) = -2i$

(c) $$\begin{aligned}\overline{zw} = \overline{z}\,\overline{w} &= \overline{(2-i)}\;\overline{(3+4i)} = (2+i)(3-4i)\\ &= (6+4) + (-8+3)i = 10-5i\end{aligned}$$

(d) $$\begin{aligned}z\overline{w} &= (2-i)\overline{(3+4i)} = (2-i)(3-4i)\\ &= (6-4) + (-8-3)i = 2-11i\end{aligned}$$

(e) $$\begin{aligned}\overline{\left(\frac{w}{z}\right)} = \frac{\overline{w}}{\overline{z}} &= \frac{3-4i}{2+i} = \frac{(3-4i)(2-i)}{(2+i)(2-i)}\\ &= \frac{(6-4)+(-3-8)i}{4+1} = \frac{2-11i}{5}\end{aligned}$$

(f) $$\begin{aligned}\frac{z}{\overline{w}} &= \frac{2-i}{3-4i} = \frac{(2-i)(3+4i)}{(3-4i)(3+4i)}\\ &= \frac{(6+4)+(8-3)i}{9+16} = \frac{10+5i}{25} = \frac{2+i}{5}\end{aligned}$$

4.4 복소수의 극형식

복소수의 극형식

복소수를 변형하여 다른 형태로 표현해보자. 복소수 $z = a + bi$를 복소평면 위의 한 점 $\mathrm{P}(a,\ b)$로 나타내면 다음 그림과 같다.

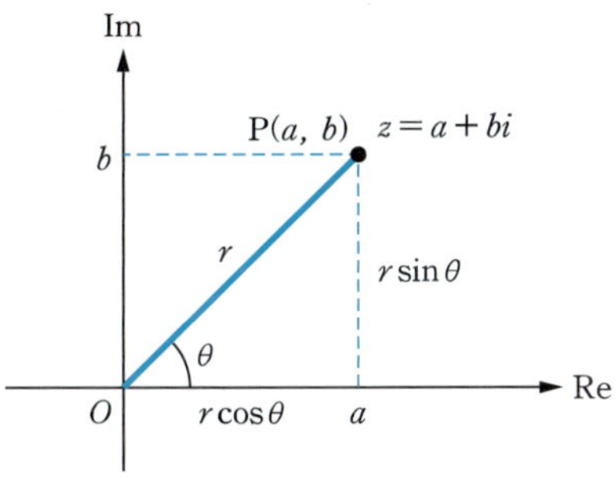

[그림 4-2] 복소평면 위의 $z = a + bi$

원점에서 점 $\mathrm{P}(a,\ b)$까지의 거리 $r = \sqrt{a^2 + b^2}$을 이용하면 $z = a + bi$를

$$z = \sqrt{a^2 + b^2}\left(\frac{a}{\sqrt{a^2 + b^2}} + \frac{b}{\sqrt{a^2 + b^2}}\,i\right)$$

로 나타낼 수 있다. 즉, $r = \sqrt{a^2 + b^2}$, $\cos\theta = \dfrac{a}{\sqrt{a^2 + b^2}}$, $\sin\theta = \dfrac{b}{\sqrt{a^2 + b^2}}$일 때

$$z = r(\cos\theta + i\sin\theta)$$

로 표현할 수 있다.

정의 4-7 극형식

복소수 $z = a + bi$를

$$z = r\cos\theta + ir\sin\theta = r(\cos\theta + i\sin\theta)$$

로 나타낸 것을 z의 **극형식**polar form이라 한다.

[정의 4-7]에서 θ를 z의 **편각**argument이라 하고 $\theta = \arg z$로 나타낸다.

예제 4-12

다음 복소수를 극형식으로 나타내라.

(a) $z = 1 + \sqrt{3}\, i$ (b) $w = -1 + i$

TIP $r = \sqrt{a^2 + b^2}$, $\cos\theta = \dfrac{a}{\sqrt{a^2+b^2}}$, $\sin\theta = \dfrac{b}{\sqrt{a^2+b^2}}$ 임을 이용한다.

풀이

(a) $r = \sqrt{1^2 + (\sqrt{3})^2} = \sqrt{4} = 2$이고 $\cos\theta = \dfrac{1}{2}$, $\sin\theta = \dfrac{\sqrt{3}}{2}$이므로 $\theta = \dfrac{\pi}{3}$이다.

따라서 $z = 1 + \sqrt{3}\, i = 2\left(\cos\dfrac{\pi}{3} + i\sin\dfrac{\pi}{3}\right)$이다.

(b) $r = \sqrt{(-1)^2 + 1^2} = \sqrt{2}$이고 $\cos\theta = -\dfrac{1}{\sqrt{2}}$, $\sin\theta = \dfrac{1}{\sqrt{2}}$이므로 $\theta = \dfrac{3}{4}\pi$이다.

따라서 $w = -1 + i = \sqrt{2}\left(\cos\dfrac{3}{4}\pi + i\sin\dfrac{3}{4}\pi\right)$이다.

복소수의 극형식은 편각에 따라 다양하다. 예를 들어, [예제 4-12(a)]의 극형식 표현은

$$\begin{aligned} z = 1 + \sqrt{3}\, i &= 2\left(\cos\frac{\pi}{3} + i\sin\frac{\pi}{3}\right) \\ &= 2\left(\cos\frac{7}{3}\pi + i\sin\frac{7}{3}\pi\right) \\ &= 2\left(\cos\left(-\frac{5}{3}\pi\right) + i\sin\left(-\frac{5}{3}\pi\right)\right) = \cdots \end{aligned}$$

가 모두 가능하다. 따라서 n이 정수일 때, [예제 4-12]의 극형식을 일반화하면 다음과 같다.

(a) $z = 1 + \sqrt{3}\, i$

$$= 2\left(\cos\left(\frac{\pi}{3} + 2n\pi\right) + i\sin\left(\frac{\pi}{3} + 2n\pi\right)\right)$$

(b) $w = -1 + i$

$$= \sqrt{2}\left(\cos\left(\frac{3}{4}\pi + 2n\pi\right) + i\sin\left(\frac{3}{4}\pi + 2n\pi\right)\right)$$

참고로 전기전자공학에서는 극형식을 삼각함수 형식이라 한다.

복소수의 극형식을 이용한 공식

■ 오일러 공식

복소수 $z = r(\cos\theta + i\sin\theta)$를 지수가 복소수인 함수 $re^{i\theta}$으로 나타낼 수 있는데, 이를 정리한 공식이 **오일러 공식** Euler's formula이다. 이때 무리수 e는 자연로그의 밑수인 자연상수이다.

> **정리 4-4 오일러 공식**
>
> $$z = r(\cos\theta + i\sin\theta) = re^{i\theta}$$

오일러 공식은 지수함수와 삼각함수 간의 변환 공식이라 할 수 있다. 오일러 공식을 이용하면 복소수를 극형식에 이어 지수 형식으로까지 나타낼 수 있다.

■ 드 므와브르 공식

$z = r(\cos\theta + i\sin\theta)$일 때 삼각함수의 성질을 이용하면 다음이 성립한다.

$$z^2 = r^2(\cos\theta + i\sin\theta)^2 = r^2(\cos 2\theta + i\sin 2\theta)$$

$$z^3 = r^3(\cos\theta + i\sin\theta)^3 = r^3(\cos 3\theta + i\sin 3\theta)$$

따라서 극형식을 이용하면 복소수의 거듭제곱을 간결한 형태로 나타낼 수 있다. 이를 일반화한 공식이 **드 므와브르 공식** De Moivre's formula이다.

> **정리 4-5 드 므와브르 공식**
>
> $z = r(\cos\theta + i\sin\theta)$이고 n이 정수일 때,
>
> $$z^n = r^n(\cos n\theta + i\sin n\theta)$$
>
> 이다.

[정리 4-5]는 오일러 공식을 이용하여 쉽게 증명할 수 있다.

$$z^n = (re^{i\theta})^n = r^n e^{in\theta} = r^n(\cos n\theta + i\sin n\theta)$$

예제 4-13

다음 식을 간단히 정리하라.

(a) $(1+i)^3$　　(b) $(1-i)^4$

(c) $(1+\sqrt{3}\,i)^6$　　(d) $(\sqrt{3}-i)^8$

TIP 복소수를 극형식으로 나타내고, 드 므와브르 공식을 이용한다.

풀이

(a) $1+i=\sqrt{2}\left(\frac{1}{\sqrt{2}}+\frac{1}{\sqrt{2}}i\right)=\sqrt{2}\left(\cos\frac{\pi}{4}+i\sin\frac{\pi}{4}\right)$

이므로 드 므와브르 공식에 의하여

$$(1+i)^3=(\sqrt{2})^3\left(\cos\frac{\pi}{4}+i\sin\frac{\pi}{4}\right)^3=2\sqrt{2}\left(\cos\frac{3}{4}\pi+i\sin\frac{3}{4}\pi\right)=-2+2i$$

이다.

(b) $1-i=\sqrt{2}\left(\frac{1}{\sqrt{2}}-\frac{1}{\sqrt{2}}i\right)=\sqrt{2}\left(\cos\frac{7}{4}\pi+i\sin\frac{7}{4}\pi\right)$

이므로 드 므와브르 공식에 의하여

$$(1-i)^4=(\sqrt{2})^4\left(\cos\frac{7}{4}\pi+i\sin\frac{7}{4}\pi\right)^4=4(\cos 7\pi+i\sin 7\pi)=-4$$

이다.

(c) $1+\sqrt{3}\,i=2\left(\frac{1}{2}+\frac{\sqrt{3}}{2}i\right)=2\left(\cos\frac{\pi}{3}+i\sin\frac{\pi}{3}\right)$

이므로 드 므와브르 공식에 의하여

$$(1+\sqrt{3}\,i)^6=2^6\left(\cos\frac{\pi}{3}+i\sin\frac{\pi}{3}\right)^6=64(\cos 2\pi+i\sin 2\pi)=64$$

이다.

(d) $\sqrt{3}-i=2\left(\frac{\sqrt{3}}{2}-\frac{1}{2}i\right)=2\left(\cos\frac{11}{6}\pi+i\sin\frac{11}{6}\pi\right)$

이므로 드 므와브르 공식에 의하여

$$\begin{aligned}(\sqrt{3}-i)^8&=2^8\left(\cos\frac{11}{6}\pi+i\sin\frac{11}{6}\pi\right)^8=256\left(\cos\frac{44}{3}\pi+i\sin\frac{44}{3}\pi\right)\\&=-128+128\sqrt{3}\,i\end{aligned}$$

이다.

4.5 공학 문제

전기의 흐름

전기의 흐름은 전류current, 저항resistance, 전압voltage으로 구성된다. 일반적으로 전류, 저항, 전압은 각각 I, R, V로 표기하며, 단위는 암페어(A), 옴(Ω), 볼트(V)이다. 세 요소 사이의 관계는 다음과 같은 옴의 법칙Ohm's law으로 설명된다.

$$V = IR$$

전기회로에 연결된 코일이나 축전기에서 전류, 저항, 전압은 복소수로 표현하고 계산할 수 있다. 전기 및 전자공학에서는 전류를 나타내는 i와 혼동하지 않도록 i 대신 j를 허수단위로 사용하여 $a+bj$ 또는 $a+jb$로 나타낸다.

예제 4-14

다음 그림과 같이 연결된 회로에 대하여 물음에 답하라.

(a) 두 저항이 각각 $(3+7j)\Omega$, $(2-4j)\Omega$일 때, 총 저항을 구하라.

(b) 전압이 220V일 때, 회로에 흐르는 전류를 구하라.

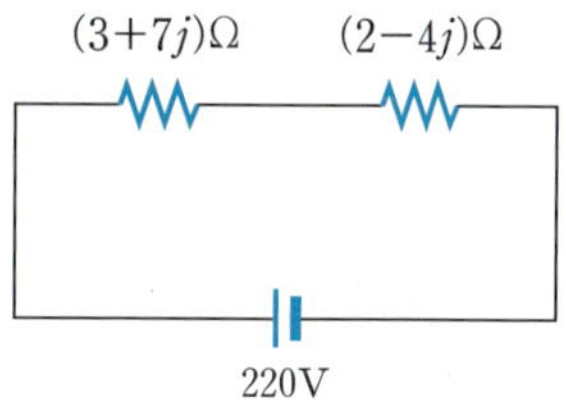

TIP 복소수의 덧셈과 나눗셈의 정의를 이용한다.

풀이

(a) 총 저항은 $(3+7j)+(2-4j)=(5+3j)\Omega$이다.

(b) 회로에 흐르는 전류는

$$I = \frac{V}{R} = \frac{220}{5+3j} = \frac{220(5-3j)}{(5+3j)(5-3j)} = \frac{110}{17}(5-3j)\text{A}$$

이다.

합성 임피던스

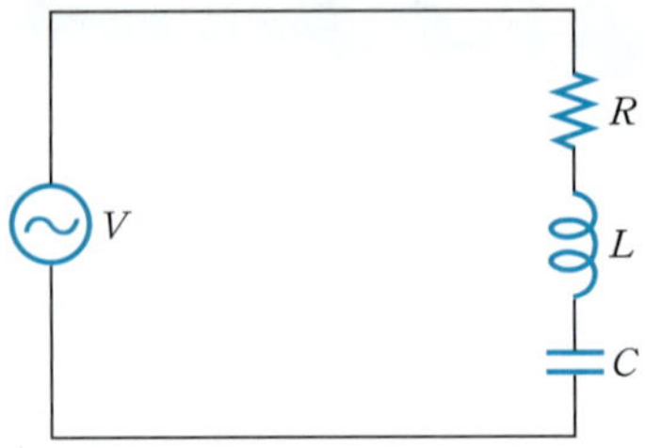

[그림 4-3] *RLC* 직렬회로

저항, 코일, 축전기가 직렬로 연결된 교류회로의 합성 저항을 **합성 임피던스**combined impedance라고 한다. 각주파수가 ω인 교류 전원 V에 저항[1] R, 인덕턴스[2] L, 커패시턴스[3] C가 직렬로 연결되어 있는 RLC 직렬회로에서 합성 임피던스 Z는 다음과 같다.

$$Z = R + j\omega L + \frac{1}{j\omega C}$$

예제 4-15

합성 임피던스 Z의 허수 부분을 구하라.

TIP 합성 임피던스를 나타내는 식에서 $\frac{1}{jwC}$ 을 Aj 의 꼴로 변형하여 허수 부분을 구한다.

풀이

합성 임피던스 공식을 실수 부분과 허수 부분으로 나누어 정리하면

$$\begin{aligned} Z &= R + j\omega L + \frac{1}{j\omega C} \\ &= R + j\omega L - \frac{j}{\omega C} \\ &= R + \left(\omega L - \frac{1}{\omega C}\right) j \end{aligned}$$

이므로 Z의 허수 부분은 $\omega L - \frac{1}{\omega C}$ 이다.

파동함수

양자역학에서의 **파동함수**wave function란 계system[4]의 상태에 대한 정보를 담고 있는 복소함수이다. 입자의 파동함수 $\psi(x)$는 다음과 같이 사인과 코사인 진동의 선형결합으로 나타낼 수 있다.

$$\psi(x) = A\cos\kappa x + B\sin\kappa x$$

1 전기가 흐르지 못하게 방해하는 요소를 의미한다.
2 코일에서의 전류 변화를 억제하는 전압인 유도 전압이 생성되는 정도를 의미하며, 단위는 H(헨리)이다.
3 축전기의 용량을 의미하며, 단위는 F(패럿)이다.
4 함수로 표현되는 우주의 한 부분을 의미한다.

또한 복소수를 사용하면 파동함수를 다음과 같이 표기할 수도 있다. 이때 **파수**wave number κ는 적외선 파동함수에서 주파수에 비례하는 정수이다.

$$\psi(x) = Ce^{i\kappa x} + De^{-i\kappa x}$$

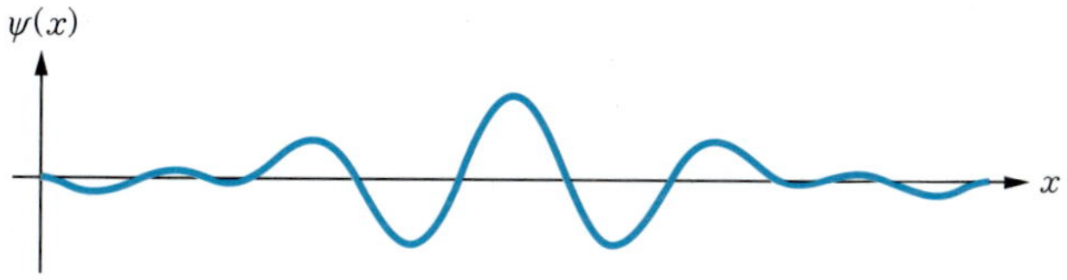

[그림 4-4] **파동함수의 그래프**

예제 4-16

입자의 파동함수는 다음과 같이 표현한다.

$$\psi(x) = A\cos\kappa x + B\sin\kappa x = Ce^{i\kappa x} + De^{-i\kappa x}$$

이때 $A = C + D,\ B = i(C - D)$임을 오일러 공식을 이용하여 증명하라.

TIP [정리 4-4]에 따라 $re^{i\theta} = r(\cos\theta + i\sin\theta)$이고, $re^{-i\theta} = r(\cos\theta - i\sin\theta)$임을 이용한다.

풀이

오일러 공식에 의하여 두 복소수 $Ce^{i\kappa x}$, $De^{-i\kappa x}$을 극형식으로 나타내면

$$Ce^{i\kappa x} = C(\cos\kappa x + i\sin\kappa x),$$
$$De^{-i\kappa x} = De^{i(-\kappa x)} = D(\cos(-\kappa x) + i\sin(-\kappa x)) = D(\cos\kappa x - i\sin\kappa x)$$

이므로 $\psi(x)$를 삼각함수로 전개하면 다음과 같다.

$$\begin{aligned}\psi(x) &= C\cos\kappa x + iC\sin\kappa x + D\cos\kappa x - iD\sin\kappa x \\ &= (C + D)\cos\kappa x + i(C - D)\sin\kappa x\end{aligned}$$

위 식이 $\psi(x) = A\cos\kappa x + B\sin\kappa x$와 같으므로

$$A = C + D,\ B = i(C - D)$$

이다.

Chapter 04 연습문제

4.1 i를 이용하여 다음을 나타내라.

(a) $\sqrt{-7}$ (b) $\sqrt{-12}$

(c) $\sqrt{-18}$ (d) $\sqrt{-49}$

(e) $\sqrt{-56}$ (f) $\sqrt{-81}$

4.2 다음 식을 간단히 정리하라.

(a) $\sqrt{-5}\sqrt{-10}$ (b) $\sqrt{-5}\sqrt{-5}$

(c) $\dfrac{\sqrt{-18}}{\sqrt{-6}}$ (d) $\dfrac{\sqrt{-1}}{\sqrt{-12}}$

(e) $\dfrac{\sqrt{-36}}{\sqrt{3}}$ (f) $\dfrac{\sqrt{256}}{\sqrt{-8}}$

4.3 다음 등식을 만족하는 두 실수 a와 b의 값을 구하라.

(a) $(a+3)+2i=7-5bi$

(b) $(a-2)+(3-2b)i=0$

(c) $(2a-3b+2)+(b-1)i=i$

(d) $(-3a-b+3)-(2a+3)i=0$

(e) $(a+3b-5)-(2b-a)i=1$

(f) $(a-b+2)+(2a-b+3)i=0$

4.4 $z=7-2i$, $w=-1+5i$일 때, 다음을 계산하라.

(a) $|z|$ (b) $|w|$

(c) $|z-w|$ (d) $|w-z|$

(e) $|z^2|$ (f) $|z|^2$

4.5 $z=3+4i,\ w=2-5i$일 때, 다음을 계산하라.

(a) $z+w$

(b) $w-z$

(c) $4z+3w$

(d) $\frac{1}{2}z-\frac{1}{3}w$

(e) $iz+2w$

(f) $2z-iw$

4.6 $z=4-i,\ w=-1+3i$일 때, 다음을 계산하라.

(a) zw

(b) w^2

(c) $(z-1)^2$

(d) $(2w+1)^2$

(e) $(z+w)^2$

(f) $(z-w)^2$

4.7 다음 복소수의 곱셈에 대한 역원을 구하라.

(a) 5

(b) $3i$

(c) $2+4i$

(d) $4-i$

(e) $-1+5i$

(f) $-3-2i$

4.8 다음 식을 간단히 정리하라.

(a) i^{33}

(b) $(-i)^{123}$

(c) $i^{101}+i^{103}$

(d) $i^{201}-i^{205}$

(e) $i^7+i^9+i^{11}+i^{13}$

(f) $i^{34}-i^{37}+i^{40}-i^{43}$

4.9 다음 복소수의 켤레복소수를 구하라.

(a) -3

(b) $-5i$

(c) $2+9i$

(d) $6-3i$

(e) $-1+17i$

(f) $-13-14i$

4.10 $z_1 = 3 + i$, $z_2 = 1 - 2i$일 때, 다음을 계산하라.

(a) $z_1 + \overline{z_2}$ (b) $z_1 \overline{z_2}$

(c) $\overline{z_1} z_2$ (d) $\overline{z_1 z_2}$

(e) $\dfrac{\overline{z_1}}{z_2}$ (f) $\overline{\left(\dfrac{z_2}{z_1}\right)}$

4.11 임의의 복소수 z에 대하여 $|z|^2 = z \cdot \overline{z}$임을 증명하라.

4.12 z와 w가 복소수일 때, 다음을 증명하라.

(a) $\overline{z + w} = \overline{z} + \overline{w}$ (b) $\overline{zw} = \overline{z}\,\overline{w}$

4.13 다음 복소수를 극형식으로 나타내라.

(a) 3 (b) $4i$

(c) $2 + 2i$ (d) $3 - 3\sqrt{3}\,i$

4.14 다음 식을 간단히 정리하라.

(a) $(\cos 6° + i \sin 6°)^{20}$ (b) $(\cos 10° + i \sin 10°)^9$

(c) $(1 - i)^8$ (d) $(2 + 2\sqrt{3}\,i)^{10}$

4.15 다음 그림과 같이 연결된 회로에 대하여 물음에 답하라.

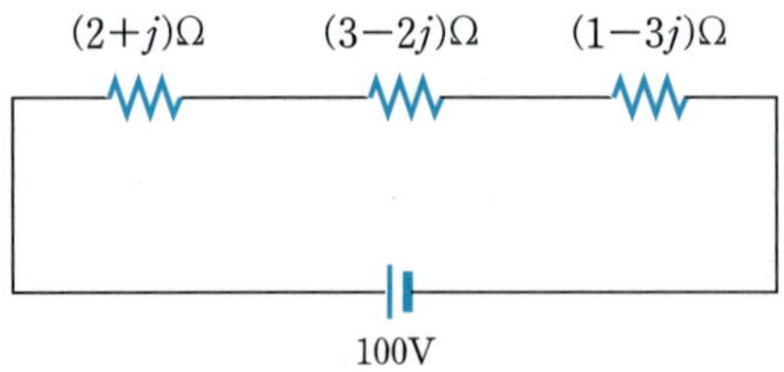

(a) 세 저항이 각각 $(2 + j)\Omega$, $(3 - 2j)\Omega$, $(1 - 3j)\Omega$일 때, 총 저항을 구하라.

(b) 전압이 100V일 때, 회로에 흐르는 전류를 구하라.

4.16 회로의 전압을 전류로 나누면 회로의 임피던스가 된다. 어떤 회로에 $(50+10j)$V의 전압을 가할 때, $(3+4j)$A의 전류가 흐른다면 이 회로의 임피던스는 얼마인지를 구하라.

4.17 복소 전력은 복소 전류의 켤레복소수와 복소 전압을 곱하여 구할 수 있다. 이때, 복소 전력의 실수 부분은 유효전력이고 허수 부분은 무효전력이다. 복소 전압과 복소 전류가 각각 $V=(6+5j)$V, $I=(7-6j)$A 인 회로에서 유효전력과 무효전력을 구하라.

Chapter 05
행렬
Matrix

CONTENTS

학습목표

- 행렬의 정의를 이해하고 행렬의 합, 차, 곱을 계산하는 방법을 학습한다.
- 연립방정식을 행렬로 나타내는 방법을 익히고 행렬식을 이해한다.
- 역행렬을 이용하여 연립방정식의 해를 구하는 방법을 익힌다.
- 가우스 소거법을 이용하여 연립방정식의 해를 구하는 방법을 익힌다.
- 행렬과 관련된 공학 문제를 학습한다.

3월에 대학교 앞 치킨가게에서 대학생 400명을 대상으로 프라이드치킨과 양념치킨 중 어느 것을 더 좋아하는지 조사하였더니 240명은 프라이드치킨을, 160명은 양념치킨을 선택하였다.

〈출처〉 https://www.pixabay.com

한 달 뒤인 4월에 조사를 다시 해보니 프라이드치킨을 선택한 학생의 80%는 4월에도 프라이드치킨을 선택했지만, 20%는 양념치킨으로 선택을 바꾸었다. 또한 3월에 양념치킨을 선택한 학생의 60%는 4월에도 양념치킨을 선택했지만, 40%는 프라이드치킨으로 선택을 바꾸었다. 이 결과를 분석해보면, 4월에 프라이드치킨과 양념치킨을 선택한 학생 수는 각각 다음과 같다.

$$0.8 \cdot 240 + 0.4 \cdot 160 = 256\,(\text{명}), \quad 0.2 \cdot 240 + 0.6 \cdot 160 = 144\,(\text{명})$$

행렬을 이용하면 위 내용을 다음과 같이 간단히 나타낼 수 있다.

$$\begin{bmatrix} \text{4월에 프라이드치킨을 선택한 학생 수} \\ \text{4월에 양념치킨을 선택한 학생 수} \end{bmatrix} = \begin{bmatrix} 0.8 & 0.4 \\ 0.2 & 0.6 \end{bmatrix} \begin{bmatrix} 240 \\ 160 \end{bmatrix} = \begin{bmatrix} 256 \\ 144 \end{bmatrix}$$

5.1 행렬의 정의와 기본 연산

행렬

행렬은 연립방정식을 간단하게 표현할 수 있을 뿐 아니라 다양한 공학 문제를 수학적으로 쉽게 접근할 수 있도록 한다.

정의 5-1 행렬

수 또는 문자를 직사각형 모양으로 배열한 것을 **행렬**matrix이라 한다.

행렬에서 **행**row은 가로줄을, **열**column은 세로줄을 의미한다. 행렬은 행의 개수와 열의 개수를 이용하여 나타낸다. 예를 들어,

$$A = \begin{bmatrix} 3 & 1 \\ 4 & 0 \\ 0 & 2 \end{bmatrix}$$

는 행이 3개이고, 열이 2개이므로, A는 3×2 행렬이다. 또한,

$$B = \begin{bmatrix} 3 & 0 & 2 & -1 & 2 \end{bmatrix}$$

는 행이 1개이고, 열이 5개이므로, B는 1×5 행렬이다.

A가 $m \times n$ 행렬이면 A를

$$A = \begin{bmatrix} a_{11} & a_{12} & \cdots & a_{1n} \\ a_{21} & a_{22} & \cdots & a_{2n} \\ \vdots & \vdots & \vdots & \vdots \\ a_{m1} & a_{m2} & \cdots & a_{mn} \end{bmatrix}$$

으로 나타내고 간략하게 $A = [a_{ij}]_{m \times n}$으로 표현한다.

이때 a_{ij}를 행렬 A의 ***ij*성분**ij component 또는 ***ij*항**ij entry이라 한다.

예제 5-1

다음 행렬을 $m\times n$ 행렬이라 할 때, m과 n의 값을 구하라.

(a) $A=\begin{bmatrix}2 & 11 & 3\\ 4 & 4 & 1\\ 0 & 1 & 0\end{bmatrix}$ (b) $B=\begin{bmatrix}-1 & 3 & -1 & 1 & 4\\ 5 & 0 & 1 & 6 & 1\end{bmatrix}$

(c) $C=\begin{bmatrix}3 & 1 & -15 & 19 & 19\end{bmatrix}$ (d) $D=\begin{bmatrix}7\\ 2\\ 0\\ 0\end{bmatrix}$

TIP 행렬의 가로줄과 세로줄의 개수를 세어서 m과 n의 값을 구한다.

풀이

(a) 행이 3개이고 열이 3개이므로, A는 3×3 행렬이다.
따라서 $m=3$, $n=3$이다.

(b) 행이 2개이고 열이 5개이므로, B는 2×5 행렬이다.
따라서 $m=2$, $n=5$이다.

(c) 행이 1개이고 열이 5개이므로, C는 1×5 행렬이다.
따라서 $m=1$, $n=5$이다.

(d) 행이 4개이고 열이 1개이므로, D는 4×1 행렬이다.
따라서 $m=4$, $n=1$이다.

행렬의 기본 연산

■ 행렬의 합과 차

두 행렬 A와 B가 모두 $m\times n$ 행렬로 크기가 같을 때, 두 행렬의 합과 차는 다음과 같이 정의한다.

정의 5-2 행렬의 합과 차

$A=[a_{ij}]_{m\times n}$이고 $B=[b_{ij}]_{m\times n}$일 때 행렬의 **합**과 **차**는 다음과 같이 정의한다.

(1) $A+B=[a_{ij}+b_{ij}]_{m\times n}$

(2) $A-B=[a_{ij}-b_{ij}]_{m\times n}$

행렬의 합과 차는 두 행렬의 같은 위치에 있는 성분끼리의 합과 차를 이용하여 구한다.

예제 5-2

$A=\begin{bmatrix} -1 & 2 & 7 \\ 5 & -2 & 1 \end{bmatrix}$, $B=\begin{bmatrix} 4 & 0 & -1 \\ -1 & 2 & 7 \end{bmatrix}$일 때, 다음을 구하라.

(a) $A+B$

(b) $A-B$

TIP [정의 5-2]를 이용하여 행렬의 합과 차를 계산한다.

풀이

(a) $A+B=\begin{bmatrix} -1+4 & 2+0 & 7+(-1) \\ 5+(-1) & -2+2 & 1+7 \end{bmatrix}=\begin{bmatrix} 3 & 2 & 6 \\ 4 & 0 & 8 \end{bmatrix}$

(b) $A-B=\begin{bmatrix} -1-4 & 2-0 & 7-(-1) \\ 5-(-1) & -2-2 & 1-7 \end{bmatrix}=\begin{bmatrix} -5 & 2 & 8 \\ 6 & -4 & -6 \end{bmatrix}$

$A=\begin{bmatrix} -1 & 2 & 7 \\ 5 & -2 & 1 \end{bmatrix}$이고 $C=\begin{bmatrix} 5 & 3 \\ 3 & 1 \end{bmatrix}$일 때, $A+C$와 $A-C$는 어떻게 계산할까? A는 2×3 행렬이고 C는 2×2 행렬로 두 행렬의 크기가 다르므로 $A+C$와 $A-C$는 계산할 수 없다. 즉, 행렬의 합과 차는 두 행렬의 크기가 같을 경우에만 계산할 수 있다.

행렬과 실수의 곱은 다음과 같이 정의한다.

정의 5-3 행렬의 실수배

$A=[a_{ij}]_{m\times n}$이고 k가 실수일 때, k와 행렬 A의 곱 kA는 다음과 같이 정의한다.

$$kA=[ka_{ij}]_{m\times n}$$

[정의 5-3]에 의하여 행렬에 실수를 곱하면 그 결과는 행렬의 모든 성분에 실수를 곱하여 얻는 행렬임을 알 수 있다.

예제 5-3

$A=\begin{bmatrix} 1 & 3 \\ 2 & -2 \\ 6 & 0 \end{bmatrix}$일 때, 다음을 구하라.

(a) $5A$

(b) $-3A$

TIP [정의 5-3]의 행렬의 실수배를 이용한다.

풀이

(a) $5A=5\begin{bmatrix}1 & 3\\ 2 & -2\\ 6 & 0\end{bmatrix}=\begin{bmatrix}5\cdot 1 & 5\cdot 3\\ 5\cdot 2 & 5\cdot(-2)\\ 5\cdot 6 & 5\cdot 0\end{bmatrix}=\begin{bmatrix}5 & 15\\ 10 & -10\\ 30 & 0\end{bmatrix}$

(b) $-3A=-3\begin{bmatrix}1 & 3\\ 2 & -2\\ 6 & 0\end{bmatrix}=\begin{bmatrix}(-3)\cdot 1 & (-3)\cdot 3\\ (-3)\cdot 2 & (-3)\cdot(-2)\\ (-3)\cdot 6 & (-3)\cdot 0\end{bmatrix}=\begin{bmatrix}-3 & -9\\ -6 & 6\\ -18 & 0\end{bmatrix}$

두 행렬 A와 B의 크기가 같고 같은 위치에 있는 모든 성분의 값이 같을 때, '두 행렬 A와 B는 같다' 또는 '두 행렬 A와 B는 **상등**equality이다'라고 한다.

예제 5-4

다음 등식이 성립할 때 a와 b의 값을 구하라.

(a) $\begin{bmatrix}a & 3\\ 4 & -2\end{bmatrix}=\begin{bmatrix}1 & 2b-1\\ 4 & -2\end{bmatrix}$　　(b) $\begin{bmatrix}a-b & 1 & 4\\ 3 & a+b & 5\end{bmatrix}=\begin{bmatrix}5 & 1 & 4\\ 3 & 3 & 5\end{bmatrix}$

TIP 상등인 두 행렬에서 같은 위치에 있는 성분은 같은 값을 갖는다.

풀이

(a) 두 행렬의 같은 위치에 있는 성분을 비교하면 $a=1$이고 $3=2b-1$이어야 하므로 $a=1$, $b=2$이다.

(b) 두 행렬의 같은 위치에 있는 성분을 비교하면 $a-b=5$이고 $a+b=3$이어야 하므로 $a=4$, $b=-1$이다.

■ 행렬의 곱

행렬의 곱은 다음과 같이 정의한다.

정의 5-4 행렬의 곱

$A=[a_{ij}]_{m\times n}$이고 $B=[b_{ij}]_{n\times p}$일 때 두 행렬 A와 B의 **곱**multiplication AB는 행렬 $C=[c_{ij}]_{m\times p}$이고 이때 C의 성분 c_{ij}는 다음과 같이 정의한다.

$$c_{ij}=a_{i1}b_{1j}+a_{i2}b_{2j}+\cdots+a_{in}b_{nj}\quad (i=1,\ 2,\ \cdots,\ m,\quad j=1,\ 2,\ \cdots,\ p)$$

A가 $m \times n$ 행렬이면 A의 세로줄은 n개이고, B가 $n \times p$ 행렬이면 B의 가로줄은 n개이다. 따라서 행렬의 곱 AB가 정의되며 AB는 $m \times p$ 행렬이다.

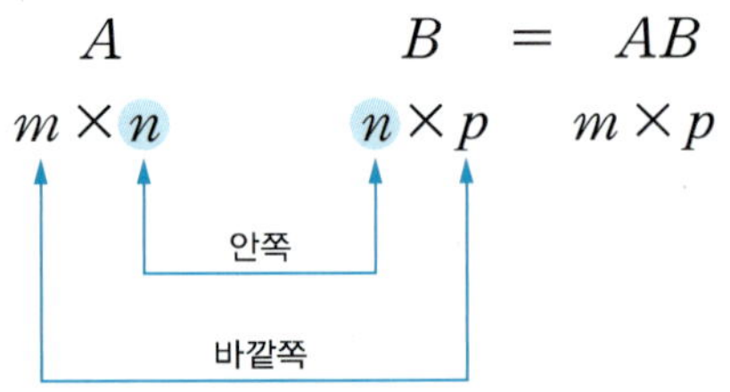

[그림 5-1] **행렬의 곱**

[정의 5-4]에 의하여 두 행렬 A와 B의 곱이 정의되려면, A의 세로줄(열)의 개수와 B의 가로줄(행)의 개수가 반드시 같아야 함을 알 수 있다.

예제 5-5

두 행렬 A와 B에 대하여, 행렬의 곱 AB가 정의되는지를 판정하고, AB가 정의된다면 그 크기를 구하라.

(a) $A=\begin{bmatrix} 1 & 3 & 2 \\ 2 & 4 & 5 \end{bmatrix}$, $B=\begin{bmatrix} 4 & 5 \\ 1 & 4 \end{bmatrix}$

(b) $A=\begin{bmatrix} 1 & 7 \\ 2 & 5 \\ 0 & 3 \end{bmatrix}$, $B=\begin{bmatrix} 5 & 2 \\ 0 & 4 \end{bmatrix}$

(c) $A=\begin{bmatrix} 1 & 3 & 2 \end{bmatrix}$, $B=\begin{bmatrix} 4 \\ 3 \\ 1 \end{bmatrix}$

(d) $A=\begin{bmatrix} 0 \\ 3 \\ 5 \end{bmatrix}$, $B=\begin{bmatrix} -1 & 0 & 2 \end{bmatrix}$

TIP 두 행렬 A와 B의 곱이 정의되려면 A는 $m \times \square$ 행렬이고 B는 $\square \times p$ 행렬이어야 한다.

풀이

(a) A는 $2 \times \underline{3}$ 행렬이고 B는 $\underline{2} \times 2$ 행렬이므로, AB가 정의되지 않는다.

(b) A는 $3 \times \underline{2}$ 행렬이고 B는 $\underline{2} \times 2$ 행렬이므로, AB가 정의되며 AB는 3×2 행렬이다.

(c) A는 $1 \times \underline{3}$ 행렬이고 B는 $\underline{3} \times 1$ 행렬이므로, AB가 정의되며 AB는 1×1 행렬이다.

(d) A는 $3 \times \underline{1}$ 행렬이고 B는 $\underline{1} \times 3$ 행렬이므로, AB가 정의되며 AB는 3×3 행렬이다.

이제 행렬 $A=\begin{bmatrix} 1 & 2 \\ 3 & 4 \end{bmatrix}$, $B=\begin{bmatrix} 1 & 0 \\ 4 & 2 \end{bmatrix}$, $C=\begin{bmatrix} 1 & 3 & 5 \\ 2 & 4 & 5 \end{bmatrix}$에 대한 다음 두 예제를 통해 행렬의 곱을 계산하는 방법을 알아보자.

① A가 2×2 행렬이고 B도 2×2 행렬이므로, AB는 2×2 행렬이다. 이제

$$AB = \begin{bmatrix} 1 & 2 \\ 3 & 4 \end{bmatrix} \begin{bmatrix} 1 & 0 \\ 4 & 2 \end{bmatrix} = \begin{bmatrix} a_{11} & a_{12} \\ a_{21} & a_{22} \end{bmatrix}$$

라 하면 a_{11}, a_{12}, a_{21}, a_{22}는 다음과 같이 A의 가로줄과 B의 세로줄을 곱한 후 더하여 얻는다.

$$\begin{bmatrix} 1 & 2 \\ 3 & 4 \end{bmatrix} \begin{bmatrix} 1 & 0 \\ 4 & 2 \end{bmatrix} \rightarrow a_{11} = 1 \cdot 1 + 2 \cdot 4 = 9$$

$$\begin{bmatrix} 1 & 2 \\ 3 & 4 \end{bmatrix} \begin{bmatrix} 1 & 0 \\ 4 & 2 \end{bmatrix} \rightarrow a_{12} = 1 \cdot 0 + 2 \cdot 2 = 4$$

$$\begin{bmatrix} 1 & 2 \\ 3 & 4 \end{bmatrix} \begin{bmatrix} 1 & 0 \\ 4 & 2 \end{bmatrix} \rightarrow a_{21} = 3 \cdot 1 + 4 \cdot 4 = 19$$

$$\begin{bmatrix} 1 & 2 \\ 3 & 4 \end{bmatrix} \begin{bmatrix} 1 & 0 \\ 4 & 2 \end{bmatrix} \rightarrow a_{22} = 3 \cdot 0 + 4 \cdot 2 = 8$$

따라서

$$AB = \begin{bmatrix} 1 & 2 \\ 3 & 4 \end{bmatrix} \begin{bmatrix} 1 & 0 \\ 4 & 2 \end{bmatrix} = \begin{bmatrix} 9 & 4 \\ 19 & 8 \end{bmatrix}$$

이다.

② B는 2×2 행렬이고 C는 2×3 행렬이므로, BC는 2×3 행렬이다. 이제

$$BC = \begin{bmatrix} 1 & 0 \\ 4 & 2 \end{bmatrix} \begin{bmatrix} 1 & 3 & 5 \\ 2 & 4 & 5 \end{bmatrix} = \begin{bmatrix} a_{11} & a_{12} & a_{13} \\ a_{21} & a_{22} & a_{23} \end{bmatrix}$$

라 하면 a_{11}, a_{12}, a_{13}, a_{21}, a_{22}, a_{23}은 다음과 같이 B의 가로줄과 C의 세로줄을 곱한 후 더하여 얻는다.

$$\begin{bmatrix} 1 & 0 \\ 4 & 2 \end{bmatrix} \begin{bmatrix} 1 & 3 & 5 \\ 2 & 4 & 5 \end{bmatrix} \rightarrow a_{11} = 1 \cdot 1 + 0 \cdot 2 = 1$$

$$\begin{bmatrix} 1 & 0 \\ 4 & 2 \end{bmatrix} \begin{bmatrix} 1 & 3 & 5 \\ 2 & 4 & 5 \end{bmatrix} \rightarrow a_{12} = 1 \cdot 3 + 0 \cdot 4 = 3$$

$$\begin{bmatrix} 1 & 0 \\ 4 & 2 \end{bmatrix} \begin{bmatrix} 1 & 3 & 5 \\ 2 & 4 & 5 \end{bmatrix} \rightarrow a_{13} = 1 \cdot 5 + 0 \cdot 5 = 5$$

$$\begin{bmatrix} 1 & 0 \\ 4 & 2 \end{bmatrix} \begin{bmatrix} 1 & 3 & 5 \\ 2 & 4 & 5 \end{bmatrix} \rightarrow a_{21} = 4 \cdot 1 + 2 \cdot 2 = 8$$

$$\begin{bmatrix} 1 & 0 \\ 4 & 2 \end{bmatrix} \begin{bmatrix} 1 & 3 & 5 \\ 2 & 4 & 5 \end{bmatrix} \rightarrow a_{22} = 4 \cdot 3 + 2 \cdot 4 = 20$$

$$\begin{bmatrix} 1 & 0 \\ 4 & 2 \end{bmatrix} \begin{bmatrix} 1 & 3 & 5 \\ 2 & 4 & 5 \end{bmatrix} \rightarrow a_{23} = 4 \cdot 5 + 2 \cdot 5 = 30$$

따라서

$$BC = \begin{bmatrix} 1 & 0 \\ 4 & 2 \end{bmatrix} \begin{bmatrix} 1 & 3 & 5 \\ 2 & 4 & 5 \end{bmatrix} = \begin{bmatrix} 1 & 3 & 5 \\ 8 & 20 & 30 \end{bmatrix}$$

이다.

예제 5-6

$A = [2 \quad 1]$, $B = \begin{bmatrix} 0 & 3 \\ 1 & -4 \end{bmatrix}$, $C = \begin{bmatrix} 2 & -1 & 4 \\ 1 & 0 & -1 \end{bmatrix}$일 때, 다음을 계산하라.

(a) AB (b) BC

TIP 행렬의 곱에 대한 정의에 의하여 AB는 1×2 행렬이고 BC는 2×3 행렬이다.

풀이

(a) $[2 \quad 1] \begin{bmatrix} 0 & 3 \\ 1 & -4 \end{bmatrix} = [a_{11} \quad a_{12}]$에서 각 성분은

$$a_{11} = 2 \cdot 0 + 1 \cdot 1 = 1, \quad a_{12} = 2 \cdot 3 + 1 \cdot (-4) = 2$$

이다. 따라서

$$AB = [2 \quad 1] \begin{bmatrix} 0 & 3 \\ 1 & -4 \end{bmatrix} = [1 \quad 2]$$

이다.

(b) $\begin{bmatrix} 0 & 3 \\ 1 & -4 \end{bmatrix} \begin{bmatrix} 2 & -1 & 4 \\ 1 & 0 & -1 \end{bmatrix} = \begin{bmatrix} a_{11} & a_{12} & a_{13} \\ a_{21} & a_{22} & a_{23} \end{bmatrix}$에서 각 성분은

$$a_{11} = 0 \cdot 2 + 3 \cdot 1 = 3, \qquad a_{12} = 0 \cdot (-1) + 3 \cdot 0 = 0,$$
$$a_{13} = 0 \cdot 4 + 3 \cdot (-1) = -3, \qquad a_{21} = 1 \cdot 2 + (-4) \cdot 1 = -2,$$
$$a_{22} = 1 \cdot (-1) + (-4) \cdot 0 = -1, \qquad a_{23} = 1 \cdot 4 + (-4) \cdot (-1) = 8$$

이다. 따라서

$$BC = \begin{bmatrix} 0 & 3 \\ 1 & -4 \end{bmatrix} \begin{bmatrix} 2 & -1 & 4 \\ 1 & 0 & -1 \end{bmatrix} = \begin{bmatrix} 3 & 0 & -3 \\ -2 & -1 & 8 \end{bmatrix}$$

이다.

두 행렬을 곱할 때 순서를 바꾸어 계산하면 어떤 결과가 나타나는지 다음 예제를 통해 확인해보자.

예제 5-7

$A=\begin{bmatrix}1 & 4\\3 & 2\end{bmatrix}$, $B=\begin{bmatrix}-1 & 1\\2 & -3\end{bmatrix}$일 때, 다음을 계산하라.

(a) AB (b) BA

TIP 행렬의 곱에 대한 정의에 의하여 AB와 BA는 모두 2×2 행렬이다.

풀이

(a) $AB=\begin{bmatrix}1 & 4\\3 & 2\end{bmatrix}\begin{bmatrix}-1 & 1\\2 & -3\end{bmatrix}=\begin{bmatrix}1\cdot(-1)+4\cdot2 & 1\cdot1+4\cdot(-3)\\3\cdot(-1)+2\cdot2 & 3\cdot1+2\cdot(-3)\end{bmatrix}=\begin{bmatrix}7 & -11\\1 & -3\end{bmatrix}$

(b) $BA=\begin{bmatrix}-1 & 1\\2 & -3\end{bmatrix}\begin{bmatrix}1 & 4\\3 & 2\end{bmatrix}=\begin{bmatrix}(-1)\cdot1+1\cdot3 & (-1)\cdot4+1\cdot2\\2\cdot1+(-3)\cdot3 & 2\cdot4+(-3)\cdot2\end{bmatrix}=\begin{bmatrix}2 & -2\\-7 & 2\end{bmatrix}$

[예제 5-7]에서 알 수 있듯이 행렬 A와 B의 곱은 일반적으로

$$AB\neq BA$$

이므로, 곱에 대한 교환법칙은 성립하지 않을 수 있다.

행렬과 연립방정식

행렬의 곱을 이용하면 연립방정식을 간단히 나타낼 수 있다. 다음 연립방정식을 살펴보자.

$$\begin{cases}a_{11}x+a_{12}y+a_{13}z=b_1\\a_{21}x+a_{22}y+a_{23}z=b_2\\a_{31}x+a_{32}y+a_{33}z=b_3\end{cases}$$

이 연립방정식을 행렬의 곱을 이용하여 나타내면 다음과 같다.

$$\begin{bmatrix}a_{11} & a_{12} & a_{13}\\a_{21} & a_{22} & a_{23}\\a_{31} & a_{32} & a_{33}\end{bmatrix}\begin{bmatrix}x\\y\\z\end{bmatrix}=\begin{bmatrix}b_1\\b_2\\b_3\end{bmatrix}$$

예제 5-8

다음 연립방정식을 행렬의 곱을 이용하여 나타내라.

(a) $\begin{cases} x+2y=7 \\ 4x-3y=0 \end{cases}$ (b) $\begin{cases} -x+3y=-2 \\ 3x \qquad = 4 \end{cases}$

(c) $\begin{cases} 2x+\ y-\ z=-1 \\ -x+2y-3z=0 \\ 3x-\ y+2z=1 \end{cases}$ (d) $\begin{cases} 2x \qquad -z=0 \\ \quad 3y+2z=1 \\ x-\ y \qquad =5 \end{cases}$

TIP 연립방정식에서 나타나지 않은 미지수의 계수는 0이다.

풀이

(a) $\begin{bmatrix} x+2y \\ 4x-3y \end{bmatrix} = \begin{bmatrix} 1 & 2 \\ 4 & -3 \end{bmatrix}\begin{bmatrix} x \\ y \end{bmatrix}$이므로, 주어진 연립방정식을 행렬의 곱을 이용하여 나타내면 다음과 같다.

$$\begin{bmatrix} 1 & 2 \\ 4 & -3 \end{bmatrix}\begin{bmatrix} x \\ y \end{bmatrix} = \begin{bmatrix} 7 \\ 0 \end{bmatrix}$$

(b) $\begin{bmatrix} -x+3y \\ 3x \end{bmatrix} = \begin{bmatrix} -1 & 3 \\ 3 & 0 \end{bmatrix}\begin{bmatrix} x \\ y \end{bmatrix}$이므로, 주어진 연립방정식을 행렬의 곱을 이용하여 나타내면 다음과 같다.

$$\begin{bmatrix} -1 & 3 \\ 3 & 0 \end{bmatrix}\begin{bmatrix} x \\ y \end{bmatrix} = \begin{bmatrix} -2 \\ 4 \end{bmatrix}$$

(c) $\begin{bmatrix} 2x+y-z \\ -x+2y-3z \\ 3x-y+2z \end{bmatrix} = \begin{bmatrix} 2 & 1 & -1 \\ -1 & 2 & -3 \\ 3 & -1 & 2 \end{bmatrix}\begin{bmatrix} x \\ y \\ z \end{bmatrix}$이므로, 주어진 연립방정식을 행렬의 곱을 이용하여 나타내면 다음과 같다.

$$\begin{bmatrix} 2 & 1 & -1 \\ -1 & 2 & -3 \\ 3 & -1 & 2 \end{bmatrix}\begin{bmatrix} x \\ y \\ z \end{bmatrix} = \begin{bmatrix} -1 \\ 0 \\ 1 \end{bmatrix}$$

(d) $\begin{bmatrix} 2x-z \\ 3y+2z \\ x-y \end{bmatrix} = \begin{bmatrix} 2 & 0 & -1 \\ 0 & 3 & 2 \\ 1 & -1 & 0 \end{bmatrix}\begin{bmatrix} x \\ y \\ z \end{bmatrix}$이므로, 주어진 연립방정식을 행렬의 곱을 이용하여 나타내면 다음과 같다.

$$\begin{bmatrix} 2 & 0 & -1 \\ 0 & 3 & 2 \\ 1 & -1 & 0 \end{bmatrix}\begin{bmatrix} x \\ y \\ z \end{bmatrix} = \begin{bmatrix} 0 \\ 1 \\ 5 \end{bmatrix}$$

5.2 행렬식

행의 개수와 열의 개수가 같은 특별한 행렬을 다음과 같이 정의한다.

정의 5-5 정방행렬

A가 $m\times n$ 행렬이고 $m=n$이면 A를 **정방행렬**square matrix이라 한다. 또한 A가 $n\times n$ 정방행렬일 때 A를 **n차 정방행렬**square matrix of order n이라 한다.

예를 들어 $A=\begin{bmatrix}1 & 3 & 8\\ 2 & -1 & 0\end{bmatrix}$은 2×3 행렬이므로 정방행렬이 아니지만, $B=\begin{bmatrix}4 & 3\\ 0 & 1\end{bmatrix}$은 2×2 행렬이므로 2차 정방행렬이다. A가 2차 또는 3차 정방행렬일 때, 행렬 A를 하나의 실수에 대응시키는 함수인 행렬식을 다음과 같이 정의한다.

정의 5-6 행렬식

정방행렬을 어느 하나의 실수에 대응시키는 함수를 **행렬식**determinant이라 한다.

(1) 2차 정방행렬 $A=\begin{bmatrix}a_{11} & a_{12}\\ a_{21} & a_{22}\end{bmatrix}$의 행렬식은 다음과 같다.

$$\det(A)=a_{11}a_{22}-a_{12}a_{21}$$

(2) 3차 정방행렬 $A=\begin{bmatrix}a_{11} & a_{12} & a_{13}\\ a_{21} & a_{22} & a_{23}\\ a_{31} & a_{32} & a_{33}\end{bmatrix}$의 행렬식은 다음과 같다.

$$\det(A)=a_{11}a_{22}a_{33}+a_{12}a_{23}a_{31}+a_{13}a_{21}a_{32}-a_{13}a_{22}a_{31}-a_{11}a_{23}a_{32}-a_{12}a_{21}a_{33}$$

$n\geq 4$일 때 A가 n차 정방행렬인 경우 $\det(A)$는 선형대수학에서 **여인수**cofactor의 개념을 이용하여 구해야 하므로, 본 교재에서는 $n=2$ 또는 $n=3$인 경우만 다루기로 한다.

예제 5-9

다음 행렬의 행렬식을 구하라.

(a) $A=\begin{bmatrix} 3 & 2 \\ -1 & -4 \end{bmatrix}$ (b) $B=\begin{bmatrix} 7 & 0 \\ 1 & -1 \end{bmatrix}$

(c) $C=\begin{bmatrix} -5 & 4 \\ 2 & 6 \end{bmatrix}$ (d) $D=\begin{bmatrix} 8 & 4 \\ 2 & 1 \end{bmatrix}$

TIP [정의 5-6]에 따라 행렬 $\begin{bmatrix} a & b \\ c & d \end{bmatrix}$의 행렬식이 $ad-bc$ 임을 이용한다.

풀이

(a) $\det(A)=3\cdot(-4)-2\cdot(-1)=-12+2=-10$

(b) $\det(B)=7\cdot(-1)-0\cdot 1=-7$

(c) $\det(C)=(-5)\cdot 6-4\cdot 2=-30-8=-38$

(d) $\det(D)=8\cdot 1-4\cdot 2=0$

[예제 5-9]에서 알 수 있듯이 행렬식은 양수일 수도 있고 음수일 수도 있으며, 0일 수도 있다.

[정의 5-6]의 (2)에 제시된 3차 정방행렬의 행렬식은 다음과 같이 그림을 이용하면 쉽게 이해할 수 있다.

정리 5-1 3차 정방행렬의 행렬식을 쉽게 구하는 방법

3차 정방행렬 $A=\begin{bmatrix} a_{11} & a_{12} & a_{13} \\ a_{21} & a_{22} & a_{23} \\ a_{31} & a_{32} & a_{33} \end{bmatrix}$의 행렬식은 다음과 같이 구한다.

[1단계] 3차 정방행렬에서 [그림 5-2]와 같이 왼쪽 위에서 오른쪽 아래로 향하는 선을 그어 그 선에 있는 3개의 성분들을 곱한 결과인 $a_{11}a_{22}a_{33}$, $a_{12}a_{23}a_{31}$, $a_{13}a_{21}a_{32}$를 모두 더한다.

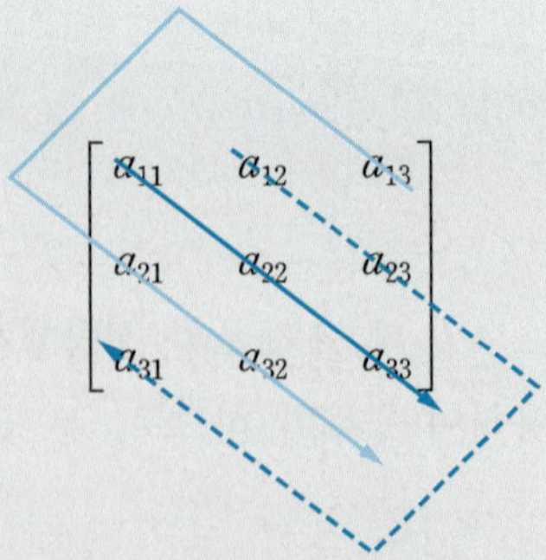

[그림 5-2] [1단계]의 계산 방법

[2단계] 3차 정방행렬에서 [그림 5-3]과 같이 오른쪽 위에서 왼쪽 아래로 향하는 선을 그어 그 선에 있는 3개의 항들을 곱한 결과인 $a_{13}a_{22}a_{31}$, $a_{11}a_{23}a_{32}$, $a_{12}a_{21}a_{33}$을 모두 더한다.

[3단계] 위 [1단계]의 값에서 [2단계]의 값을 뺀 값이 $\det(A)$이다.

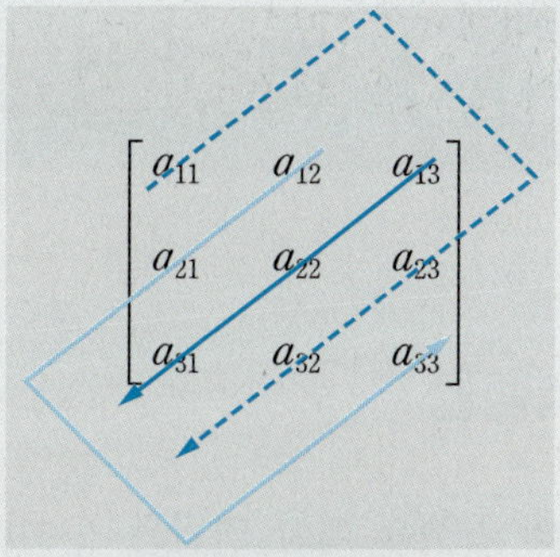

[그림 5-3] **[2단계]의 계산 방법**

예제 5-10

다음 행렬의 행렬식을 구하라.

(a) $A=\begin{bmatrix}1 & 2 & 3\\ 2 & 0 & -2\\ 1 & 4 & 3\end{bmatrix}$ (b) $B=\begin{bmatrix}-1 & -3 & 3\\ 0 & -1 & 5\\ 3 & 0 & -2\end{bmatrix}$

(c) $C=\begin{bmatrix}1 & 2 & 3\\ 0 & 4 & 5\\ 0 & 0 & 6\end{bmatrix}$ (d) $D=\begin{bmatrix}1 & 0 & 0\\ 3 & 5 & 0\\ 7 & 8 & 9\end{bmatrix}$

TIP [정리 5-1]의 3차 정방행렬의 행렬식을 쉽게 구하는 방법을 이용한다.

풀이

(a) [1단계] $1\cdot 0\cdot 3+2\cdot(-2)\cdot 1+3\cdot 2\cdot 4=-4+24=20$
[2단계] $3\cdot 0\cdot 1+1\cdot(-2)\cdot 4+2\cdot 2\cdot 3=-8+12=4$
[3단계] $\det(A)=20-4=16$

(b) [1단계] $(-1)\cdot(-1)\cdot(-2)+(-3)\cdot 5\cdot 3+3\cdot 0\cdot 0=-2+(-45)=-47$
[2단계] $3\cdot(-1)\cdot 3+(-1)\cdot 5\cdot 0+(-3)\cdot 0\cdot(-2)=-9$
[3단계] $\det(B)=-47-(-9)=-38$

(c) [1단계] $1\cdot 4\cdot 6+2\cdot 5\cdot 0+3\cdot 0\cdot 0=24$
[2단계] $3\cdot 4\cdot 0+5\cdot 0\cdot 1+2\cdot 0\cdot 6=0$
[3단계] $\det(C)=24-0=24$

(d) [1단계] $1\cdot 5\cdot 9+0\cdot 0\cdot 7+0\cdot 3\cdot 8=45$
[2단계] $0\cdot 5\cdot 7+1\cdot 0\cdot 8+0\cdot 3\cdot 9=0$
[3단계] $\det(D)=45-0=45$

5.3 역행렬과 연립방정식

역행렬

2의 곱셈에 대한 역원은 $\frac{1}{2}$이다. 실수의 곱셈에 대한 역원과 유사하게 행렬의 역행렬도 정의된다. 역행렬을 설명하기 위하여 우선 주대각선 성분과 단위행렬을 살펴보자.

정의 5-7 주대각선 성분

n차 정방행렬 $A=[a_{ij}]_{n\times n}$의 성분들 중 대각선에 있는 a_{11}, a_{22}, $\cdots$, a_{nn}을 A의 **주대각선 성분**main diagonal component이라 한다.

예를 들어 $A=\begin{bmatrix} 5 & 3 \\ -1 & 4 \end{bmatrix}$일 때, A의 주대각선 성분은 5와 4이다. 주대각선 성분을 모두 1로 지정하면 다음과 같이 새로운 행렬을 정의할 수 있다.

정의 5-8 단위행렬

n차 정방행렬의 주대각선에 있는 모든 성분이 1이고 그 외의 모든 성분이 0인 행렬을 **단위행렬**identity matrix이라 하고, I_n으로 표기한다.

[정의 5-8]에 의하여 $I_2=\begin{bmatrix} 1 & 0 \\ 0 & 1 \end{bmatrix}$은 2차 단위행렬이고 $I_3=\begin{bmatrix} 1 & 0 & 0 \\ 0 & 1 & 0 \\ 0 & 0 & 1 \end{bmatrix}$은 3차 단위행렬이다. 단위행렬의 개념을 이용하여 역행렬을 정의해보자.

정의 5-9 역행렬

n차 정방행렬 A, B와 n차 단위행렬 I_n에 대하여

$$AB=BA=I_n$$

이 성립하면 B를 A의 **역행렬**inverse matrix이라 하고, $B=A^{-1}$로 나타낸다.

[정의 5-9]에 의하여 두 행렬 A, B의 곱 AB와 BA가 단위행렬이면, A와 B는 서로의 역행렬이 된다. 역으로 $B=A^{-1}$ 또는 $A=B^{-1}$이면 $AB=BA=I_n$이 성립한다.

예제 5-11

B가 A의 역행렬일 때, a와 b의 값을 구하라.

(a) $A=\begin{bmatrix}1 & 1\\0 & 1\end{bmatrix},\ B=\begin{bmatrix}1 & a\\0 & 1\end{bmatrix}$ (b) $A=\begin{bmatrix}1 & -2\\-1 & 3\end{bmatrix},\ B=\begin{bmatrix}b & 2\\1 & 1\end{bmatrix}$

TIP [정의 5-9]에서 $B=A^{-1}$일 때 $AB=I_2$임을 이용한다.

풀이

(a) $AB=\begin{bmatrix}1 & 1\\0 & 1\end{bmatrix}\begin{bmatrix}1 & a\\0 & 1\end{bmatrix}=\begin{bmatrix}1 & a+1\\0 & 1\end{bmatrix}=\begin{bmatrix}1 & 0\\0 & 1\end{bmatrix}$이므로, $a=-1$이다.

(b) $AB=\begin{bmatrix}1 & -2\\-1 & 3\end{bmatrix}\begin{bmatrix}b & 2\\1 & 1\end{bmatrix}=\begin{bmatrix}b-2 & 0\\-b+3 & 1\end{bmatrix}=\begin{bmatrix}1 & 0\\0 & 1\end{bmatrix}$이므로, $b=3$이다.

■ 역행렬이 존재할 조건

모든 정방행렬이 역행렬을 갖는 것은 아니므로, 역행렬의 존재 여부에 따라 정방행렬을 두 종류로 나눌 수 있다. 역행렬이 존재하는 정방행렬을 **정칙행렬**nonsingular matrix이라 하고 역행렬이 존재하지 않는 정방행렬을 **특이행렬**singular matrix이라 한다. 주어진 정방행렬이 정칙행렬인지 특이행렬인지는 다음 정리를 이용하여 판정한다.

정리 5-2 정칙행렬, 특이행렬과 행렬식

A가 n차 정방행렬이라 하자.

(1) $\det(A)\neq 0$ 이면, A는 정칙행렬이다.

(2) $\det(A)=0$ 이면, A는 특이행렬이다.

$A=\begin{bmatrix}3 & 2\\1 & 3\end{bmatrix}$일 때, $\det(A)=3\cdot 3-2\cdot 1=7\neq 0$이므로 A는 정칙행렬이고 따라서 A는 역행렬을 갖는다. $B=\begin{bmatrix}1 & 3\\3 & 9\end{bmatrix}$일 때, $\det(B)=1\cdot 9-3\cdot 3=0$이므로 B는 특이행렬이고 따라서 B는 역행렬을 갖지 않는다.

2차 정칙행렬의 역행렬을 구하는 방법은 다음과 같다.

정리 5-3 2차 정칙행렬의 역행렬

$A = \begin{bmatrix} a & b \\ c & d \end{bmatrix}$이고 $\det(A) = ad - bc \neq 0$이면 A의 역행렬은

$$A^{-1} = \frac{1}{ad - bc}\begin{bmatrix} d & -b \\ -c & a \end{bmatrix}$$

이다.

정방행렬의 역행렬을 구하려면 [정리 5-2]를 이용하여 주어진 정방행렬이 정칙행렬인지를 확인하고, 정칙행렬로 판정된 경우 [정리 5-3]에 따라 역행렬을 구한다.

예제 5-12

다음 행렬의 역행렬을 구하라.

(a) $A = \begin{bmatrix} 4 & 2 \\ 3 & 1 \end{bmatrix}$ (b) $B = \begin{bmatrix} 4 & 2 \\ 2 & 1 \end{bmatrix}$

TIP [정리 5-2]에 따라 먼저 행렬식이 0인지 아닌지를 확인한 후, [정리 5-3]을 이용한다.

풀이

(a) $ad - bc = 4 \cdot 1 - 2 \cdot 3 = -2 \neq 0$이므로 [정리 5-2]에 의하여 A는 정칙행렬이고 따라서 A는 역행렬을 갖는다. [정리 5-3]에 의하여 A의 역행렬은

$$A^{-1} = \frac{1}{-2}\begin{bmatrix} 1 & -2 \\ -3 & 4 \end{bmatrix}$$

이다.

(b) $ad - bc = 4 \cdot 1 - 2 \cdot 2 = 0$이므로 [정리 5-2]에 의하여 B는 특이행렬이고 따라서 B는 역행렬을 갖지 않는다.

역행렬과 연립방정식

2차 정칙행렬 A에 대하여 $A\begin{bmatrix} x \\ y \end{bmatrix} = \begin{bmatrix} 2 \\ 1 \end{bmatrix}$일 때, x, y는 어떻게 구할까?

방정식 $7x = 2$의 경우, 식의 양변에 7의 곱셈에 대한 역원인 $\frac{1}{7}$을 곱하여 다음과 같이 x를 구한다.

$$\frac{1}{7} \cdot 7x = \frac{1}{7} \cdot 2 \;\rightarrow\; x = \frac{2}{7}$$

마찬가지로 행렬로 표현한 방정식 $A\begin{bmatrix} x \\ y \end{bmatrix} = \begin{bmatrix} 2 \\ 1 \end{bmatrix}$의 양변 왼쪽에 A의 역행렬인 A^{-1}를 곱하여 다음과 같이 x, y를 구한다.

$$A^{-1}A\begin{bmatrix} x \\ y \end{bmatrix} = A^{-1}\begin{bmatrix} 2 \\ 1 \end{bmatrix} \rightarrow \begin{bmatrix} x \\ y \end{bmatrix} = A^{-1}\begin{bmatrix} 2 \\ 1 \end{bmatrix}$$

예제 5-13

역행렬을 이용하여 다음 연립방정식의 해를 구하라.

(a) $\begin{cases} 3x - y = 2 \\ 2x + 3y = 5 \end{cases}$ (b) $\begin{cases} 2x + 3y = 0 \\ x - 2y = 7 \end{cases}$

TIP 연립방정식을 행렬로 나타낸 후 [정리 5-3]의 방법으로 역행렬을 계산하여 해를 구한다.

풀이

(a) 주어진 연립방정식을 행렬을 이용하여 나타내면

$$\begin{bmatrix} 3 & -1 \\ 2 & 3 \end{bmatrix}\begin{bmatrix} x \\ y \end{bmatrix} = \begin{bmatrix} 2 \\ 5 \end{bmatrix}$$

이다. $A = \begin{bmatrix} 3 & -1 \\ 2 & 3 \end{bmatrix}$이라 하면 $\det(A) = 3 \cdot 3 - (-1) \cdot 2 = 11 \neq 0$이므로 A는 정칙행렬이고 따라서 A는 역행렬을 갖는다. [정리 5-3]에 의하여 $A^{-1} = \frac{1}{11}\begin{bmatrix} 3 & 1 \\ -2 & 3 \end{bmatrix}$이므로 양변 왼쪽에 역행렬 A^{-1}를 곱하면

$$\begin{bmatrix} x \\ y \end{bmatrix} = \frac{1}{11}\begin{bmatrix} 3 & 1 \\ -2 & 3 \end{bmatrix}\begin{bmatrix} 2 \\ 5 \end{bmatrix} = \frac{1}{11}\begin{bmatrix} 11 \\ 11 \end{bmatrix} = \begin{bmatrix} 1 \\ 1 \end{bmatrix}$$

이다. 따라서 $x = 1$, $y = 1$이다.

(b) 주어진 연립방정식을 행렬을 이용하여 나타내면

$$\begin{bmatrix} 2 & 3 \\ 1 & -2 \end{bmatrix}\begin{bmatrix} x \\ y \end{bmatrix} = \begin{bmatrix} 0 \\ 7 \end{bmatrix}$$

이다. $A = \begin{bmatrix} 2 & 3 \\ 1 & -2 \end{bmatrix}$라 하면 $\det(A) = 2 \cdot (-2) - 3 \cdot 1 = -7 \neq 0$이므로 A는 정칙행렬이고 따라서 A는 역행렬을 갖는다. [정리 5-3]에 의하여 $A^{-1} = \frac{1}{-7}\begin{bmatrix} -2 & -3 \\ -1 & 2 \end{bmatrix}$이므로 양변 왼쪽에 역행렬 A^{-1}를 곱하면

$$\begin{bmatrix} x \\ y \end{bmatrix} = \frac{1}{-7}\begin{bmatrix} -2 & -3 \\ -1 & 2 \end{bmatrix}\begin{bmatrix} 0 \\ 7 \end{bmatrix} = \frac{1}{-7}\begin{bmatrix} -21 \\ 14 \end{bmatrix} = \begin{bmatrix} 3 \\ -2 \end{bmatrix}$$

이다. 따라서 $x = 3$, $y = -2$이다.

$n \geq 3$일 때 n차 정칙행렬의 역행렬을 구하는 방법은 선형대수학에서 별도로 학습해야 한다. 따라서 본 교재에서는 2차 정칙행렬의 역행렬만 다루기로 한다.

5.4 가우스 소거법

가우스 소거법 Gaussian elimination method은 행렬을 이용하여 연립방정식을 쉽게 풀 수 있는 대표적인 방법이다. 가우스 소거법은 미지수가 n개인 연립방정식에 적용 가능하지만, 본 교재에서는 $n=2$ 또는 $n=3$인 경우만 다루기로 한다.

정의 5-10 상삼각행렬

A가 정방행렬일 때, 주대각선 아래의 모든 성분이 0이면 A를 **상삼각행렬**upper triangular matrix이라 한다.

[정의 5-10]에 의하여 두 행렬 $A=\begin{bmatrix}1 & 2\\ 0 & 3\end{bmatrix}$과 $B=\begin{bmatrix}2 & 1 & 3\\ 0 & 3 & 4\\ 0 & 0 & 5\end{bmatrix}$는 모두 상삼각행렬이지만, 두 행렬 $C=\begin{bmatrix}1 & 2\\ 3 & 0\end{bmatrix}$과 $D=\begin{bmatrix}2 & 1 & 3\\ 1 & 3 & 4\\ 0 & 0 & 0\end{bmatrix}$은 모두 상삼각행렬이 아니다.

정의 5-11 계수행렬과 첨가행렬

연립방정식 $\begin{cases}a_{11}x+a_{12}y+a_{13}z=b_1\\ a_{21}x+a_{22}y+a_{23}z=b_2\\ a_{31}x+a_{32}y+a_{33}z=b_3\end{cases}$에 대하여 $\begin{bmatrix}a_{11} & a_{12} & a_{13}\\ a_{21} & a_{22} & a_{23}\\ a_{31} & a_{32} & a_{33}\end{bmatrix}$을 **계수행렬**coefficient matrix이라 하고, 계수행렬에 연립방정식의 우변의 항들을 추가한 행렬인 $\left[\begin{array}{ccc|c}a_{11} & a_{12} & a_{13} & b_1\\ a_{21} & a_{22} & a_{23} & b_2\\ a_{31} & a_{32} & a_{33} & b_3\end{array}\right]$을 **첨가행렬**augmented matrix이라 한다.

예제 5-14

다음 연립방정식의 계수행렬과 첨가행렬을 각각 구하라.

(a) $\begin{cases}2x-y=4\\ x+3y=2\end{cases}$

(b) $\begin{cases}-x-3y=2\\ 2y=5\end{cases}$

(c) $\begin{cases}3x-y+3z=-1\\ 2x+4y-z=2\\ 5x+3z=4\end{cases}$

(d) $\begin{cases}3x+y+2z=6\\ 2y+z=0\\ 5z=7\end{cases}$

TIP [정의 5-11]에 따라 계수행렬과 첨가행렬을 구한다.

풀이

(a) 계수행렬은 $\begin{bmatrix} 2 & -1 \\ 1 & 3 \end{bmatrix}$이고, 첨가행렬은 $\left[\begin{array}{cc|c} 2 & -1 & 4 \\ 1 & 3 & 2 \end{array}\right]$이다.

(b) 계수행렬은 $\begin{bmatrix} -1 & -3 \\ 0 & 2 \end{bmatrix}$이고, 첨가행렬은 $\left[\begin{array}{cc|c} -1 & -3 & 2 \\ 0 & 2 & 5 \end{array}\right]$이다.

(c) 계수행렬은 $\begin{bmatrix} 3 & -1 & 3 \\ 2 & 4 & -1 \\ 5 & 0 & 3 \end{bmatrix}$이고, 첨가행렬은 $\left[\begin{array}{ccc|c} 3 & -1 & 3 & -1 \\ 2 & 4 & -1 & 2 \\ 5 & 0 & 3 & 4 \end{array}\right]$이다.

(d) 계수행렬은 $\begin{bmatrix} 3 & 1 & 2 \\ 0 & 2 & 1 \\ 0 & 0 & 5 \end{bmatrix}$이고, 첨가행렬은 $\left[\begin{array}{ccc|c} 3 & 1 & 2 & 6 \\ 0 & 2 & 1 & 0 \\ 0 & 0 & 5 & 7 \end{array}\right]$이다.

중학교 과정에서 연립방정식을 풀 때, 두 식의 위치를 교환하거나 분수 또는 소수인 계수를 정수로 만들기 위하여 하나의 식에 0이 아닌 적당한 상수를 곱하기도 하였다. 또한 하나의 식에 적당한 숫자를 곱한 다음 다른 식에 더해서 식을 간단히 변형하기도 했는데, 이러한 과정을 행렬에서는 **기본행연산**elementary row operation이라고 한다.

정의 5-12 행렬의 기본행연산

(1) 두 행을 교환한다.

(2) 한 행에 0이 아닌 상수를 곱한다.

(3) 한 행을 상수배하여 다른 행에 더한다.

첨가행렬에 기본행연산을 하면, 모양이 바뀌지만 연립방정식의 해는 바뀌지 않는다. 기본행연산을 이용하여 첨가행렬 내 계수행렬을 상삼각행렬로 바꾼 후, 마지막 변수부터 차례로 값을 구하는 방법을 가우스 소거법이라 한다.

가우스 소거법으로 연립방정식 $\begin{cases} x+2y+\ \ z=4 \\ 2x+\ \ y\qquad\ =3 \\ 4x+2y+2z=8 \end{cases}$의 해를 구하는 과정은 다음과 같다.

[1단계] 주어진 연립방정식의 첨가행렬은

$$\left[\begin{array}{ccc|c} 1 & 2 & 1 & 4 \\ 2 & 1 & 0 & 3 \\ 4 & 2 & 2 & 8 \end{array}\right]$$

이다.

[2단계] 기본행연산을 사용하여 첨가행렬 내 계수행렬인 $\begin{bmatrix} 1 & 2 & 1 \\ 2 & 1 & 0 \\ 4 & 2 & 2 \end{bmatrix}$를 상삼각행렬로 만든다. 이때 계수행렬을 상삼각행렬로 만드는 것은 주대각선 아래에 있는 성분 2, 4, 2를 0으로 만드는 것을 의미한다.

$$\left[\begin{array}{ccc|c} 1 & 2 & 1 & 4 \\ 2 & 1 & 0 & 3 \\ 4 & 2 & 2 & 8 \end{array}\right] \xrightarrow{(1\text{행})\times(-2)+(2\text{행})} \left[\begin{array}{ccc|c} 1 & 2 & 1 & 4 \\ 0 & -3 & -2 & -5 \\ 4 & 2 & 2 & 8 \end{array}\right]$$

$$\xrightarrow{(1\text{행})\times(-4)+(3\text{행})} \left[\begin{array}{ccc|c} 1 & 2 & 1 & 4 \\ 0 & -3 & -2 & -5 \\ 0 & -6 & -2 & -8 \end{array}\right]$$

$$\xrightarrow{(2\text{행})\times(-2)+(3\text{행})} \left[\begin{array}{ccc|c} 1 & 2 & 1 & 4 \\ 0 & -3 & -2 & -5 \\ 0 & 0 & 2 & 2 \end{array}\right]$$

[3단계] 마지막 첨가행렬의 3행에서 $2z=2$이므로 $z=1$이다. 또한 첨가행렬의 2행에서 $-3y-2z=-5$이고 $z=1$이므로 $y=1$이다. 마지막으로 첨가행렬의 1행에서 $x+2y+z=4$이고 $z=1$, $y=1$이므로 $x=1$이다.

예제 5-15

가우스 소거법으로 연립방정식 $\begin{cases} x-y-2z=-5 \\ 2x+3y+z=5 \\ 2y+3z=8 \end{cases}$ 의 해를 구하라.

TIP 첨가행렬 내 계수행렬의 성분 중 주대각선 아래에 있는 2와 2를 0으로 만든 후 해를 구한다.

풀이

[1단계] 주어진 연립방정식의 첨가행렬은

$$\left[\begin{array}{ccc|c} 1 & -1 & -2 & -5 \\ 2 & 3 & 1 & 5 \\ 0 & 2 & 3 & 8 \end{array}\right]$$

이다.

[2단계] 기본행연산을 사용하여 첨가행렬 내 계수행렬인 $\begin{bmatrix} 1 & -1 & -2 \\ 2 & 3 & 1 \\ 0 & 2 & 3 \end{bmatrix}$의 주대각선 아래에 있는 2와 2를 0으로 만들어 계수행렬을 상삼각행렬로 만든다.

$$\left[\begin{array}{ccc|c} 1 & -1 & -2 & -5 \\ 2 & 3 & 1 & 5 \\ 0 & 2 & 3 & 8 \end{array}\right] \xrightarrow{(1\text{행})\times(-2)+(2\text{행})} \left[\begin{array}{ccc|c} 1 & -1 & -2 & -5 \\ 0 & 5 & 5 & 15 \\ 0 & 2 & 3 & 8 \end{array}\right]$$

$$\xrightarrow{(2\text{행})\times\frac{1}{5}} \left[\begin{array}{ccc|c} 1 & -1 & -2 & -5 \\ 0 & 1 & 1 & 3 \\ 0 & 2 & 3 & 8 \end{array}\right]$$

$$\xrightarrow{(2\text{행})\times(-2)+(3\text{행})} \left[\begin{array}{ccc|c} 1 & -1 & -2 & -5 \\ 0 & 1 & 1 & 3 \\ 0 & 0 & 1 & 2 \end{array}\right]$$

[3단계] 마지막 첨가행렬의 3행에서 $z=2$이다. 또한 첨가행렬의 2행에서 $y+z=3$이고 $z=2$이므로 $y=1$이다. 마지막으로 첨가행렬의 1행에서 $x-y-2z=-5$이고 $z=2$, $y=1$이므로 $x=0$이다.

5.5 공학 문제

교차로

교통공학은 과학과 수학을 이용하여 승객과 화물을 편리하고 경제적으로 이동할 수 있도록 교통을 연구하는 학문이다. 이러한 교통공학에서 교차로에 진입하고 진출하는 자동차의 수를 분석하는 것은 교차로의 효율적인 운영을 위해 중요하다.

〈출처〉 https://www.pixabay.com

[그림 5-4] **교차로**

예제 5-16

다음 그림은 어느 동네의 일방통행 도로 A, B, C, D와 시간당 교차로에 진출입하는 자동차 수를 나타낸다.

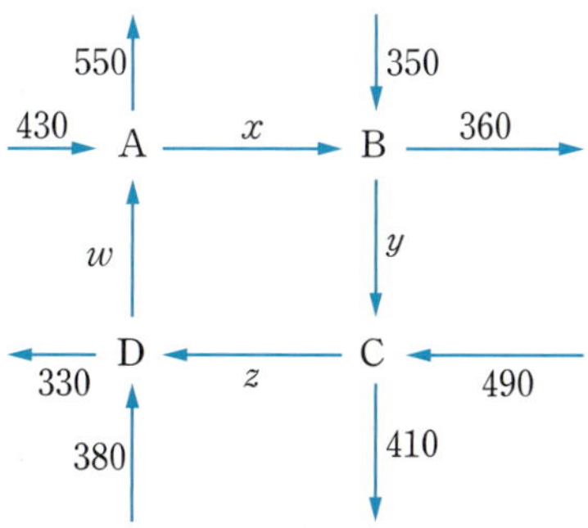

교차로에 들어온 자동차는 반드시 빠져나간다고 한다고 할 때, x, y, z, w 에 대한 연립방정식을 행렬의 곱을 이용하여 나타내라.

풀이

- 교차로 A에서의 진출입 자동차 : $430 + w = 550 + x \Rightarrow w - x = 120$
- 교차로 B에서의 진출입 자동차 : $350 + x = 360 + y \Rightarrow x - y = 10$
- 교차로 C에서의 진출입 자동차 : $490 + y = 410 + z \Rightarrow y - z = -80$
- 교차로 D에서의 진출입 자동차 : $380 + z = 330 + w \Rightarrow z - w = -50$

따라서 연립방정식은 $\begin{cases} x - y = 10 \\ y - z = -80 \\ z - w = -50 \\ w - x = 120 \end{cases}$ 이므로, 이를 행렬의 곱으로 나타내면 다음과 같다.

$$\begin{bmatrix} 1 & -1 & 0 & 0 \\ 0 & 1 & -1 & 0 \\ 0 & 0 & 1 & -1 \\ -1 & 0 & 0 & 1 \end{bmatrix} \begin{bmatrix} x \\ y \\ z \\ w \end{bmatrix} = \begin{bmatrix} 10 \\ -80 \\ -50 \\ 120 \end{bmatrix}$$

화학방정식

화학방정식chemical equation이란 반응물과 생성물을 화학식으로 나타내고 서로의 관계를 화살표로 나타낸 것이다. 화학공학에서는 화학방정식을 이용하여 화학반응을 표현한다. 예를 들어, 천연가스의 주성분인 메테인methane(CH_4)[1]이 공기 중의 산소oxygen(O_2)와 결합하여 이산화탄소carbon dioxide(CO_2)와 물(H_2O)을 생성할 때의 화학방정식을 구해보자. 우선 다음과 같이 화학반응에 대한 방정식을 세운다.

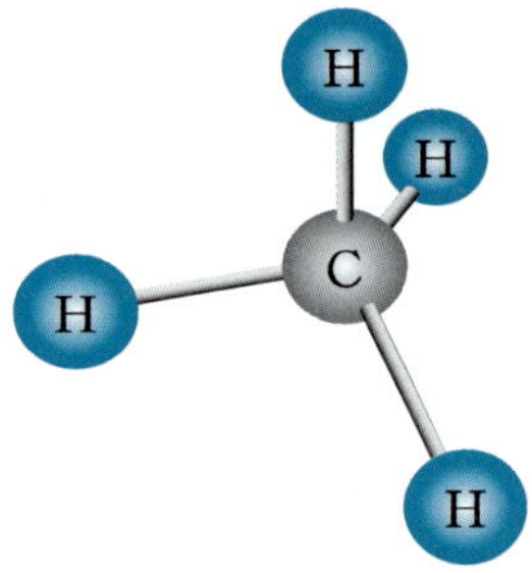

[그림 5-5] 메테인의 분자 구조

$$CH_4 + O_2 \rightarrow CO_2 + H_2O$$

그 다음 각 원소의 평형balancing, 즉 왼쪽의 원자 수와 오른쪽의 원자 수를 맞추기 위해 다음 방정식을 만족시키는 양수 x_1, x_2, x_3, x_4의 값을 구하면 메테인의 화학반응을 나타내는 화학방정식이 완성된다.

$$x_1(CH_4) + x_2(O_2) \rightarrow x_3(CO_2) + x_4(H_2O)$$

1 탄소화합물의 대표적인 물질로, 탄소 원자(C) 1개에 4개의 수소 원자(H)가 결합한 구조이다. 따라서 분자식은 CH_4이다.

예제 5-17

다음 화학반응의 평형을 맞추는 연립방정식을 행렬의 곱을 이용하여 나타내라.

$$x_1(CH_4)+x_2(O_2) \rightarrow x_3(CO_2)+x_4(H_2O)$$

TIP 연립방정식을 세운 후 행렬의 곱으로 표현한다.

풀이

양변에 있는 탄소(C), 수소(H), 산소(O)의 계수가 같도록 x_1, x_2, x_3, x_4를 결정하는 식은 다음과 같다.

$$\begin{aligned} &\text{탄소(C)} : \ x_1 = x_3 \\ &\text{수소(H)} : \ 4x_1 = 2x_4 \\ &\text{산소(O)} : \ 2x_2 = 2x_3 + x_4 \end{aligned}$$

이를 행렬의 곱을 이용하여 나타내면 다음과 같다.

$$\begin{bmatrix} 1 & 0 & -1 & 0 \\ 4 & 0 & 0 & -2 \\ 0 & 2 & -2 & -1 \end{bmatrix} \begin{bmatrix} x_1 \\ x_2 \\ x_3 \\ x_4 \end{bmatrix} = \begin{bmatrix} 0 \\ 0 \\ 0 \end{bmatrix}$$

박테리아

세균, 즉 **박테리아**bacteria는 양분이 공급되면 스스로 증식할 수 있는 미세한 크기의 단세포 생물로, 종류로는 대장균, 살모넬라균, 황색 포도상구균 등이 있다. 박테리아는 체액, 부패한 음식물 섭취를 통해 체내에 들어와 위, 장 등에 감염을 일으키는 병원체로, 보통 페니실린, 폴리마이신 등의 항생제를 이용하여 치료한다.

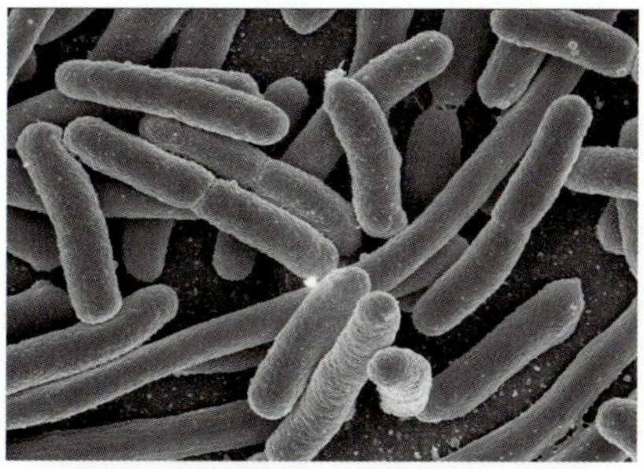

〈출처〉 https://www.pixabay.com
[그림 5-6] **박테리아**

예제 5-18

두 가지 영양소 a와 b로 배양되는 I종 박테리아와 II종 박테리아의 두 박테리아가 시험관에 들어 있다. I종 박테리아는 하루에 3개의 a와 2개의 b를 소비하고, II종 박테리아는 하루에 2개의 a와 5개의 b를 소비한다고 한다. 하루에 520개의 a와 640개의 b를 제공하고 이 영양소들이 모두 소비된다고 할 때, I종 박테리아와 II종 박테리아의 수를 구하는 연립방정식을 행렬의 곱을 이용하여 나타낸 다음, 역행렬을 이용하여 해를 구하라.

풀이

I종 박테리아의 수를 x, II종 박테리아의 수를 y라 하자.
520개의 영양소 a를 모두 소비하였으므로 $3x+2y=520$이고, 640개의 영양소 b를 모두 소비하였으므로 $2x+5y=640$이다. 연립방정식을 행렬의 곱으로 표현하면

$$\begin{bmatrix} 3 & 2 \\ 2 & 5 \end{bmatrix}\begin{bmatrix} x \\ y \end{bmatrix}=\begin{bmatrix} 520 \\ 640 \end{bmatrix}$$

이다. $A=\begin{bmatrix} 3 & 2 \\ 2 & 5 \end{bmatrix}$라 하면 $\det(A)=3\cdot 5-2\cdot 2=11\neq 0$이므로 A는 정칙행렬이고, 따라서 행렬 A는 역행렬을 갖는다. $A^{-1}=\frac{1}{11}\begin{bmatrix} 5 & -2 \\ -2 & 3 \end{bmatrix}$이므로

$$\begin{bmatrix} x \\ y \end{bmatrix}=\frac{1}{11}\begin{bmatrix} 5 & -2 \\ -2 & 3 \end{bmatrix}\begin{bmatrix} 520 \\ 640 \end{bmatrix}=\begin{bmatrix} 120 \\ 80 \end{bmatrix}$$

이다. 따라서 $x=120$, $y=80$이다.

키르히호프의 법칙

회로이론에서 **키르히호프의 법칙**Kirchhoff's law을 이용하면 각 소자의 값과 소자에 걸리는 전류 또는 전압의 값을 쉽게 구할 수 있다. 키르히호프의 법칙에는 전류 법칙(제1법칙)과 전압 법칙(제2법칙)이 있다.

키르히호프의 전류 법칙(KCL)은 회로망의 임의의 한 접속점에 유입되는 전류의 합은 유출되는 전류의 합과 같다는 것이며, **키르히호프의 전압 법칙**(KVL)은 회로망 중 임의의 폐회로에서 정해진 방향의 기전력의 합은 그 방향으로 흐르는 전류에 의한 저항에 걸리는 전압의 합과 같다는 것이다.

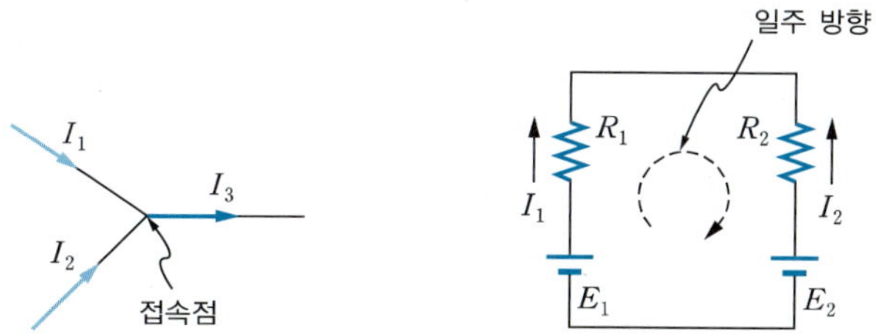

$I_1+I_2=I_3$ $\qquad$ $E_1-E_2=R_1I_1-R_2I_2$

(a) 키르히호프의 전류 법칙 (b) 키르히호프의 전압 법칙

[그림 5-7] **키르히호프의 법칙**

예제 5-19

아래 회로에 키르히호프의 법칙을 적용하여 연립방정식을 세우고, 역행렬을 이용하여 I_1과 I_2의 값을 소수점 아래 둘째 자리까지의 근삿값으로 나타내라.

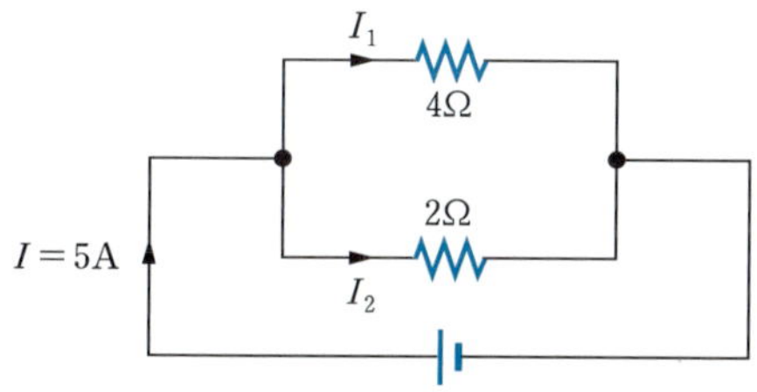

TIP [정리 5-3]의 역행렬 공식 $A^{-1}=\dfrac{1}{ad-bc}\begin{bmatrix} d & -b \\ -c & a \end{bmatrix}$를 이용한다.

풀이

키르히호프의 전류 법칙에 의하여 $I_1+I_2=5$이고 키르히호프의 전압 법칙에 의하여 $4I_1=2I_2$이므로 $4I_1-2I_2=0$이다. 따라서 이 두 식을 연립방정식으로 나타내면

$$\begin{cases} I_1+\ I_2=5 \\ 4I_1-2I_2=0 \end{cases}$$

이다. 이를 행렬의 곱으로 나타내면 다음과 같다.

$$\begin{bmatrix} 1 & 1 \\ 4 & -2 \end{bmatrix}\begin{bmatrix} I_1 \\ I_2 \end{bmatrix}=\begin{bmatrix} 5 \\ 0 \end{bmatrix}$$

$A = \begin{bmatrix} 1 & 1 \\ 4 & -2 \end{bmatrix}$라 하면 $\det(A) = 1 \cdot (-2) - 1 \cdot 4 = -6 \neq 0$이므로 A는 정칙행렬이고 따라서 A는 역행렬을 갖는다. $A^{-1} = \frac{1}{-6}\begin{bmatrix} -2 & -1 \\ -4 & 1 \end{bmatrix}$이므로

$$\begin{bmatrix} I_1 \\ I_2 \end{bmatrix} = -\frac{1}{6}\begin{bmatrix} -2 & -1 \\ -4 & 1 \end{bmatrix}\begin{bmatrix} 5 \\ 0 \end{bmatrix} = \begin{bmatrix} \frac{5}{3} \\ \frac{10}{3} \end{bmatrix}$$

이다. 이 값을 소수점 아래 둘째 자리까지의 근삿값으로 나타내면 $I_1 \approx 1.67\,\text{A}$, $I_2 \approx 3.33\,\text{A}$이다.

장력

물체에 연결된 줄을 팽팽하게 잡아당기면 줄은 물체에서 멀어지는 방향으로 물체를 잡아당기는 힘이 생기는데, 이를 **장력**tension이라 한다. 줄에 걸린 장력의 크기는 물체에 작용하는 힘의 크기와 같다. 역학에서는 줄에 걸린 장력의 크기를 이용하여 물체의 무게를 구하거나 줄과 지면과의 각도를 계산한다.

예제 5-20

줄에 걸린 장력의 크기 T_1, T_2는 다음 연립방정식을 만족한다.

$$\begin{cases} \cos 45° \cdot T_1 - \cos 30° \cdot T_2 = 0 \\ \sin 45° \cdot T_1 + \sin 30° \cdot T_2 = 20 \end{cases}$$

역행렬을 이용하여 T_1과 T_2의 값을 소수점 아래 둘째 자리까지의 근삿값으로 나타내라.

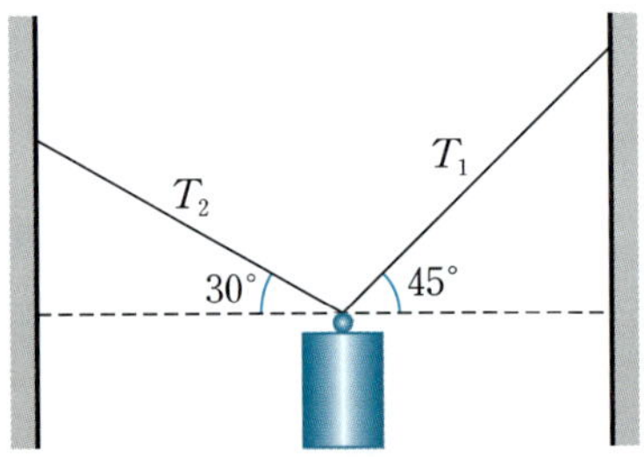

TIP [정리 5-3]의 역행렬 공식 $A^{-1} = \frac{1}{ad-bc}\begin{bmatrix} d & -b \\ -c & a \end{bmatrix}$를 이용한다.

풀이

$\begin{bmatrix} \cos 45° & -\cos 30° \\ \sin 45° & \sin 30° \end{bmatrix} = \begin{bmatrix} \frac{\sqrt{2}}{2} & -\frac{\sqrt{3}}{2} \\ \frac{\sqrt{2}}{2} & \frac{1}{2} \end{bmatrix}$이므로 연립방정식을 행렬의 곱을 이용하여 나타내면 다음과 같다.

$$\begin{bmatrix} \frac{\sqrt{2}}{2} & -\frac{\sqrt{3}}{2} \\ \frac{\sqrt{2}}{2} & \frac{1}{2} \end{bmatrix}\begin{bmatrix} T_1 \\ T_2 \end{bmatrix} = \begin{bmatrix} 0 \\ 20 \end{bmatrix}$$

$A = \begin{bmatrix} \frac{\sqrt{2}}{2} & -\frac{\sqrt{3}}{2} \\ \frac{\sqrt{2}}{2} & \frac{1}{2} \end{bmatrix}$이라 하면 $\det(A) = \frac{\sqrt{2}}{2} \cdot \frac{1}{2} - (-\frac{\sqrt{3}}{2}) \cdot \frac{\sqrt{2}}{2} \neq 0$ 이므로 A는 정칙행렬이고, 따라서 A는 역행렬을 갖는다. [정리 5-3]에 의하여

$$A^{-1} = \begin{bmatrix} \frac{\sqrt{6} - \sqrt{2}}{2} & \frac{3\sqrt{2} - \sqrt{6}}{2} \\ 1 - \sqrt{3} & -1 + \sqrt{3} \end{bmatrix}$$

이므로

$$\begin{bmatrix} T_1 \\ T_2 \end{bmatrix} = \begin{bmatrix} \frac{\sqrt{6} - \sqrt{2}}{2} & \frac{3\sqrt{2} - \sqrt{6}}{2} \\ 1 - \sqrt{3} & -1 + \sqrt{3} \end{bmatrix} \begin{bmatrix} 0 \\ 20 \end{bmatrix} = \begin{bmatrix} 10(3\sqrt{2} - \sqrt{6}) \\ 20(-1 + \sqrt{3}) \end{bmatrix}$$

이다. 이 값을 소수점 아래 둘째 자리까지의 근삿값으로 나타내면 $T_1 \approx 17.93\,\mathrm{kg}$ 이고 $T_2 \approx 14.64\,\mathrm{kg}$ 이다.

Chapter 05 연습문제

5.1 $A=\begin{bmatrix}3 & 1 & 0\\ 2 & 3 & 5\end{bmatrix}$, $B=\begin{bmatrix}-1 & 0 & 4\\ 2 & 1 & -3\end{bmatrix}$ 일 때, 다음을 구하라.

(a) $A+B$

(b) $A-B$

(c) $3A$

(d) $-4A+2B$

5.2 다음 등식이 성립할 때, a와 b를 구하라.

(a) $\begin{bmatrix}2a+1 & 0\\ 3 & 2b-3\end{bmatrix}=\begin{bmatrix}5 & 0\\ 3 & 4\end{bmatrix}$

(b) $\begin{bmatrix}-2 & a+3b\\ 0 & 2a-1\end{bmatrix}=\begin{bmatrix}-2 & 0\\ 0 & 5\end{bmatrix}$

(c) $\begin{bmatrix}a+1 & 2\\ -1 & b-1\end{bmatrix}=\begin{bmatrix}4 & a-1\\ b+5 & -7\end{bmatrix}$

(d) $\begin{bmatrix}a-1 & 2\\ 9 & b+3\end{bmatrix}=\begin{bmatrix}b-2 & 2\\ 9 & 2a+5\end{bmatrix}$

5.3 A가 4×3 행렬, B가 1×5 행렬, C가 3×2 행렬일 때, 다음을 $m\times n$ 행렬로 나타내라.

(a) AD가 4×1 행렬일 때, 행렬 D

(b) BE가 1×5 행렬일 때, 행렬 E

(c) FC가 6×2 행렬일 때, 행렬 F

(d) GB가 5×5 행렬일 때, 행렬 G

5.4 $A=\begin{bmatrix}-2 & 7\\ 0 & 3\\ -2 & 4\end{bmatrix}$, $B=\begin{bmatrix}4 & 5\\ 1 & 3\end{bmatrix}$, $C=\begin{bmatrix}3 & 4 & 1\\ 0 & -2 & 5\end{bmatrix}$ 일 때, 다음을 구하라.

(a) AB

(b) AC

(c) BC

(d) CA

5.5 $A=[1 \quad 4 \quad 2]$, $B=\begin{bmatrix}0\\ -1\\ 2\end{bmatrix}$, $C=\begin{bmatrix}1 & 1 & 2\\ 3 & 2 & 1\\ 2 & 0 & -1\end{bmatrix}$ 일 때, 다음을 구하라.

(a) AB

(b) BA

(c) AC

(d) CB

5.6 다음 연립방정식을 행렬의 곱을 이용하여 나타내라.

(a) $\begin{cases} x - 3y = 4 \\ 3x + y = 9 \end{cases}$

(b) $\begin{cases} 2y = 5 \\ 2x - y = 7 \end{cases}$

(c) $\begin{cases} 3x - 2y + 4z = 0 \\ 5x - z = 0 \\ -x + 2y - z = 8 \end{cases}$

(d) $\begin{cases} -2x - 3y + z = 6 \\ 4y - z = -1 \\ z = 1 \end{cases}$

5.7 다음 행렬의 행렬식을 구하라.

(a) $A = \begin{bmatrix} 3 & 8 \\ 2 & 1 \end{bmatrix}$

(b) $B = \begin{bmatrix} -2 & 7 \\ -4 & -1 \end{bmatrix}$

(c) $C = \begin{bmatrix} 0 & 1 \\ 1 & -1 \end{bmatrix}$

(d) $D = \begin{bmatrix} 1 & 0 \\ 1 & -1 \end{bmatrix}$

5.8 다음 행렬의 행렬식을 구하라.

(a) $A = \begin{bmatrix} 1 & 3 & 4 \\ 0 & 2 & 5 \\ 0 & 0 & 3 \end{bmatrix}$

(b) $B = \begin{bmatrix} 3 & 1 & -5 \\ 0 & 1 & 0 \\ 4 & 0 & 0 \end{bmatrix}$

(c) $C = \begin{bmatrix} 2 & -3 & 4 \\ 5 & 2 & 2 \\ 1 & 3 & 1 \end{bmatrix}$

(d) $D = \begin{bmatrix} -7 & 2 & -3 \\ -6 & -3 & 1 \\ 1 & -8 & -7 \end{bmatrix}$

5.9 다음 행렬이 정칙행렬인지 특이행렬인지 판정하라.

(a) $A = \begin{bmatrix} 3 & 1 \\ 1 & 3 \end{bmatrix}$

(b) $B = \begin{bmatrix} -2 & 4 \\ -3 & 6 \end{bmatrix}$

(c) $C = \begin{bmatrix} 9 & -24 \\ 3 & 8 \end{bmatrix}$

(d) $D = \begin{bmatrix} -4 & -2 \\ -2 & -1 \end{bmatrix}$

(e) $E = \begin{bmatrix} 1 & -2 & -4 \\ -1 & 3 & 0 \\ 4 & 2 & -1 \end{bmatrix}$

(f) $F = \begin{bmatrix} 3 & 5 & -1 \\ -2 & -2 & 1 \\ -1 & -3 & 0 \end{bmatrix}$

5.10 B가 A의 역행렬일 때, a와 b를 구하라.

(a) $A=\begin{bmatrix}3 & 1\\ 4 & 1\end{bmatrix}$, $B=\begin{bmatrix}a & b\\ 4 & -3\end{bmatrix}$

(b) $A=\begin{bmatrix}2 & 2\\ 3 & -4\end{bmatrix}$, $B=\begin{bmatrix}\frac{2}{7} & a\\ b & -\frac{1}{7}\end{bmatrix}$

(c) $A=\begin{bmatrix}1 & 0 & 8\\ 2 & 5 & 8\\ 1 & 2 & 3\end{bmatrix}$, $B=\frac{1}{9}\begin{bmatrix}1 & -16 & 40\\ -2 & a & 8\\ 1 & 2 & b\end{bmatrix}$

(d) $A=\begin{bmatrix}2 & 2 & 3\\ 1 & 2 & 1\\ 1 & 0 & -1\end{bmatrix}$, $B=\begin{bmatrix}\frac{1}{3} & a & \frac{2}{3}\\ -\frac{1}{3} & b & -\frac{1}{6}\\ \frac{1}{3} & -\frac{1}{3} & -\frac{1}{3}\end{bmatrix}$

5.11 다음 행렬의 역행렬을 구하라.

(a) $A=\begin{bmatrix}2 & 1\\ 1 & 2\end{bmatrix}$ (b) $B=\begin{bmatrix}-5 & 4\\ 1 & 0\end{bmatrix}$

(c) $C=\begin{bmatrix}13 & -1\\ 14 & -1\end{bmatrix}$ (d) $D=\begin{bmatrix}-3 & -2\\ -4 & -5\end{bmatrix}$

5.12 역행렬을 이용하여 다음 연립방정식의 해를 구하라.

(a) $\begin{cases}5x-2y=4\\ 10x+y=-5\end{cases}$ (b) $\begin{cases}2x+\frac{1}{2}y=3\\ 3x-y=8\end{cases}$

5.13 가우스 소거법을 이용하여 다음 연립방정식의 해를 구하라.

(a) $\begin{cases}x+y+z=4\\ 2x-4y-z=8\\ x+3y-2z=-4\end{cases}$ (b) $\begin{cases}-x+2y+3z=6\\ 2x-5z=-17\\ 3y-z=-9\end{cases}$

5.14 암모니아(NH_3)가 산소(O_2)와 결합하면 질소(N_2)와 물(H_2O)이 만들어진다. 화학반응의 평형을 맞추는 연립방정식을 행렬의 곱을 이용하여 나타내라.

5.15 다음 그림은 어느 동네의 일방통행 도로 A, B, C, D와 시간당 교차로에 진출입하는 차량 수를 나타낸다.

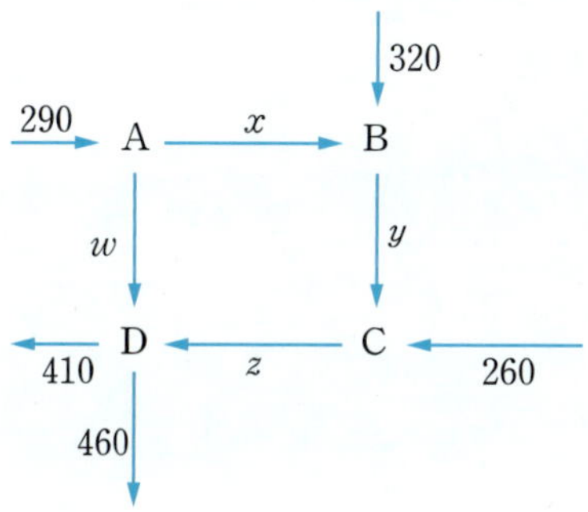

교차로에 들어온 차량은 반드시 빠져나간다고 할 때, x, y, z, w에 대한 연립방정식을 행렬의 곱을 이용하여 나타내라.

5.16 다음 그림과 같은 전기회로에 대하여 키르히호프의 전류 법칙과 전압 법칙 그리고 가우스 소거법을 이용하여 I_1, I_2, I_3의 값을 구하라.

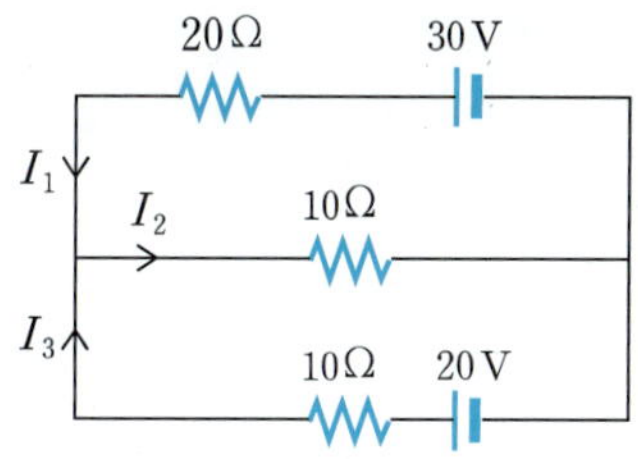

5.17 정보요원이 메시지를 2×2 행렬의 형태로 작성하면 행렬 $B=\begin{bmatrix}-1 & 2\\ 4 & -2\end{bmatrix}$를 그 행렬의 오른쪽에 곱해 새로운 메시지를 만든다. 메시지 행렬 A에 이 암호화 규칙을 적용했더니 $AB=\begin{bmatrix}1 & 4\\ 9 & 12\end{bmatrix}$가 되어 아래의 암호표로 읽으면 'adil'이라는 메시지로 해석된다.

a	b	c	d	e	f	g	h	i	j	k	l	m
1	2	3	4	5	6	7	8	9	10	11	12	13

정보요원이 처음에 보낸 행렬 A와 그 행렬이 전하고자 하는 메시지를 구하라.

P/A/R/T 02

수학의 핵심

Core Mathematics

함수로 표현한 공학적 현상을 분석할 때 가장 중요한 수학 도구가 극한과 연속, 미분, 적분이다. PART 02에서는 일변수함수에 대한 극한과 연속을 이해하고 핵심 개념인 미분과 적분을 기초와 응용으로 나누어 엄밀하게 살펴본다.

Chapter 06

극한과 연속

Limit and Continuity

CONTENTS

학습목표

- 함수의 극한 정의를 알아본다.
- 극한의 다양한 계산법을 학습한다.
- 초월함수의 극한 계산법을 학습한다.
- 연속의 정의를 이해하고 중간값 정리를 학습한다.
- 극한 및 연속과 관련된 공학 문제를 학습한다.

A 학과 학생들이 버스를 대절하여 엠티를 다녀왔다. 학생들은 금요일 아침 9시에 학교에서 모인 후, 버스를 타고 이동하여 오후 1시에 엠티 장소에 도착하였다.

〈출처〉 https://www.pixabay.com

학생들이 일요일 아침 9시에 엠티 장소로 올 때와 같은 경로로 이동하여 오후 1시에 학교에 도착하였다면, 갈 때와 올 때 정확히 같은 시간에 동일한 지점을 지난 경우가 있었을까?

버스가 일정한 속도로 운행된 것이 아니라면, 이는 불가능하다고 생각할 수 있다. 그렇지만 다음 그림과 같이 그래프를 그려서 상황을 분석하면 실선과 점선은 반드시 한 점에서 만나고, 이 교점은 엠티를 갈 때와 올 때 동시에 같은 지점을 지나는 시각이 존재함을 의미한다.

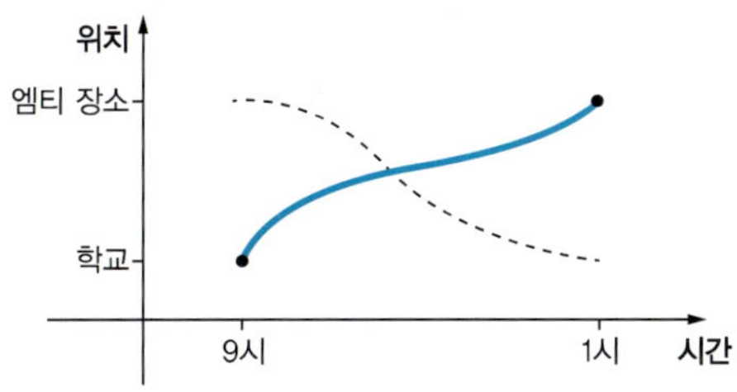

6.1 함수의 극한

함수의 극한

정의역에서 x가 a와 가까워질 때, $f(x)$의 변화는 함수의 극한을 통해 알 수 있다. 이때 x가 a와 가까워진다는 것은 $x \neq a$이면서 x와 a의 간격이 좁아진다는 것을 의미한다. 일반적으로 x가 a로 접근하는 방법에는 a의 왼쪽에서 접근하는 방법과 a의 오른쪽에서 접근하는 방법이 있다.

[표 6-1] **접근 방법의 수학적 표기**

의미	수학적 표기
x가 a로 접근한다.	$x \to a$
x가 a의 왼쪽에서 a로 접근한다.	$x \to a^-$
x가 a의 오른쪽에서 a로 접근한다.	$x \to a^+$

먼저 함수의 극한을 정의해보자.

정의 6-1 함수의 극한

x가 a로 접근할 때 $f(x)$가 실수 L에 한없이 가까워지면, 실수 L을 $x=a$에서의 $f(x)$의 **극한**limit 또는 **극한값**이라 하고 다음과 같이 나타낸다.

$$\lim_{x \to a} f(x) = L$$

$\lim_{x \to a} f(x) = L$이면, x가 a로 접근할 때 $f(x)$는 L에 **수렴한다**converge고 말한다.

다음으로 함수의 좌극한과 우극한을 정의해보자.

정의 6-2 좌극한과 우극한

(1) x가 a의 왼쪽에서 a로 접근할 때 $f(x)$가 실수 L_1에 한없이 가까워지면, L_1을 $x=a$에서의 $f(x)$의 **좌극한**left hand limit이라 하고 다음과 같이 나타낸다.

$$\lim_{x \to a^-} f(x) = L_1$$

(2) x가 a의 오른쪽에서 a로 접근할 때 $f(x)$가 실수 L_2에 한없이 가까워지면, L_2를 $x=a$에서의 $f(x)$의 **우극한**right hand limit이라 하고 다음과 같이 나타낸다.

$$\lim_{x \to a^+} f(x) = L_2$$

좌극한과 우극한의 값은 같을 수도 있고 다를 수도 있다. 함수의 그래프를 이용하여 좌극한을 구할 때는 주어진 점의 왼쪽만 이용하고 우극한을 구할 때는 주어진 점의 오른쪽만 이용한다.

예제 6-1

$y=f(x)$의 그래프가 오른쪽 그림과 같을 때 극한을 구하라.

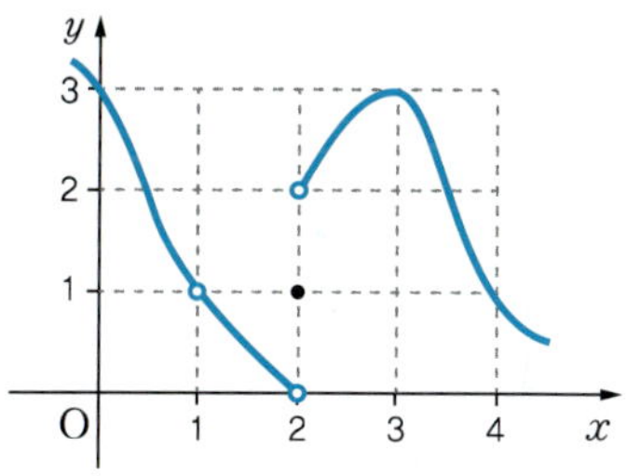

(a) $\lim_{x \to 1^-} f(x)$ (b) $\lim_{x \to 1^+} f(x)$

(c) $\lim_{x \to 2^-} f(x)$ (d) $\lim_{x \to 2^+} f(x)$

TIP 주어진 점의 왼쪽에서 접근하는지 오른쪽에서 접근하는지 확인한다.

풀이

(a) x가 1의 왼쪽에서 1로 접근하면 $f(x)$는 1에 가까워지므로, $\lim_{x \to 1^-} f(x) = 1$이다.

(b) x가 1의 오른쪽에서 1로 접근하면 $f(x)$는 1에 가까워지므로, $\lim_{x \to 1^+} f(x) = 1$이다.

(c) x가 2의 왼쪽에서 2로 접근하면 $f(x)$는 0에 가까워지므로, $\lim_{x \to 2^-} f(x) = 0$이다.

(d) x가 2의 오른쪽에서 2로 접근하면 $f(x)$는 2에 가까워지므로, $\lim_{x \to 2^+} f(x) = 2$이다.

그래프가 주어지지 않는 경우, 좌극한과 우극한은 함수의 정의역을 이용하여 계산한다.

즉, 좌극한을 계산할 때는 주어진 점의 왼쪽 부분을 정의역으로 갖는 함수를, 우극한을 계산할 때는 주어진 점의 오른쪽 부분을 정의역으로 갖는 함수를 이용한다.

예제 6-2

다음 극한을 구하라.

(a) $f(x)=\begin{cases} 2x-3, & x\le 0 \\ -x+2, & x>0 \end{cases}$ 일 때, $\lim_{x\to 0^-} f(x)$와 $\lim_{x\to 0^+} f(x)$

(b) $g(x)=\begin{cases} 3, & x<1 \\ x^2-2, & x\ge 1 \end{cases}$ 일 때, $\lim_{x\to 1^-} g(x)$와 $\lim_{x\to 1^+} g(x)$

(c) $h(x)=\begin{cases} x+1, & x<-2 \\ 2, & x=-2 \\ -x^2+3x, & x>-2 \end{cases}$ 일 때, $\lim_{x\to -2^-} h(x)$와 $\lim_{x\to -2^+} h(x)$

TIP 좌극한과 우극한을 구할 때 사용할 함수를 정하고, [정의 6-2]를 이용한다.

풀이

(a) $x\to 0^-$일 때 x는 0보다 작다. 따라서 $x=0$에서의 $f(x)$의 좌극한은

$$\lim_{x\to 0^-} f(x)=\lim_{x\to 0^-}(2x-3)=2\cdot 0-3=-3$$

이다. $x\to 0^+$일 때 x는 0보다 크다. 따라서 $x=0$에서의 $f(x)$의 우극한은

$$\lim_{x\to 0^+} f(x)=\lim_{x\to 0^+}(-x+2)=-0+2=2$$

이다.

(b) $x\to 1^-$일 때 x는 1보다 작다. 따라서 $x=1$에서의 $g(x)$의 좌극한은

$$\lim_{x\to 1^-} g(x)=\lim_{x\to 1^-} 3=3$$

이다. $x\to 1^+$일 때 x는 1보다 크다. 따라서 $x=1$에서의 $g(x)$의 우극한은

$$\lim_{x\to 1^+} g(x)=\lim_{x\to 1^+}(x^2-2)=1^2-2=-1$$

이다.

(c) $x\to -2^-$일 때 x는 -2보다 작다. 따라서 $x=-2$에서의 $h(x)$의 좌극한은

$$\lim_{x\to -2^-} h(x)=\lim_{x\to -2^-}(x+1)=-2+1=-1$$

이다. $x\to -2^+$일 때 x는 -2보다 크다. 따라서 $x=-2$에서의 $h(x)$의 우극한은

$$\lim_{x\to -2^+} h(x)=\lim_{x\to -2^+}(-x^2+3x)=-(-2)^2+3(-2)=-10$$

이다.

극한의 존재성 판정법

함수의 극한은 존재할 수도 있고 존재하지 않을 수도 있다. 함수의 극한의 존재성은 [정의 6-2]에서 정의한 좌극한과 우극한을 이용하여 판정한다.

정리 6-1 극한의 존재성 판정법

(1) L이 실수이고 $\lim_{x \to a^-} f(x) = \lim_{x \to a^+} f(x) = L$이면, $\lim_{x \to a} f(x) = L$이다.

(2) $\lim_{x \to a^-} f(x) \neq \lim_{x \to a^+} f(x)$이면, $\lim_{x \to a} f(x)$는 존재하지 않는다.

$f(x) = |x|$이면 $\lim_{x \to 0^-} f(x) = 0 = \lim_{x \to 0^+} f(x)$이므로, $\lim_{x \to 0} f(x) = 0$이다. 그러므로 $x = 0$에서 $f(x)$의 극한은 존재한다. 그리고 $x = 0$에서 $f(x)$의 극한은 0이다.

$g(x) = \begin{cases} x+1, & x < 0 \\ x-1, & x > 0 \end{cases}$이면 $\lim_{x \to 0^-} g(x) = 1 \neq -1 = \lim_{x \to 0^+} g(x)$이므로, $\lim_{x \to 0} g(x)$는 존재하지 않는다. 따라서 $x = 0$에서 $g(x)$의 극한은 존재하지 않는다.

예제 6-3

$y = f(x)$의 그래프가 오른쪽 그림과 같을 때 다음 극한을 구하라.

(a) $\lim_{x \to -1} f(x)$

(b) $\lim_{x \to 0} f(x)$

(c) $\lim_{x \to 1} f(x)$

(d) $\lim_{x \to 2} f(x)$

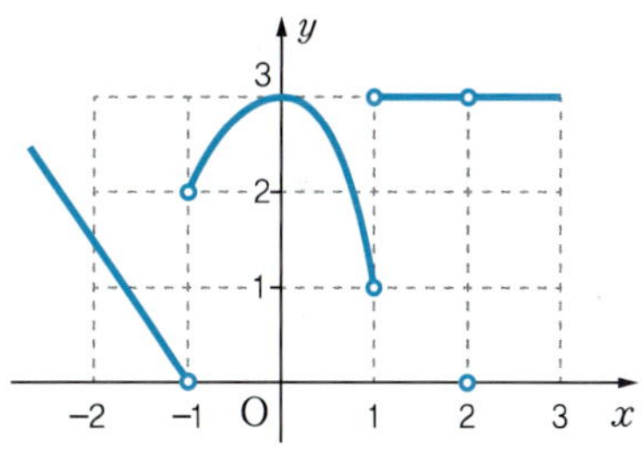

TIP 좌극한과 우극한을 계산하여 극한을 구한다.

풀이

(a) $\lim_{x \to -1^-} f(x) = 0$이고 $\lim_{x \to -1^+} f(x) = 2$이므로, $\lim_{x \to -1^-} f(x) \neq \lim_{x \to -1^+} f(x)$이다.
따라서 $\lim_{x \to -1} f(x)$는 존재하지 않는다.

(b) $\lim_{x \to 0^-} f(x) = 3$이고 $\lim_{x \to 0^+} f(x) = 3$이므로, $\lim_{x \to 0} f(x) = 3$이다.

(c) $\lim_{x \to 1^-} f(x) = 1$이고 $\lim_{x \to 1^+} f(x) = 3$이므로, $\lim_{x \to 1^-} f(x) \neq \lim_{x \to 1^+} f(x)$이다.
따라서 $\lim_{x \to 1} f(x)$는 존재하지 않는다.

(d) $\lim_{x \to 2^-} f(x) = 3$이고 $\lim_{x \to 2^+} f(x) = 3$이므로, $\lim_{x \to 2} f(x) = 3$이다.

그래프 없이 식으로만 주어진 함수의 극한도 마찬가지로 좌극한과 우극한을 계산하여 구한다.

예제 6-4

다음 극한을 구하라.

(a) $f(x)=\begin{cases}3x+1, & x \le 0\\ 1-5x, & x>0\end{cases}$일 때, $\lim_{x\to 0} f(x)$

(b) $g(x)=\begin{cases}x^2+1, & x<1\\ 0, & x \ge 1\end{cases}$일 때, $\lim_{x\to 1} g(x)$

(c) $h(x)=\begin{cases}2x-1, & x<2\\ 3, & x=2\\ x^2-4x+7, & x>2\end{cases}$일 때, $\lim_{x\to 2} h(x)$

TIP 적절한 함수를 선택하여 좌극한과 우극한을 계산한다.

풀이

(a) $\lim_{x\to 0^-} f(x)=\lim_{x\to 0^-}(3x+1)=1$이고 $\lim_{x\to 0^+} f(x)=\lim_{x\to 0^+}(1-5x)=1$이므로 $\lim_{x\to 0} f(x)=1$이다.

(b) $\lim_{x\to 1^-} g(x)=\lim_{x\to 1^-}(x^2+1)=2$이고 $\lim_{x\to 1^+} g(x)=\lim_{x\to 1^+} 0=0$이므로 $\lim_{x\to 1^-} g(x)\ne\lim_{x\to 1^+} g(x)$이다. 따라서 $\lim_{x\to 1} g(x)$는 존재하지 않는다.

(c) $\lim_{x\to 2^-} h(x)=\lim_{x\to 2^-}(2x-1)=3$이고 $\lim_{x\to 2^+} h(x)=\lim_{x\to 2^+}(x^2-4x+7)=3$이므로 $\lim_{x\to 2} h(x)=3$이다.

양의 무한대와 음의 무한대

어떤 값이 한없이 커질 때 이를 **무한대**infinity 또는 **양의 무한대**라 하고 ∞로 나타낸다. 또한 어떤 값이 음의 값이면서 한없이 작아질 때 이를 **음의 무한대**라 하고 $-\infty$로 나타낸다.

[표 6-2]에서 $x\to 0^+$일 때 $\frac{1}{x}$의 값은 한없이 커진다. 따라서 $\lim_{x\to 0^+}\frac{1}{x}=\infty$이다.

[표 6-2] 양의 무한대

x	$\frac{1}{x}$
0.1	10
0.001	1000
0.00001	100000
0.0000001	10000000

[표 6-3]에서 $x \to 0^-$ 일 때 $\frac{1}{x}$ 의 값은 한없이 작아진다. 따라서 $\lim_{x \to 0^-} \frac{1}{x} = -\infty$ 이다.

[표 6-3] **음의 무한대**

x	$\frac{1}{x}$
-0.1	-10
-0.001	-1000
-0.00001	-100000
-0.0000001	-10000000

$\lim_{x \to a} f(x) = \infty$ 이거나 $\lim_{x \to a} f(x) = -\infty$ 이면, x 가 a 로 접근할 때 $f(x)$는 **발산한다**diverge고 한다.

예제 6-5

다음 극한을 구하라.

(a) $\lim_{x \to 1^-} \frac{1}{(x-1)^2}$ (b) $\lim_{x \to 1^+} \frac{1}{(x-1)^2}$

(c) $\lim_{x \to 2^-} \frac{1}{(x-2)^3}$ (d) $\lim_{x \to 2^+} \frac{1}{(x-2)^3}$

TIP 극한이 양의 무한대인지 음의 무한대인지 확인한다.

풀이

(a) $\lim_{x \to 1^-} \frac{1}{(x-1)^2} = \infty$ (b) $\lim_{x \to 1^+} \frac{1}{(x-1)^2} = \infty$

(c) $\lim_{x \to 2^-} \frac{1}{(x-2)^3} = -\infty$ (d) $\lim_{x \to 2^+} \frac{1}{(x-2)^3} = \infty$

[예제 6-5(a)]와 [예제 6-5(b)]에서 $\lim_{x \to 1^-} \frac{1}{(x-1)^2} = \infty = \lim_{x \to 1^+} \frac{1}{(x-1)^2}$ 이므로 $\lim_{x \to 1} \frac{1}{(x-1)^2} = \infty$ 이다. 하지만 ∞ 는 실수가 아니므로 $x = 1$ 에서 $f(x) = \frac{1}{(x-1)^2}$ 의 극한이 존재하지 않는다고 판정한다.

6.2 극한의 기본 연산과 부정형

극한의 기본 연산

기본적인 함수의 극한은 다음 정리를 사용하여 계산한다.

정리 6-2 극한의 기본 연산

A, B가 실수일 때, $\lim_{x \to a} f(x) = A$이고 $\lim_{x \to a} g(x) = B$이면 다음이 성립한다.

(1) $\lim_{x \to a} \big(f(x) + g(x)\big) = A + B$

(2) $\lim_{x \to a} \big(f(x) - g(x)\big) = A - B$

(3) $\lim_{x \to a} f(x)g(x) = AB$

(4) $\lim_{x \to a} \dfrac{f(x)}{g(x)} = \dfrac{A}{B}$ (단, $g(x) \neq 0$, $B \neq 0$)

(5) k가 실수일 때, $\lim_{x \to a} kf(x) = kA$

[정리 6-2]를 이용하여 $\lim_{x \to 1} (4x^2 + 3x - 1)$을 구하면 다음과 같다.

$$\lim_{x \to 1} (4x^2 + 3x - 1) = 4\lim_{x \to 1} x^2 + 3\lim_{x \to 1} x + \lim_{x \to 1} (-1) = 4 + 3 - 1 = 6$$

예제 6-6

$f(x) = 2x^3 - 1$이고 $g(x) = (x+1)^2$일 때, 다음 극한을 구하라.

(a) $\lim_{x \to 1} \big(f(x) + g(x)\big)$

(b) $\lim_{x \to 1} \big(f(x) - g(x)\big)$

(c) $\lim_{x \to 1} f(x)g(x)$

(d) $\lim_{x \to 1} \dfrac{f(x)}{g(x)}$

TIP [정리 6-2]의 극한의 기본 연산을 이용한다.

풀이

$\lim_{x \to 1} f(x) = 1$, $\lim_{x \to 1} g(x) = 4$와 [정리 6-2]를 이용하여 극한을 계산한다.

(a) $\lim_{x \to 1} \left(f(x) + g(x)\right) = 1 + 4 = 5$

(b) $\lim_{x \to 1} \left(f(x) - g(x)\right) = 1 - 4 = -3$

(c) $\lim_{x \to 1} f(x) g(x) = 1 \cdot 4 = 4$

(d) $\lim_{x \to 1} \dfrac{f(x)}{g(x)} = \dfrac{1}{4}$

만일 $\lim_{x \to a} f(x) \neq 0$이고 $\lim_{x \to a} g(x) = 0$이면, $\lim_{x \to a} \dfrac{f(x)}{g(x)}$는 존재하지 않음에 주의한다.

부정형의 극한

$x \to a$ 또는 $x \to \pm\infty$일 때, 극한 결과가 $\dfrac{0}{0}$, $\dfrac{\infty}{\infty}$, $\infty - \infty$, $\infty \cdot 0$과 같은 꼴이 되는 것을 **부정형**indeterminate form이라 한다. 이때 $\dfrac{0}{0}$과 $\infty \cdot 0$에서의 0은 숫자 0이 아니라 0에 매우 가까이 접근해 가는 것을 의미한다.

■ $\dfrac{0}{0}$ 꼴 부정형의 극한 계산법

두 대수함수 $f(x)$, $g(x)$에 대하여, $\lim_{x \to a} f(x) = 0$이고 $\lim_{x \to a} g(x) = 0$일 때 $\lim_{x \to a} \dfrac{f(x)}{g(x)}$를 계산하는 방법을 알아보자.

정리 6-3 $\dfrac{0}{0}$ **꼴 부정형의 극한 계산법**

(1) 분수함수 : 분자와 분모의 공통인수를 찾아 약분한 후 극한을 계산한다.

(2) 무리함수 : 분자 또는 분모에 있는 근호를 유리화하여 약분한 후 극한을 계산한다.

[정리 6-3]을 사용하려면 먼저 $x \to a$일 때 분자와 분모가 모두 0에 접근하는가를 확인해야 한다. 예를 들어 $\lim_{x \to 0} \dfrac{2x^2 - 3x}{x^2 + x}$는 $\lim_{x \to 0} (2x^2 - 3x) = 0$, $\lim_{x \to 0} (x^2 + x) = 0$이므로 $\dfrac{0}{0}$ 꼴이다. 따라서 분자와 분모를 공통인수 x로 약분하여 다음과 같이 극한을 구한다.

$$\lim_{x \to 0} \frac{2x^2 - 3x}{x^2 + x} = \lim_{x \to 0} \frac{x(2x - 3)}{x(x + 1)} = \lim_{x \to 0} \frac{2x - 3}{x + 1} = -3$$

예제 6-7

다음 극한을 구하라.

(a) $\lim_{x \to 2} \frac{x^2 - 4}{x - 2}$

(b) $\lim_{x \to 1} \frac{x - 1}{x^2 - 1}$

(c) $\lim_{x \to 1} \frac{\sqrt{x} - 1}{x - 1}$

(d) $\lim_{x \to 9} \frac{x - 9}{\sqrt{x} - 3}$

TIP 극한이 모두 $\frac{0}{0}$ 꼴이므로, 공통인수를 찾아 약분하거나 식을 유리화한다.

풀이

(a) $x \to 2$일 때 극한은 $\frac{0}{0}$ 꼴이므로, 분자를 인수분해한 후 공통인수로 약분하여 극한을 계산한다.

$$\lim_{x \to 2} \frac{x^2 - 4}{x - 2} = \lim_{x \to 2} \frac{(x - 2)(x + 2)}{x - 2} = \lim_{x \to 2} (x + 2) = 4$$

(b) $x \to 1$일 때 극한은 $\frac{0}{0}$ 꼴이므로, 분모를 인수분해한 후 공통인수로 약분하여 극한을 계산한다.

$$\lim_{x \to 1} \frac{x - 1}{x^2 - 1} = \lim_{x \to 1} \frac{x - 1}{(x - 1)(x + 1)} = \lim_{x \to 1} \frac{1}{x + 1} = \frac{1}{2}$$

(c) $x \to 1$일 때 극한은 $\frac{0}{0}$ 꼴이므로, 분자를 유리화한 후 공통인수로 약분하여 극한을 계산한다.

$$\lim_{x \to 1} \frac{\sqrt{x} - 1}{x - 1} = \lim_{x \to 1} \frac{x - 1}{(x - 1)(\sqrt{x} + 1)} = \lim_{x \to 1} \frac{1}{\sqrt{x} + 1} = \frac{1}{2}$$

(d) $x \to 9$일 때 극한은 $\frac{0}{0}$ 꼴이므로, 분모를 유리화한 후 공통인수로 약분하여 극한을 계산한다.

$$\lim_{x \to 9} \frac{x - 9}{\sqrt{x} - 3} = \lim_{x \to 9} \frac{(x - 9)(\sqrt{x} + 3)}{x - 9} = \lim_{x \to 9} (\sqrt{x} + 3) = 6$$

■ $\frac{\infty}{\infty}$ 꼴 부정형의 극한 계산법

두 대수함수 $f(x)$, $g(x)$에 대하여, $x \to \infty$일 때 $\frac{f(x)}{g(x)}$의 극한을 계산하는 방법을 알아보자. $\lim_{x \to a} \frac{f(x)}{g(x)}$와는 달리 $\lim_{x \to \infty} \frac{f(x)}{g(x)}$는 $f(x)$의 차수와 $g(x)$의 차수를 비교하여 계산한다.

정리 6-4 $\frac{\infty}{\infty}$ 꼴 부정형의 극한 계산법

(1) (분자의 차수) > (분모의 차수)일 때,

$$\lim_{x \to \infty} \frac{f(x)}{g(x)} = \infty \quad \text{또는} \quad \lim_{x \to \infty} \frac{f(x)}{g(x)} = -\infty$$

이다. 이때 극한은 $f(x)$의 최고차항의 부호와 $g(x)$의 최고차항의 부호에 의해 ∞ 또는 $-\infty$로 결정한다.

(2) (분자의 차수) = (분모의 차수)일 때,

$$\lim_{x \to \infty} \frac{f(x)}{g(x)} = \frac{(\text{분자의 최고차항의 계수})}{(\text{분모의 최고차항의 계수})}$$

이다.

(3) (분자의 차수) < (분모의 차수)일 때,

$$\lim_{x \to \infty} \frac{f(x)}{g(x)} = 0$$

이다.

예를 들어 $\lim_{x \to \infty} \frac{3x^3 + 2x^2 - 4}{x^3 - x - 1}$는 $\lim_{x \to \infty} (3x^3 + 2x^2 - 4) = \infty$, $\lim_{x \to \infty} (x^3 - x - 1) = \infty$이므로 $\frac{\infty}{\infty}$ 꼴이다. 분자의 차수와 분모의 차수가 모두 3이므로 [정리 6-4]의 (2)에 의하여

$$\lim_{x \to \infty} \frac{3x^3 + 2x^2 - 4}{x^3 - x - 1} = 3$$

이다.

예제 6-8

다음 극한을 구하라.

(a) $\lim_{x \to \infty} \frac{x^2 - 1}{x - 1}$　　(b) $\lim_{x \to \infty} \frac{x^3 + 1}{-2x^2 + 5x + 2}$

(c) $\lim_{x \to \infty} \frac{x^3 + 3}{2x^3 - x + 1}$　　(d) $\lim_{x \to \infty} \frac{2 + x}{2 - x^2}$

TIP $x \to \infty$이므로 분자와 분모의 차수를 비교하여 극한을 구한다.

풀이

(a) 분자의 차수는 2이고 분모의 차수는 1이므로, (분자의 차수) > (분모의 차수)이다.
분자의 최고차항이 x^2이고 분모의 최고차항이 x이므로 $\lim_{x \to \infty} \frac{x^2 - 1}{x - 1} = \infty$이다.

(b) 분자의 차수는 3이고 분모의 차수는 2이므로, (분자의 차수) > (분모의 차수)이다.
분자의 최고차항은 x^3이고 분모의 최고차항은 $-2x^2$이므로 $\lim_{x \to \infty} \frac{x^3 + 1}{-2x^2 + 5x + 2} = -\infty$이다.

(c) 분자의 차수는 3이고 분모의 차수도 3이므로, (분자의 차수) = (분모의 차수)이다.
분자의 최고차항의 계수가 1이고 분모의 최고차항의 계수는 2이므로

$$\lim_{x \to \infty} \frac{x^3 + 3}{2x^3 - x + 1} = \frac{1}{2}$$ 이다.

(d) 분자의 차수는 1이고 분모의 차수는 2이므로, (분자의 차수) < (분모의 차수)이다.
따라서 $\lim_{x \to \infty} \frac{2 + x}{2 - x^2} = 0$이다.

6.3 초월함수의 극한

지수함수와 로그함수의 극한

$f(x)$와 $g(x)$가 지수함수이거나 로그함수일 때, $\lim_{x\to\infty}\dfrac{f(x)}{g(x)}$를 계산하는 방법을 알아보자.

정리 6-5 지수함수와 로그함수의 극한 계산법

로피탈의 법칙L'Hospital's theorem[1]에 의하여, $x\to\infty$일 때 다음 함수의 순서로 더 빠르게 ∞로 발산한다.

$$\text{로그함수} < \text{다항함수} < \text{지수함수}$$

이를 이용하면 다음 결과를 얻을 수 있다.

(1) $\lim_{x\to\infty}\dfrac{\text{로그함수}}{\text{다항함수}}=0$ (2) $\lim_{x\to\infty}\dfrac{\text{로그함수}}{\text{지수함수}}=0$

(3) $\lim_{x\to\infty}\dfrac{\text{다항함수}}{\text{로그함수}}=\pm\infty$ (4) $\lim_{x\to\infty}\dfrac{\text{다항함수}}{\text{지수함수}}=0$

(5) $\lim_{x\to\infty}\dfrac{\text{지수함수}}{\text{로그함수}}=\pm\infty$ (6) $\lim_{x\to\infty}\dfrac{\text{지수함수}}{\text{다항함수}}=\pm\infty$

즉, 분모의 함수가 분자의 함수보다 더 빠르게 ∞로 발산하면 극한은 0이고, 분자의 함수가 분모의 함수보다 더 빠르게 ∞로 발산하면 극한은 $\pm\infty$이다. [정리 6-5]를 이용하면 복잡한 형태의 다항함수, 지수함수, 로그함수와 관련된 극한을 쉽게 구할 수 있다.

예제 6-9

다음 극한을 구하라.

(a) $\lim_{x\to\infty}\dfrac{x+3}{\ln(x^2+1)}$ (b) $\lim_{x\to\infty}\dfrac{4^x}{\ln(x^2+x+1)}$

(c) $\lim_{x\to\infty}\dfrac{\ln(x^3+3x)}{3^x}$ (d) $\lim_{x\to\infty}\dfrac{2^x}{-x^3+x^2+1}$

TIP $x\to\infty$일 때 로그함수 < 다항함수 < 지수함수의 순서로 더 빠르게 ∞로 발산함을 이용한다.

1 로피탈의 법칙은 미분과 관련된 정리로, 8장에서 자세히 다룬다.

풀이

(a) 분자는 다항함수이고 분모는 로그함수이므로, 분자가 더 빠르게 ∞로 발산한다.
따라서 $\lim_{x\to\infty}\frac{x+3}{\ln(x^2+1)}=\infty$이다.

(b) 분자는 지수함수이고 분모는 로그함수이므로 분자가 더 빠르게 ∞로 발산한다.
따라서 $\lim_{x\to\infty}\frac{4^x}{\ln(x^2+x+1)}=\infty$ 이다.

(c) 분자는 로그함수이고 분모는 지수함수이므로 분모가 더 빠르게 ∞로 발산한다.
따라서 $\lim_{x\to\infty}\frac{\ln(x^3+3x)}{3^x}=0$이다.

(d) 분자는 지수함수이고 분모는 다항함수이므로 분자가 더 빠르게 ∞로 발산한다.
이때 분자는 양수이고 분모의 최고차항인 x^3의 계수가 음수이므로 $\lim_{x\to\infty}\frac{2^x}{-x^3+x^2+1}=-\infty$ 이다.

■ 무리수 e의 정의를 이용한 극한 계산법

자연로그의 밑수이자 자연상수인 무리수 e는 다음과 같이 극한을 이용하여 정의한다.

$$\lim_{x\to 0}(1+x)^{\frac{1}{x}}=e \quad (\text{단, } e=2.71828182845\cdots)$$

무리수 e의 정의를 이용하면 1^∞ 꼴의 극한을 구할 수 있다.

정리 6-6 무리수 e의 정의를 이용한 극한 계산법

$\lim_{x\to 0}\square=0$이면 $\lim_{x\to 0}(1+\square)^{\frac{1}{\square}}=e$이다.

[정리 6-6]을 사용할 때는 밑수인 $1+\square$에 맞춰 지수가 $\frac{1}{\square}$이 되도록 식을 변형하여 계산한다. 예를 들어 $\lim_{x\to 0}\left(1+\frac{x}{2}\right)^{\frac{1}{x}}$에서 $\square=\frac{x}{2}$라 하면 $\frac{1}{\square}=\frac{2}{x}$이므로, $\lim_{x\to 0}\left(1+\frac{x}{2}\right)^{\frac{1}{x}}$ $=\lim_{x\to 0}\left(1+\frac{x}{2}\right)^{\frac{2}{x}\cdot\frac{1}{2}}=e^{\frac{1}{2}}$이다.

예제 6-10

다음 극한을 구하라.

(a) $\lim_{x \to 0}(1+x)^{\frac{1}{2x}}$

(b) $\lim_{x \to 0}(1+2x)^{\frac{1}{x}}$

(c) $\lim_{x \to 0}(1-x)^{\frac{1}{x}}$

(d) $\lim_{x \to 0}(1-3x)^{\frac{2}{x}}$

TIP 밑수 $1+\square$에 있는 $\square$와 지수 $\frac{1}{\square}$에 있는 $\square$가 같도록 식을 변형한 후 [정리 6-6]을 이용한다.

풀이

(a) $\lim_{x \to 0}(1+x)^{\frac{1}{2x}} = \lim_{x \to 0}(1+x)^{\frac{1}{x} \cdot \frac{1}{2}} = e^{\frac{1}{2}}$

(b) $\lim_{x \to 0}(1+2x)^{\frac{1}{x}} = \lim_{x \to 0}(1+2x)^{\frac{1}{2x} \cdot 2} = e^2$

(c) $\lim_{x \to 0}(1-x)^{\frac{1}{x}} = \lim_{x \to 0}\left(1+(-x)\right)^{\frac{1}{-x} \cdot (-1)} = e^{-1}$

(d) $\lim_{x \to 0}(1-3x)^{\frac{2}{x}} = \lim_{x \to 0}\left(1+(-3x)\right)^{\frac{1}{-3x} \cdot (-6)} = e^{-6}$

삼각함수의 극한

삼각함수의 극한은 다음과 같이 계산한다.

$$\lim_{x \to 0}\frac{\sin x}{x} = 1, \quad \lim_{x \to 0}\frac{\tan x}{x} = 1$$

이때 $\lim_{x \to 0}\cos x = 1$이고 $\lim_{x \to 0} x = 0$이므로 $\lim_{x \to 0}\frac{\cos x}{x}$는 존재하지 않는다.

정리 6-7 삼각함수의 극한 계산법

$\lim_{x \to 0}\square = 0$이면 다음이 성립한다.

(1) $\lim_{x \to 0}\frac{\sin\square}{\square} = 1$

(2) $\lim_{x \to 0}\frac{\square}{\sin\square} = 1$

(3) $\lim_{x \to 0}\frac{\tan\square}{\square} = 1$

(4) $\lim_{x \to 0}\frac{\square}{\tan\square} = 1$

[정리 6-7]을 사용할 때 sin □ 또는 tan □에 맞춰 반대편도 □가 되도록 식을 변형하여 계산한다. 예를 들어 $\lim_{x\to 0}\frac{\sin 3x}{7x}$에서 □ $=3x$로 두면 $\lim_{x\to 0}\frac{\sin\square}{\square}=\lim_{x\to 0}\frac{\sin 3x}{3x}$ $=1$이므로 다음과 같이 계산할 수 있다.

$$\lim_{x\to 0}\frac{\sin 3x}{7x}=\lim_{x\to 0}\left(\frac{\sin 3x}{3x}\cdot\frac{3x}{7x}\right)=1\cdot\frac{3}{7}=\frac{3}{7}$$

예제 6-11

다음 극한을 구하라.

(a) $\lim_{x\to 0}\frac{\sin 4x}{3x}$

(b) $\lim_{x\to 0}\frac{3x}{\sin 5x}$

(c) $\lim_{x\to 0}\frac{\tan 6x}{2x}$

(d) $\lim_{x\to 0}\frac{4x}{\tan 9x}$

TIP 주어진 식에서 sin □ 또는 tan □의 □를 확인하고 식을 변형한 후 극한을 구한다.

풀이

(a) $\lim_{x\to 0}\frac{\sin 4x}{3x}$ 에서 □ $=4x$이다. 따라서

$$\lim_{x\to 0}\frac{\sin 4x}{3x}=\lim_{x\to 0}\left(\frac{\sin 4x}{4x}\cdot\frac{4x}{3x}\right)=1\cdot\frac{4}{3}=\frac{4}{3}$$

이다.

(b) $\lim_{x\to 0}\frac{3x}{\sin 5x}$ 에서 □ $=5x$이다. 따라서

$$\lim_{x\to 0}\frac{3x}{\sin 5x}=\lim_{x\to 0}\left(\frac{5x}{\sin 5x}\cdot\frac{3x}{5x}\right)=1\cdot\frac{3}{5}=\frac{3}{5}$$

이다.

(c) $\lim_{x\to 0}\frac{\tan 6x}{2x}$ 에서 □ $=6x$이다. 따라서

$$\lim_{x\to 0}\frac{\tan 6x}{2x}=\lim_{x\to 0}\left(\frac{\tan 6x}{6x}\cdot\frac{6x}{2x}\right)=1\cdot 3=3$$

이다.

(d) $\lim_{x\to 0}\frac{4x}{\tan 9x}$ 에서 □ $=9x$이다. 따라서

$$\lim_{x\to 0}\frac{4x}{\tan 9x}=\lim_{x\to 0}\left(\frac{9x}{\tan 9x}\cdot\frac{4x}{9x}\right)=1\cdot\frac{4}{9}=\frac{4}{9}$$

이다.

$\lim_{x \to 0} x \sin \frac{1}{x}$은 어떻게 계산할까? $\lim_{x \to 0} x = 0$ 이지만 $\lim_{x \to 0} \sin \frac{1}{x}$은 수렴하지 않고 -1과 1 사이를 진동한다. 이런 함수의 극한을 구할 때, **조임정리**squeeze theorem를 사용한다.

> **정리 6-8 조임정리**
>
> L이 실수이고 $x = a$의 근방에 있는 모든 x에 대하여 $f(x) \le g(x) \le h(x)$이며
>
> $$\lim_{x \to a} f(x) = L = \lim_{x \to a} h(x)$$
>
> 이면 $\lim_{x \to a} g(x) = L$이다.

조임정리를 그림으로 나타내면 [그림 6-1]과 같다.

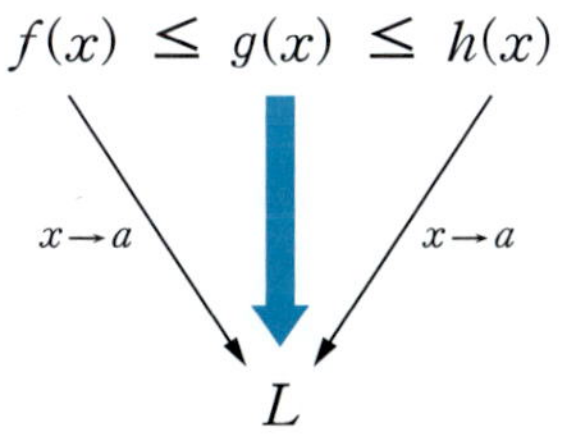

[그림 6-1] **조임정리**

예제 6-12

다음 극한을 구하라.

(a) $\lim_{x \to 0} x \cos \frac{1}{x}$　　(b) $\lim_{x \to 0} x^2 \cos \frac{1}{x}$

(c) $\lim_{x \to 0} x \sin \frac{1}{x^2}$　　(d) $\lim_{x \to 0} x^2 \sin \frac{1}{x^3}$

TIP $-1 \le \sin \frac{1}{x} \le 1$, $-1 \le \cos \frac{1}{x} \le 1$임을 이용하여 [정리 6-8]의 조임정리를 적용한다.

풀이

(a) $-1 \le \cos \frac{1}{x} \le 1$이므로 $x \cos \frac{1}{x}$의 범위는

$$-x \le x \cos \frac{1}{x} \le x$$

이다. 따라서 $\lim_{x \to 0}(-x) = 0 = \lim_{x \to 0} x$이므로, 조임정리에 의하여 $\lim_{x \to 0} x \cos \frac{1}{x} = 0$이다.

(b) $-1 \le \cos\frac{1}{x} \le 1$이므로 $x^2\cos\frac{1}{x}$의 범위는

$$-x^2 \le x^2\cos\frac{1}{x} \le x^2$$

이다. 따라서 $\lim_{x\to0}(-x^2)=0=\lim_{x\to0}x^2$이므로, 조임정리에 의하여 $\lim_{x\to0}x^2\cos\frac{1}{x}=0$이다.

(c) $-1 \le \sin\frac{1}{x^2} \le 1$ 이므로 $x\sin\frac{1}{x^2}$의 범위는

$$-x \le x\sin\frac{1}{x^2} \le x$$

이다. 따라서 $\lim_{x\to0}(-x)=0=\lim_{x\to0}x$이므로, 조임정리에 의하여 $\lim_{x\to0}x\sin\frac{1}{x^2}=0$이다.

(d) $-1 \le \sin\frac{1}{x^3} \le 1$ 이므로 $x^2\sin\frac{1}{x^3}$의 범위는

$$-x^2 \le x^2\sin\frac{1}{x^3} \le x^2$$

이다. 따라서 $\lim_{x\to0}(-x^2)=0=\lim_{x\to0}x^2$이므로, 조임정리에 의하여 $\lim_{x\to0}x^2\sin\frac{1}{x^3}=0$이다.

6.4 함수의 연속

한 점에서 연속

극한과 함숫값을 이용하여 한 점에서의 함수의 연속을 정의해보자.

정의 6-3 한 점에서 연속

$f(x)$가 다음 세 조건을 모두 만족하면, $f(x)$는 **$x=a$ 에서 연속**continuity이라 한다.

(1) $\lim_{x \to a} f(x)$가 존재한다.

(2) $f(a)$가 존재한다.

(3) $\lim_{x \to a} f(x) = f(a)$가 성립한다.

[그림 6-2]와 같이 $f(x)$가 $x=a$에서 연속이라는 것은 $y=f(x)$의 그래프가 $x=a$에서 끊어지지 않고 연결되어 있음을 의미한다. 만일 [정의 6-3]의 세 조건 중 어느 하나라도 만족하지 않으면 $f(x)$는 주어진 점에서 연속이 아니라고 판정한다.

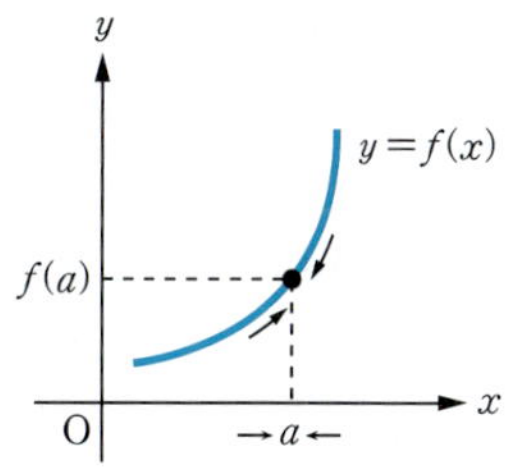

[그림 6-2] 한 점에서 연속

다음은 [정의 6-3]의 (1), (2), (3)을 만족하지 않아 $f(x)$가 $x=a$에서 연속이 아닌 경우를 나타낸 것이다.

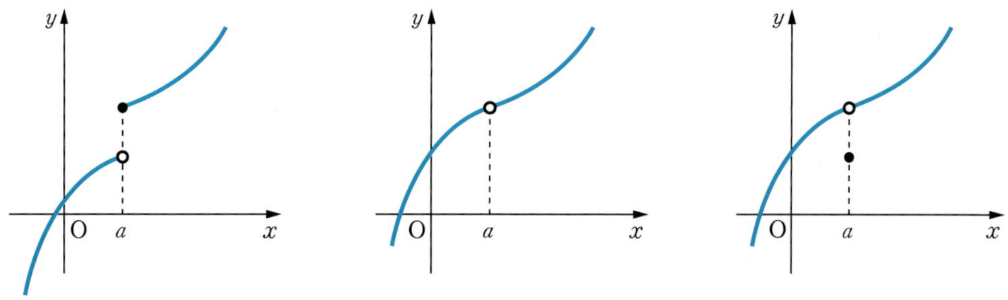

(a) $\lim_{x \to a} f(x)$가 존재하지 않는 경우 (b) $f(a)$가 존재하지 않는 경우 (c) $\lim_{x \to a} f(x) \neq f(a)$인 경우

[그림 6-3] $f(x)$가 $x=a$에서 연속이 아닌 경우

예제 6-13

다음 함수가 주어진 점에서 연속인지 판정하라.

(a) $f(x)=x^2-2x$,　$x=2$

(b) $g(x)=\dfrac{x}{x+1}$,　$x=-1$

(c) $h(x)=\begin{cases} x^2-1 & , \ x\le 0 \\ -x^2+3x-1, & x>0 \end{cases}$,　$x=0$

(d) $k(x)=\begin{cases} x+2\ , & x<1 \\ 2\ , & x=1 \\ 4-x^2, & x>1 \end{cases}$,　$x=1$

TIP [정의 6-3]을 이용하여 연속을 판정한다.

풀이

(a) $\lim_{x\to 2} f(x)=\lim_{x\to 2}(x^2-2x)=0$이고 $f(2)=0$이다.
따라서 $\lim_{x\to 2} f(x)=f(2)$이므로, $f(x)$는 $x=2$에서 연속이다.

(b) $g(-1)$이 정의되지 않으므로, $g(x)$는 $x=-1$에서 연속이 아니다.

(c) $\lim_{x\to 0^-} h(x)=\lim_{x\to 0^-}(x^2-1)=-1$이고 $\lim_{x\to 0^+} h(x)=\lim_{x\to 0^+}(-x^2+3x-1)=-1$이므로
$\lim_{x\to 0} h(x)=-1$이다. 또한 $h(0)=-1$이므로 $\lim_{x\to 0} h(x)=h(0)$이다.
따라서 $h(x)$는 $x=0$에서 연속이다.

(d) $\lim_{x\to 1^-} k(x)=\lim_{x\to 1^-}(x+2)=3$이고 $\lim_{x\to 1^+} k(x)=\lim_{x\to 1^+}(4-x^2)=3$이므로
$\lim_{x\to 1} k(x)=3$이다. 하지만 $k(1)=2$ 이므로 $\lim_{x\to 1} k(x)\ne k(1)$이다.
따라서 $k(x)$는 $x=1$에서 연속이 아니다.

구간에서 연속

한 점에서의 연속 개념을 확대하여 구간에서의 연속을 정의해보자.

정의 6-4　구간에서 연속

$f(x)$가 구간 I의 모든 점에서 연속이면, $f(x)$는 **구간 I에서 연속**이라 한다.

구간에는 무수히 많은 점이 있으므로 한 점에서 연속임을 이용하여 구간에서 연속임을 보이는 것은 불가능하다. 하지만 주어진 함수의 정의역을 이용하면 그 함수의 연속인 구간을 알 수 있다.

■ 대수함수가 연속인 점의 집합

주어진 함수가 유리함수인 경우, 다음 방법을 이용하여 연속이 되는 점의 집합을 구한다.

정리 6-9 유리함수가 연속인 점의 집합

유리함수가 연속인 점의 집합은 다음과 같다.

(1) 다항함수 : 실수 전체 집합인 $\mathbb{R}$에서 연속

(2) 분수함수 : $\mathbb{R}-\{$분모를 0으로 만드는 점$\}$에서 연속

예제 6-14

다음 함수가 연속인 점의 집합을 구하라.

(a) $y=x^3+2x+4$

(b) $y=\sqrt{2}\,x-\dfrac{1}{5}x^2$

(c) $y=\dfrac{x+1}{x^2-4}$

(d) $y=\dfrac{x}{x}$

TIP 유리함수를 다항함수와 분수함수로 분류한 후 [정리 6-9]를 적용하여 연속인 점의 집합을 찾는다.

풀이

(a) $y=x^3+2x+4$는 다항함수이므로, 연속인 점의 집합은 $\mathbb{R}$이다.

(b) $y=\sqrt{2}\,x-\dfrac{1}{5}x^2$은 다항함수이므로, 연속인 점의 집합은 $\mathbb{R}$이다.

(c) $y=\dfrac{x+1}{x^2-4}$은 분수함수이므로, 연속인 점의 집합은 다음과 같다.

$$\mathbb{R}-\{x : x^2-4=0\}=\mathbb{R}-\{-2,\ 2\}$$

(d) $y=\dfrac{x}{x}$는 분수함수이므로, 연속인 점의 집합은 다음과 같다.

$$\mathbb{R}-\{x : x=0\}=\mathbb{R}-\{0\}$$

$y=\dfrac{1}{x}$이 연속인 점의 집합은 $\mathbb{R}-\{0\}$이고, $y=\dfrac{x}{x-1}$가 연속인 점의 집합은 $\mathbb{R}-\{1\}$이다. 따라서 $f(x)=\dfrac{1}{x}+\dfrac{x}{x-1}$이면 $f(x)$가 연속인 점의 집합은 $(\mathbb{R}-\{0\})\cap(\mathbb{R}-\{1\})=\mathbb{R}-\{0,1\}$이다.

주어진 함수가 무리함수인 경우, 다음 방법을 이용하여 연속인 점의 집합을 구한다.

정리 6-10 무리함수가 연속인 점의 집합

무리함수가 연속인 점의 집합은 다음과 같다.

(1) 홀수 근호를 갖는 무리함수 : 근호 안 함수의 정의역에서 연속

(2) 짝수 근호를 갖는 무리함수 : 근호 안 함수가 음이 아닌 영역에서 연속

예제 6-15

다음 함수가 연속인 점의 집합을 구하라.

(a) $y=\sqrt{x+1}$

(b) $y=\sqrt[3]{4-3x}$

(c) $y=\sqrt[4]{2x-5}$

(d) $y=\sqrt[5]{x^4-2x+3}$

TIP [정리 6-10]을 적용하여 무리함수가 연속인 점의 집합을 찾는다.

풀이

(a) 주어진 무리함수가 짝수 근호를 가지므로, 연속인 점의 집합은 $\{x : x+1 \geq 0\} = \{x : x \geq -1\}$이다.

(b) 주어진 무리함수가 홀수 근호를 가지므로, 연속인 점의 집합은 $\mathbb{R}$이다.

(c) 주어진 무리함수가 짝수 근호를 가지므로, 연속인 점의 집합은 $\{x : 2x-5 \geq 0\} = \left\{x : x \geq \frac{5}{2}\right\}$이다.

(d) 주어진 무리함수가 홀수 근호를 가지므로, 연속인 점의 집합은 $\mathbb{R}$이다.

$y=\sqrt{x}$가 연속인 점의 집합은 $\{x : x \geq 0\}$이고, $y=\sqrt{x-1}$이 연속인 점의 집합은 $\{x : x \geq 1\}$이다. 따라서 $f(x)=\sqrt{x}-\sqrt{x-1}$일 때, $f(x)$가 연속인 점의 집합은 $\{x : x \geq 0\} \cap \{x : x \geq 1\} = \{x : x \geq 1\}$이다.

■ 초월함수가 연속인 점의 집합

주어진 함수가 대수함수와 합성된 초월함수인 경우, 원래 초월함수의 정의역과 합성된 대수함수의 정의역을 고려하여 주어진 함수가 연속인 점의 집합을 구한다.

$f(x)=\sin\dfrac{1}{(x-2)^2}$이 연속인 점의 집합을 구해보자. 사인함수의 정의역은 $\mathbb{R}$이고 분수함수 $\dfrac{1}{(x-2)^2}$의 정의역은 $\mathbb{R}-\{2\}$이므로, $f(x)$가 연속인 점의 집합은 $\mathbb{R}-\{2\}$이다.

예제 6-16

다음 함수가 연속인 점의 집합을 구하라.

(a) $y = e^{x^3+1}$

(b) $y = \log_2(2x+3)$

(c) $y = \sin \dfrac{1}{x^2}$

(d) $y = \cos \sqrt{3-x}$

TIP 분수함수와 무리함수의 정의역을 이용하여 초월함수가 연속인 점의 집합을 구한다.

풀이

(a) $y = x^3 + 1$은 다항함수이므로, $y = e^{x^3+1}$이 연속인 점의 집합은 $\mathbb{R}$이다.

(b) 주어진 로그함수의 정의역은 $\{x : 2x + 3 > 0\}$이므로, $y = \log_2(2x+3)$이 연속인 점의 집합은 $\left\{x : x > -\dfrac{3}{2}\right\}$이다.

(c) 분수함수 $y = \dfrac{1}{x^2}$의 정의역은 $\mathbb{R} - \{0\}$이므로, $y = \sin \dfrac{1}{x^2}$이 연속인 점의 집합은 $\mathbb{R} - \{0\}$이다.

(d) 무리함수 $y = \sqrt{3-x}$의 정의역은 $\{x : 3 - x \geq 0\}$이므로, $y = \cos \sqrt{3-x}$가 연속인 점의 집합은 $\{x : x \leq 3\}$이다.

$y = \sin \sqrt{x}$가 연속인 점의 집합은 $\{x : x \geq 0\}$이고, $y = \cos \sqrt{1-x}$가 연속인 점의 집합은 $\{x : x \leq 1\}$이다. 따라서 $f(x) = \sin \sqrt{x} + \cos \sqrt{1-x}$이면 $f(x)$가 연속인 점의 집합은 $\{x : x \geq 0\} \cap \{x : x \leq 1\} = \{x : 0 \leq x \leq 1\}$이다.

중간값 정리

연속함수의 중요한 성질 중 하나는 **중간값 정리**intermediate value theorem로, 이는 사잇값 정리라고도 한다. 중간값 정리는 어떤 구간에서 방정식의 해가 존재함을 보일 때 주로 사용된다.

정리 6-11 중간값 정리

$f(x)$가 폐구간 $[a, b]$에서 연속이고 $f(a)f(b) < 0$이면, $f(c) = 0$을 만족하는 c가 개구간 (a, b)에 적어도 하나 존재한다.

[정리 6-11]에 의해 $f(x)$가 특정한 폐구간에서 연속이고 구간 양 끝에서의 함숫값 부호가 다르면, 방정식 $f(x)=0$의 해가 그 구간에 존재함을 알 수 있다.

예제 6-17

구간 $[0, 2]$에서 방정식 $x^3+3x-2=0$이 해를 가짐을 증명하라.

TIP $f(x)=x^3+3x-2$라 하고 중간값 정리를 적용한다.

풀이

$f(x)=x^3+3x-2$라 하면, $f(x)$는 다항함수이므로 폐구간 $[0, 2]$에서 연속이다.
또한 $f(0)=-2$이고 $f(2)=12$ 이므로 $f(0)f(2)<0$이다. 따라서 중간값 정리에 의하여, $f(c)=0$인 c가 개구간 $(0, 2)$에 적어도 하나 존재한다. 즉, 구간 $[0, 2]$에 방정식 $x^3+3x-2=0$의 해가 존재한다.

구간이 주어지지 않은 경우, 직접 적당한 구간을 정하여 중간값 정리를 적용할 수 있다.

예제 6-18

방정식 $x^3-2x-5=0$이 해를 가짐을 증명하라.

TIP 구간을 $[0, 3]$으로 선택한 후, 중간값 정리를 적용한다.

풀이

$f(x)=x^3-2x-5$라 하면, $f(x)$는 다항함수이므로 폐구간 $[0, 3]$에서 연속이다.
또한 $f(0)=-5$이고 $f(3)=16$ 이므로 $f(0)f(3)<0$이다. 따라서 중간값 정리에 의하여, $f(c)=0$인 c가 개구간 $(0, 3)$에 존재한다. 즉, 구간 $[0, 3]$에 방정식 $x^3-2x-5=0$의 해가 존재한다.

6.5 공학 문제

전기회로

라플라스 변환Laplace transform[2]은 전기회로를 해석하는 데 매우 중요한 이론이다. 회로에 걸리는 전기신호가 $f(t)$일 때, 회로의 초깃값은 $\lim_{t \to 0^+} f(t)$이고 회로의 최종값은 $\lim_{t \to \infty} f(t)$이다. 여기서 $F(s)$가 $f(t)$의 라플라스 변환일 때, $f(t)$와 $F(s)$의 관계에 의하여

$$\lim_{t \to 0^+} f(t) = \lim_{s \to \infty} sF(s), \quad \lim_{t \to \infty} f(t) = \lim_{s \to 0^+} sF(s)$$

가 성립한다.

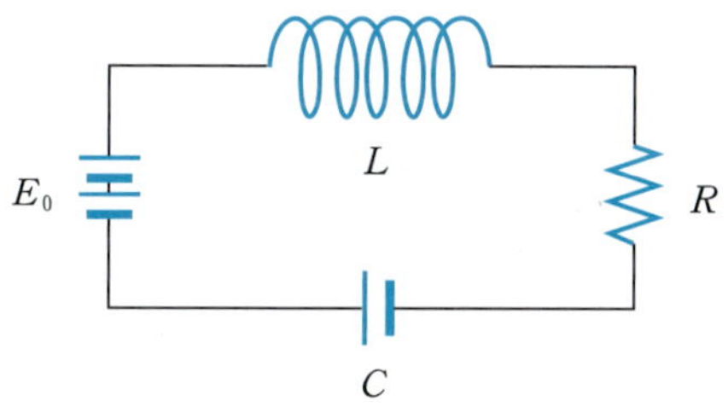

[그림 6-4] **전기회로**

예제 6-19

어떤 회로에 걸리는 전기신호가 $f(t) = 3 + 2te^{-t} + 4e^{-2t}$일 때, 다음 물음에 답하라.

(a) 회로의 초깃값을 구하라.

(b) 회로의 최종값을 구하라.

TIP $\lim_{t \to 0^+} f(t)$와 $\lim_{t \to \infty} f(t)$를 계산한다.

풀이

(a) $\lim_{t \to 0^+} f(t) = \lim_{t \to 0^+} (3 + 2te^{-t} + 4e^{-2t}) = 3 + 0 + 4 = 7$이므로, 회로의 초깃값은 7이다.

(b) $\lim_{t \to \infty} f(t) = \lim_{t \to \infty} (3 + 2te^{-t} + 4e^{-2t}) = 3 + 0 + 0 = 3$이므로, 회로의 최종값은 3이다.

2 14장에서 라플라스 변환에 대하여 자세히 다룬다.

원뿔진자의 속력

실의 한 끝을 고정하고 다른 한 끝에 추를 매달아 수평면 내에서 원운동을 시키는 것을 **원뿔진자**conical pendulum라고 한다. 원뿔진자의 속력은 물체의 원 안쪽 수평으로 작용하는 힘인 구심력과 물체의 수직 아래 방향으로 작용하는 힘인 중력의 영향을 받는다. 이때 반지름이 r인 원 궤도를 돌며 운동하는 추의 질량을 m, 실의 길이를 L, 추가 운동할 때 연직선과 실이 이루는 각도를 θ, 실의 장력의 크기를 T, 추의 속력을 v, 중력 가속도를 g라 할 때 구심력과 중력을 구하는 식은 다음과 같다.

$$T\sin\theta = \frac{mv^2}{r}, \quad T\cos\theta = mg$$

이 두 힘의 비를 이용하면 다음과 같이 원뿔진자의 속력을 구할 수 있다.

$$v = \sqrt{Lg\sin\theta\tan\theta}$$

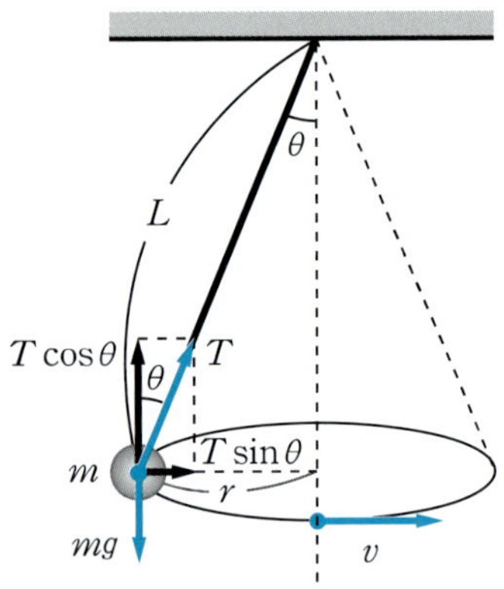

[그림 6-5] **원뿔진자**

예제 6-20

길이가 2m 인 실에 질량이 M인 물체가 매달려 있다. 이 물체를 오른쪽 그림과 같이 반지름이 r인 원 위를 연직선과 각 θ를 이루면서 일정한 속력 v로 회전하면 다음과 같은 관계가 성립한다.

$$v = \sqrt{2g\sin\theta\tan\theta}$$

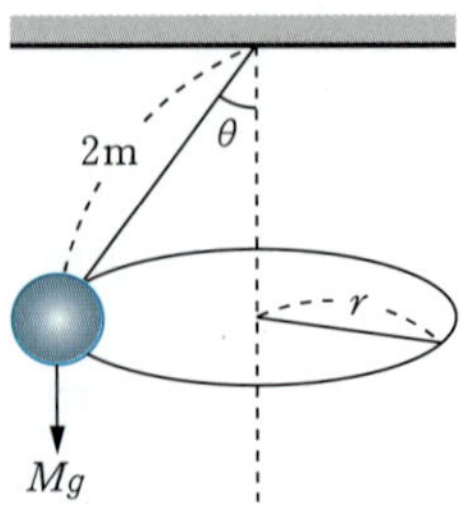

$\lim_{\theta \to 0} \frac{v}{\theta}$를 구하라(단, g는 중력 가속도이다).

TIP [정리 6-7]의 삼각함수의 극한 계산법을 적용하기 위해 적절한 형태로 식을 변형한다.

풀이

$$\lim_{\theta\to 0}\frac{v}{\theta}=\lim_{\theta\to 0}\frac{\sqrt{2g\sin\theta\tan\theta}}{\theta}=\lim_{\theta\to 0}\sqrt{\frac{2g\sin\theta\tan\theta}{\theta^2}}$$

$$=\lim_{\theta\to 0}\sqrt{2g\cdot\frac{\sin\theta}{\theta}\cdot\frac{\tan\theta}{\theta}}=\sqrt{2g}$$

적도상에 있는 대척점의 온도

지금 내가 서 있는 지점과 온도가 똑같은 지점이 지구상에 있을까? 지구 중심을 사이에 둔 정반대의 지점을 **대척점**antipodes이라 한다. 지구의 적도를 좌표평면 위에 원으로 나타내고 적도상의 한 점 P를 선분 OP와 x축의 양의 방향이 이루는 각 θ를 이용하여 $\mathrm{P}(\theta)$로 나타내면 $\mathrm{P}(\theta)$의 대척점은 $\mathrm{P}(\theta+\pi)$이다.

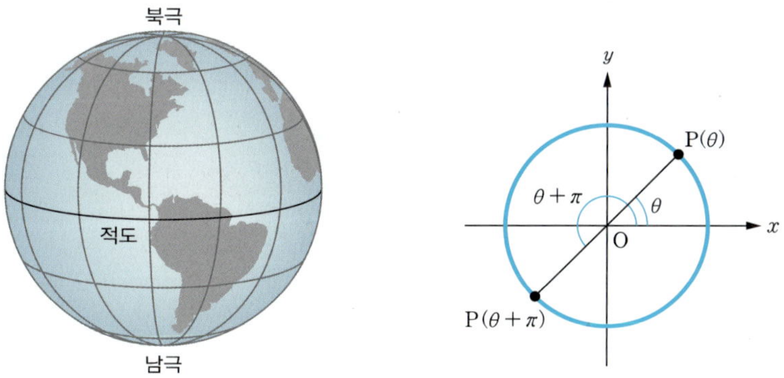

[그림 6-6] **대척점**

이제 $f(\theta)$를 적도상의 지점 $\mathrm{P}(\theta)$에서의 온도라 하면, $f(\theta+\pi)$는 대척점인 $\mathrm{P}(\theta+\pi)$에서의 온도이다. $g:[0,\pi]\to\mathbb{R}$을 $g(\theta)=f(\theta)-f(\theta+\pi)$라 할 때, $g(\theta)$는 구간 $[0,\pi]$에서 연속이다.

예제 6-21

적도상의 지점 $\mathrm{P}(\theta)$에서의 온도 $f(\theta)$에 대하여 $g(\theta)=f(\theta)-f(\theta+\pi)$라 할 때, $g(c)=0$인 c가 폐구간 $[0, \pi]$에 존재함을 증명하고 그 결과를 설명하라.

TIP 중간값 정리를 적용하여 증명한다.

풀이

$g(0)=0$이거나 $g(\pi)=0$이면, $f(0)=f(\pi)$이다. 따라서 적도상의 한 지점의 온도와 그 대척점의 온도는 같다. 이제 $g(0)\neq 0$이고 $g(\pi)\neq 0$이라 하면,

$$g(0)g(\pi)=(f(0)-f(\pi))(f(\pi)-f(2\pi))=(f(0)-f(\pi))(f(\pi)-f(0))<0$$

이므로, 중간값 정리에 의하여 $g(c)=0$인 c가 개구간 $(0, \pi)$에 존재한다. 즉, $g(c)=0$인 c가 폐구간 $[0, \pi]$에 존재한다.

따라서 $f(c)=f(c+\pi)$인 c가 폐구간 $[0, \pi]$에 존재하고 이 결과는 적도상에서 한 지점의 온도와 그 대척점의 온도가 같은 지점이 있음을 설명한다.

Chapter 06 연습문제

6.1 $y=f(x)$의 그래프가 오른쪽 그림과 같을 때, 다음 극한을 구하라.

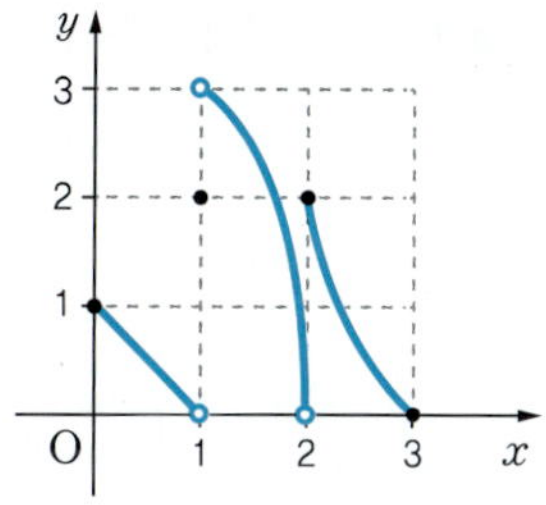

(a) $\lim_{x \to 1^-} f(x)$

(b) $\lim_{x \to 1^+} f(x)$

(c) $\lim_{x \to 2^-} f(x)$

(d) $\lim_{x \to 2^+} f(x)$

6.2 $y=f(x)$의 그래프가 오른쪽 그림과 같을 때, 다음 극한을 구하라.

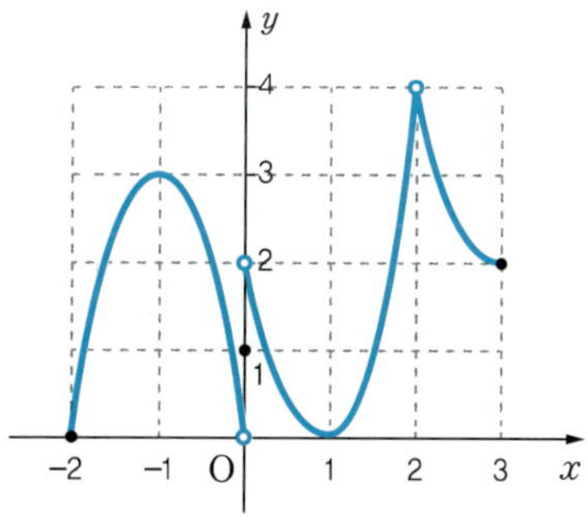

(a) $\lim_{x \to -1} f(x)$

(b) $\lim_{x \to 0} f(x)$

(c) $\lim_{x \to 1} f(x)$

(d) $\lim_{x \to 2} f(x)$

6.3 다음 극한을 구하라.

(a) $f(x)=\begin{cases} x^2-3, & x \le -1 \\ -x+1, & x > -1 \end{cases}$ 일 때, $\lim_{x \to -1^-} f(x)$와 $\lim_{x \to -1^+} f(x)$

(b) $g(x)=\begin{cases} 2, & x < 2 \\ -x^2+2, & x \ge 2 \end{cases}$ 일 때, $\lim_{x \to 2^-} g(x)$와 $\lim_{x \to 2^+} g(x)$

(c) $h(x)=\begin{cases} x^3-3x+1, & x \ne 3 \\ 7, & x = 3 \end{cases}$ 일 때, $\lim_{x \to 3^-} h(x)$와 $\lim_{x \to 3^+} h(x)$

(d) $k(x)=\begin{cases} 1-5x, & x < 0 \\ 0, & x = 0 \\ x^3-2x+1, & x > 0 \end{cases}$ 일 때, $\lim_{x \to 0^-} k(x)$와 $\lim_{x \to 0^+} k(x)$

6.4 다음 극한을 구하라.

(a) $f(x)=\begin{cases} 3x+1, & x \le \frac{1}{2} \\ -x+3, & x > \frac{1}{2} \end{cases}$ 일 때, $\lim_{x \to \frac{1}{2}} f(x)$

(b) $g(x)=\begin{cases} x^2+1, & x < 1 \\ -x^2+3x-1, & x > 1 \end{cases}$ 일 때, $\lim_{x \to 1} g(x)$

(c) $h(x)=\begin{cases} -x^2+2x, & x \ne 2 \\ 1, & x = 2 \end{cases}$ 일 때, $\lim_{x \to 2} h(x)$

(d) $k(x)=\begin{cases} x^2-2, & x < 3 \\ -3, & x = 3 \\ x+4, & x > 3 \end{cases}$ 일 때, $\lim_{x \to 3} k(x)$

6.5 다음 극한을 구하라.

(a) $\lim_{x \to 1^-} \frac{x+1}{x-1}$

(b) $\lim_{x \to 1^+} \frac{x+1}{x-1}$

(c) $\lim_{x \to 1^+} \frac{1}{\sqrt{x-1}}$

(d) $\lim_{x \to 2^-} \frac{x+1}{\sqrt{2-x}}$

6.6 다음 극한을 구하라.

(a) $\lim_{x \to 2} \frac{x+2}{x-2}$

(b) $\lim_{x \to 2} \frac{x-2}{x+2}$

(c) $\lim_{x \to 1} \frac{2x}{x^2-1}$

(d) $\lim_{x \to 1} \frac{x^3-1}{x}$

6.7 다음 극한을 구하라.

(a) $\lim_{x \to 1} \frac{x^3-1}{x-1}$

(b) $\lim_{x \to 2} \frac{x-2}{x^4-16}$

(c) $\lim_{x \to 4} \frac{\sqrt{x}-2}{x-4}$

(d) $\lim_{x \to 0} \frac{x}{\sqrt{4+x}-2}$

6.8 다음 극한을 구하라.

(a) $\lim_{x \to \infty} \frac{x^4 - x + 10}{-x^5 + 2x^2 - 1}$

(b) $\lim_{x \to \infty} \frac{x^2 + 2x + 2}{1 - x}$

(c) $\lim_{x \to \infty} \frac{x^3 + 5x}{-x^3 + 7}$

(d) $\lim_{x \to \infty} \frac{1 - 2x + 3x^5}{-1 + 3x - 2x^5}$

6.9 다음 극한을 구하라.

(a) $\lim_{x \to \infty} \frac{2x + 3}{\ln(x^2 + x)}$

(b) $\lim_{x \to \infty} \frac{e^{3x}}{x^5 + 3x + 1}$

(c) $\lim_{x \to \infty} \frac{\ln(x^4 + 3x^2 + 2)}{e^{x-4}}$

(d) $\lim_{x \to \infty} \frac{\ln(x^4 + x + 1)}{\sqrt{2}\,x - 100}$

6.10 다음 극한을 구하라.

(a) $\lim_{x \to 0} (1 + 3x)^{\frac{2}{x}}$

(b) $\lim_{x \to 0} (1 + 2x)^{\frac{1}{4x}}$

(c) $\lim_{x \to 0} (1 - 3x)^{\frac{3}{x}}$

(d) $\lim_{x \to 0} (1 - 4x)^{-\frac{1}{2x}}$

6.11 다음 극한을 구하라.

(a) $\lim_{x \to 0} \frac{\sin 11x}{3x}$

(b) $\lim_{x \to 0} \frac{9x}{4\sin 3x}$

(c) $\lim_{x \to 0} \frac{\tan 9x}{11x}$

(d) $\lim_{x \to 1} \frac{4(x-1)}{\tan 13(x-1)}$

6.12 다음 극한을 구하라.

(a) $\lim_{x \to 0} x^5 \sin \frac{1}{x^3}$

(b) $\lim_{x \to 0} x^6 \cos \frac{1}{x^2}$

(c) $\lim_{x \to \infty} \frac{\sin x}{x}$

(d) $\lim_{x \to \infty} \frac{\cos x^4}{x^2}$

6.13 다음 함수가 $x = 1$에서 연속이 되도록 하는 실수 a와 b의 값을 구하라.

(a) $f(x) = \begin{cases} x^2 + a, & x < 1 \\ 3x + 2, & x \geq 1 \end{cases}$

(b) $g(x) = \begin{cases} x^2 - 4x + 1, & x \neq 1 \\ b, & x = 1 \end{cases}$

6.14 다음 함수가 연속인 점의 집합을 구하라.

(a) $y = x^2 - 4x + 2$

(b) $y = \frac{2x - 1}{x^2 + 3x}$

(c) $y = \sqrt{4x + 1}$

(d) $y = \sqrt[3]{\frac{1}{2x}}$

(e) $y = e^{\sqrt{x - 1}}$

(f) $y = \ln(x + 3)$

(g) $y = \sin(x^2 - 2\sqrt{x})$

(h) $y = \cos\left(\frac{x - 1}{x + 2}\right)$

6.15 다음 함수가 연속인 점의 집합을 구하라.

(a) $f(x) = \sqrt{x} + \frac{1}{x}$

(b) $g(x) = \sqrt[3]{x - 1} - \frac{1}{(x + 1)^2}$

(c) $h(x) = e^{\frac{1}{x}} + \ln(x + 1)$

(d) $k(x) = \sin \frac{1}{x + 1} - \cos \frac{1}{x - 1}$

6.16 중간값 정리를 이용하여 다음을 증명하라.

(a) 방정식 $x^3 + 5x - 1 = 0$은 폐구간 $[-2, 2]$에서 해를 갖는다.

(b) 방정식 $x^7 - 3x^3 + 1 = 0$은 해를 갖는다.

6.17 어느 택배회사의 요금제는 무게에 따라 다음과 같다.

무게	0 kg 이상 10 kg 미만	10 kg 이상 20 kg 미만	20 kg 이상 30 kg 미만
요금	5,000원	6,000원	7,000원

택배로 보낼 물건의 무게를 $x$kg, 택배 요금을 $s(x)$(원)이라고 할 때, $\lim_{x \to 10^-} s(x)$와 $\lim_{x \to 10^+} s(x)$를 구하라.

6.18 어떤 회로에 걸리는 전기신호 $f(t)$를 라플라스 변환한 값이 $F(s) = \dfrac{3s+2}{(s+1)(2s+3)}$일 때, 회로의 초깃값과 최종값을 구하라.

6.19 온도가 20℃ 인 실내에 있는 오븐에서 케이크를 꺼냈을 때, 케이크의 온도는 150℃ 였다. 2분 후 케이크의 온도를 다시 측정했더니 90℃ 였고, t분 후 케이크의 온도 $T(t)$는 다음과 같다.

$$T(t) = 20 + 130e^{-0.31t}$$

(a) 오븐에서 꺼낸 지 5분이 지났을 때, 케이크의 온도를 소수점 아래 둘째 자리까지의 근삿값으로 나타내라.

(b) $\lim_{t \to \infty} T(t)$를 구하라.

6.20 5,000명의 학생이 있는 외부와 단절된 한 캠퍼스에, 감기에 걸린 학생이 새로 들어왔다고 하자. 캠퍼스 내에 감기에 걸린 학생이 온 지 5일 후에 캠퍼스에서 감기에 걸린 학생의 수가 $x(5) = 80$명이었다. 감기에 걸린 학생이 온 지 t일 후에 캠퍼스에서 감기에 걸린 학생의 수 $x(t)$는 다음과 같다.

$$x(t) = \frac{5000}{1 + 4999e^{-0.925t}}$$

(a) 감기에 걸린 학생이 온 지 10일 후에 감기에 걸린 학생의 수를 소수점 아래 둘째 자리까지의 근삿값으로 나타내라.

(b) $\lim_{t \to \infty} x(t)$를 구하라.

Chapter 07

미분의 기초

Basics of Differentiation

CONTENTS

학습목표

- 평균변화율의 개념을 바탕으로 미분계수와 도함수를 이해한다.
- 합성함수의 미분법을 이해하여 복잡한 식을 미분하는 방법을 익힌다.
- 매개변수를 이용하여 정의하는 함수의 미분법을 학습한다.
- 지수함수, 로그함수, 삼각함수의 미분법을 학습한다.
- 여러 함수의 미분법과 관련된 공학 문제를 학습한다.

미분의 원리는 어디에 사용될까?

(1) 순간적인 속도를 계산하여 자동차의 과속 여부를 결정하는 무인단속카메라에 미분의 원리가 사용된다. 일반적으로 무인단속카메라 25m 전방에 일정한 간격으로 감지선이 설치되어 있는데, 자동차가 이 감지선을 지나는 데 걸리는 시간과 속도를 측정하여 과속 여부가 결정된다. 이 과정에서 구간의 폭이 0에 점점 가까워질수록 평균속도가 순간속도에 가까워지는 미분의 원리가 적용된다.

(2) 곡선 도로에서 빠져나온 자동차가 직선 도로에 안전하게 진입하려면 어떻게 해야 할까? 직선 도로에 안전히 진입하기 위해 도로 설계 시 곡선의 접선을 이용한다. 곡선 도로 위를 달리는 자동차는 곡선의 접선 방향으로 나아가려는 성질이 있어 곡선 도로가 끝나는 지점과 연결된 직선 도로가 곡선 도로의 접선의 방향이어야 자동차의 안전한 진입이 가능해진다.

〈출처〉 https://www.pixabay.com

7.1 미분계수와 도함수

평균변화율

x가 a에서 b까지 변할 때 함숫값이 변화한 정도를 나타내는 평균변화율에 대해 알아보자.

정의 7-1 평균변화율

$y = f(x)$ 이고 x가 a에서 b까지 변할 때,

(1) $\Delta x = b - a$를 **x의 증분**increment of x이라 한다.

(2) $\Delta y = f(b) - f(a)$를 **y의 증분**increment of y이라 한다.

(3) $\dfrac{\Delta y}{\Delta x} = \dfrac{f(b)-f(a)}{b-a}$를 x가 a에서 b까지 변할 때 $f(x)$의 **평균변화율**average rate of change이라 한다.

평균변화율은 두 점 $(a, f(a))$와 $(b, f(b))$를 지나는 직선의 기울기와 같다.

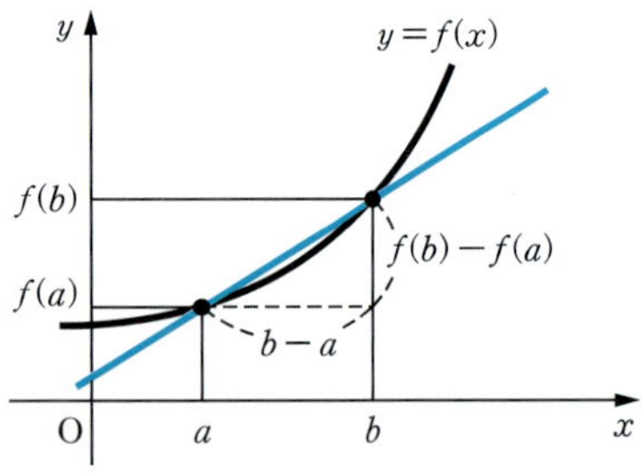

[그림 7-1] 평균변화율

예제 7-1

$f(x) = x^2 - 2x + 2$일 때, 다음을 구하라.

(a) x가 0에서 1까지 변할 때, $f(x)$의 평균변화율

(b) x가 2에서 0까지 변할 때, $f(x)$의 평균변화율

TIP [정의 7-1]을 이용하여 평균변화율을 구한다.

풀이

(a) x가 0에서 1까지 변하므로 x의 증분과 y의 증분은 각각

$$\Delta x = 1 - 0 = 1, \quad \Delta y = f(1) - f(0) = 1 - 2 = -1$$

이다. 따라서 x가 0에서 1까지 변할 때, $f(x)$의 평균변화율은

$$\frac{\Delta y}{\Delta x} = \frac{-1}{1} = -1$$

이다.

(b) x가 2에서 0까지 변하므로 x의 증분과 y의 증분은 각각

$$\Delta x = 0 - 2 = -2, \quad \Delta y = f(0) - f(2) = 2 - 2 = 0$$

이다. 따라서 x가 2에서 0까지 변할 때, $f(x)$의 평균변화율은

$$\frac{\Delta y}{\Delta x} = \frac{0}{-2} = 0$$

이다.

순간변화율(미분계수)

x가 a에서 $a+h$까지 변할 때 $f(x)$의 평균변화율은 다음과 같다.

$$\frac{\Delta y}{\Delta x} = \frac{f(a+h) - f(a)}{h}$$

평균변화율을 이용하여 다음과 같이 순간변화율을 정의한다.

정의 7-2 순간변화율

$x = a$에서의 $f(x)$의 **순간변화율**instantaneous rate of change은

$$f'(a) = \lim_{h \to 0} \frac{f(a+h) - f(a)}{h} = \lim_{x \to a} \frac{f(x) - f(a)}{x - a}$$

로 정의한다. $x = a$에서의 순간변화율을 $x = a$에서의 **미분계수**differential coefficient라고도 한다.

순간변화율은 점 $(a,\ f(a))$에서 $y=f(x)$의 접선의 기울기이다.

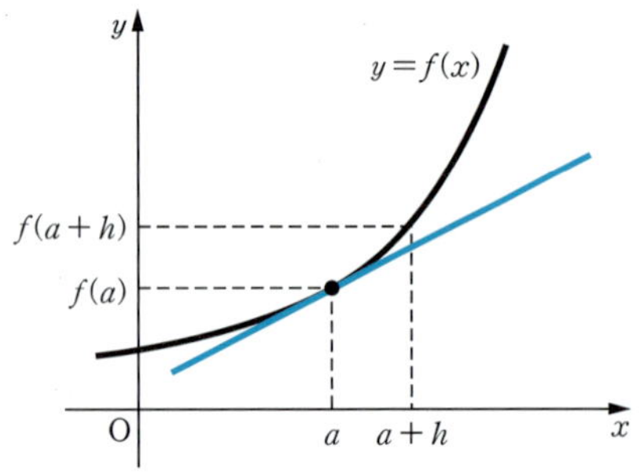

[그림 7-2] **순간변화율**

미분계수 $f'(a)$를 구하려면 먼저 분자에 있는 $f(a+h)-f(a)$를 정리한 후 $h \to 0$일 때의 극한을 계산해야 한다.

예제 7-2

$f(x)=x^2+2$일 때, 다음을 구하라.

(a) $x=0$에서 $f(x)$의 순간변화율

(b) $x=3$에서 $f(x)$의 순간변화율

TIP [정의 7-2]를 이용하여 $f'(0)$과 $f'(3)$을 구한다.

풀이

(a) $\dfrac{f(0+h)-f(0)}{h}=\dfrac{((0+h)^2+2)-2}{h}=\dfrac{h^2}{h}$이므로, $x=0$에서 $f(x)$의 순간변화율은

$$f'(0)=\lim_{h\to 0}\frac{f(0+h)-f(0)}{h}=\lim_{h\to 0}\frac{h^2}{h}=\lim_{h\to 0}h=0$$

이다.

(b) $\dfrac{f(3+h)-f(3)}{h}=\dfrac{((3+h)^2+2)-11}{h}=\dfrac{h^2+6h}{h}$이므로, $x=3$에서 $f(x)$의 순간변화율은

$$f'(3)=\lim_{h\to 0}\frac{f(3+h)-f(3)}{h}=\lim_{h\to 0}\frac{h^2+6h}{h}=\lim_{h\to 0}(h+6)=6$$

이다.

도함수

$f(x)$에 대하여 $f'(1)$, $f'(2)$, $f'(3)$, $\cdots$을 [정의 7-2]를 이용하여 구하려면 시간이 많이 걸릴 뿐 아니라 계산도 매우 복잡하다. 도함수를 이용하면 보다 간단히 미분계수를 구할 수 있다.

정의 7-3 도함수와 미분

$y=f(x)$에서 미분가능한 점들의 집합을 A라 할 때 $x \in A$에 대하여

$$f'(x)=\lim_{h \to 0} \frac{f(x+h)-f(x)}{h}$$

를 $f(x)$의 **도함수**derivative라 하며 $f'(x)$ 또는 y' 또는 $\dfrac{dy}{dx}$로 나타낸다.

$f(x)$의 도함수를 구하는 것을 $f(x)$를 **미분한다**differentiate고 한다.

다음은 도함수 계산의 기본 정리로, p가 자연수인 경우의 도함수 정의와 이항정리를 이용하여 증명할 수 있다.

정리 7-1 x^p의 도함수

p가 임의의 실수일 때, $f(x)=x^p$의 도함수는 다음과 같다.

$$f'(x)=px^{p-1}$$

[정리 7-1]에 의하여 $f(x)=x^{\pi}$일 때 $f'(x)=\pi x^{\pi-1}$이고, $g(x)=2=2x^0$일 때 $g'(x)=2 \cdot 0x^{-1}=0$이다. 즉, 상수함수의 도함수는 항상 0이다.

예제 7-3

다음 함수의 도함수를 구하라.

(a) $f(x)=\sqrt{x}$ (b) $g(x)=\sqrt[5]{x}$

(c) $h(x)=\dfrac{1}{x^{3.1}}$ (d) $k(x)=\dfrac{1}{x^{e}}$

TIP 주어진 함수를 x^p 꼴로 나타낸 후 [정리 7-1]을 이용한다.

풀이

(a) $f(x)=x^{\frac{1}{2}}$ 이므로 $f'(x)=\dfrac{1}{2}x^{\frac{1}{2}-1}=\dfrac{1}{2}x^{-\frac{1}{2}}$ 이다.

(b) $g(x)=x^{\frac{1}{5}}$ 이므로 $g'(x)=\dfrac{1}{5}x^{\frac{1}{5}-1}=\dfrac{1}{5}x^{-\frac{4}{5}}$ 이다.

(c) $h(x)=x^{-3.1}$ 이므로 $h'(x)=-3.1x^{-3.1-1}=-3.1x^{-4.1}$ 이다.

(d) $k(x)=x^{-e}$ 이므로 $k'(x)=-ex^{-e-1}$ 이다.

미분법의 기본 공식

함수의 미분에 관한 사칙연산은 다음과 같다.

정리 7-2 미분법의 기본 공식

미분가능한 두 함수 $f(x)$, $g(x)$에 대하여 다음이 성립한다.

(1) $\left(f(x)+g(x)\right)'=f'(x)+g'(x)$

(2) $\left(f(x)-g(x)\right)'=f'(x)-g'(x)$

(3) c가 상수일 때, $\left(cf(x)\right)'=cf'(x)$

(4) $\left(f(x)g(x)\right)'=f'(x)g(x)+f(x)g'(x)$

(5) $\left(\dfrac{f(x)}{g(x)}\right)'=\dfrac{f'(x)g(x)-f(x)g'(x)}{(g(x))^2}$

[정리 7-2]에서 곱셈에 대한 미분에는 +, 나눗셈에 대한 미분에는 −가 나타남에 주의해야 한다.

예제 7-4

다음 함수를 미분하라.

(a) $y = x^3 + 4x^2$

(b) $y = 3x^7 - x^4$

(c) $y = (x^2 - 1)(x + 5)$

(d) $y = \dfrac{x+2}{2x-1}$

TIP [정리 7-2]의 미분법의 기본 공식을 이용하여 함수를 미분한다.

풀이

(a) $y' = (x^3)' + (4x^2)' = 3x^2 + 8x$

(b) $y' = (3x^7)' - (x^4)' = 21x^6 - 4x^3$

(c) $y' = (x^2 - 1)'(x + 5) + (x^2 - 1)(x + 5)'$

$= 2x(x + 5) + (x^2 - 1) \cdot 1$

$= 3x^2 + 10x - 1$

(d) $y' = \dfrac{(x+2)'(2x-1) - (x+2)(2x-1)'}{(2x-1)^2}$

$= \dfrac{1 \cdot (2x-1) - (x+2) \cdot 2}{(2x-1)^2}$

$= -\dfrac{5}{(2x-1)^2}$

7.2 합성함수와 매개변수함수의 미분

합성함수의 미분

두 함수 $f(x)$와 $g(x)$에 대하여 **합성함수**composite function는

$$(g \circ f)(x) = g(f(x)) \text{ 또는 } (f \circ g)(x) = f(g(x))$$

이다. [그림 7-3]은 $g \circ f$를 나타낸다.

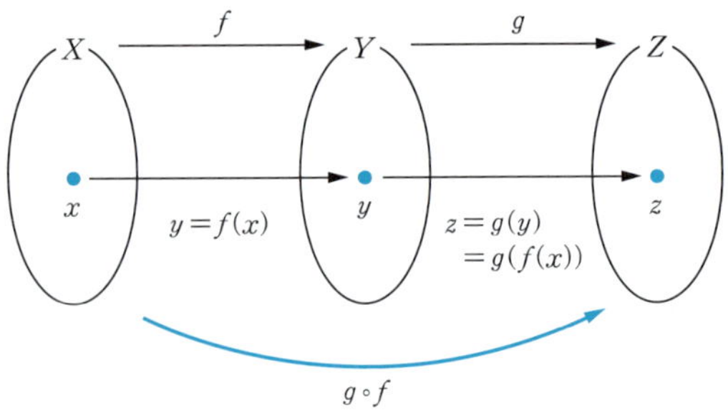

[그림 7-3] 합성함수 $g \circ f$

정리 7-3 연쇄법칙 Chain Rule

미분가능한 두 함수 $f(x)$와 $g(x)$에 대하여 $F = g \circ f$이면, F는 미분가능한 함수이고 F의 도함수는

$$F'(x) = g'(f(x))f'(x)$$

이다.

연쇄법칙을 이용하면 합성함수를 미분할 수 있다. 합성함수를 미분하는 방법은 다음과 같이 함수의 형태에 따라 두 가지로 나눌 수 있다.

정리 7-4 합성함수의 미분법

(1) $F(x) = (\ )^n$ 이면, $F'(x) = n(\ )^{n-1} \cdot (\ )'$ 이다.

(2) $F(x) = \sqrt[n]{(\ )} = (\ )^{\frac{1}{n}}$ 이면, $F'(x) = \frac{1}{n}(\ )^{\frac{1}{n}-1} \cdot (\ )'$ 이다.

예제 7-5

다음 함수를 미분하라.

(a) $f(x) = (x+1)^5$

(b) $g(x) = (2x+3)^4$

(c) $h(x) = (x^3-1)^6$

(d) $k(x) = (-x^2+x)^7$

TIP 주어진 식이 $(\ )^n$ 꼴이므로, [정리 7-4]의 (1)을 이용한다.

풀이

(a) $(\ ) = x+1$ 이므로,

$$f'(x) = 5(x+1)^4 \cdot (x+1)' = 5(x+1)^4 \cdot 1 = 5(x+1)^4$$

이다.

(b) $(\ ) = 2x+3$ 이므로,

$$g'(x) = 4(2x+3)^3 \cdot (2x+3)' = 4(2x+3)^3 \cdot 2 = 8(2x+3)^3$$

이다.

(c) $(\ ) = x^3-1$ 이므로,

$$h'(x) = 6(x^3-1)^5 \cdot (x^3-1)' = 6(x^3-1)^5 \cdot 3x^2 = 18x^2(x^3-1)^5$$

이다.

(d) $(\ ) = -x^2+x$ 이므로,

$$k'(x) = 7(-x^2+x)^6 \cdot (-x^2+x)' = 7(-x^2+x)^6(-2x+1)$$

이다.

예제 7-6

다음 함수를 미분하라.

(a) $f(x) = \sqrt{x^2+5x}$

(b) $g(x) = \sqrt[3]{x^4-2x}$

(c) $h(x) = \sqrt[4]{7-3x}$

(d) $k(x) = \sqrt[5]{-x^3-x}$

TIP 무리함수를 $(\ )^{\frac{1}{n}}$ 꼴로 나타내고 [정리 7-4]의 (2)를 이용한다.

풀이

(a) $f(x)=\sqrt{x^2+5x}=(x^2+5x)^{\frac{1}{2}}$ 이므로,

$$f'(x)=\frac{1}{2}(x^2+5x)^{-\frac{1}{2}}\cdot(x^2+5x)'=\frac{1}{2}(x^2+5x)^{-\frac{1}{2}}(2x+5)$$

이다.

(b) $g(x)=\sqrt[3]{x^4-2x}=(x^4-2x)^{\frac{1}{3}}$ 이므로,

$$g'(x)=\frac{1}{3}(x^4-2x)^{-\frac{2}{3}}\cdot(x^4-2x)'=\frac{1}{3}(x^4-2x)^{-\frac{2}{3}}(4x^3-2)$$

이다.

(c) $h(x)=\sqrt[4]{7-3x}=(7-3x)^{\frac{1}{4}}$ 이므로,

$$h'(x)=\frac{1}{4}(7-3x)^{-\frac{3}{4}}\cdot(7-3x)'=-\frac{3}{4}(7-3x)^{-\frac{3}{4}}$$

이다.

(d) $k(x)=\sqrt[5]{-x^3-x}=(-x^3-x)^{\frac{1}{5}}$ 이므로,

$$k'(x)=\frac{1}{5}(-x^3-x)^{-\frac{4}{5}}\cdot(-x^3-x)'=\frac{1}{5}(-x^3-x)^{-\frac{4}{5}}(-3x^2-1)$$

이다.

매개변수함수의 미분

변하는 현상을 $y=f(x)$의 형태로 나타내기 어렵거나 불가능할 경우, 매개변수함수를 사용할 수 있다.

정의 7-4 매개변수함수

x, y가 매개변수parameter t에 의해

$$x=f(t),\quad y=g(t)$$

로 표현되면 이 함수를 **매개변수함수**parametric function라 한다.

다음 정리를 이용하면 매개변수함수를 미분할 수 있다.

정리 7-5 매개변수함수의 미분법

$x=f(t)$, $y=g(t)$가 모두 t에 대하여 미분가능하고 $f'(t)\neq 0$이면

$$\frac{dy}{dx}=\frac{\frac{dy}{dt}}{\frac{dx}{dt}}=\frac{g'(t)}{f'(t)}$$

이다.

같은 방법으로 매개변수함수에서 $\frac{dx}{dy}$를 계산하면 다음과 같다(단, $g'(t)\neq 0$).

$$\frac{dx}{dy}=\frac{f'(t)}{g'(t)}$$

예제 7-7

다음을 구하라.

(a) $x=3t^2+2$, $y=2t^4+t$일 때, $\frac{dy}{dx}$

(b) $x=(\theta+1)^2$, $y=(2\theta-1)^3$일 때, $\frac{dx}{dy}$

TIP 어떤 변수에 대하여 미분하는지 확인하고 [정리 7-5]의 매개변수함수의 미분법을 이용한다.

풀이

(a) $x=f(t)$, $y=g(t)$라 하면 $f'(t)=6t$이고 $g'(t)=8t^3+1$이다. 따라서

$$\frac{dy}{dx}=\frac{g'(t)}{f'(t)}=\frac{8t^3+1}{6t}$$

이다.

(b) $x=f(\theta)$, $y=g(\theta)$라 하면 $f'(\theta)=2(\theta+1)$이고 $g'(\theta)=6(2\theta-1)^2$이다. 따라서

$$\frac{dx}{dy}=\frac{f'(\theta)}{g'(\theta)}=\frac{2(\theta+1)}{6(2\theta-1)^2}=\frac{\theta+1}{3(2\theta-1)^2}$$

이다.

7.3 지수함수와 로그함수의 미분

기본적인 지수함수와 로그함수의 도함수는 다음과 같다.

정리 7-6 지수함수와 로그함수의 미분법

(1) $y = e^x$ 이면, $y' = e^x$ 이다.

(2) $y = \ln x$ 이면, $y' = \dfrac{1}{x}$ 이다.

기본적인 지수함수에서 밑수와 지수가 바뀐 경우의 미분은 [정리 7-7]과 같이 연쇄법칙을 이용한다.

정리 7-7 연쇄법칙을 이용한 지수함수의 미분법

a가 1이 아닌 양수일 때, 지수함수의 미분법은 다음과 같다.

(1) $y = e^{(\ )}$ 이면, $y' = e^{(\ )} \cdot (\ )'$ 이다.

(2) $y = a^x$ 이면, $y' = a^x \cdot \ln a$ 이다.

(3) $y = a^{(\ )}$ 이면, $y' = a^{(\ )} \cdot (\ )' \cdot \ln a$ 이다.

[정리 7-7]의 (1), (2)는 기본적인 지수함수에서 각각 지수와 밑수만 바뀐 경우이고, [정리 7-7]의 (3)은 기본적인 지수함수에서 밑수와 지수가 모두 바뀐 경우이다.

$y = e^{x^2-1}$ 을 [정리 7-7]의 (1)을 이용하여 미분하면

$$y' = e^{x^2-1} \cdot (x^2-1)' = 2x\,e^{x^2-1}$$

이다. 또한 $y = 5^x$ 을 [정리 7-7]의 (2)를 이용하여 미분하면

$$y' = 5^x \ln 5$$

이다. 이제 $y = 5^{x^2-1}$ 을 [정리 7-7]의 (3)을 이용하여 미분하면

$$y' = 5^{x^2-1} \cdot (x^2-1)' \cdot \ln 5 = 5^{x^2-1}(2x)\ln 5$$

이다.

예제 7-8

다음 함수를 미분하라.

(a) $y = e^{x^3+4x}$

(b) $y = 4^x$

(c) $y = 2^{x^5-x}$

(d) $y = 3^{x-x^2}$

TIP 주어진 식에서 밑수와 지수가 바뀐 부분을 확인하고 [정리 7-7]을 이용하여 미분한다.

풀이

(a) $y' = e^{x^3+4x} \cdot (x^3+4x)' = (3x^2+4)e^{x^3+4x}$

(b) $y' = 4^x \ln 4$

(c) $y' = 2^{x^5-x} \cdot (x^5-x)' \cdot \ln 2 = 2^{x^5-x}(5x^4-1)\ln 2$

(d) $y' = 3^{x-x^2} \cdot (x-x^2)' \cdot \ln 3 = 3^{x-x^2}(1-2x)\ln 3$

기본적인 로그함수에서 밑수와 진수가 바뀐 경우의 미분은 [정리 7-8]과 같이 연쇄법칙을 이용한다.

정리 7-8 연쇄법칙을 이용한 로그함수의 미분법

a가 1이 아닌 양수일 때, 로그함수의 미분법은 다음과 같다.

(1) $y = \ln(\ )$ 이면, $y' = \dfrac{1}{(\ )} \cdot (\ )'$ 이다.

(2) $y = \log_a x$ 이면, $y' = \dfrac{1}{x} \cdot \dfrac{1}{\ln a}$ 이다.

(3) $y = \log_a(\ )$ 이면, $y' = \dfrac{1}{(\ )} \cdot (\ )' \cdot \dfrac{1}{\ln a}$ 이다.

[정리 7-8]의 (1), (2)는 기본적인 로그함수에서 각각 진수와 밑수만 바뀐 경우이고, [정리 7-8]의 (3)은 기본적인 로그함수에서 밑수와 진수가 모두 바뀐 경우이다. 다만 지수함수의 경우 [정리 7-7]의 (2)에서 $\ln a$를 곱했지만, 로그함수는 [정리 7-8]의 (2)에서 $\dfrac{1}{\ln a}$을 곱하는 것에 주의해야 한다.

$y = \ln(x^2+1)$을 [정리 7-8]의 (1)을 이용하여 미분하면

$$y' = \frac{1}{x^2+1} \cdot (x^2+1)' = \frac{2x}{x^2+1}$$

이다. 또한 $y = \log_2 x$를 [정리 7-8]의 (2)를 이용하여 미분하면

$$y' = \frac{1}{x} \cdot \frac{1}{\ln 2} = \frac{1}{x\ln 2}$$

이다. 이제 $y = \log_2(x^2+1)$을 [정리 7-8]의 (3)을 이용하여 미분하면

$$y' = \frac{1}{x^2+1} \cdot (x^2+1)' \cdot \frac{1}{\ln 2} = \frac{2x}{x^2+1} \cdot \frac{1}{\ln 2} = \frac{2x}{(x^2+1)\ln 2}$$

이다.

예제 7-9

다음 함수를 미분하라.

(a) $y = \ln(3x^4+2x)$

(b) $y = \log_7 x$

(c) $y = \log_4(x^3+1)$

(d) $y = \log_5(x-x^4)$

TIP 주어진 식에서 밑수와 진수가 바뀐 부분을 확인하고 [정리 7-8]을 이용하여 미분한다.

풀이

(a) $y' = \frac{1}{3x^4+2x} \cdot (3x^4+2x)' = \frac{12x^3+2}{3x^4+2x}$

(b) $y' = \frac{1}{x} \cdot \frac{1}{\ln 7} = \frac{1}{x\ln 7}$

(c) $y' = \frac{1}{x^3+1} \cdot (x^3+1)' \cdot \frac{1}{\ln 4} = \frac{3x^2}{(x^3+1)\ln 4}$

(d) $y' = \frac{1}{x-x^4} \cdot (x-x^4)' \cdot \frac{1}{\ln 5} = \frac{1-4x^3}{(x-x^4)\ln 5}$

7.4 삼각함수의 미분

기본적인 삼각함수의 도함수는 다음과 같다.

정리 7-9 삼각함수의 미분법

(1) $y=\sin x$이면 $y'=\cos x$이다.

(2) $y=\cos x$이면 $y'=-\sin x$이다.

(3) $y=\tan x$이면 $y'=\sec^2 x$이다.

사인함수를 미분할 때와 달리 코사인함수를 미분하면 사인함수 앞에 $-$가 붙는다. 삼각함수를 포함한 함수를 미분할 때는 [정리 7-9]의 삼각함수의 미분법과 [정리 7-2]의 미분법의 기본 공식을 이용한다.

예제 7-10

다음 함수를 미분하라.

(a) $y=x^3 \sin x$ (b) $y=\dfrac{\cos x}{x}$

TIP [정리 7-2]와 [정리 7-9]를 이용하여 미분한다.

풀이

(a) 주어진 함수는 $y=x^3$과 $y=\sin x$의 곱이므로, [정리 7-2]의 (4)를 적용하면

$$y'=(x^3)'\sin x+x^3(\sin x)'$$

이고, 위 식에 [정리 7-9]를 적용하면

$$y'=3x^2\sin x+x^3\cos x$$

이다.

(b) 주어진 함수는 $y=\cos x$를 $y=x$로 나눈 것이므로, [정리 7-2]의 (5)를 적용하면

$$y'=\frac{(\cos x)'\cdot x-\cos x\cdot (x)'}{x^2}$$

이고, 위 식에 [정리 7-9]를 적용하면

$$y' = \frac{-x\sin x - \cos x}{x^2}$$

이다.

일반적으로 삼각함수의 미분은 [정리 7-10]과 같이 기본적인 삼각함수의 미분법과 연쇄법칙을 이용하여 구한다.

정리 7-10 연쇄법칙을 이용한 삼각함수의 미분법

(1) $y = \sin(\ )$이면, $y' = \cos(\ ) \cdot (\ )'$이다.

(2) $y = \cos(\ )$이면, $y' = -\sin(\ ) \cdot (\ )'$이다.

(3) $y = \tan(\ )$이면, $y' = \sec^2(\ ) \cdot (\ )'$이다.

예제 7-11

다음 함수를 미분하라.

(a) $y = \sin(4x-1)$
(b) $y = \cos(x^2+x^5)$
(c) $y = \tan(x^2-1)$
(d) $y = \cos(\tan x)$

TIP [정리 7-10]의 연쇄법칙을 이용한 삼각함수의 미분법을 이용한다.

풀이

(a) $y' = \cos(4x-1) \cdot (4x-1)' = 4\cos(4x-1)$

(b) $y' = -\sin(x^2+x^5) \cdot (x^2+x^5)' = -(2x+5x^4)\sin(x^2+x^5)$

(c) $y' = \sec^2(x^2-1) \cdot (x^2-1)' = 2x\sec^2(x^2-1)$

(d) $y' = -\sin(\tan x) \cdot (\tan x)' = -\sin(\tan x)\sec^2 x$

연쇄법칙을 이용하여 $y = \sin^2 x = (\sin x)^2$을 미분하면

$$y' = 2(\sin x)^1 \cdot (\sin x)' = 2\sin x\cos x$$

이다. $y = \sin^2 3x = (\sin 3x)^2$일 때, y'을 구하려면 연쇄법칙을 두 번 적용한다.

$$y' = 2(\sin 3x)^1 \cdot (\sin 3x)' = 2\sin 3x \cdot (\cos 3x) \cdot (3x)' = 6\sin 3x\cos 3x$$

예제 7-12

다음 함수를 미분하라.

(a) $y = \sin^3(x^3 + x^2)$ (b) $y = \tan^2(\cos x)$

TIP [정리 7-10]의 연쇄법칙을 이용한 삼각함수의 미분법을 두 번 적용한다.

풀이

(a) $y = \sin^3(x^3 + x^2) = [\sin(x^3 + x^2)]^3$ 이므로,

$$\begin{aligned} y' &= 3[\sin(x^3 + x^2)]^2 \cdot [\sin(x^3 + x^2)]' \\ &= 3[\sin(x^3 + x^2)]^2 \cdot (\cos(x^3 + x^2) \cdot (x^3 + x^2)') \\ &= 3[\sin(x^3 + x^2)]^2 \cdot \cos(x^3 + x^2) \cdot (3x^2 + 2x) \\ &= 3(3x^2 + 2x)\sin^2(x^3 + x^2)\cos(x^3 + x^2) \end{aligned}$$

이다.

(b) $y = \tan^2(\cos x) = [\tan(\cos x)]^2$ 이므로,

$$\begin{aligned} y' &= 2[\tan(\cos x)]^1 \cdot [\tan(\cos x)]' \\ &= 2\tan(\cos x) \cdot (\sec^2(\cos x) \cdot (\cos x)') \\ &= 2\tan(\cos x) \cdot \sec^2(\cos x) \cdot (-\sin x) \\ &= -2\sin x \tan(\cos x)\sec^2(\cos x) \end{aligned}$$

이다.

[정리 7-9]의 삼각함수의 미분법과 [정리 7-2]의 미분법의 기본 공식을 이용하면, $y = \csc x = \dfrac{1}{\sin x}$, $y = \sec x = \dfrac{1}{\cos x}$, $y = \cot x = \dfrac{1}{\tan x}$ 의 미분도 계산할 수 있다.

(1) $y = \csc x$ 이면, $y' = (\csc x)' = \left(\dfrac{1}{\sin x}\right)' = \dfrac{-\cos x}{\sin^2 x} = -\csc x \cot x$ 이다.

(2) $y = \sec x$ 이면, $y' = (\sec x)' = \left(\dfrac{1}{\cos x}\right)' = \dfrac{\sin x}{\cos^2 x} = \sec x \tan x$ 이다.

(3) $y = \cot x$ 이면, $y' = (\cot x)' = \left(\dfrac{\cos x}{\sin x}\right)' = \dfrac{-\sin^2 x - \cos^2 x}{\sin^2 x} = -\dfrac{1}{\sin^2 x}$
$= -\csc^2 x$ 이다.

7.5 공학 문제

인구 감소

저출산과 고령화는 인구 문제의 핵심이다. 특히 저출산으로 인구가 감소하게 되면 노동력이 부족해 경제 성장이 둔화되는 심각한 문제가 발생한다. 또한 지방의 경우 저출산 문제뿐 아니라, 젊은 층의 수도권 집중으로 지역인구가 심각하게 유출되면서 공동화가 우려되고 있다.

[그림 7-4]는 2015년부터 2019년까지의 전국 출생아 수와 사망자 수의 변화를 보여준다. 2015년과 비교했을 때, 2019년의 출생아 수는 감소하고 사망자 수는 증가하여 총 인구가 감소했음을 확인할 수 있다.

[그림 7-4] 전국 출생아 수와 사망자 수[1]

1 〈출처〉 본 저작물은 '통계청'에서 '2020년' 작성하여 공공누리 제1유형으로 개방한 '2019년 12월 인구동향(작성자 : 김진, 김영수, 정호석, 최지형)'을 이용하였으며, 해당 저작물은 '통계청, kostat.go.kr'에서 무료로 다운받을 수 있다.

예제 7-13

다음은 통계청에서 발표한 예측 인구수[2]이다. 다음 물음에 답하라.

연도	2020년	2025년	2030년	2035년	2040년
인구수	51,780,579	51,905,126	51,926,953	51,629,895	50,855,376
연도	2045년	2050년	2055년	2060년	2065년
인구수	49,574,038	47,744,500	45,405,902	42,837,900	40,293,293

(a) 2020년에서 2030년까지 인구수의 평균변화율을 구하고 결과를 설명하라.

(b) 2035년에서 2065년까지 인구수의 평균변화율을 소수점 아래 첫째 자리까지의 근삿값으로 나타내고 결과를 설명하라.

TIP $[a, b]$ 에서 $f(x)$ 의 평균변화율은 $\dfrac{f(b)-f(a)}{b-a}$ 이다.

풀이

(a) 2020년에서 2030년까지 인구수의 평균변화율은

$$\frac{2030\text{년 인구수} - 2020\text{년 인구수}}{2030-2020} = \frac{51926953-51780579}{10} = 14637.4\text{이다.}$$

따라서 2020년부터 2030년까지 인구가 매년 약 14637명씩 증가할 것으로 예상된다.

(b) 2035년에서 2065년까지 인구수의 평균변화율은

$$\frac{2065\text{년 인구수} - 2035\text{년 인구수}}{2065-2035} = \frac{40293293-51629895}{30} \approx -377886.7\text{이다.}$$

따라서 2035년부터 2065년까지 인구가 매년 약 377887명씩 감소할 것으로 예상된다.

2 〈출처〉 본 저작물은 '통계청'에서 '2019년' 작성하여 공공누리 제1유형으로 개방한 '장래인구특별추계: 2017~2067년(작성자 : 김수영)'을 이용하였으며, 해당 저작물은 '통계청, kostat.go.kr'에서 무료로 다운받을 수 있다.

파동

물리학에서 에너지가 전파되는 가장 대표적인 현상은 파동이다. **파동**wave이란 공간이나 물질의 한 부분에서 생긴 주기적인 진동이 시간의 흐름에 따라 주위로 멀리 퍼져나가는 현상이다. 만약 잔잔한 수면 위에 조약돌을 던지면 동심원 모양의 **파문**ripple[3]이 생긴다. 이때 파동에서 같은 위상을 가진 서로 이웃한 두 점 사이의 거리를 **파장**wavelength이라 한다.

〈출처〉 https://www.pixabay.com

[그림 7-5] 파문

예제 7-14

어떤 조약돌을 수면에 던졌더니 가장 바깥쪽 파문의 반지름 길이가 매초 0.3 m 씩 커졌다고 한다. 이 조약돌이 수면 위에 닿은 지 t초 후 가장 바깥쪽 동심원(파문)의 반지름 길이를 $r(t)$, 동심원의 넓이를 $S(t)$라 할 때, 다음 물음에 답하라.

(a) 조약돌이 수면에 닿은 지 t초 후 가장 바깥쪽 동심원의 반지름 길이 $r(t)$를 구하라.

(b) $t=5$일 때 가장 바깥쪽 동심원의 넓이 변화율을 소수점 아래 둘째 자리까지의 근삿값으로 나타내라.

TIP 시간에 따른 동심원의 넓이의 변화율은 $\frac{dS}{dt}$이다.

풀이

(a) 동심원의 반지름 길이 변화율은 0.3 m/s 이므로, t초 후 가장 바깥쪽 동심원의 반지름 길이는

$$r(t)=0.3\times t=0.3t(\mathrm{m})$$

이다.

---

3 물결이 번지면서 만드는 물의 무늬를 말한다.

(b) (a)에 의하여 t초 후 가장 바깥쪽 동심원의 넓이는

$$S(t) = \pi\left(r(t)\right)^2 = \pi(0.09t^2) = 0.09\pi t^2(\mathrm{m}^2)$$

이다. 따라서 $\frac{dS}{dt} = 0.18\pi t$ 이므로, $t = 5$일 때 가장 바깥쪽 동심원의 넓이 변화율은

$$\left.\frac{dS}{dt}\right|_{t=5} = 0.18 \times 5\pi$$

이다. 이를 소수점 아래 둘째 자리까지의 근삿값으로 나타내면 $0.18 \times 5\pi \approx 2.83\mathrm{m}^2/\mathrm{s}$ 이다.

열역학 과정

열역학 과정thermodynamic process이란 열역학 법칙으로 이루어지는 과정을 말한다. 열역학 과정은 계의 상태가 평형 상태에 있는 가역 과정과 계가 원래 상태로 돌아왔을 때 주위 환경이 원래 상태와 다르게 변화하는 비가역 과정으로 나타난다. 이러한 열역학 과정은 네 단계로 나눌 수 있다. 그 중 **등온 압축**isothermal compression은 압축될 가스를 냉각하여 압축 전후 가스의 온도 변화가 없도록 하는 압축이다. 등온 압축을 이용하면 압축에 필요한 작업량을 줄일 수 있다.

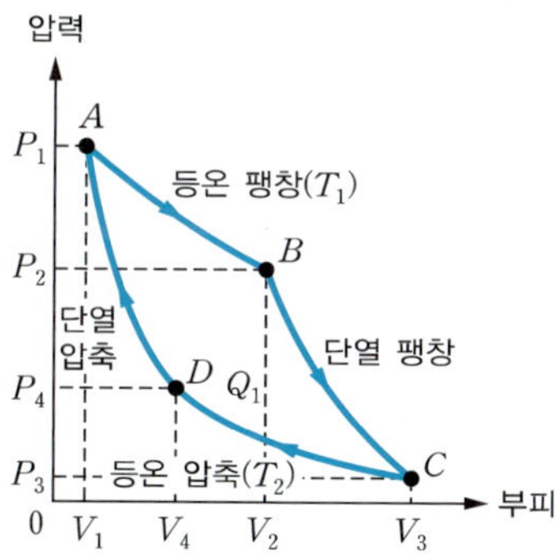

[그림 7-6] **열역학 과정**

열역학 과정

- **제1단계 등온 팽창**isothermal expansion : 일정한 온도 T_1에서 압력은 감소하고, 부피는 팽창하여 흡수한 열만큼 외부에 일을 한다($A \to B$).
- **제2단계 단열 팽창**adiabatic expansion : 열의 출입을 차단하여, 부피는 팽창하고 일을 한 만큼 온도는 하강한다($B \to C$).
- **제3단계 등온 압축**isothermal compression : 일정한 온도 T_2에서 압력은 증가하고, 부피는 수축하여 받은 일만큼 열을 방출한다($C \to D$).
- **제4단계 단열 압축**adiabatic compression : 열의 출입을 차단하여, 부피는 수축하고 일을 받은 만큼 온도는 상승한다($D \to A$).

예제 7-15

부피가 V, 압력이 P일 때 $V=\frac{4}{P}$가 성립한다고 하자. 이때 압축률은 다음과 같다.

$$\beta=-\frac{1}{V}\frac{dV}{dP}$$

$P=30$일 때, 압축률 β를 소수점 아래 셋째 자리까지의 근삿값으로 나타내라.

TIP $V=\frac{4}{P}$에서 $\frac{dV}{dP}$를 구한 후 $P=30$을 대입한다.

풀이

$P=30$일 때, $V=\frac{4}{P}$에서 $V=\frac{4}{30}=\frac{2}{15}$이다. 또한 $V=\frac{4}{P}$의 양변을 P로 미분하면 $\frac{dV}{dP}=-\frac{4}{P^2}$이므로 이를 압축률 공식에 대입하면,

$$\beta=-\frac{1}{V}\frac{dV}{dP}=-\frac{1}{V}\left(-\frac{4}{P^2}\right)=\frac{4}{VP^2}$$

이다. 따라서 $V=\frac{2}{15}$, $P=30$을 대입하면,

$$\beta(30)=\frac{4}{\frac{2}{15}\cdot 30^2}=\frac{1}{30}\approx 0.033$$

이다.

사이클로이드 곡선

사이클로이드 곡선cycloid curve이란 자전거 바퀴의 궤적과 같이 원 위에 한 점을 찍고 직선 위에 굴렸을 때 점이 그리며 나아가는 곡선을 말한다.

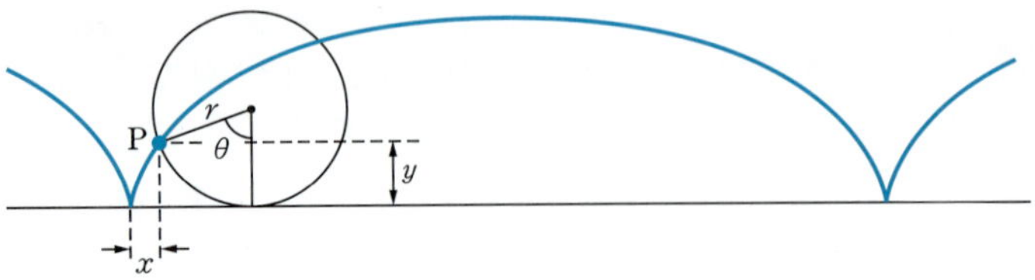

[그림 7-7] 사이클로이드 곡선

[그림 7-7]과 같이 x축 위를 지나는 원의 반지름을 r, 원의 회전 각도를 θ, 고정점 P의 처음 위치를 원점이라 하면, 점 P의 위치는 매개변수 θ를 이용하여 다음과 같이 나타낼 수 있다.

$$x = r(\theta - \sin\theta),\ y = r(1 - \cos\theta)$$

매개변수함수의 미분법을 이용하면 다음과 같이 사이클로이드 곡선의 순간변화율, 즉 순간속도를 구할 수 있다.

$$\frac{dy}{dx} = \frac{\frac{dy}{d\theta}}{\frac{dx}{d\theta}} = \frac{\sin\theta}{1 - \cos\theta}$$

예제 7-16

반지름이 1인 원에서 사이클로이드 곡선 위의 점의 좌표는 다음과 같다.

$$x = \theta - \sin\theta,\ y = 1 - \cos\theta$$

$\theta = \frac{\pi}{2}$일 때 사이클로이드 곡선의 접선의 방정식을 구하라.

TIP [정리 7-5]의 매개변수함수의 미분법을 이용하여 도함수를 구한 다음, 접선의 기울기를 구한다.

풀이

$\frac{dy}{dx} = \frac{\sin\theta}{1 - \cos\theta}$에서 $\theta = \frac{\pi}{2}$를 대입하면 $\frac{dy}{dx} = 1$이다.

$\theta = \frac{\pi}{2}$일 때, $x = \frac{\pi}{2} - 1$, $y = 1$이므로 접선의 방정식은 $y - 1 = 1\left(x - \frac{\pi}{2} + 1\right)$이고, 이를 정리하면 $y = x - \frac{\pi}{2} + 2$이다.

Chapter 07 연습문제

7.1 $f(x)=x^2+2x+3$일 때, 다음을 구하라.

(a) x가 0에서 1까지 변할 때, $f(x)$의 평균변화율
(b) x가 -1에서 1까지 변할 때, $f(x)$의 평균변화율
(c) x가 2에서 -1까지 변할 때, $f(x)$의 평균변화율

7.2 $f(x)=-x^2+3x+1$일 때, 다음을 구하라.

(a) $x=0$에서 $f(x)$의 순간변화율
(b) $x=1$에서 $f(x)$의 순간변화율
(c) $x=-2$에서 $f(x)$의 순간변화율

7.3 다음 함수의 도함수를 구하라.

(a) $f(x)=\sqrt[6]{x}$
(b) $g(x)=\sqrt[3]{x^7}$
(c) $h(x)=\dfrac{1}{x^{2\pi}}$
(d) $k(x)=\dfrac{1}{x^{\sqrt{3}}}$
(e) $l(x)=\pi^3$
(f) $m(x)=\sqrt[3]{5}$

7.4 다음 함수를 미분하라.

(a) $y=x^6+\sqrt{x}$
(b) $y=3x^4-5x^8$
(c) $y=(x^6+1)(x^3-4x)$
(d) $y=(3-x^3)(1-4x^5)$
(e) $y=\dfrac{3x-2}{x^2+3}$
(f) $y=\dfrac{x^2+5x}{2-3x^4}$

7.5 다음 함수를 미분하라.

(a) $y=(3x+4)^5$
(b) $y=(2x^2+3)^5$
(c) $y=(x^2-3)^3$
(d) $y=(-2x^7+x)^2$
(e) $y=\dfrac{1}{(x^2+2x+4)^3}$
(f) $y=\dfrac{1}{(3-3x-x^3)^4}$

7.6 다음 함수를 미분하라.

(a) $y=\sqrt{2x^3+1}$

(b) $y=\sqrt[3]{(3x+1)^4}$

(c) $y=\sqrt[4]{2-x^3}$

(d) $y=\sqrt[6]{(3-2x^4)^5}$

(e) $y=\dfrac{1}{\sqrt[3]{x^2+x}}$

(f) $y=\dfrac{1}{\sqrt[4]{(2-x^7)^3}}$

7.7 다음을 구하라.

(a) $x=3t^2+4t,\ y=t^5-1$일 때, $\dfrac{dy}{dx}$

(b) $x=\sqrt[3]{u},\ y=u-\dfrac{1}{u^2}$일 때, $\dfrac{dy}{dx}$

(c) $x=s^3-\ln s,\ y=e^s+\cos s$일 때, $\dfrac{dx}{dy}$

(d) $x=\sin^4\theta,\ y=\cos^2\theta$일 때, $\dfrac{dx}{dy}$

7.8 다음 함수를 미분하라.

(a) $y=e^{x^3+1}$

(b) $y=e^{3-x-x^3}$

(c) $y=11^x$

(d) $y=27^x$

(e) $y=4^{x+3}$

(f) $y=7^{3-x^2}$

(g) $y=2^{x+\frac{1}{x}}$

(h) $y=3^{\sqrt{x}-\frac{1}{\sqrt{x}}}$

7.9 다음 함수를 미분하라.

(a) $y=\ln(x^4+x)$

(b) $y=\ln(7-x^7)$

(c) $y=\log_6 x$

(d) $y=\log_{12} x$

(e) $y=\log_3(x^{11}+1)$

(f) $y=\log_5(2-x^4)$

(g) $y=\log_7\left(x+\dfrac{1}{x}\right)$

(h) $y=\log_9\left(\sqrt{x}-\dfrac{1}{\sqrt{x}}\right)$

7.10 다음 함수를 미분하라.

(a) $y = x^5 \sin x$　　(b) $y = (x^2+1)\cos x$

(c) $y = x^3 \tan x$　　(d) $y = \dfrac{\sin x}{x+3}$

(e) $y = \dfrac{2-x^2}{\cos x}$　　(f) $y = \dfrac{\tan x}{x^3+1}$

7.11 다음 함수를 미분하라.

(a) $y = \sin(3x^4+2)$　　(b) $y = \sin^5 \sqrt{x}$

(c) $y = \cos(\tan x)$　　(d) $y = \cos^4(\sin x)$

(e) $y = \tan(\cos x)$　　(f) $y = \tan^3(x^2+\sin x)$

7.12 다음은 통계청에서 발표한 연도별 출생아 수[4]이다. 다음 물음에 답하라.

연도	2010년	2011년	2012년	2013년	2014년
출생아 수	470,171	471,265	484,550	436,455	435,435
연도	2015년	2016년	2017년	2018년	2019년
출생아 수	438,420	406,243	357,771	326,822	303,100

(a) 2010년에서 2012년까지 출생아 수의 평균변화율을 구하고 결과를 설명하라.

(b) 2015년에서 2019년까지 출생아 수의 평균변화율을 구하고 결과를 설명하라.

7.13 직선 위를 움직이는 입자의 위치함수가 $s = f(t)$일 때 $v(t) = \dfrac{ds}{dt}$를 순간속도, 순간속도의 변화율 $a(t) = \dfrac{dv}{dt}$를 가속도라 한다. 입자의 위치가

$$s = f(t) = t^4 - 3t^3 + 2$$

일 때, 다음 물음에 답하라(단, s의 단위는 m이고 t의 단위는 sec이다).

(a) 시각 t일 때의 순간속도 $v(t)$와 가속도 $a(t)$를 구하라.

(b) 입자가 움직이는 방향을 바꿀 때의 시각을 구하라.

4 〈출처〉 본 저작물은 '통계청'에서 '2020년' 작성하여 공공누리 제1유형으로 개방한 '2019년 인구동향조사 출생·사망통계 잠정 결과(작성자 : 김진, 김영수, 정호석)'을 이용하였으며, 해당 저작물은 '통계청, kostat.go.kr'에서 무료로 다운받을 수 있다.

7.14 하늘을 나는 독수리가 먹잇감을 발견하면 사이클로이드 곡선을 따라 비행하여 최단 시간 내에 먹잇감에 도달한다.

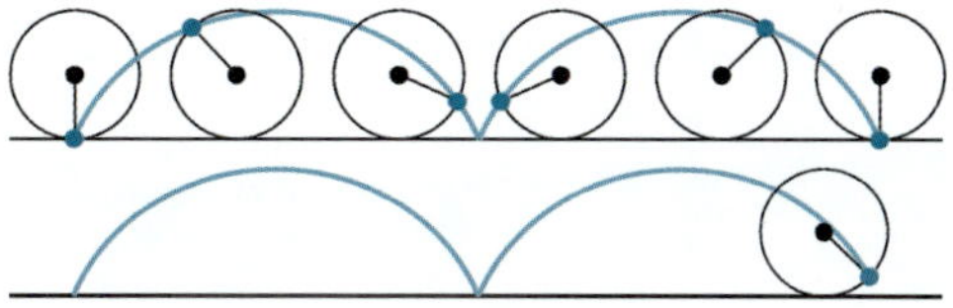

반지름이 2인 원에서 사이클로이드 곡선 위의 점의 좌표는 다음과 같다.

$$x = 2(\theta - \sin\theta), \quad y = 2(1 - \cos\theta)$$

$\theta = \dfrac{\pi}{3}$일 때, 사이클로이드 곡선의 접선의 기울기를 구하라.

7.15 🖩 절대온도가 T이고 압력이 P이며 부피가 V인 이상기체에 대한 법칙은

$$PV = nRT$$

이다. 이때 n은 가수의 몰 질량molar mass이고, R은 $R = 0.0821$인 기체 상수gas constant이다. $P = 4$일 때 $\dfrac{dP}{dt} = 0.2$이고 $V = 8$일 때 $\dfrac{dV}{dt} = -0.1$이라 하자. $n = 12$, $P = 4$, $V = 8$일 때 $\dfrac{dT}{dt}$를 소수점 아래 둘째 자리까지의 근삿값으로 나타내라.

Chapter 08

미분의 응용

Application of Differentiation

CONTENTS

학습목표

- 도함수를 이용하여 함수의 증가와 감소를 판정하는 방법을 학습한다.
- 함수의 극댓값과 극솟값, 최댓값과 최솟값을 구하는 방법을 익힌다.
- 평균값 정리를 이해하고 이를 응용한 로피탈의 법칙을 학습한다.
- 미분의 응용과 관련된 공학 문제를 학습한다.

영화 속의 폭발, 해일, 태풍과 같은 재해 장면이나 나뭇잎의 움직임, 유리잔 속의 물의 출렁임과 같은 작은 현상은 나비에-스토크스 방정식Navier-Stoke's equation을 기반으로 한 수학적 모형으로 구현된다.

〈출처〉 https://www.pixabay.com

나비에-스토크스 방정식은 다음과 같이 편미분으로 표현할 수 있다.

$$\frac{\partial u_i}{\partial t} + u_j \frac{\partial u_i}{\partial x_j} = f_i - \frac{1}{\rho} \frac{\partial p}{\partial x_i} + \nu \frac{\partial^2 u_i}{\partial x_j \partial x_j}$$

수학자가 밀도와 부피 같은 물리적 요소를 기초로 하여 물체의 움직임에 관한 식을 만들면, 공학자와 컴퓨터 프로그래머는 이 식을 이용하여 영화감독이 원하는 CG 영상을 구현한다.

이렇게 수학자가 만든 식은 여러 애니메이션의 CG 영상에 활용됐다. 예를 들어 우리나라에서 누적 관객이 1000만 명을 넘은 애니메이션 <겨울왕국>에서는 다양한 형태의 눈이 구현되었고, 애니메이션 <모아나>에서는 생동감이 있는 바다 풍경이 구현되기도 하였다.

8.1 함수의 증가와 감소

임계점

$y = x^2$은 구간 $(0, \infty)$에서 증가하고 구간 $(-\infty, 0)$에서 감소한다. 이와 같이 함수가 증가하는 구간과 감소하는 구간을 결정할 때, 임계점이 중요한 역할을 한다.

정의 8-1 임계점

$f(x)$의 정의역에 속한 점 $x = c$에서 $f'(c) = 0$이거나 $f'(c)$가 존재하지 않을 때, $x = c$를 $f(x)$의 **임계점**critical point이라 한다.

$f(x) = |x|$이면, $f(x)$의 정의역은 $\mathbb{R}$이고 $f'(0)$은 존재하지 않으므로 $x = 0$은 $f(x)$의 임계점이다.

$g(x) = x^3 - 3x$의 정의역을 $[0, 2]$로 제한하면 $g'(x) = 3x^2 - 3$이므로 $g'(-1) = 0$, $g'(1) = 0$이다. 하지만 $-1 \notin [0, 2]$, $1 \in [0, 2]$이므로 $x = 1$만이 정의역 $[0, 2]$에서 $g(x)$의 임계점이다.

$h(x) = \dfrac{1}{x-1}$이면, $h(x)$의 정의역은 $\mathbb{R} - \{1\}$이고, $h'(x) = -\dfrac{1}{(x-1)^2}$이므로 $h'(1)$은 존재하지 않는다. 하지만 $x = 1$은 정의역에 속한 점이 아니므로 $x = 1$은 $h(x)$의 임계점이 아니다. 따라서 $h(x)$는 임계점을 갖지 않는다.

예제 8-1

다음 함수의 임계점을 구하라.

(a) $f(x) = x^3 - 9x^2 + 1$ (b) $g(x) = \sqrt{x}\,(x+1)$

TIP 주어진 함수의 정의역을 확인하고 임계점을 구한다.

풀이

(a) $f(x)$의 정의역은 $\mathbb{R}$이고

$$f'(x) = 3x^2 - 18x = 3x(x-6)$$

이므로, $x = 0$, $x = 6$일 때 $f'(x) = 0$이다. 따라서 $x = 0$과 $x = 6$은 $f(x)$의 임계점이다.

(b) $g(x)$의 정의역은 $[0, \infty)$이고

$$g'(x) = \frac{1}{2\sqrt{x}}(x+1) + \sqrt{x} = \frac{3x+1}{2\sqrt{x}}$$

이므로, $x = -\frac{1}{3}$일 때 $g'(x) = 0$이고 $x = 0$일 때 $g'(x)$는 존재하지 않는다. 하지만 $-\frac{1}{3} \notin [0, \infty)$이므로 $x = 0$만이 $g(x)$의 임계점이다.

증가와 감소

$f(x) = -x^2$의 그래프를 그려보면, $f(x)$는 $(-\infty, 0)$에서 증가하고, $(0, \infty)$에서 감소함을 알 수 있다. 이와 같은 함수의 증가와 감소에 대한 수학적 정의는 다음과 같다.

정의 8-2 함수의 증가와 감소

I가 구간이고, $f: I \to \mathbb{R}$ 이라 하자.

(1) I에서 $x_1 < x_2$인 모든 x_1, x_2에 대하여 $f(x_1) < f(x_2)$이면, $f(x)$는 I에서 **증가한다**increasing고 한다.

(2) I에서 $x_1 < x_2$인 모든 x_1, x_2에 대하여 $f(x_1) > f(x_2)$이면, $f(x)$는 I에서 **감소한다**decreasing고 한다.

[그림 8-1]에서 알 수 있듯이, 함수가 증가하면 접선의 기울기는 양수이고, 함수가 감소하면 접선의 기울기는 음수이다.

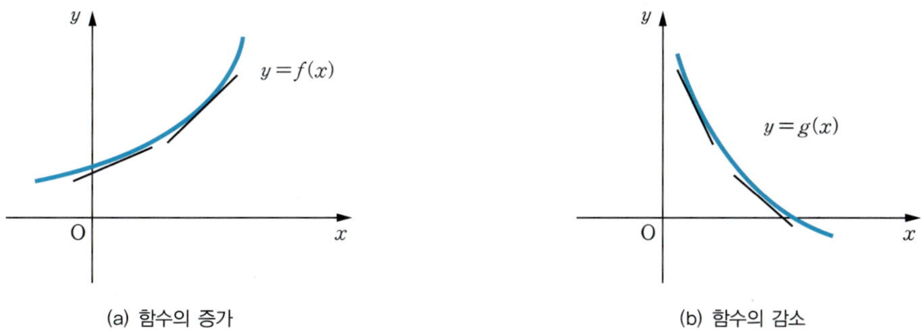

[그림 8-1] 함수의 증가와 감소

앞 결과를 이용하여 다음 정리를 얻을 수 있다.

정리 8-1 함수의 증가와 감소

I가 구간이고, $f: I \to \mathbb{R}$ 이라 하자.

(1) I에 속한 모든 점 x에서 $f'(x) > 0$이면, f는 I에서 증가한다.

(2) I에 속한 모든 점 x에서 $f'(x) < 0$이면, f는 I에서 감소한다.

[정리 8-1]을 이용하여 함수가 증가하는 구간과 감소하는 구간을 다음과 같이 판정한다.

정리 8-2 증가 구간과 감소 구간 판별법

[1단계] $f(x)$의 임계점을 모두 구한다.

[2단계] 임계점을 이용하여 정의역을 소구간으로 나눈다.

[3단계] 소구간에서 한 점을 선택하여 그 점에서 $f'(x)$의 값이 양수이면 소구간에서 함수가 증가한다고 판정하고, $f'(x)$의 값이 음수이면 소구간에서 함수가 감소한다고 판정한다.

예제 8-2

다음 함수가 증가하는 구간과 감소하는 구간을 구하라.

(a) $f(x) = x^2 - 3x$ (b) $g(x) = \sqrt{x}\,(x-3)$

(c) $h(x) = \dfrac{x-1}{x-2}$ (d) $k(x) = \dfrac{1}{(x+2)^2}$

TIP 주어진 함수의 정의역을 확인하고 임계점을 구한 후 증가와 감소를 판정한다.

풀이

(a) $f(x)$의 정의역은 $\mathbb{R}$ 이고

$$f'(x) = 2x - 3$$

이므로, $f'\left(\dfrac{3}{2}\right) = 0$이다. 따라서 $x = \dfrac{3}{2}$은 $f(x)$의 임계점이다. 먼저 정의역 $\mathbb{R}$을 두 소구간 $\left(-\infty, \dfrac{3}{2}\right)$과 $\left(\dfrac{3}{2}, \infty\right)$로 나눈다. $\left(-\infty, \dfrac{3}{2}\right)$에서 $x = 0$을 선택하면 $f'(0) < 0$이므로, $f(x)$는 $\left(-\infty, \dfrac{3}{2}\right)$에서 감소한다. 또한 $\left(\dfrac{3}{2}, \infty\right)$에서 $x = 2$를 선택하면 $f'(2) > 0$이므로, $f(x)$는 $\left(\dfrac{3}{2}, \infty\right)$에서 증가한다.

(b) $g(x)$의 정의역은 $[0, \infty)$이고

$$g'(x) = \frac{1}{2\sqrt{x}}(x-3) + \sqrt{x} = \frac{3x-3}{2\sqrt{x}}$$

이므로, $g'(1) = 0$이고 $g'(0)$은 존재하지 않는다. $0, 1 \in [0, \infty)$이므로 $x = 0$과 $x = 1$은 모두 $g(x)$의 임계점이다. 먼저 정의역 $[0, \infty)$를 두 소구간 $[0, 1)$과 $(1, \infty)$로 나눈다. $[0, 1)$에서 $x = \frac{1}{2}$을 선택하면 $g'(\frac{1}{2}) < 0$이므로, $g(x)$는 $[0, 1)$에서 감소한다. 또한 $(1, \infty)$에서 $x = 2$를 선택하면 $g'(2) > 0$이므로, $g(x)$는 $(1, \infty)$에서 증가한다.

(c) $h(x)$의 정의역은 $\mathbb{R} - \{2\} = (-\infty, 2) \cup (2, \infty)$이고

$$h'(x) = \frac{1 \cdot (x-2) - (x-1) \cdot 1}{(x-2)^2} = -\frac{1}{(x-2)^2}$$

이므로, $h'(2)$는 존재하지 않는다. 하지만 $2 \notin (-\infty, 2) \cup (2, \infty)$이므로, $x = 2$는 $h(x)$의 임계점이 아니다. 따라서 $h(x)$는 임계점을 갖지 않는다. $(-\infty, 2)$에서 $x = -3$을 선택하면 $h'(-3) < 0$이고, $(2, \infty)$에서 $x = 3$을 선택해도 $h'(3) < 0$이다. 따라서 $h(x)$는 $(-\infty, 2) \cup (2, \infty)$에서 감소한다.

(d) $k(x)$의 정의역은 $\mathbb{R} - \{-2\} = (-\infty, -2) \cup (-2, \infty)$이고

$$k'(x) = -\frac{2}{(x+2)^3}$$

이므로 $k'(-2)$는 존재하지 않는다. 하지만 $-2 \notin (-\infty, -2) \cup (-2, \infty)$이므로 $x = -2$는 $k(x)$의 임계점이 아니다. 따라서 $k(x)$는 임계점을 갖지 않는다. $(-\infty, -2)$에서 $x = -3$을 선택하면 $k'(-3) > 0$이므로 $k(x)$는 $(-\infty, -2)$에서 증가한다. 또한 $(-2, \infty)$에서 $x = 0$을 선택하면 $k'(0) < 0$이므로 $k(x)$는 $(-2, \infty)$에서 감소한다.

8.2 함수의 극댓값과 극솟값

극댓값과 극솟값

함수의 가장 큰 값을 설명할 때 극댓값과 최댓값을 사용한다. 그렇다면 극댓값과 최댓값의 차이는 무엇일까? 기본적으로 극댓값은 주어진 점의 작은 근방에서 가장 큰 값을 의미하고, 최댓값은 정의역 전체에서 가장 큰 값을 의미한다. 극솟값과 최솟값도 비슷한 의미를 갖는다.

정의 8-3 극댓값과 극솟값

$c \in D$ 이고, $f: D \to \mathbb{R}$ 이라 하자.

(1) $c \in I \subset D$인 적당한 개구간 I가 존재하고 모든 $x \in I$에 대하여

$$f(x) \leq f(c)$$

이면, $f(x)$는 $x = c$에서 **극댓값** local maximum $f(c)$를 갖는다고 한다.

(2) $c \in I \subset D$인 적당한 개구간 I가 존재하고 모든 $x \in I$에 대하여

$$f(x) \geq f(c)$$

이면, $f(x)$는 $x = c$에서 **극솟값** local minimum $f(c)$를 갖는다고 한다.

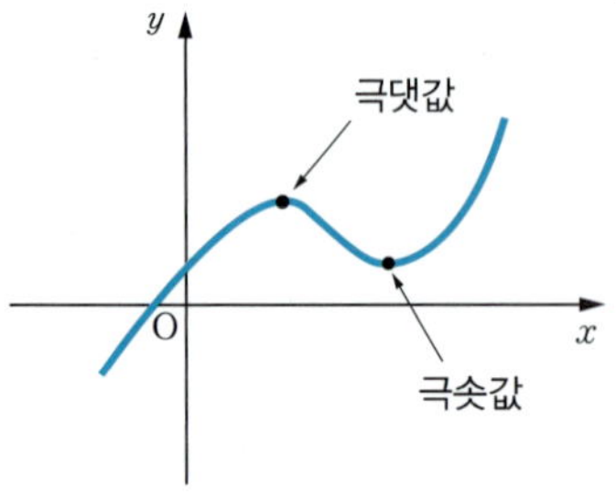

[그림 8-2] 함수의 극댓값과 극솟값

극댓값과 극솟값을 통틀어 **극값** local extreme value이라 한다. [그림 8-2]에서 알 수 있듯이 함수는 극댓값을 기준으로 증가하다가 감소하고, 극솟값을 기준으로 감소하다가 증가한다. 이 결과를 이용하여 함수의 극값을 다음과 같이 판정한다.

정리 8-3 극값 판정법

$f(x)$가 $x=c$에서 연속이고 $x=c$가 임계점이라 하자. $x=c$의 근방에서

(1) $f'(x)$의 부호가 양에서 음으로 바뀌면, $f(x)$는 $x=c$에서 극댓값 $f(c)$를 갖는다.

(2) $f'(x)$의 부호가 음에서 양으로 바뀌면, $f(x)$는 $x=c$에서 극솟값 $f(c)$를 갖는다.

(3) $x=c$의 근방에서 $f'(x)$의 부호가 바뀌지 않으면, $f(x)$는 $x=c$에서 극값을 갖지 않는다.

예제 8-3

다음 함수의 극값을 구하라.

(a) $f(x)=x^3-6x^2+1$ (b) $g(x)=\sqrt[3]{x^2}$

TIP 임계점 근방에서 도함수의 부호가 변하는 것을 확인하고 [정리 8-3]을 이용하여 극값을 구한다.

풀이

(a) $f(x)$의 정의역은 $(-\infty, \infty)$이고

$$f'(x)=3x^2-12x=3x(x-4)$$

이므로, $x=0$, $x=4$에서 $f'(x)=0$이다. 따라서 $f(x)$의 임계점은 $x=0$과 $x=4$이다. 임계점을 이용하여 정의역을 세 소구간 $(-\infty, 0)$, $(0, 4)$, $(4, \infty)$로 나눈다. $(-\infty, 0)$에서 $x=-1$을 선택하면 $f'(-1)>0$이므로, $f(x)$는 $(-\infty, 0)$에서 증가한다. $(0, 4)$에서 $x=1$을 선택하면 $f'(1)<0$이므로, $f(x)$는 $(0, 4)$에서 감소한다. $(4, \infty)$에서 $x=5$를 선택하면 $f'(5)>0$이므로, $f(x)$는 $(4, \infty)$에서 증가한다.

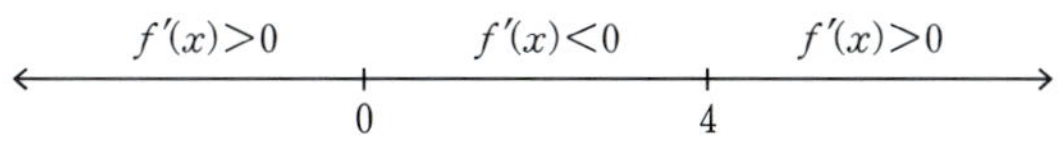

따라서 [정리 8-3]에 의하여 $f(x)$는 $x=0$에서 극댓값 $f(0)=1$을 갖고, $x=4$에서 극솟값 $f(4)=-31$을 갖는다.

(b) $g(x)$의 정의역은 $(-\infty, \infty)$이고

$$g'(x)=\frac{2}{3}x^{-\frac{1}{3}}=\frac{2}{3\sqrt[3]{x}}$$

이므로, $x=0$에서 $g'(x)$는 존재하지 않는다. 따라서 $g(x)$의 임계점은 $x=0$이다. 임계점을 이용하여 정의역을 두 소구간 $(-\infty, 0)$, $(0, \infty)$로 나눈다. $(-\infty, 0)$에서 $x=-1$을 선택하면 $g'(-1)<0$이므로, $g(x)$는 $(-\infty, 0)$에서 감소한다. 또한 $(0, \infty)$에서 $x=1$을 선택하면 $g'(1)>0$이므로, $g(x)$는 $(0, \infty)$에서 증가한다.

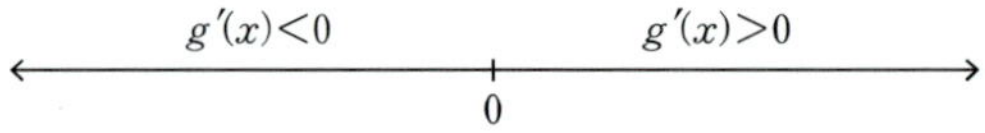

따라서 [정리 8-3]에 의하여 $g(x)$는 $x=0$에서 극솟값 $g(0)=0$을 갖는다.

$h(x)=x^3$이면, $h(x)$의 정의역은 $(-\infty, \infty)$이고, $h'(x)=3x^2$이므로 $h(x)$의 임계점은 $x=0$이다. $(-\infty, 0)$에서 $x=-1$을 선택하면 $h'(-1)>0$이므로, $h(x)$는 $(-\infty, 0)$에서 증가한다. 또한 $(0, \infty)$에서 $x=1$을 선택하면 $h'(1)>0$이므로, $h(x)$는 $(0, \infty)$에서도 증가한다.

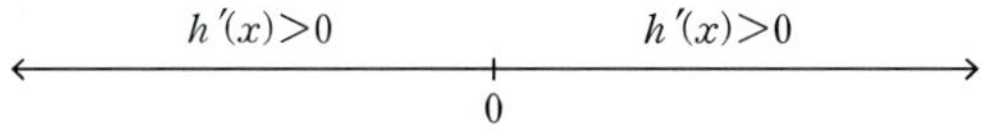

따라서 $h(x)$는 $x=0$에서 극값을 갖지 않는다. 즉, 임계점의 근방에서 함수의 증감이 바뀌지 않으면 함수는 극값을 갖지 않는다.

최댓값과 최솟값

정의역 전체에서 가장 큰 함숫값이 최댓값이고 가장 작은 함숫값이 최솟값이다. 최댓값과 최솟값에 대한 수학적 정의는 다음과 같다.

정의 8-4 최댓값과 최솟값

$c \in D$이고, $f: D \to \mathbb{R}$이라 하자.

(1) 모든 $x \in D$에 대하여

$$f(x) \leq f(c)$$

이면, $f(x)$는 $x=c$에서 **최댓값** global maximum $f(c)$를 갖는다고 한다.

(2) 모든 $x \in D$에 대하여

$$f(x) \geq f(c)$$

이면, $f(x)$는 $x=c$에서 **최솟값** global minimum $f(c)$를 갖는다고 한다.

정리 8-4 최대 · 최소 정리

$f(x)$가 폐구간 $[a, b]$에서 연속이면, $f(x)$는 최댓값과 최솟값을 갖는다.

[정리 8-4]에 의하여 폐구간에서 연속인 함수는 반드시 해당 구간에서 최댓값과 최솟값을 갖는다. 최댓값과 최솟값은 다음과 같이 극댓값과 극솟값을 이용하여 구한다.

정리 8-5 최댓값과 최솟값을 구하는 방법

[1단계] $f(x)$가 폐구간 $[a, b]$에서 연속임을 확인한다.

[2단계] $[a, b]$에서 $f(x)$의 모든 임계점을 구한다.

[3단계] $\{f(a), f(\text{임계점}), f(b)\}$ 중 가장 큰 값이 최댓값이고 가장 작은 값이 최솟값이다.

[정리 8-5]에서 $f(x)$가 임계점에서 극댓값을 갖는지 또는 극솟값을 갖는지를 확인할 필요는 없다. 또한 폐구간 $[a, b]$에 $f(x)$의 임계점이 없는 경우에는 $f(a)$와 $f(b)$ 중 큰 값이 최댓값이고, 작은 값이 최솟값이다.

예제 8-4

주어진 정의역에서 함수의 최댓값과 최솟값을 구하라.

(a) $f(x) = x^3 - 3x^2 + 3$, $[1, 4]$

(b) $f(x) = x^3 - 3x^2 + 3$, $[-3, 3]$

TIP 주어진 정의역에서 임계점을 구한 다음, [정리 8-5]를 이용하여 최댓값과 최솟값을 구한다.

풀이

(a) $f(x)$는 다항함수이므로 폐구간 $[1, 4]$에서 연속이다.

$$f'(x) = 3x^2 - 6x = 3x(x-2)$$

이므로, $[1, 4]$에서 $f(x)$의 임계점은 $x = 2$이다.
이때 $f(1) = 1$, $f(2) = -1$, $f(4) = 19$이므로, $[1, 4]$에서 $f(x)$의 최댓값은 19이고 최솟값은 -1이다.

(b) $f(x)$는 다항함수이므로 폐구간 $[-3, 3]$에서 연속이다.

$$f'(x) = 3x^2 - 6x = 3x(x-2)$$

이므로, $[-3, 3]$에서 $f(x)$의 임계점은 $x = 0$과 $x = 2$이다.
이때 $f(-3) = -51$, $f(0) = 3$, $f(2) = -1$, $f(3) = 3$이므로, $[-3, 3]$에서 $f(x)$의 최댓값은 3이고 최솟값은 -51이다.

[예제 8-4]에서 알 수 있듯이, 함수가 같아도 정의역이 서로 다르면 최댓값과 최솟값이 다를 수 있음을 주의해야 한다.

8.3 평균값 정리

롤의 정리

평균값 정리는 미분과 관련하여 가장 중요한 정리이다. 평균값 정리를 이해하려면 우선 **롤의 정리**Rolle's theorem를 알아야 한다.

> **정리 8-6 롤의 정리**
> $f(x)$가 폐구간 $[a, b]$에서 연속이고 개구간 (a, b)에서 미분가능하며 $f(a) = f(b)$이면, $f'(c) = 0$인 c가 (a, b)에 적어도 하나 존재한다.

[그림 8-3]에서 알 수 있듯이 $f(x)$가 폐구간 $[a, b]$에서 상수함수이면, 개구간 (a, b)의 모든 점 c에서 $f'(c) = 0$이 성립한다.

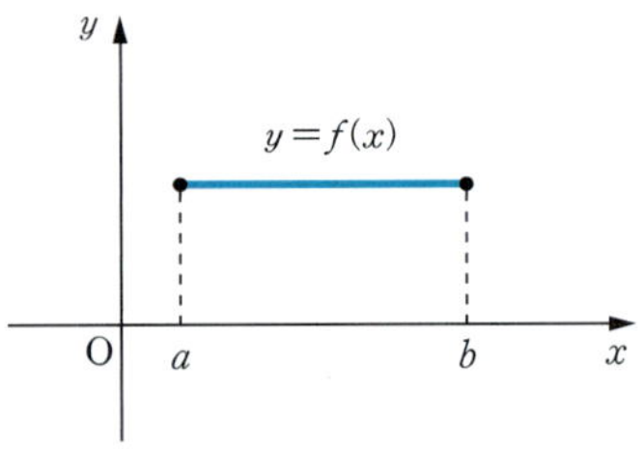

[그림 8-3] 상수함수에 대한 롤의 정리

[그림 8-4]에서 알 수 있듯이 $f(x)$가 폐구간 $[a, b]$에서 상수함수가 아니면, 개구간 (a, b)에서 함수가 극값을 갖는 점 c에서 $f'(c) = 0$이 성립한다.

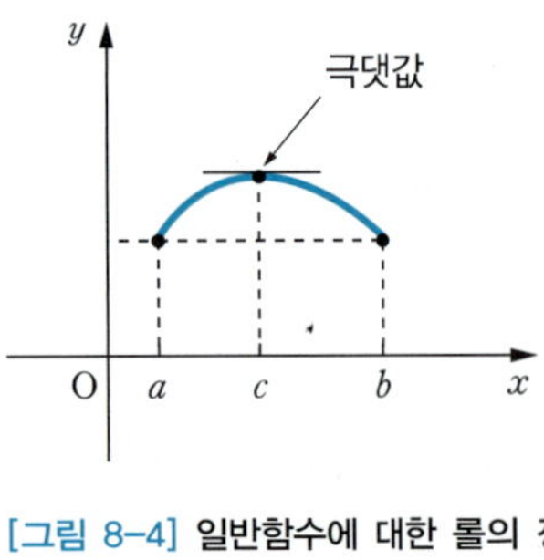

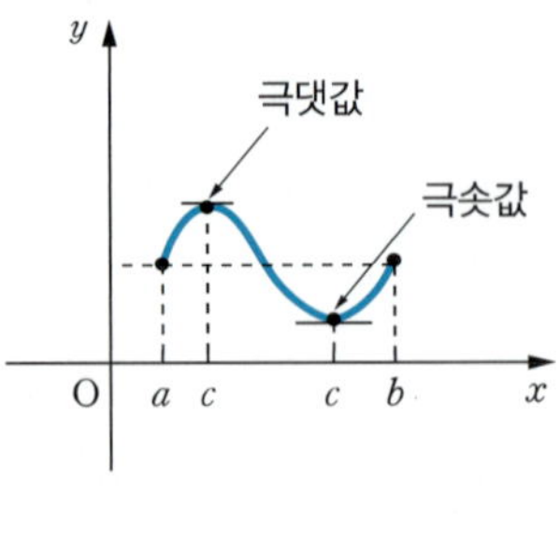

[그림 8-4] 일반함수에 대한 롤의 정리

예제 8-5

다음을 증명하라.

(a) $f(x)=x^2-2$일 때, $f'(c)=0$인 c가 $(-1, 1)$에 존재한다.

(b) $g(x)=\sin x$일 때, $g'(d)=0$인 d가 $(0, \pi)$에 존재한다.

TIP 주어진 함수가 롤의 정리의 조건을 만족함을 확인한 후, 롤의 정리를 적용한다.

풀이

(a) $f(x)$는 폐구간 $[-1, 1]$에서 연속이고 개구간 $(-1, 1)$에서 미분가능하며 $f(-1)=f(1)$이다. 따라서 롤의 정리에 의하여, $f'(c)=0$인 c가 $(-1, 1)$에 적어도 하나 존재한다.

(b) $g(x)$는 폐구간 $[0, \pi]$에서 연속이고 개구간 $(0, \pi)$에서 미분가능하며 $g(0)=g(\pi)$이다. 따라서 롤의 정리에 의하여, $g'(d)=0$인 d가 $(0, \pi)$에 적어도 하나 존재한다.

평균값 정리

롤의 정리를 일반화한 정리가 바로 **평균값 정리**mean value theorem이다.

정리 8-7 평균값 정리

$f(x)$가 폐구간 $[a, b]$에서 연속이고 개구간 (a, b)에서 미분가능하면,

$$f'(c)=\frac{f(b)-f(a)}{b-a}$$

인 c가 (a, b)에 적어도 하나 존재한다.

[그림 8-5]에서 $\frac{f(b)-f(a)}{b-a}$는 두 점 $(a, f(a))$, $(b, f(b))$를 지나는 직선의 기울기이다. $f(x)$는 $[a, b]$에서 연속이므로, 이 직선을 평행이동하면 $f(x)$의 그래프와 접하는 지점이 있다. 접하는 지점 $x=c$에서 접선의 기울기는 $f'(c)$이므로, $f'(c)=\frac{f(b)-f(a)}{b-a}$임을 알 수 있다.

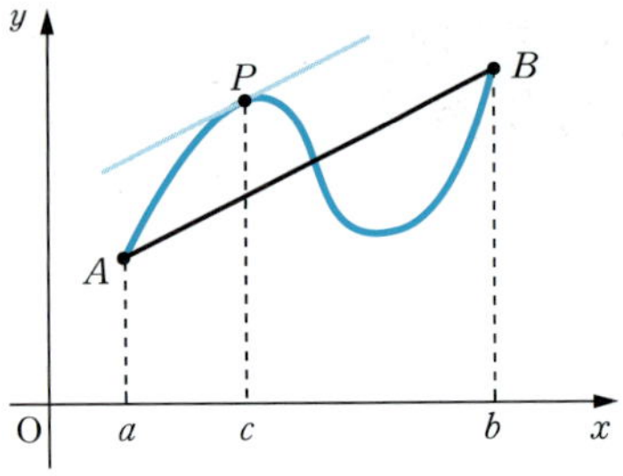

[그림 8-5] **평균값 정리**

평균값 정리에서 $f(a)=f(b)$의 조건을 추가하면

$$f'(c)=\frac{f(b)-f(a)}{b-a}=\frac{0}{b-a}=0$$

이 되어 롤의 정리와 같은 결과를 얻을 수 있다.

예제 8-6

다음을 증명하라.

(a) $f(x)=x^2-2$일 때, $f'(c)=2$인 c가 $(0,2)$에 존재한다.

(b) $g(x)=\sin x$일 때, $g'(d)=\frac{2}{\pi}$인 d가 $\left(0,\frac{\pi}{2}\right)$에 존재한다.

TIP 주어진 함수가 평균값 정리의 조건을 만족함을 확인한 후, 평균값 정리를 적용한다.

풀이

(a) $f(x)$는 폐구간 $[0,2]$에서 연속이고 개구간 $(0,2)$에서 미분가능하다. 따라서 평균값 정리에 의하여

$$f'(c)=\frac{f(2)-f(0)}{2-0}=\frac{2-(-2)}{2}=2$$

인 c가 $(0,2)$에 적어도 하나 존재한다.

(b) $g(x)$는 폐구간 $\left[0,\frac{\pi}{2}\right]$에서 연속이고 개구간 $\left(0,\frac{\pi}{2}\right)$에서 미분가능하다. 따라서 평균값 정리에 의하여

$$g'(d)=\frac{\sin\frac{\pi}{2}-\sin 0}{\frac{\pi}{2}-0}=\frac{1-0}{\frac{\pi}{2}}=\frac{2}{\pi}$$

인 d가 $\left(0,\frac{\pi}{2}\right)$에 적어도 하나 존재한다.

평균값 정리의 활용

적당한 함수를 선택하면 평균값 정리를 통해 무리수의 근삿값을 구할 수 있다. 예를 들어, $3 < \sqrt{10} < 4$이므로 $\sqrt{10}$은 3과 4 사이의 무리수이며, [예제 8-7]과 같이 무리수의 대소 관계와 평균값 정리를 활용하여 $\sqrt{10}$의 근삿값을 구할 수 있다.

예제 8-7

평균값 정리를 이용하여 $\sqrt{10}$의 근삿값을 구하라.

TIP 폐구간 $[9, 10]$에서 $f(x) = \sqrt{x}$에 평균값 정리를 적용하여 근삿값을 구한다.

풀이

$f(x) = \sqrt{x}$라 하면, $f(x)$는 폐구간 $[9, 10]$에서 연속이고 개구간 $(9, 10)$에서 미분가능하다. 따라서 평균값 정리에 의하여

$$f'(c) = \frac{f(10) - f(9)}{10 - 9} = \sqrt{10} - 3$$

인 c가 $(9, 10)$에 적어도 하나 존재한다. 도함수의 정의로부터 $f'(c) = \frac{1}{2\sqrt{c}}$이므로

$$\frac{1}{2\sqrt{c}} = \sqrt{10} - 3$$

이고 이를 정리하면

$$\sqrt{10} = 3 + \frac{1}{2\sqrt{c}}$$

이다. 이때 $\sqrt{9} < \sqrt{c} < \sqrt{10}$이므로 $\sqrt{36} < 2\sqrt{c} < \sqrt{40} < \sqrt{49}$이다. 따라서 $6 < 2\sqrt{c} < 7$이므로, $3 + \frac{1}{7} < \sqrt{10} < 3 + \frac{1}{6}$이 성립한다. 이 부등식을 이용하여 $\sqrt{10}$의 근삿값을 구하면,

$$3 + \frac{1}{2}\left(\frac{1}{7} + \frac{1}{6}\right) = 3\frac{13}{84}$$

이다.

[예제 8-7]에서 구한 $\sqrt{10}$의 근삿값 $3\frac{13}{84}$에 대한 오차는

$$\left|\sqrt{10} - 3\frac{13}{84}\right| < \frac{1}{2}\left(\frac{1}{6} - \frac{1}{7}\right) = \frac{1}{84} \approx 0.012$$

이다.

평균값 정리를 이용하면 주어진 함수의 최댓값 또는 최솟값에 대한 정보를 얻을 수 있다.

예제 8-8

다음을 구하라.

(a) $f(1)=1$이고 모든 x에 대하여 $f'(x) \le 3$일 때, $f(3)$의 최댓값

(b) $g(0)=3$이고 모든 x에 대하여 $-2 \le g'(x)$일 때, $g(3)$의 최솟값

TIP 주어진 함수가 평균값 정리의 조건을 만족함을 확인한 후, 적당한 범위를 선택하여 평균값 정리를 적용한다.

풀이

(a) $f(x)$는 폐구간 $[1, 3]$에서 연속이고 개구간 $(1, 3)$에서 미분가능하다. 평균값 정리와 가정에 의하여

$$\frac{f(3)-f(1)}{3-1} = f'(c) \le 3$$

인 c가 $(1, 3)$에 적어도 하나 존재한다. 따라서 $f(3)-1 \le 6$이므로 $f(3) \le 7$이다. 따라서 $f(3)$의 최댓값은 7이다.

(b) $g(x)$는 폐구간 $[0, 3]$에서 연속이고 개구간 $(0, 3)$에서 미분가능하다. 평균값 정리와 가정에 의하여

$$-2 \le g'(c) = \frac{g(3)-g(0)}{3-0}$$

인 c가 $(0, 3)$에 적어도 하나 존재한다. 따라서 $-6 \le g(3)-3$이므로 $-3 \le g(3)$이다. 따라서 $g(3)$의 최솟값은 -3이다.

8.4 로피탈의 법칙

6.2절에서 부정형의 정의와 부정형의 극한 계산법에 대해 이미 살펴보았다. 이 절에서는 평균값 정리를 응용한 로피탈의 법칙을 이용하여 좀 더 쉽고 빠르게 부정형의 극한을 계산해본다.

$\infty - \infty$ 꼴 부정형은 식을 변형하여 극한을 구할 수 있으며, $\frac{0}{0}$, $\frac{\infty}{\infty}$, $0 \cdot \infty$ 꼴 부정형의 극한은 로피탈의 법칙을 이용하여 계산할 수 있다. 로피탈의 법칙은 대수함수뿐 아니라 초월함수로 이루어진 부정형의 극한까지 적용할 수 있다는 점에서 유용하다.

$\frac{0}{0}$ 꼴 부정형의 극한 계산

$\lim_{x \to a} f(x) = 0$이고 $\lim_{x \to a} g(x) = 0$일 때, 로피탈의 법칙으로 $\lim_{x \to a} \frac{f(x)}{g(x)}$를 계산하는 방법을 알아보자.

정리 8-8 $\frac{0}{0}$ 꼴 부정형에 대한 로피탈의 법칙

$\lim_{x \to a} \frac{f(x)}{g(x)}$에 대하여,

[1단계] $\lim_{x \to a} f(x) = 0$이고 $\lim_{x \to a} g(x) = 0$임을 확인한다.

[2단계] $\lim_{x \to a} \frac{f'(x)}{g'(x)} = L$을 계산한다.

[3단계] [2단계] 결과에 따라 $\lim_{x \to a} \frac{f(x)}{g(x)} = L$이다.

예제 8-9

다음 극한을 구하라.

(a) $\lim_{x \to 2} \frac{x^2-4}{x-2}$　　(b) $\lim_{x \to 3} \frac{x-3}{x^2-9}$

(c) $\lim_{x \to 0} \frac{\ln(x+1)}{x}$　　(d) $\lim_{x \to 0} \frac{\sin x}{x}$

TIP 분자와 분모의 극한이 0에 가까워짐을 확인하고, 로피탈의 법칙을 적용한다.

풀이

(a) $\lim_{x \to 2}(x^2-4)=0$이고 $\lim_{x \to 2}(x-2)=0$이다. $\lim_{x \to 2}\frac{(x^2-4)'}{(x-2)'}=\lim_{x \to 2}\frac{2x}{1}=4$이므로,
로피탈의 법칙에 의하여 $\lim_{x \to 2}\frac{x^2-4}{x-2}=4$이다.

(b) $\lim_{x \to 3}(x-3)=0$이고 $\lim_{x \to 3}(x^2-9)=0$이다. $\lim_{x \to 3}\frac{(x-3)'}{(x^2-9)'}=\lim_{x \to 3}\frac{1}{2x}=\frac{1}{6}$이므로,
로피탈의 법칙에 의하여 $\lim_{x \to 3}\frac{x-3}{x^2-9}=\frac{1}{6}$이다.

(c) $\lim_{x \to 0}\ln(x+1)=0$이고 $\lim_{x \to 0}x=0$이다. $\lim_{x \to 0}\frac{(\ln(x+1))'}{x'}=\lim_{x \to 0}\frac{\frac{1}{x+1}}{1}=1$이므로,
로피탈의 법칙에 의하여 $\lim_{x \to 0}\frac{\ln(x+1)}{x}=1$이다.

(d) $\lim_{x \to 0}\sin x=0$이고 $\lim_{x \to 0}x=0$이다. $\lim_{x \to 0}\frac{(\sin x)'}{x'}=\lim_{x \to 0}\frac{\cos x}{1}=1$이므로,
로피탈의 법칙에 의하여 $\lim_{x \to 0}\frac{\sin x}{x}=1$이다.

[예제 8-9(a)]와 [예제 8-9(b)]는 6.2절에서와 같이 로피탈의 법칙을 사용하지 않고 분자 또는 분모를 인수분해한 후 약분하여 극한을 구할 수 있다. 하지만 [예제 8-9(c)]와 [예제 8-9(d)]는 초월함수를 포함하므로, 로피탈의 법칙을 사용해야만 극한을 쉽게 구할 수 있다.

$\frac{\infty}{\infty}$ 꼴 부정형의 극한 계산

$\lim_{x \to a} f(x) = \infty$ 이고 $\lim_{x \to a} g(x) = \infty$ 일 때, 로피탈의 법칙으로 $\lim_{x \to a} \frac{f(x)}{g(x)}$ 를 계산하는 방법을 알아보자.

정리 8-9 $\frac{\infty}{\infty}$ 꼴 부정형에 대한 로피탈의 법칙

$\lim_{x \to a} \frac{f(x)}{g(x)}$ 에 대하여,

[1단계] $\lim_{x \to a} f(x) = \infty$ 이고 $\lim_{x \to a} g(x) = \infty$ 임을 확인한다.

[2단계] $\lim_{x \to a} \frac{f'(x)}{g'(x)} = L$ 을 계산한다.

[3단계] [2단계] 결과에 따라 $\lim_{x \to a} \frac{f(x)}{g(x)} = L$ 이다.

[정리 8-9]는 $\lim_{x \to a} f(x) = -\infty$ 이거나 $\lim_{x \to a} g(x) = -\infty$ 인 경우에도 성립한다.

예제 8-10

다음 극한을 구하라.

(a) $\lim_{x \to \infty} \frac{e^x}{x}$

(b) $\lim_{x \to \infty} \frac{\ln x}{x}$

TIP 분자와 분모의 극한이 ∞에 가까워짐을 확인하고, 로피탈의 법칙을 적용한다.

풀이

(a) $\lim_{x \to \infty} e^x = \infty$ 이고 $\lim_{x \to \infty} x = \infty$ 이다. $\lim_{x \to \infty} \frac{(e^x)'}{x'} = \lim_{x \to \infty} \frac{e^x}{1} = \infty$ 이므로, 로피탈의 법칙에 의하여 $\lim_{x \to \infty} \frac{e^x}{x} = \infty$ 이다.

(b) $\lim_{x \to \infty} \ln x = \infty$ 이고 $\lim_{x \to \infty} x = \infty$ 이다. $\lim_{x \to \infty} \frac{(\ln x)'}{x'} = \lim_{x \to \infty} \frac{\frac{1}{x}}{1} = \lim_{x \to \infty} \frac{1}{x} = 0$ 이므로, 로피탈의 법칙에 의하여 $\lim_{x \to \infty} \frac{\ln x}{x} = 0$ 이다.

$0 \cdot \infty$ 꼴 부정형의 극한 계산

$\lim_{x \to a} f(x) = 0$이고 $\lim_{x \to a} g(x) = \infty$일 때, 로피탈의 법칙으로 $\lim_{x \to a} f(x)g(x)$를 계산하는 방법을 알아보자.

정리 8-10 $0 \cdot \infty$ 꼴 부정형에 대한 로피탈의 법칙

$\lim_{x \to a} f(x)g(x)$에 대하여,

[1단계] $\lim_{x \to a} f(x) = 0$이고 $\lim_{x \to a} g(x) = \infty$임을 확인한다.

[2단계] 주어진 극한을 $\lim_{x \to a} \dfrac{f(x)}{\dfrac{1}{g(x)}} = \dfrac{0}{0}$ 꼴로 변형하거나, $\lim_{x \to a} \dfrac{g(x)}{\dfrac{1}{f(x)}} = \dfrac{\infty}{\infty}$ 꼴로 변형한 후, [정리 8-8] 또는 [정리 8-9]를 이용하여 극한을 계산한다.

[정리 8-10]은 $\lim_{x \to a} g(x) = -\infty$인 경우에도 성립한다.

예제 8-11

다음 극한을 구하라.

(a) $\lim_{x \to \infty} x e^{-x}$　　(b) $\lim_{x \to 0^+} x \ln x$

TIP 주어진 함수의 극한이 $0 \cdot \infty$ 꼴임을 확인하고, 로피탈의 법칙을 적용한다.

풀이

(a) $\lim_{x \to \infty} x = \infty$이고 $\lim_{x \to \infty} e^{-x} = 0$이므로, 식을 변형한 후 로피탈의 법칙을 적용하면

$$\lim_{x \to \infty} x e^{-x} = \lim_{x \to \infty} \frac{x}{e^x} = \lim_{x \to \infty} \frac{1}{e^x} = 0$$

이다.

(b) $\lim_{x \to 0^+} x = 0$이고 $\lim_{x \to 0^+} \ln x = -\infty$이므로 식을 변형한 후 로피탈의 법칙을 적용하면

$$\lim_{x \to 0^+} x \ln x = \lim_{x \to 0^+} \frac{\ln x}{\frac{1}{x}} = \lim_{x \to 0^+} \frac{\frac{1}{x}}{-\frac{1}{x^2}} = \lim_{x \to 0^+} (-x) = 0$$

이다.

8.5 공학 문제

구간 단속

기존 과속 단속 체계는 과속을 결정하는 기준이 한 지점에서의 속도뿐이라서, 그 지점에서만 속도를 줄이면 나머지 구간에서는 과속으로 판정하지 않는다는 문제가 있었다. **구간 단속**은 도로 주행 시 단속 구간의 시작 지점에서 종료 지점까지 차량이 이동한 거리와 걸린 시간을 측정한 후 구간 평균속도를 계산하여 과속 여부를 판단하는 단속 방법으로, 기존 과속 단속 체계의 문제점을 해결하였다.

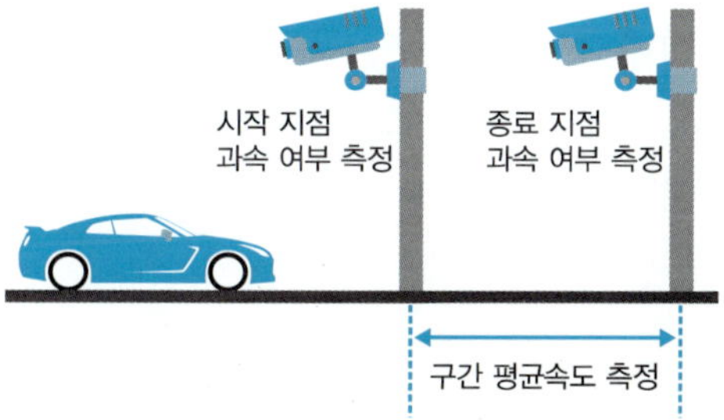

[그림 8-6] **구간 단속**

예제 8-12

10km 떨어진 직선 도로 위의 두 지점에 카메라를 설치하여 구간 단속을 실시한다. 어떤 자동차의 속도가 첫 번째 카메라 지점을 지날 때 90km/h였고, 5분 후 두 번째 카메라 지점을 지날 때 속도가 100km/h였다. 단속 구간에서 이 자동차의 가속도가 $120\mathrm{km/h^2}$인 지점이 있었음을 증명하라.

TIP 가속도는 속도의 도함수라는 사실과 평균값 정리를 이용하여 증명한다.

풀이

$t=0$일 때, 자동차가 첫 번째 카메라 지점을 지났다고 하면, $t=\frac{5}{60}=\frac{1}{12}$일 때는 두 번째 카메라 지점을 지난다. 첫 번째 카메라 지점을 통과한지 t시간이 지난 후 자동차의 속도를 $v(t)$라 하면, $v'(t)$는 t에서 자동차의 가속도이다. $v(t)$는 연속함수이고 구간 $(0, \infty)$에서 미분가능하므로, 평균값 정리에 의하여

$$v'(c)=\frac{v\left(\frac{1}{12}\right)-v(0)}{\frac{1}{12}-0}=\frac{10}{\frac{1}{12}}=120$$

인 c가 $\left(0, \frac{1}{12}\right)$에 적어도 하나 존재한다. 따라서 $t=c$일 때, 자동차의 가속도는 $120\text{km}/\text{h}^2$ 이다.

다이오드

다이오드Diode는 2개의 전극을 가지고 한 방향으로만 전류가 흐르게 하는 반도체 소자이다. 주재료는 게르마늄(Ge), 실리콘(Si), 셀레늄(Se) 등으로, 특히 실리콘은 온도에 민감하지 않아 많이 사용된다. 다이오드의 종류로는 정류 다이오드, 정전압 다이오드, 포토 다이오드, 발광 다이오드 등이 있다. 우리 주변에서 쉽게 찾아볼 수 있는 다이오드 중 하나인 포토 다이오드는 빛 에너지를 전기 에너지로 바꿔주는 반도체 소자로 리모콘 수신부, 화재 경보기에 사용된다. 또한 흔히 LED로 불리는 발광 다이오드는 포토 다이오드와 반대로 전기 에너지를 빛 에너지로 바꾸는 반도체 소자로 실내 조명, 전광판, 자동차 방향 표시등에 사용된다. [그림 8-7(a)]와 [그림 8-7(b)]는 각각 포토 다이오드와 발광 다이오드의 전기 기호를 나타낸다.

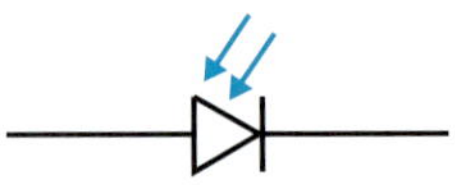

(a) 포토 다이오드

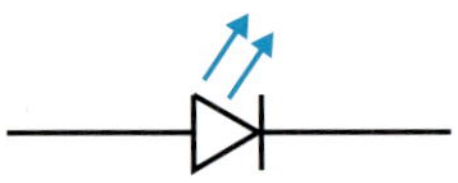

(b) 발광 다이오드

[그림 8-7] **다이오드 전기 기호**

예제 8-13

이상적인 다이오드에 흐르는 전류 $I(V)$는 다음과 같다.

$$I(V)=I_s\left(e^{\frac{V}{nV_T}}-1\right)$$

상온 T에서 $V_T=0.026$이고, n은 게르마늄 다이오드에서는 1, 실리콘 다이오드에서는 2이다. 이때 I_s는 역포화 전류를 나타낸다. 실리콘 다이오드에서 $I_s=1$일 때, 구간 $[0, 1]$에서 $I(V)$의 최댓값과 최솟값을 구하라.

TIP $\frac{dI}{dV}$를 계산하여 구간 $[0, 1]$에서 $I(V)$의 증가와 감소를 판정한다.

풀이

$V_T=0.026$이고 $n=2$이므로, $I(V)=I_s\left(e^{\frac{V}{nV_T}}-1\right)=e^{\frac{V}{0.052}}-1$이다. 따라서

$$\frac{dI}{dV} = \frac{1}{0.052} e^{\frac{V}{0.052}}$$

이므로, $[0, 1]$에서 $I(V)$는 증가한다. 따라서 $I(V)$의 최댓값은 $I(1) = e^{\frac{1}{0.052}} - 1$이고, 최솟값은 $I(0) = e^0 - 1 = 0$이다.

공기저항

갈릴레이의 낙체 법칙Galilei's law of falling objects이란 같은 높이에서 동시에 낙하한 모든 물체는 공기저항이 없는 경우 질량에 관계없이 바닥으로 동시에 떨어짐을 의미한다. 갈릴레오 이전에는 쇠구슬 같이 무거운 물체가 깃털 같이 가벼운 물체보다 더 빠른 가속도로 떨어진다고 믿었다. 하지만 깃털보다 쇠구슬이 더 빨리 떨어지는 이유는 공기저항 때문이며, 공기저항이 없다면 쇠구슬과 깃털은 바닥으로 동시에 떨어진다.

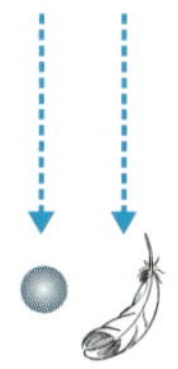
(a) 공기저항이 없는 경우

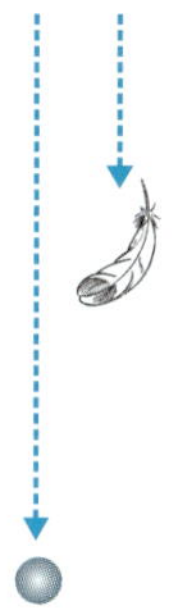
(b) 공기저항이 있는 경우

[그림 8-8] **공기저항 유무에 따른 쇠구슬과 깃털의 낙하**

예제 8-14

질량이 3kg인 물체가 공기저항을 받으며 낙하할 때, 이 물체의 t초 후 속도 $v(t)$에 관한 수학적 모형이

$$v(t) = \frac{3g}{c}\left(1 - e^{-\frac{ct}{3}}\right)$$

로 주어진다고 하자. $\lim_{t \to 0^+} \frac{v(t)}{t}$를 구하라(단, g는 중력 가속도이고, c는 양의 상수이다).

TIP 로피탈의 법칙을 이용하여 극한을 계산한다.

풀이

$\lim_{t\to 0^+}\frac{3g}{c}(1-e^{-\frac{ct}{3}})=0$이고 $\lim_{t\to 0^+} t=0$이다. 따라서 로피탈의 법칙에 의하여

$$\lim_{t\to 0^+}\frac{v(t)}{t}=\lim_{t\to 0^+}\frac{\frac{3g}{c}(1-e^{-\frac{ct}{3}})}{t}=\lim_{t\to 0^+}\frac{\frac{3g}{c}\cdot(-e^{-\frac{ct}{3}})\cdot\left(-\frac{c}{3}\right)}{1}=g$$

이다.

혈중 알코올 농도

술을 마시면 알코올이 혈액으로 흡수됐다가 점점 분해되므로, 혈중 알코올 농도는 잠시 높아졌다가 서서히 낮아진다. 도로교통공단의 위드마크 공식에 따르면, 만약 몸무게가 60kg인 성인 남성이 2시간 동안 소주 한 병을 마시면 혈중 알코올 농도는 약 0.043이고 알코올이 완전히 분해되는 데는 약 4시간 52분이 걸린다. 같은 상황에서 몸무게가 50kg인 성인 여성의 혈중 알코올 농도는 약 0.088이고 알코올이 완전히 분해되는 데는 약 7시간 52분이 걸린다. 참고로 이 결과는 개인마다 편차가 있을 수 있다.

예제 8-15

1보다 큰 두 상수 α와 β에 대하여, 음주 후 t시간이 지났을 때 혈중 알코올 농도 $P(t)$가

$$P(t)=\alpha t e^{-\beta t}$$

로 표현된다고 하자. 구간 $[0, 10]$에서 $P(t)$의 최댓값을 구하라.

TIP 구간 $[0, 10]$에서 구한 임계점에서 $P(t)$가 극댓값인 동시에 최댓값을 갖는다.

풀이

$P(t)$를 t에 관하여 미분하면

$$P'(t)=\alpha e^{-\beta t}-\alpha\beta t e^{-\beta t}=\alpha e^{-\beta t}(1-\beta t)$$

이고 $\frac{1}{\beta}\in[0, 10]$이므로, $t=\frac{1}{\beta}$이 $P(t)$의 유일한 임계점이다.
구간 $\left[0, \frac{1}{\beta}\right)$에서 $P'(t)>0$이므로 $P(t)$는 증가하고, 구간 $\left(\frac{1}{\beta}, 10\right]$에서 $P'(t)<0$이므로 $P(t)$는 감소한다. 그러므로 $P(t)$는 $t=\frac{1}{\beta}$에서 극댓값인 동시에 최댓값 $\frac{\alpha}{\beta}e^{-1}$을 갖는다.
따라서 음주 후 $\frac{1}{\beta}$시간이 지났을 때, 혈중 알코올 농도가 $\frac{\alpha}{\beta}e^{-1}$으로 가장 높다.

Chapter 08 연습문제

8.1 다음 함수의 임계점을 구하라.

(a) $y = x^4 - 4x^3 + 2$

(b) $y = -x^2 + x + 7$

(c) $y = x^2(1-x)$

(d) $y = x(1-x)^2$

(e) $y = \sqrt[3]{x-1}$

(f) $y = \sqrt[4]{x+2}$

(g) $y = \dfrac{1}{x+3}$

(h) $y = \dfrac{1}{x^2-1}$

8.2 다음 함수가 증가하는 구간과 감소하는 구간을 구하라.

(a) $y = x^3 - 3x^2 + 6$

(b) $y = -x^3 + x^2 + x - 1$

(c) $y = \dfrac{x-2}{x+3}$

(d) $y = \dfrac{1}{x^2+1}$

(e) $y = x^2 \ln x$

(f) $y = \ln x - x$

(g) $y = 3x + \sin x$

(h) $y = -e^x - x$

8.3 다음 함수의 극값을 구하라.

(a) $y = x^4 + 4x^3$

(b) $y = x^3 - 3x^2$

(c) $y = \dfrac{x-5}{2x+1}$

(d) $y = \dfrac{3x+2}{x-2}$

(e) $y = \dfrac{1}{x^2+1}$

(f) $y = \dfrac{x-1}{x^2+3}$

(g) $y = x^2 e^{-x}$

(h) $y = \dfrac{\ln x}{x^2}$

8.4 주어진 구간에서 다음 함수의 최댓값과 최솟값을 구하라.

(a) $y = 2x^2 - 8x + 1, \quad [0, 4]$

(b) $y = 2x^2 - 8x + 1, \quad [-3, 1]$

(c) $y = x^3 - 3x + 2, \quad [-3, 3]$

(d) $y = x^3 - 3x + 2, \quad [0, 2]$

(e) $y = \dfrac{1}{x^2+2}, \quad [-2, 2]$

(f) $y = \dfrac{1}{x^2+2}, \quad [1, 10]$

(g) $y = x + \dfrac{1}{x}, \quad \left[\dfrac{1}{2}, 4\right]$

(h) $y = x + \dfrac{1}{x}, \quad \left[-2, -\dfrac{1}{2}\right]$

8.5 다음을 증명하라.

(a) $f(x) = x^3 - 9x$일 때, $f'(c_1) = 0$인 c_1이 $(0, 3)$에 적어도 하나 존재한다.
(b) $g(x) = \cos x$일 때, $g'(c_2) = 0$인 c_2가 $(2\pi, 4\pi)$에 적어도 하나 존재한다.
(c) $h(x) = x^2 - 2x^3$일 때, $h'(c_3) = -1$인 c_3가 $(0, 1)$에 적어도 하나 존재한다.
(d) $k(x) = \cos x$일 때, $k'(c_4) = -\frac{2}{\pi}$인 c_4가 $(0, \frac{\pi}{2})$에 적어도 하나 존재한다.

8.6 x와 y가 실수일 때, 다음을 증명하라.

(a) $|\sin x - \sin y| \le |x - y|$ (b) $|\cos x - \cos y| \le |x - y|$

8.7 평균값 정리를 이용하여 다음 무리수를 소수점 아래 둘째 자리까지의 근삿값으로 나타내라.

(a) $\sqrt{5}$ (b) $\sqrt{17}$ (c) $\sqrt{26}$ (d) $\sqrt{37}$

8.8 다음을 구하라.

(a) $f(0) = 2$이고 모든 x에 대하여 $f'(x) \le 5$일 때, $f(2)$의 최댓값
(b) $g(0) = -3$이고 모든 x에 대하여 $g'(x) \le -1$일 때, $g(4)$의 최댓값
(c) $h(-1) = 3$이고 모든 x에 대하여 $4 \le h'(x)$일 때, $h(7)$의 최솟값
(d) $k(-3) = -4$이고 모든 x에 대하여 $0 \le k'(x)$일 때, $k(-1)$의 최솟값

8.9 다음 극한을 구하라.

(a) $\lim_{x \to 2} \frac{x^6 - 64}{x - 2}$ (b) $\lim_{x \to \pi} \frac{x - \pi}{\cos\left(x - \frac{\pi}{2}\right)}$

(c) $\lim_{x \to 0} \frac{\sin x}{x^2}$ (d) $\lim_{x \to 1} \frac{\ln x}{x - 1}$

8.10 다음 극한을 구하라.

(a) $\lim_{x \to \infty} \frac{\ln x}{e^x}$ (b) $\lim_{x \to \infty} \frac{\ln x}{\sqrt{x}}$

(c) $\lim_{x \to \infty} \frac{e^x}{x^2}$ (d) $\lim_{x \to 0^+} \frac{\ln(\sin x)}{\ln x}$

8.11 다음 극한을 구하라.

(a) $\lim_{x \to 0} x\left(2-\frac{3}{x}\right)$

(b) $\lim_{x \to 2^+} (x-2)^2 \ln(x-2)$

(c) $\lim_{x \to \infty} x \sin \frac{1}{x}$

(d) $\lim_{x \to 0^+} \sin x \ln x$

8.12 어느 자동차의 속도가 오전 9시에 40km/h, 오전 9시 20분에 70km/h였다. 오전 9시와 오전 9시 20분 사이에 이 자동차의 가속도가 90km/h^{2}인 시각이 있었음을 증명하라.

8.13 양수 C에 대하여, 인체에 M 만큼의 약물을 주사로 투입했을 때 인체의 반응 $R(M)$이 다음과 같이 표현된다고 하자.

$$R(M) = M^2\left(\frac{C}{2} - \frac{M}{3}\right)$$

$R(M)$의 최댓값을 구하라.

8.14 호흡기에 이물질이 들어가면 재채기가 나온다. 재채기에 관한 수학적 모형이 다음과 같다고 하자.

$$v(r) = a(R-r)r^2, \quad 0 \le r \le R$$

이때 a는 양수이고, R은 정상일 때 호흡기의 반지름, $v(r)$은 호흡기의 반지름이 r일 때 공기 흐름의 속도이다. $v(r)$의 최댓값을 구하라.

8.15 교통 체증이 심한 도로의 특정한 구간에서 교통 흐름 F는 시간당 구간을 통과하는 차량 수를 나타낸다. 교통 흐름에 대한 수학적 모형이 다음과 같다고 하자.

$$F(v) = \frac{v}{\alpha + \beta v^2}$$

이때 α와 β는 서로 다른 양수이고, v는 자동차의 속도를 나타낸다. $F(v)$의 최댓값을 구하라.

Chapter 09
적분의 기초
Basics of Integration

CONTENTS

학습목표

- 부정적분을 정의하고 부정적분의 기본 성질을 학습한다.
- 부정적분의 기본 기법인 치환적분과 부분적분을 학습한다.
- 부정적분의 응용 기법인 삼각함수의 적분과 부분분수적분을 학습한다.
- 적분 기법과 관련된 공학 문제를 학습한다.

제임스 클러크 맥스웰James Clerk Maxwell은 스코틀랜드에서 태어난 19세기의 이론 물리학자이자 수학자로, 물리학 분야 발전에 큰 기여를 했다. 맥스웰은 전기 및 자기 현상에 관한 네 가지 법칙을 방정식으로 정리하였다. 각 방정식은 전기장 및 자기장에 관한 가우스 법칙, 패러데이의 전자기 유도 법칙, 앙페르-맥스웰 회로 법칙을 정리한 것으로, 이를 합쳐서 '맥스웰 방정식'이라고 명명하였다. 맥스웰 방정식은 다음과 같이 적분 형식으로 표현된다.

(1) **전기장에 대한 가우스 법칙**

$$\oiint_S \mathbf{D} \cdot d\mathbf{A} = \iiint_V p\, dV$$

(2) **자기장에 대한 가우스 법칙**

$$\oiint_S \mathbf{B} \cdot d\mathbf{A} = 0$$

(3) **패러데이 전자기 유도 법칙**

$$\oint_C \mathbf{E} \cdot d\mathrm{l} = -\frac{d}{dt}\iint_S \mathbf{B} \cdot d\mathbf{A}$$

(4) **앙페르-맥스웰 회로 법칙**

$$\oint_C \mathbf{H} \cdot d\mathrm{l} = \iint_S \mathbf{J} \cdot d\mathbf{A} + \frac{d}{dt}\iint_S \mathbf{D} \cdot d\mathbf{A}$$

9.1 부정적분

원시함수와 부정적분

7장에서 $f(x)=x^2$일 때 $f'(x)=2x$임을 학습했다. 9장에서는 반대로 $F'(x)=2x$가 되는 함수 $F(x)$를 구하는 방법을 알아보자.

정의 9-1 원시함수

$D\subset\mathbb{R}$ 이고 $f:D\rightarrow\mathbb{R}$ 이라 하자. 모든 $x\in D$에 대하여 $F'(x)=f(x)$인 함수 $F(x)$가 존재하면 $F(x)$를 $f(x)$의 **원시함수**primitive function라 하고

$$F(x)=\int f(x)\,dx$$

로 나타낸다.

$f(x)=2x$일 때, $F_1(x)=x^2$은 $f(x)$의 원시함수이고 $F_2(x)=x^2+3$도 $f(x)$의 원시함수이다. 즉, 원시함수는 여러 개 존재한다.

예제 9-1

다음 함수가 $f(x)=x^2$의 원시함수인지 판정하라.

(a) $F_1(x)=x^3$

(b) $F_2(x)=\frac{1}{3}x^3$

(c) $F_3(x)=\frac{1}{3}x^3-2$

(d) $F_4(x)=\frac{1}{3}x^3+x$

TIP [정의 9–1]에 따라 $F'(x)=x^2$ 이면 $F(x)$는 $f(x)=x^2$ 의 원시함수이다.

풀이

(a) $F_1'(x)=3x^2\neq f(x)$이므로, $F_1(x)$는 $f(x)$의 원시함수가 아니다.

(b) $F_2'(x)=x^2$ 이므로, $F_2(x)$는 $f(x)$의 원시함수이다.

(c) $F_3'(x)=x^2$ 이므로, $F_3(x)$는 $f(x)$의 원시함수이다.

(d) $F_4'(x)=x^2+1\neq f(x)$이므로, $F_4(x)$는 $f(x)$의 원시함수가 아니다.

다음과 같이 원시함수를 이용하여 부정적분을 정의해보자.

정의 9-2 부정적분

$f(x)$의 원시함수 $F(x)$가 임의의 상수 C에 대하여 $(F(x)+C)'=f(x)$를 만족할 때 이 관계식을

$$F(x)+C=\int f(x)\,dx$$

로 표현한다. 이때 $F(x)+C$를 $f(x)$의 **부정적분**indefinite integral이라 하고, $f(x)$의 부정적분을 구하는 것을 $f(x)$를 **적분한다**integrate고 한다.

[정의 9-2]에서 $f(x)$를 **피적분함수**integrand, x를 **적분변수**variable of integration, C를 **적분상수**constant of integration라 한다.

부정적분의 기본 성질

정리 9-1 부정적분의 기본 공식

(1) $n\neq-1$일 때, $\displaystyle\int x^n\,dx=\frac{1}{n+1}x^{n+1}+C$

(2) $\displaystyle\int x^{-1}\,dx=\int\frac{1}{x}\,dx=\ln|x|+C$

(3) $\displaystyle\int e^x\,dx=e^x+C$

(4) $a>0,\ a\neq1$일 때, $\displaystyle\int a^x\,dx=\frac{a^x}{\ln a}+C$

(5) $\displaystyle\int\sin x\,dx=-\cos x+C$

(6) $\displaystyle\int\cos x\,dx=\sin x+C$

(7) $\displaystyle\int\sec^2 x\,dx=\tan x+C$

[정리 9-1]의 (1)에 의하여 상수함수 $y=1$의 부정적분은

$$\int 1\,dx=\int x^0\,dx=\frac{1}{1}x^1+C=x+C$$

이다. 부정적분을 계산할 때 [정리 9-1]과 함께 [정리 9-2]를 이용한다.

정리 9-2 부정적분의 성질

(1) $\int \big(f(x)+g(x)\big)dx = \int f(x)dx + \int g(x)dx$

(2) $\int \big(f(x)-g(x)\big)dx = \int f(x)dx - \int g(x)dx$

(3) k가 실수일 때, $\int kf(x)dx = k\int f(x)dx$

[정리 9-2]에 의하여 함수의 합과 차에 대한 부정적분은 각각의 함수를 적분하여 더하거나 뺀 결과와 같음을 알 수 있다.

예제 9-2

다음 부정적분을 구하라.

(a) $\int \left(x^2 + \frac{1}{x}\right)dx$

(b) $\int (x + \cos x)\,dx$

(c) $\int (x^3 - 2x + 3)\,dx$

(d) $\int (3\sin x - 2e^x + 1)\,dx$

TIP 부정적분의 기본 공식과 부정적분의 성질을 이용한다.

풀이

(a) $\int \left(x^2 + \frac{1}{x}\right)dx = \int x^2 dx + \int \frac{1}{x}dx = \frac{1}{3}x^3 + \ln|x| + C$

(b) $\int (x + \cos x)\,dx = \int x\,dx + \int \cos x\,dx = \frac{1}{2}x^2 + \sin x + C$

(c) $\int (x^3 - 2x + 3)\,dx = \int x^3 dx - 2\int x\,dx + 3\int 1\,dx = \frac{1}{4}x^4 - x^2 + 3x + C$

(d) $\int (3\sin x - 2e^x + 1)\,dx = 3\int \sin x\,dx - 2\int e^x dx + \int 1\,dx$

$$= -3\cos x - 2e^x + x + C$$

[예제 9-2]처럼 각 항을 나누어 다항식의 부정적분을 계산하는 경우, 맨 마지막에 적분상수 C를 붙인다.

[정리 9-2]에서 두 함수의 합과 차에 대한 부정적분은 각 함수의 부정적분을 계산한 후 합이나 차를 계산한 결과와 같음을 학습하였다. 그렇다면 두 함수의 곱셈 또는 나눗셈에 대한 부정적분은 어떻게 계산할까?

$$\int f(x)g(x)\,dx \neq \int f(x)\,dx \int g(x)\,dx$$

$$\int \frac{f(x)}{g(x)}\,dx \neq \frac{\int f(x)\,dx}{\int g(x)\,dx}$$

두 함수의 곱셈 또는 나눗셈은 각 함수의 부정적분을 계산한 후 곱셈 또는 나눗셈을 한 결과와 다르다. 즉 [정리 9-2]의 방법이 성립하지 않는다. 따라서 두 함수의 곱셈을 전개하거나 두 함수의 나눗셈을 약분하여 식을 정리하고 [정리 9-1]과 [정리 9-2]를 이용하여 적분해야 한다.

예제 9-3

다음 부정적분을 구하라.

(a) $\int \left(x+\frac{1}{x}\right)^2 dx$

(b) $\int (x-2)(2x+1)\,dx$

(c) $\int \frac{x^2-x-2}{x+1}\,dx$

(d) $\int \frac{x^3+4x-1}{x^2}\,dx$

TIP 식을 전개하거나 약분하여 간단히 한 후 적분한다.

풀이

(a) $\int \left(x+\frac{1}{x}\right)^2 dx = \int \left(x^2+2+\frac{1}{x^2}\right) dx = \frac{1}{3}x^3+2x-\frac{1}{x}+C$

(b) $\int (x-2)(2x+1)\,dx = \int (2x^2-3x-2)\,dx = \frac{2}{3}x^3-\frac{3}{2}x^2-2x+C$

(c) $\int \frac{x^2-x-2}{x+1}\,dx = \int \frac{(x-2)(x+1)}{x+1}\,dx = \int (x-2)\,dx = \frac{1}{2}x^2-2x+C$

(d) $\int \frac{x^3+4x-1}{x^2}\,dx = \int \left(x+\frac{4}{x}-\frac{1}{x^2}\right) dx = \frac{1}{2}x^2+4\ln|x|+\frac{1}{x}+C$

[예제 9-3]에서는 두 함수의 곱셈 또는 나눗셈이 쉽게 정리되었지만, 그렇지 않은 경우 치환적분, 부분적분과 같은 다양한 적분 기법을 사용하여 부정적분을 구할 수 있다.

9.2 치환적분과 부분적분

치환적분

치환적분은 적분이 용이하도록 주어진 피적분함수를 치환하여 적분하는 방법이다.

정의 9-3 치환적분

$F(x)$가 $f(x)$의 한 원시함수일 때, 미분가능한 함수 $g(x)$에 대하여 $t=g(x)$로 놓으면

$$\int f(g(x))g'(x)\,dx = \int f(t)\,dt = F(t)+C = F(g(x))+C$$

이고, 이와 같은 적분을 **치환적분**integration by substitution이라 한다.

치환적분을 사용할 때 치환할 함수 $g(x)$를 정하는 방법이 중요하다.

정리 9-3 치환할 함수 $g(x)$를 정하는 방법

(1) 피적분함수에 괄호가 있는 경우 괄호 안의 함수를 $g(x)$로 놓는다.
(2) 피적분함수에 $\sqrt{\ }$가 있는 경우 $\sqrt{\ }$ 안의 함수를 $g(x)$로 놓는다.
(3) 피적분함수가 분수함수인 경우 분모의 전체 또는 일부를 $g(x)$로 놓는다.

$\int (x+3)^5\,dx$에서는 $g(x)=x+3$으로, $\int \sqrt{3x-2}\,dx$에서는 $g(x)=3x-2$로, $\int \frac{5x}{x^2+4}\,dx$에서는 $g(x)=x^2+4$로, $\int \frac{3x^4}{(x^5-2)^3}\,dx$에서는 $g(x)=x^5-2$로 놓고 치환적분을 시행한다.

치환적분을 이용할 때, $t=g(x)$로 치환한 후 양변을 x에 대하여 미분하면 $\frac{dt}{dx}=g'(x)$이므로, $dt=g'(x)\,dx$임에 유의해야 한다.

예제 9-4

다음 부정적분을 구하라.

(a) $\int (3x+2)^5 dx$

(b) $\int 2x\sqrt{x^2+5}\, dx$

(c) $\int \frac{2x-1}{x^2-x+1} dx$

(d) $\int \frac{3}{(x-2)^7} dx$

TIP [정리 9-3]에 따라 괄호나 근호 안의 함수 또는 분모에 있는 함수를 치환하여 부정적분을 계산한다.

풀이

(a) $g(x)=3x+2$라 하고 $g(x)=t$로 놓으면, $g'(x)dx=dt$에서 $3dx=dt$이다. 따라서

$$\int (3x+2)^5 dx = \int t^5 \cdot \frac{1}{3} dt = \frac{1}{3}\int t^5 dt = \frac{1}{18}t^6 + C = \frac{1}{18}(3x+2)^6 + C$$

이다.

(b) $g(x)=x^2+5$라 하고 $g(x)=t$로 놓으면, $g'(x)dx=dt$에서 $2x\,dx=dt$이다. 따라서

$$\int 2x\sqrt{x^2+5}\, dx = \int \sqrt{t}\, dt = \int t^{\frac{1}{2}} dt = \frac{2}{3}t^{\frac{3}{2}} + C = \frac{2}{3}(x^2+5)^{\frac{3}{2}} + C$$

이다.

(c) $g(x)=x^2-x+1$이라 하고 $g(x)=t$로 놓으면, $g'(x)dx=dt$에서 $(2x-1)dx=dt$이다. 따라서

$$\int \frac{2x-1}{x^2-x+1} dx = \int \frac{1}{t} dt = \ln|t| + C = \ln|x^2-x+1| + C$$

이다.

(d) $g(x)=x-2$라 하고 $g(x)=t$로 놓으면, $g'(x)dx=dt$에서 $dx=dt$이다. 따라서

$$\int \frac{3}{(x-2)^7} dx = \int \frac{3}{t^7} dt = -\frac{3}{6}t^{-6} + C = -\frac{1}{2(x-2)^6} + C$$

이다.

피적분함수가 초월함수인 경우, 치환할 함수가 ax 꼴이면 $g(x) = ax$로 놓고 치환적분을 이용할 수 있다.

예제 9-5

다음 부정적분을 구하라.

(a) $\int \sin 3x\,dx$ (b) $\int \sec^2 4x\,dx$

(c) $\int e^{-5x}\,dx$ (d) $\int 4^{7x}\,dx$

TIP $g(x) = ax$라 하고 치환적분을 사용한다.

풀이

(a) $g(x) = 3x$라 하고 $g(x) = t$로 놓으면, $g'(x)\,dx = dt$에서 $3\,dx = dt$이다. 따라서

$$\int \sin 3x\,dx = \int \sin t \cdot \frac{1}{3}\,dt = \frac{1}{3}\int \sin t\,dt = \frac{1}{3}(-\cos t) + C = -\frac{1}{3}\cos 3x + C$$

이다.

(b) $g(x) = 4x$라 하고 $g(x) = t$로 놓으면, $g'(x)\,dx = dt$에서 $4\,dx = dt$이다. 따라서

$$\int \sec^2 4x\,dx = \int \sec^2 t \cdot \frac{1}{4}\,dt = \frac{1}{4}\int \sec^2 t\,dt = \frac{1}{4}\tan t + C = \frac{1}{4}\tan 4x + C$$

이다.

(c) $g(x) = -5x$라 하고 $g(x) = t$로 놓으면, $g'(x)\,dx = dt$에서 $-5\,dx = dt$이다. 따라서

$$\int e^{-5x}\,dx = \int e^t \cdot \left(-\frac{1}{5}\right)dt = -\frac{1}{5}\int e^t\,dt = -\frac{1}{5}e^{-5x} + C$$

이다.

(d) $g(x) = 7x$라 하고 $g(x) = t$로 놓으면, $g'(x)\,dx = dt$에서 $7\,dx = dt$이다. 따라서

$$\int 4^{7x}\,dx = \int 4^t \cdot \frac{1}{7}\,dt = \frac{1}{7}\int 4^t\,dt = \frac{1}{7} \cdot \frac{4^t}{\ln 4} + C = \frac{4^{7x}}{7\ln 4} + C$$

이다.

부분적분

부분적분은 함수의 곱에 대한 적분을 간단한 적분으로 변환하여 계산하는 방법이다.

정의 9-4 부분적분

미분가능한 두 함수 $f(x)$, $g(x)$에 대하여

$$\int f(x)g'(x)\,dx = f(x)g(x) - \int f'(x)g(x)\,dx$$

이고, 이와 같은 적분을 **부분적분**integration by parts이라 한다.

두 함수의 곱 $f(x)g(x)$를 미분하면 [정리 7-2]의 (4)에 의해

$$\big(f(x)g(x)\big)' = f'(x)g(x) + f(x)g'(x)$$

이므로, 양변을 x에 대하여 적분하면

$$\begin{aligned} f(x)g(x) &= \int \big(f'(x)g(x) + f(x)g'(x)\big)\,dx \\ &= \int f'(x)g(x)\,dx + \int f(x)g'(x)\,dx \end{aligned}$$

이다. 따라서 다음과 같은 부분적분 공식을 얻을 수 있다.

$$\int f(x)g'(x)\,dx = f(x)g(x) - \int f'(x)g(x)\,dx$$

부분적분을 사용할 때 피적분함수에서 어느 부분을 $f(x)$ 또는 $g'(x)$로 결정할지가 가장 중요하다. 일반적으로 다음과 같은 방법으로 $f(x)$와 $g'(x)$를 결정한다.

정리 9-4 부분적분에서 $f(x)$와 $g'(x)$를 결정하는 방법

적분하기 어려운 함수 또는 미분하면 간단해지는 함수를 $f(x)$로 놓고 상대적으로 적분하기 쉬운 함수를 $g'(x)$로 놓는다.

두 함수의 곱인 xe^x을 적분할 때, [정리 9-4]를 어떻게 적용하는지 살펴보자. xe^x에서 x와 e^x은 둘 다 적분하기 쉽지만, x는 미분하면 1이 되고, e^x은 미분하면 그대로 e^x이므로 미분하면 간단해지는 x를 $f(x)$로 놓고, e^x을 $g'(x)$로 놓아야 한다.

예제 9-6

다음 부정적분을 구하라.

(a) $\int x e^x dx$

(b) $\int x \cos x \, dx$

TIP e^x과 $\cos x$는 미분해도 간단해지지 않지만, x는 미분하면 1로 간단해진다는 사실을 이용한다.

풀이

(a) $f(x) = x$, $g'(x) = e^x$이라 하면 $f'(x) = 1$이고 $g(x) = e^x$이다. 따라서 부분적분에 의하여

$$\int x e^x dx = x e^x - \int e^x dx = x e^x - e^x + C$$

이다.

(b) $f(x) = x$, $g'(x) = \cos x$라 하면 $f'(x) = 1$이고 $g(x) = \sin x$이다. 따라서 부분적분에 의하여

$$\int x \cos x \, dx = x \sin x - \int \sin x \, dx = x \sin x + \cos x + C$$

이다.

피적분함수에 따라서 부분적분을 두 번 사용할 수도 있다. 예를 들어 $\int x^2 e^x dx$를 구하려면 $f(x) = x^2$, $g'(x) = e^x$이라 놓는다. $f'(x) = 2x$이고 $g(x) = e^x$이므로 부분적분에 의하여

$$\int x^2 e^x dx = x^2 e^x - 2\int x e^x dx$$

이다. 따라서 [예제 9-6(a)]에 의하여

$$\int x^2 e^x dx = x^2 e^x - 2(x e^x - e^x) + C$$

이다.

피적분함수에 미분을 해도 식이 간단해지는 함수가 없는 경우, 피적분함수의 두 함수 중 하나를 $f(x)$로, 나머지 하나를 $g'(x)$로 놓고 부분적분을 이용할 수도 있다. 이런 경우 대부분 부분적분의 결과에 있는 적분을 다시 부분적분해야 한다.

예제 9-7

다음 부정적분을 구하라.

(a) $\int e^x \cos x\, dx$ (b) $\int \sin^2 x\, dx$

TIP 미분하면 간단해지는 함수가 없는 경우, 두 함수 중 하나를 $f(x)$로, 나머지 하나를 $g'(x)$로 두고 적분한다.

풀이

(a) $f(x) = e^x$, $g'(x) = \cos x$라 하면 $f'(x) = e^x$이고 $g(x) = \sin x$이다. 따라서 부분적분에 의하여

$$\int e^x \cos x\, dx = e^x \sin x - \int e^x \sin x\, dx$$

이다. 또한 $\int e^x \sin x\, dx$에서 $f(x) = e^x$, $g'(x) = \sin x$라 하면 $f'(x) = e^x$이고 $g(x) = -\cos x$이다. 따라서 부분적분에 의하여

$$\begin{aligned}\int e^x \cos x\, dx &= e^x \sin x - \int e^x \sin x\, dx \\ &= e^x \sin x - \left(-e^x \cos x + \int e^x \cos x\, dx\right) \\ &= e^x \sin x + e^x \cos x - \int e^x \cos x\, dx\end{aligned}$$

이다. 그러므로 구하고자 하는 결과는

$$\int e^x \cos x\, dx = \frac{1}{2}(e^x \sin x + e^x \cos x) + C$$

이다.

(b) $f(x) = \sin x$, $g'(x) = \sin x$라 하면 $f'(x) = \cos x$이고 $g(x) = -\cos x$이다. 따라서 부분적분에 의하여

$$\begin{aligned}\int \sin^2 x\, dx &= -\sin x \cos x + \int \cos^2 x\, dx \\ &= -\sin x \cos x + \int (1 - \sin^2 x)\, dx \\ &= -\sin x \cos x + x - \int \sin^2 x\, dx\end{aligned}$$

이다. 그러므로 구하고자 하는 결과는

$$\int \sin^2 x\, dx = \frac{1}{2}(-\sin x \cos x + x) + C$$

이다.

부분적분을 사용하여 부정적분을 계산할 때 피적분함수에 $\ln x$가 있는 경우, $\ln x$는 상대적으로 적분하기 어려우므로 $f(x) = \ln x$로 놓고 적분하면 계산이 편리하다.

예제 9-8

다음 부정적분을 구하라.

(a) $\int x \ln x \, dx$ (b) $\int \ln x \, dx$

TIP (b)에서 $\ln x$는 $1 \cdot \ln x$로 놓고 부분적분을 적용한다.

풀이

(a) $f(x) = \ln x$, $g'(x) = x$라 하면 $f'(x) = \frac{1}{x}$, $g(x) = \frac{x^2}{2}$이다. 따라서 부분적분에 의하여

$$\int x \ln x \, dx = \frac{x^2}{2} \ln x - \int \frac{1}{2} x \, dx = \frac{x^2}{2} \ln x - \frac{1}{4} x^2 + C$$

이다.

(b) $f(x) = \ln x$, $g'(x) = 1$이라 하면 $f'(x) = \frac{1}{x}$, $g(x) = x$이다. 따라서 부분적분에 의하여

$$\int \ln x \, dx = x \ln x - \int 1 \, dx = x \ln x - x + C$$

이다.

9.3 삼각함수의 적분

기본적인 삼각함수의 적분은 다음과 같다.

$$\int \sin x\, dx = -\cos x + C$$

$$\int \cos x\, dx = \sin x + C$$

$$\int \tan x\, dx = -\ln|\cos x| + C$$

복잡한 삼각함수의 적분을 쉽게 계산할 수 있도록 하는 삼각함수 공식은 다음과 같다.

정리 9-5 기본적인 삼각함수 공식

(1) $\sin^2 x + \cos^2 x = 1$

(2) $1 + \tan^2 x = \sec^2 x$

(3) $\sin^2 x = \dfrac{1 - \cos 2x}{2}$

(4) $\cos^2 x = \dfrac{1 + \cos 2x}{2}$

$\int \sin^m x \cos^n x\, dx$ 의 계산

$\int \sin^m x \cos^n x\, dx$ 를 계산할 때는 m과 n이 홀수인지 짝수인지를 먼저 확인하고 적절한 적분 방법을 선택해야 한다.

■ m과 n이 모두 홀수인 경우

$\int \sin^m x \cos^n x\, dx$ 를 $\int \sin^m x \cos^{n-1} x \cos x\, dx$ 또는 $\int \sin^{m-1} x \cos^n x \sin x\, dx$

로 변형한 후 치환적분을 이용한다.

❶ $\int \sin^m x \cos^n x\,dx = \int \sin^m x \cos^{n-1} x \cos x\,dx$

$\cos^2 x = 1 - \sin^2 x$를 이용하여 $\cos^{n-1} x$를 사인함수로 나타낸 다음, $\sin x = t$로 치환하면 적분을 계산할 수 있다.

❷ $\int \sin^m x \cos^n x\,dx = \int \sin^{m-1} x \cos^n x \sin x\,dx$

$\sin^2 x = 1 - \cos^2 x$를 이용하여 $\sin^{m-1} x$를 코사인함수로 나타낸 다음, $\cos x = t$로 치환하면 적분을 계산할 수 있다.

예제 9-9

다음 부정적분을 구하라.

(a) $\int \sin^3 x \cos^3 x\,dx$ (b) $\int \sin^5 x \cos^3 x\,dx$

TIP m과 n이 모두 홀수이므로, $\sin x = t$ 또는 $\cos x = t$로 치환하여 적분을 계산한다.

풀이

(a) $\int \sin^3 x \cos^3 x\,dx = \int \sin^3 x \cos^2 x \cos x\,dx = \int \sin^3 x(1-\sin^2 x)\cos x\,dx$이므로, $\sin x = t$라 하면 $\cos x\,dx = dt$이다. 따라서

$$\begin{aligned}\int \sin^3 x \cos^3 x\,dx &= \int t^3(1-t^2)\,dt \\ &= \int (t^3 - t^5)\,dt \\ &= \frac{t^4}{4} - \frac{t^6}{6} + C \\ &= \frac{\sin^4 x}{4} - \frac{\sin^6 x}{6} + C\end{aligned}$$

이다.

(b) $\int \sin^5 x \cos^3 x\,dx = \int \sin^4 x \cos^3 x \sin x\,dx = \int (1-\cos^2 x)^2 \cos^3 x \sin x\,dx$이므로, $\cos x = t$라 하면 $-\sin x\,dx = dt$이다. 따라서

$$\begin{aligned}\int \sin^5 x \cos^3 x\,dx &= \int (1-t^2)^2 t^3(-1)\,dt \\ &= \int (-t^3 + 2t^5 - t^7)\,dt \\ &= -\frac{t^4}{4} + \frac{t^6}{3} - \frac{t^8}{8} + C \\ &= -\frac{\cos^4 x}{4} + \frac{\cos^6 x}{3} - \frac{\cos^8 x}{8} + C\end{aligned}$$

이다.

[예제 9-9(a)]에서 $\sin^3 x\cos^3 x=\sin^2 x\cos^3 x\sin x$로 나타낸 다음, $\cos x=t$로 치환해도 부정적분을 계산할 수 있다. 마찬가지로 [예제 9-9(b)]에서 $\sin^5 x\cos^3 x=\sin^5 x\cos^2 x\cos x$로 나타낸 다음, $\sin x=t$로 치환해도 부정적분을 계산할 수 있다.

■ m과 n 중 하나는 홀수, 나머지 하나는 짝수인 경우

지수가 홀수인 삼각함수를 변형하여 다음과 같이 부정적분을 계산한다.

❶ m이 홀수, n이 짝수인 경우

$$\int \sin^m x\cos^n x\,dx=\int \sin^{m-1}x\cos^n x\sin x\,dx$$

❷ m이 짝수, n이 홀수인 경우

$$\int \sin^m x\cos^n x\,dx=\int \sin^m x\cos^{n-1} x\cos x\,dx$$

예제 9-10

다음 부정적분을 구하라.

(a) $\int \sin^3 x\cos^2 x\,dx$　　(b) $\int \sin^2 x\cos^3 x\,dx$

TIP $\sin^3 x=\sin^2 x\sin x$와 $\cos^3 x=\cos^2 x\cos x$로 변형한 후 적분을 계산한다.

풀이

(a) $\int \sin^3 x\cos^2 x\,dx=\int \sin^2 x\cos^2 x\sin x\,dx=\int (1-\cos^2 x)\cos^2 x\sin x\,dx$이므로, $\cos x=t$라 하면 $-\sin x\,dx=dt$이다. 따라서

$$\begin{aligned}\int \sin^3 x\cos^2 x\,dx&=\int (1-t^2)\,t^2(-1)\,dt\\&=\int (t^4-t^2)\,dt\\&=\frac{t^5}{5}-\frac{t^3}{3}+C\\&=\frac{\cos^5 x}{5}-\frac{\cos^3 x}{3}+C\end{aligned}$$

이다.

(b) $\int \sin^2 x \cos^3 x\, dx = \int \sin^2 x \cos^2 x \cos x\, dx = \int \sin^2 x\,(1-\sin^2 x) \cos x\, dx$ 이므로, $\sin x = t$라 하면 $\cos x\, dx = dt$이다. 따라서

$$\begin{aligned} \int \sin^2 x \cos^3 x\, dx &= \int t^2(1-t^2)\, dt \\ &= \int (t^2 - t^4)\, dt \\ &= \frac{t^3}{3} - \frac{t^5}{5} + C \\ &= \frac{\sin^3 x}{3} - \frac{\sin^5 x}{5} + C \end{aligned}$$

이다.

■ m과 n이 모두 짝수인 경우

$\sin^2 x = \dfrac{1-\cos 2x}{2}$와 $\cos^2 x = \dfrac{1+\cos 2x}{2}$를 이용하여 삼각함수의 차수를 낮추어 부정적분을 계산한다.

예제 9-11

다음 부정적분을 구하라.

(a) $\int \sin^2 x\, dx$

(b) $\int \sin^2 x \cos^2 x\, dx$

TIP [정리 9-5]와 $\int \sin ax\, dx = -\frac{1}{a}\cos ax + C$, $\int \cos bx\, dx = \frac{1}{b}\sin bx + C$를 이용한다.

풀이

(a) $\int \sin^2 x\, dx = \int \left(\frac{1}{2} - \frac{1}{2}\cos 2x\right) dx = \frac{x}{2} - \frac{1}{4}\sin 2x + C$

(b)
$$\begin{aligned} \int \sin^2 x \cos^2 x\, dx &= \int \left(\frac{1-\cos 2x}{2} \cdot \frac{1+\cos 2x}{2}\right) dx \\ &= \int \frac{1}{4}(1-\cos^2 2x)\, dx \\ &= \int \frac{1}{4}\left(1 - \frac{1+\cos 4x}{2}\right) dx \\ &= \frac{1}{8}\int (1-\cos 4x)\, dx \\ &= \frac{1}{8}\left(x - \frac{1}{4}\sin 4x\right) + C \end{aligned}$$

$\int \sin mx \cos nx\, dx$, $\int \sin mx \sin nx\, dx$, $\int \cos mx \cos nx\, dx$의 계산

이번에는 차수가 1인 사인함수와 코사인함수를 곱하여 적분한 $\int \sin mx \cos nx\, dx$, $\int \sin mx \sin nx\, dx$, $\int \cos mx \cos nx\, dx$를 계산하는 방법을 알아보자.

다음 정리를 이용하여 삼각함수의 곱을 삼각함수의 합 또는 차로 변형한 후 부정적분을 계산한다.

정리 9-6 삼각함수의 곱을 합 또는 차로 표현하는 공식

(1) $\sin mx \cos nx = \frac{1}{2}(\sin(m+n)x + \sin(m-n)x)$

(2) $\sin mx \sin nx = -\frac{1}{2}(\cos(m+n)x - \cos(m-n)x)$

(3) $\cos mx \cos nx = \frac{1}{2}(\cos(m+n)x + \cos(m-n)x)$

예제 9-12

다음 부정적분을 구하라.

(a) $\int \sin 4x \cos 2x\, dx$

(b) $\int \cos 5x \cos 3x\, dx$

TIP [정리 9-6]과 $\int \sin ax\, dx = -\frac{1}{a}\cos ax + C$, $\int \cos bx\, dx = \frac{1}{b}\sin bx + C$를 이용한다.

풀이

(a) [정리 9-6]에 의하여

$$\begin{aligned}\int \sin 4x \cos 2x\, dx &= \frac{1}{2}\int (\sin 6x + \sin 2x)\, dx \\ &= \frac{1}{2}\left(-\frac{1}{6}\cos 6x - \frac{1}{2}\cos 2x\right) + C \\ &= -\frac{1}{12}\cos 6x - \frac{1}{4}\cos 2x + C\end{aligned}$$

이다.

(b) [정리 9-6]에 의하여

$$\begin{aligned}\int \cos 5x \cos 3x\, dx &= \frac{1}{2}\int (\cos 8x + \cos 2x)\, dx \\ &= \frac{1}{2}\left(\frac{1}{8}\sin 8x + \frac{1}{2}\sin 2x\right) + C \\ &= \frac{1}{16}\sin 8x + \frac{1}{4}\sin 2x + C\end{aligned}$$

이다.

9.4 부분분수적분

$f(x)$와 $g(x)$가 다항함수일 때, $\int \frac{f(x)}{g(x)}\,dx$를 계산하는 방법을 알아보자.

■ $f(x)$의 차수가 $g(x)$의 차수보다 크거나 같은 경우

다항함수의 나눗셈을 이용하면

$$\frac{f(x)}{g(x)} = q(x) + \frac{r(x)}{g(x)}$$

로 나타낼 수 있고, 위 식의 양변에 적분을 취한

$$\int \frac{f(x)}{g(x)}\,dx = \int q(x)\,dx + \int \frac{r(x)}{g(x)}\,dx$$

를 이용하여 부정적분을 계산한다.

예제 9-13

다음 부정적분을 구하라.

(a) $\int \frac{x+1}{x-1}\,dx$

(b) $\int \frac{x^2}{x+1}\,dx$

TIP 다항함수의 나눗셈을 이용하여 식을 변형한 다음, 치환적분을 적용한다.

풀이

(a) 다항함수의 나눗셈을 이용하여 식을 변형하면

$$\frac{x+1}{x-1} = 1 + \frac{2}{x-1}$$

이다. $x-1=t$라 하면 $dx=dt$이므로, 치환적분에 의하여

$$\int \frac{2}{x-1}\,dx = 2\int \frac{1}{t}\,dt = 2\ln|t| + C_1 = 2\ln|x-1| + C_1$$

이다. 또한 $\int 1\,dx = x + C_2$이다. 따라서

$$\int \frac{x+1}{x-1}\,dx = \int 1\,dx + \int \frac{2}{x-1}\,dx = x + 2\ln|x-1| + C$$

이다.

(b) 다항함수의 나눗셈을 이용하여 식을 변형하면

$$\frac{x^2}{x+1} = x - 1 + \frac{1}{x+1}$$

이다. $x+1=t$라 하면 $dx=dt$이므로, 치환적분에 의하여

$$\int \frac{1}{x+1}\,dx = \int \frac{1}{t}\,dt = \ln|t| + C_1 = \ln|x+1| + C_1$$

이다. 또한 $\int (x-1)\,dx = \frac{1}{2}x^2 - x + C_2$이다. 따라서

$$\int \frac{x^2}{x+1}\,dx = \int (x-1)\,dx + \int \frac{1}{x+1}\,dx = \frac{1}{2}x^2 - x + \ln|x+1| + C$$

이다.

■ $f(x)$의 차수가 $g(x)$의 차수보다 작은 경우

$\int \frac{f(x)}{g(x)}\,dx$를 계산할 때 $f(x)$의 차수가 $g(x)$의 차수보다 작은 경우, 분모인 $g(x)$를 인수분해한 다음, 인수 개수만큼 $\frac{f(x)}{g(x)}$를 부분분수로 나누어 다음 방법으로 부정적분을 계산한다. $\int \frac{1}{x^2-3x+2}\,dx$를 구하는 과정은 다음과 같다.

[1단계] 분자의 함수는 0차이고 분모의 함수는 2차이다.

[2단계] 분모를 인수분해하면 $x^2-3x+2=(x-1)(x-2)$이다.

[3단계] 분모의 인수가 2개이므로, 피적분함수 $\frac{1}{x^2-3x+2}$을 분모가 $x-1$, $x-2$인 두 분수의 합으로 나타낸다.

[4단계] 분모의 차수보다 1만큼 작은 차수의 다항함수를 분자에 둔다. $x-1$은 1차 다항함수이므로 분자에 상수함수인 A를 두고, $x-2$도 1차 다항함수이므로 분자에 상수함수인 B를 둔다. 이를 식으로 나타내면 다음과 같다.

$$\frac{1}{x^2-3x+2} = \frac{1}{(x-1)(x-2)} = \frac{A}{x-1} + \frac{B}{x-2}$$

[5단계] [4단계]의 마지막 식을 통분하고 항등식의 성질을 이용하여 A와 B를 구한다. 즉, 다음 식이 성립하려면 양변의 분자가 같아야 하므로 $A+B=0$, $-2A-B=1$이어야 한다.

$$\frac{1}{(x-1)(x-2)}=\frac{(A+B)x+(-2A-B)}{(x-1)(x-2)}$$

연립방정식을 풀면 $A=-1$, $B=1$이다.

[6단계] [5단계]에서 구한 A와 B를 [4단계]의 식에 대입하여 부정적분을 계산한다.

$$\int \frac{1}{x^2-3x+2}\,dx=\int \frac{-1}{x-1}\,dx+\frac{1}{x-2}\,dx=-\ln|x-1|+\ln|x-2|+C$$

예제 9-14

다음 부정적분을 구하라.

(a) $\displaystyle\int \frac{1}{x^2-1}\,dx$ (b) $\displaystyle\int \frac{3x}{2x^2-x-1}\,dx$

TIP 분모를 인수분해하고 피적분함수를 부분분수로 표현하여 부정적분을 계산한다.

풀이

(a) $\dfrac{1}{x^2-1}=\dfrac{1}{(x-1)(x+1)}=\dfrac{A}{x-1}+\dfrac{B}{x+1}=\dfrac{(A+B)x+(A-B)}{x^2-1}$ 이므로,

$A+B=0$, $A-B=1$이어야 한다. 따라서 $A=\frac{1}{2}$, $B=-\frac{1}{2}$이므로, 치환적분과 부분분수적분에 의하여

$$\begin{aligned}\int \frac{1}{x^2-1}\,dx &= \int \frac{\frac{1}{2}}{x-1}\,dx+\int \frac{-\frac{1}{2}}{x+1}\,dx\\ &=\frac{1}{2}\int \frac{1}{x-1}\,dx-\frac{1}{2}\int \frac{1}{x+1}\,dx\\ &=\frac{1}{2}\ln|x-1|-\frac{1}{2}\ln|x+1|+C\end{aligned}$$

이다.

(b) $\dfrac{3x}{2x^2-x-1}=\dfrac{3x}{(2x+1)(x-1)}=\dfrac{A}{2x+1}+\dfrac{B}{x-1}=\dfrac{(A+2B)x+(-A+B)}{2x^2-x-1}$ 이므로, $A+2B=3$, $-A+B=0$이어야 한다. 따라서 $A=1$, $B=1$이므로, 치환적분과 부분분수적분에 의하여

$$\begin{aligned}\int \frac{3x}{2x^2-x-1}\,dx &= \int \frac{1}{2x+1}\,dx+\int \frac{1}{x-1}\,dx\\ &= \frac{1}{2}\ln|2x+1|+\ln|x-1|+C\end{aligned}$$

이다.

$\displaystyle\int \frac{x^3}{x^2-1}\,dx$는 어떻게 구할까? 분자에 있는 함수의 차수가 분모에 있는 함수의 차수보다 크므로, 먼저 다항함수의 나눗셈을 이용하여

$$\int \frac{x^3}{x^2-1}\,dx=\int x\,dx+\int \frac{x}{x^2-1}\,dx$$

로 나타낸다. 이때 $\displaystyle\int \frac{x}{x^2-1}\,dx$는 분자에 있는 다항함수의 차수가 분모에 있는 다항함수의 차수보다 작으므로 부분분수로 나누어 계산해야 한다. 최종적인 부정적분의 결과는 다음과 같다.

$$\begin{aligned}\int \frac{x^3}{x^2-1}\,dx &= \int x\,dx+\int \frac{x}{x^2-1}\,dx\\ &= \int x\,dx+\frac{1}{2}\left(\int \frac{1}{x-1}\,dx+\int \frac{1}{x+1}\,dx\right)\\ &= \frac{x^2}{2}+\frac{1}{2}(\ln|x-1|+\ln|x+1|)+C\end{aligned}$$

9.5 공학 문제

속도와 가속도

마라톤 선수가 달릴 때, 매 시간마다 어떤 위치에서 달리고 있는지 알 수 있을까? 위치 함수 $s(t)$를 시간 t에 대하여 미분하면 속도 $v(t)$이고, 속도 $v(t)$를 시간 t에 대하여 미분하면 가속도 $a(t)$이다. 반대로 가속도 $a(t)$를 시간 t에 대하여 적분하면 속도 $v(t)$를 얻을 수 있고, 속도 $v(t)$를 시간 t에 대하여 적분하면 위치 함수 $s(t)$를 얻을 수 있다. 만약 마라톤 선수가 달리는 속도에 관한 함수를 알면, 위치, 속도, 가속도의 관계에 따라 위치 함수를 구할 수 있으므로, 매 시간 어떤 위치에 있는지 알 수 있다.

〈출처〉 https://www.pixabay.com

[그림 9-1] 마라톤 선수

예제 9-15

다음을 구하라.

(a) 가속도가 $a(t)=t^2+3t+1$일 때, 속도 $v(t)$

(b) 속도가 $v(t)=t^2-\sqrt{t}+\dfrac{1}{t+1}$일 때, 위치 $s(t)$

TIP $v(t)=\int a(t)\,dt$, $s(t)=\int v(t)\,dt$를 이용한다.

풀이

(a) $v(t)=\int a(t)\,dt=\int (t^2+3t+1)\,dt=\dfrac{1}{3}t^3+\dfrac{3}{2}t^2+t+C$

(b) $s(t)=\int v(t)\,dt=\int \left(t^2-\sqrt{t}+\dfrac{1}{t+1}\right)dt=\dfrac{1}{3}t^3-\dfrac{2}{3}t\sqrt{t}+\ln|t+1|+C$

진자의 길이

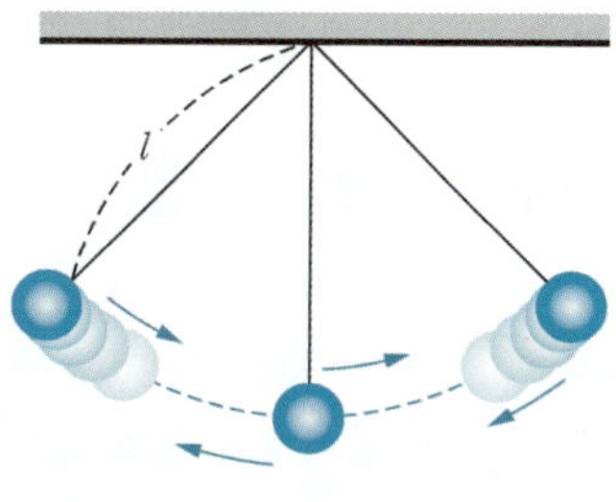

[그림 9-2] **진자 운동**

갈릴레이는 피사 성당의 천장에 매달려 있는 램프가 흔들거리는 것을 관찰하다가 램프의 진폭이 크면 빠르게, 진폭이 작으면 느리게 움직인다는 사실을 알게 되어 진자의 등시성을 발견했다. 진자의 등시성에 따르면 길이가 같은 진자가 왕복하는 데 걸리는 시간은 진폭과 질량에 관계없이 일정하다. 즉, 진자의 주기는 진자의 길이에만 영향을 받는다. 진자의 길이 l은 진자가 왕복하는 데 걸리는 시간 t의 제곱에 비례하며, 다음과 같이 t에 대한 이차함수로 나타낼 수 있다(단, g는 중력 가속도이다).

$$l = \frac{gt^2}{4\pi^2} \quad (t \geq 0)$$

예제 9-16

진자의 길이가 l일 때, $\int l\,dt$를 구하라.

TIP 진자의 길이 l은 t에 대한 이차함수이므로, 다항함수의 적분법을 사용한다.

풀이

$$\int l\,dt = \int \frac{gt^2}{4\pi^2}\,dt = \frac{g}{4\pi^2}\int t^2\,dt = \frac{g}{12\pi^2}t^3 + C$$

슈퍼 박테리아의 증가

항생제를 자주 복용하면 병원균은 스스로 항생제에 저항하는 힘을 길러 그 내성이 더 강해지고, 이로 인해 더 강력한 항생제를 복용해야 하는 상황이 온다. 그러다 결국 어떤 강력한 항생제에도 저항할 수 있는 박테리아가 생겨나기도 하는데, 이를 **슈퍼 박테리아**super bacteria라고 한다. 어떤 슈퍼 박테리아가 15분마다 분열하면 이 슈퍼 박테리아 1개는 1시간 뒤에 $2^4 = 16$개로 증가하고, 4시간 뒤에는 총 $2^{4\times 4} = 2^{16} = 65536$개가 된다. 즉, x시간이 경과하였을 때 이 슈퍼 박테리아의 개체 수 y는 다음과 같다.

$$y = 2^{4x}$$

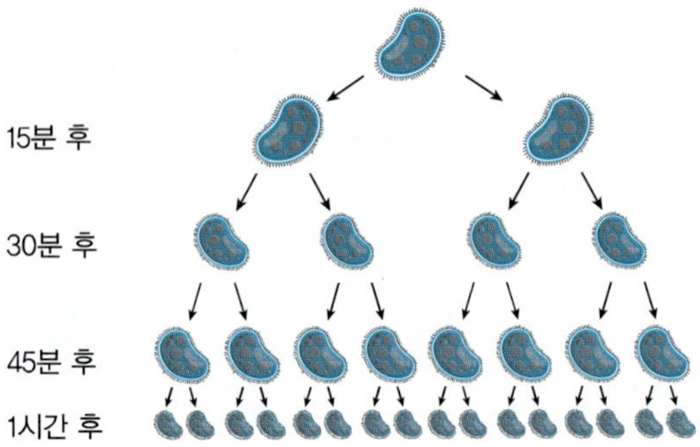

[그림 9-3] **슈퍼 박테리아 분열**

예제 9-17

x시간 후 슈퍼 박테리아의 개체 수인 $y=2^{4x}$에 대하여 부정적분 $\int 2^{4x}\,dx$를 구하라.

TIP [정리 9-1]의 부정적분의 기본 공식과 치환적분을 사용한다.

풀이

$4x=t$로 치환하면 $4\,dx=dt$이므로, 치환적분에 의하여

$$\int 2^{4x}\,dx=\int 2^{t}\cdot\frac{1}{4}\,dt=\frac{1}{4}\int 2^{t}\,dt$$

이다. 부정적분의 기본 공식에 의하여

$$\int 2^{t}\,dt=2^{t}\cdot\frac{1}{\ln 2}+C'$$

이므로

$$\int 2^{4x}\,dx=\frac{1}{4}\left(2^{t}\cdot\frac{1}{\ln 2}+C'\right)=\frac{1}{4\ln 2}\,2^{4x}+C$$

이다.

로지스틱 방정식

로지스틱 방정식logistic equation은 미생물의 번식, 인구 성장 등 생태계의 개체 수 증가를 수학적 모델로 고안한 미분방정식 또는 차분방정식이다. 1838년 수학자 피에르 프랑수아 베르헐스트Pierre François Verhulst는 인구 성장에 대한 수학적 모델로 다음과 같은 식을 제시하였다. 로지스틱 방정식은 [그림 9-4]와 같이 S자 형태이다.

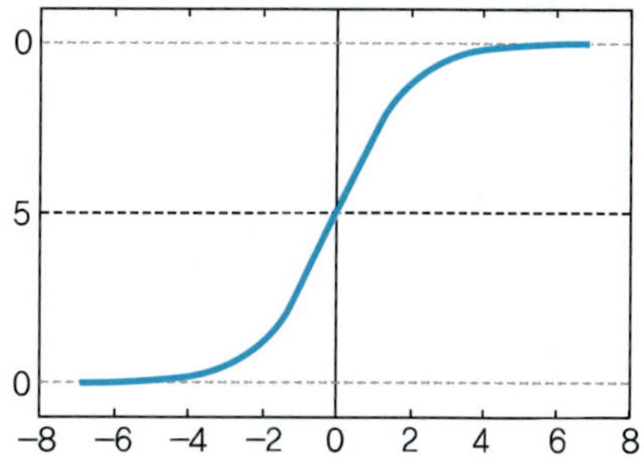

[그림 9-4] 로지스틱 곡선

$$\frac{dP}{dt} = P(a - bP) \quad (\text{단, } a\text{와 } b\text{는 양의 상수})$$

위 미분방정식을 풀기 위해 $\int \frac{1}{P(a-bP)}dP$를 계산해야 한다. 부분분수적분을 이용하면 다음 결과를 얻는다.

$$\int \frac{1}{P(a-bP)}dP = \int \frac{\frac{1}{a}}{P}dP + \int \frac{\frac{b}{a}}{a-bP}dP$$

예제 9-18

$a=3,\ b=1$일 때, $\int \frac{1}{P(a-bP)}dP$를 구하라.

TIP $\int \frac{1}{P-\alpha}dP = \ln|P-\alpha| + C$와 부분분수적분을 이용한다.

풀이

$a=3,\ b=1$이므로, 주어진 식에 대입하여 부분분수적분을 적용하면

$$\begin{aligned}\int \frac{1}{P(a-bP)}dP &= \int \frac{1}{P(3-P)}dP \\ &= \frac{1}{3}\int \frac{1}{P}dP + \frac{1}{3}\int \frac{1}{3-P}dP \\ &= \frac{1}{3}\int \frac{1}{P}dP - \frac{1}{3}\int \frac{1}{P-3}dP \\ &= \frac{1}{3}\ln|P| - \frac{1}{3}\ln|P-3| + C\end{aligned}$$

이다.

Chapter 09 연습문제

9.1 다음 부정적분을 구하라.

(a) $\displaystyle\int\left(x^2+\frac{1}{x}\right)dx$ (b) $\displaystyle\int\left(\frac{1}{x^2}+\sin x\right)dx$

(c) $\displaystyle\int(\sqrt{x}-\cos x)\,dx$ (d) $\displaystyle\int(\sec^2 x-\sqrt[3]{x^2})\,dx$

(e) $\displaystyle\int(3x^3-2x^2-1)\,dx$ (f) $\displaystyle\int\left(\sin x+\cos x-\frac{1}{\sqrt[5]{x}}\right)dx$

9.2 다음 부정적분을 구하라.

(a) $\displaystyle\int(x+2)^2\,dx$ (b) $\displaystyle\int(2x-1)^2\,dx$

(c) $\displaystyle\int(3x-2)(2x+3)\,dx$ (d) $\displaystyle\int(2-x)(3-4x)\,dx$

(e) $\displaystyle\int\frac{x^2-2x+3}{x}\,dx$ (f) $\displaystyle\int\frac{x^3+x-2}{x^2}\,dx$

9.3 다음 부정적분을 구하라.

(a) $\displaystyle\int(x+2)^5\,dx$ (b) $\displaystyle\int(x-3)^8\,dx$

(c) $\displaystyle\int(2x+3)^7\,dx$ (d) $\displaystyle\int(3-4x)^6\,dx$

(e) $\displaystyle\int x(x^2+1)^3\,dx$ (f) $\displaystyle\int 2x(3-x^2)^4\,dx$

9.4 다음 부정적분을 구하라.

(a) $\displaystyle\int\sin 5x\,dx$ (b) $\displaystyle\int\cos 3x\,dx$

(c) $\displaystyle\int e^{5x}\,dx$ (d) $\displaystyle\int e^{-4x}\,dx$

(e) $\displaystyle\int x^2e^{x^3}\,dx$ (f) $\displaystyle\int x\,e^{-x^2}\,dx$

9.5 다음 부정적분을 구하라.

(a) $\int e^x \sin x\,dx$ (b) $\int x\sin x\,dx$

(c) $\int x^2 \cos x\,dx$ (d) $\int x^2 e^x\,dx$

(e) $\int x^2 \ln x\,dx$ (f) $\int (\ln x)^2\,dx$

9.6 다음 부정적분을 구하라.

(a) $\int \sin^3 x\,dx$ (b) $\int \cos^3 x\,dx$

(c) $\int \sin^5 x\,dx$ (d) $\int \cos^5 x\,dx$

(e) $\int \sin x \cos^3 x\,dx$ (f) $\int \sin^3 x \cos x\,dx$

9.7 다음 부정적분을 구하라.

(a) $\int \sin^5 x \cos^2 x\,dx$ (b) $\int \sin^2 x \cos^5 x\,dx$

(c) $\int \sin^5 x \cos^4 x\,dx$ (d) $\int \sin^4 x \cos^5 x\,dx$

9.8 다음 부정적분을 구하라.

(a) $\int \cos^2 x\,dx$ (b) $\int \sin^4 x\,dx$

(c) $\int \cos^4 x\,dx$ (d) $\int \sin^4 x \cos^4 x\,dx$

9.9 다음 부정적분을 구하라.

(a) $\int \sin 5x \sin 4x\,dx$ (b) $\int \sin x \sin 9x\,dx$

(c) $\int \sin 3x \cos 5x\,dx$ (d) $\int \sin 7x \cos x\,dx$

(e) $\int \cos 5x \cos 4x\,dx$ (f) $\int \cos x \cos 9x\,dx$

9.10 다음 부정적분을 구하라.

(a) $\int \frac{x-1}{x+2}\,dx$

(b) $\int \frac{x+2}{x-3}\,dx$

(c) $\int \frac{x^2}{x-2}\,dx$

(d) $\int \frac{x^2+1}{x+2}\,dx$

(e) $\int \frac{x^3}{x-1}\,dx$

(f) $\int \frac{x^3-1}{x+2}\,dx$

9.11 다음 부정적분을 구하라.

(a) $\int \frac{1}{(x-1)(x-3)}\,dx$

(b) $\int \frac{1}{(x-2)(x+4)}\,dx$

(c) $\int \frac{x}{x^2+3x-4}\,dx$

(d) $\int \frac{3x}{x^2-3x-10}\,dx$

(e) $\int \frac{x-1}{2x^2-x-3}\,dx$

(f) $\int \frac{2x+3}{3x^2+2x-1}\,dx$

9.12 만유인력의 법칙은 $F=G\frac{m_1m_2}{r^2}$이고 이때 F는 중력의 크기, G는 중력 상수, m_1과 m_2는 두 물체의 질량, r은 두 물체 사이의 거리를 나타낸다. $\int F\,dr$을 구하라.

9.13 다음을 구하라.

(a) 가속도가 $a(t)=t+2\sin t+\frac{1}{t}$일 때, 속도 $v(t)$

(b) 속도가 $v(t)=\cos 2t+\sqrt[3]{t}-\frac{1}{t-2}$일 때, 위치 $s(t)$

9.14 20분마다 분열하는 어느 슈퍼 박테리아 한 개가 1시간 뒤에 $2^3=8$개로 증가하고, 2시간 뒤에는 총 $2^{3\times 2}=2^6=64$개가 된다. 즉, x시간이 경과하였을 때 이 슈퍼 박테리아의 개체 수 y는 다음과 같다.

$$y=2^{3x}$$

$\int 2^{3x}\,dx$를 구하라.

9.15 인구 성장에 대한 수학적 모델은 다음 미분방정식으로 설명된다.

$$\frac{dP}{dt} = P(a - bP) \qquad (\text{단, } a\text{와 } b\text{는 양의 상수})$$

$a=5,\ b=2$일 때, $\int \frac{1}{P(a-bP)}\,dP$를 구하라.

Chapter 10

적분의 응용

Application of Integration

CONTENTS

학습목표

- 정적분을 정의하고, 미적분학의 기본정리를 이용하여 정적분을 구하는 방법을 학습한다.
- 정적분을 이용하여 두 함수 사이의 넓이를 구하는 방법을 학습한다.
- 정적분을 확장한 이상적분의 개념을 이해한다.
- 적분의 응용과 관련된 공학 문제를 학습한다.

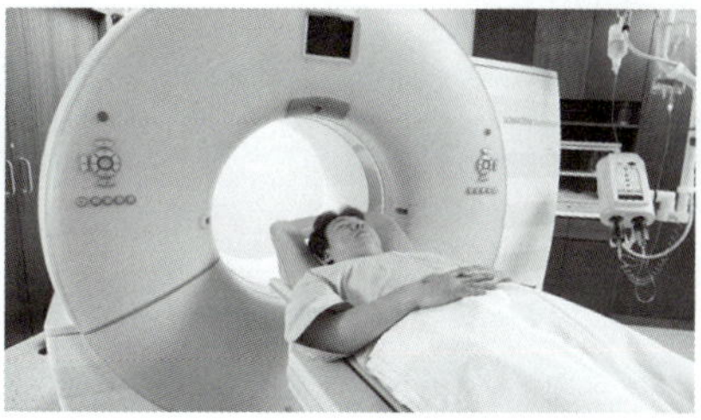

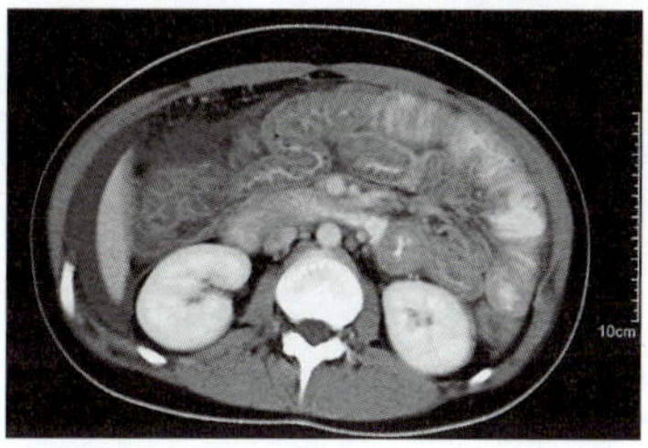

컴퓨터 단층촬영Computed Tomography, 일명 CT 촬영은 X선 발생 장치가 있는 원형의 큰 기계에 들어가서 인체를 가로로 자른 횡단면을 촬영하여 몸의 이상 여부를 검사하는 방법이다. CT 촬영의 원리는 X선 사진을 여러 장 찍어서 보이지 않는 인체 내부 장기의 위치 및 모양을 알아내는 것이다.

바깥에서 내부를 향해 일정한 방향으로 X선을 쬐면 반대쪽의 X선 감지기를 통해 X선이 얼마나 흡수되었는지 알 수 있다. 여러 각도로 조밀하게 찍은 X선 사진을 통해 원래 영상을 복원하는데, 이때 적분이 이용된다.

환자가 받는 방사선량을 그래프와 식으로 나타내면 다음과 같다.

$$\text{CTDI} = \frac{1}{nT}\int_{-\pi}^{\pi} D(z)\,dz$$ [1]

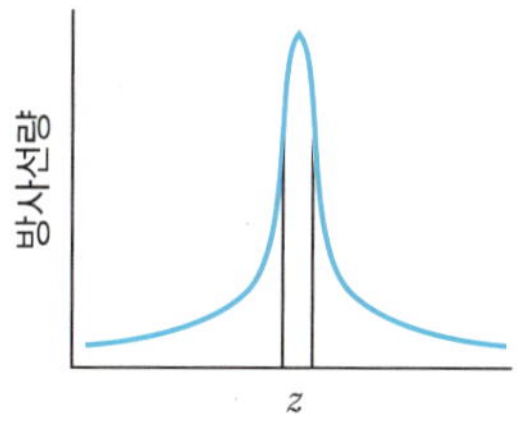

이처럼 적분은 구하고자 하는 대상을 작은 조각으로 나누고, 조각들을 다시 더해 그 대상의 크기를 효과적으로 계산하는 도구이다.

1 CTDI는 방사선량을 z축에 대해 적분한 값으로 실제 선량을 의미하고, $D(z)$는 방사선량에 관한 함수, nT는 방사선을 측정하는 장치 중 하나인 전리함의 두께를 의미한다.

10.1 정적분

정적분

정적분은 직사각형의 넓이를 합한 값에 극한을 취하여 다음과 같이 정의한다.

정의 10-1 정적분

구간 $[a, b]$를 길이가 $\Delta x = \dfrac{b-a}{n}$인 소구간으로 분할하고, 소구간의 끝점을 차례로

$$x_0 = a,\ x_1,\ x_2,\ \cdots,\ x_{n-1},\ x_n = b$$

라 놓는다. $1 \le i \le n$일 때 소구간 $[x_{i-1}, x_i]$에서 한 점 w_i를 선택한다.
$f : [a, b] \to \mathbb{R}$이 구간 $[a, b]$에서 연속일 때,

$$\lim_{n \to \infty} \sum_{i=1}^{n} f(w_i) \Delta x$$

를 구간 $[a, b]$에서 $f(x)$의 **정적분**definite integral이라 하고

$$\int_a^b f(x)dx = \lim_{n \to \infty} \sum_{i=1}^{n} f(w_i) \Delta x$$

로 나타낸다.

[정의 10-1]에서 a를 정적분의 **적분 하한**lower limit of integration, b를 **적분 상한**upper limit of integration이라 하고, 구간 $[a, b]$를 **적분 구간**interval of integration이라 한다. $\int_a^b f(x)dx$는 $f(x)$를 a에서 b까지 **적분한다**integrate고 한다.

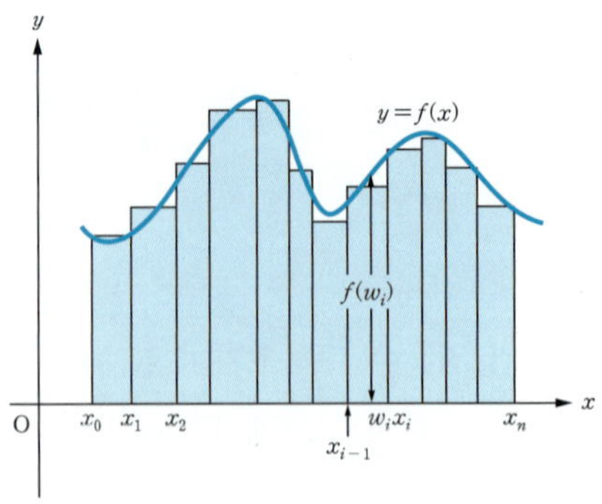

[그림 10-1] 정적분의 정의

정적분의 정의에서 사용한 시그마(Σ) 관련 공식은 다음과 같다.

정리 10-1 시그마 공식

(1) $\sum_{i=1}^{n} i = 1+2+3+\cdots+n = \frac{n(n+1)}{2}$

(2) $\sum_{i=1}^{n} i^2 = 1^2+2^2+3^2+\cdots+n^2 = \frac{n(n+1)(2n+1)}{6}$

(3) $\sum_{i=1}^{n} i^3 = 1^3+2^3+3^3+\cdots+n^3 = \left(\frac{n(n+1)}{2}\right)^2$

다음은 시그마의 기본 성질로 정적분을 계산할 때 많이 이용한다.

정리 10-2 시그마의 기본 성질

(1) $\sum_{i=1}^{n} (a_i + b_i) = \sum_{i=1}^{n} a_i + \sum_{i=1}^{n} b_i$

(2) $\sum_{i=1}^{n} (a_i - b_i) = \sum_{i=1}^{n} a_i - \sum_{i=1}^{n} b_i$

(3) c가 상수일 때, $\sum_{i=1}^{n} c = c \cdot n$

(4) c가 상수일 때, $\sum_{i=1}^{n} ca_i = c\sum_{i=1}^{n} a_i$

극한으로 표현된 무수히 많은 항의 합은 [정리 10-3]을 이용하여 정적분으로 표현할 수 있다.

정리 10-3 정적분 표현 공식

(1) $\lim_{n\to\infty} \sum_{i=1}^{n} f\left(\frac{i}{n}\right)\frac{1}{n} = \int_0^1 f(x)\,dx$

(2) $\lim_{n\to\infty} \sum_{i=1}^{n} f\left(a+(b-a)\frac{i}{n}\right)\frac{(b-a)}{n} = \int_a^b f(x)\,dx$

정적분을 표현할 때 주로 [정리 10-3]의 (1)을 사용한다. 이때 $\lim_{n\to\infty}\sum_{i=1}^{n}$은 $\int_0^1$로, $\frac{1}{n}$은 dx로, f 안의 $\frac{i}{n}$는 x로 변환된다는 점을 기억하면 극한으로 표현된 무수히 많은 항의 합을 정적분으로 쉽게 표현할 수 있다.

예제 10-1

다음을 정적분으로 나타내라.

(a) $\lim_{n\to\infty}\sum_{i=1}^{n}\left(1+\frac{2i}{n}\right)^4\frac{1}{n}$ (b) $\lim_{n\to\infty}\sum_{i=1}^{n}\sqrt{\frac{i}{3n}}\,\frac{1}{n}$

TIP $\frac{1}{n}$은 dx로, $\frac{i}{n}$는 x로 변환하여 정적분으로 나타낸다.

풀이

(a) $\frac{i}{n}$를 x로 변환하면 $\left(1+\frac{2i}{n}\right)^4$은 $(1+2x)^4$으로 변환된다. 따라서

$$\lim_{n\to\infty}\sum_{i=1}^{n}\left(1+\frac{2i}{n}\right)^4\frac{1}{n}=\int_0^1(1+2x)^4\,dx$$

이다.

(b) $\frac{i}{n}$를 x로 변환하면 $\sqrt{\frac{i}{3n}}$는 $\sqrt{\frac{1}{3}x}$ 로 변환된다. 따라서

$$\lim_{n\to\infty}\sum_{i=1}^{n}\sqrt{\frac{i}{3n}}\,\frac{1}{n}=\int_0^1\sqrt{\frac{1}{3}x}\,dx$$

이다.

시그마의 기본 성질과 정적분의 정의를 이용하면 정적분을 구할 수 있다.

예제 10-2

정적분의 정의를 이용하여 다음 정적분을 구하라.

(a) $\int_0^2 x\,dx$ (b) $\int_0^1(3-x)\,dx$

TIP $\sum_{i=1}^{n}f(w_i)(x_i-x_{i-1})$ 꼴로 나타낸 다음, $\lim_{n\to\infty}$를 취하여 정적분을 구한다.

풀이

(a) 적분 상한이 2, 적분 하한이 0이므로, 구간 $[0, 2]$를 길이가 $\Delta x = \dfrac{2-0}{n} = \dfrac{2}{n}$인 소구간으로 분할한다. 그러면 소구간의 끝점은 각각

$$x_0 = 0,\ x_1 = \frac{2}{n},\ x_2 = \frac{4}{n},\ \cdots,\ x_n = 2$$

이다. i번째 소구간 $[x_{i-1}, x_i] = \left[\dfrac{2(i-1)}{n}, \dfrac{2i}{n}\right]$의 한 점 $w_i = \dfrac{2i}{n}$를 선택하면

$$\sum_{i=1}^{n} f(w_i)\,\Delta x = \sum_{i=1}^{n} \frac{2i}{n} \cdot \frac{2}{n} = \frac{4}{n^2} \sum_{i=1}^{n} i = \frac{4}{n^2} \cdot \frac{n(n+1)}{2}$$

이다. 따라서

$$\int_0^2 x\,dx = \lim_{n\to\infty} \sum_{i=1}^{n} f(w_i)\,\Delta x = \lim_{n\to\infty} \left(\frac{4}{n^2} \cdot \frac{n(n+1)}{2}\right) = 2$$

이다.

(b) 적분 상한이 1, 적분 하한이 0이므로, 구간 $[0, 1]$을 길이가 $\Delta x = \dfrac{1-0}{n} = \dfrac{1}{n}$인 소구간으로 분할한다. 그러면 소구간의 끝점은 각각

$$x_0 = 0,\ x_1 = \frac{1}{n},\ x_2 = \frac{2}{n},\ \cdots,\ x_n = 1$$

이다. i번째 소구간 $[x_{i-1}, x_i] = \left[\dfrac{i-1}{n}, \dfrac{i}{n}\right]$의 한 점 $w_i = \dfrac{i}{n}$를 선택하면

$$\sum_{i=1}^{n} f(w_i)\,\Delta x = \sum_{i=1}^{n} \left(3 - \frac{i}{n}\right) \cdot \frac{1}{n} = \sum_{i=1}^{n} \left(\frac{3}{n} - \frac{1}{n^2} i\right) = 3 - \frac{1}{n^2} \cdot \frac{n(n+1)}{2}$$

이다. 따라서

$$\int_0^1 (3-x)\,dx = \lim_{n\to\infty} \sum_{i=1}^{n} f(w_i)\,\Delta x = \lim_{n\to\infty} \left(3 - \frac{1}{n^2} \cdot \frac{n(n+1)}{2}\right) = \frac{5}{2}$$

이다.

다음은 적분 구간이 특별한 정적분이다.

정의 10-2 적분 구간이 특별한 경우의 정적분

(1) 적분 상한과 적분 하한이 같은 경우

$$\int_a^a f(x)\,dx = 0$$

(2) 적분 상한과 적분 하한이 맞바뀌는 경우

$$\int_a^b f(x)\,dx = -\int_b^a f(x)\,dx$$

정적분의 기본 성질

다음 정리는 정적분을 구할 때 사용하는 기본 성질이다.

정리 10-4 정적분의 기본 성질

$f(x)$와 $g(x)$가 구간 $[a, b]$에서 적분가능할 때 다음이 성립한다.

(1) $\int_a^b (f(x)+g(x))\,dx = \int_a^b f(x)\,dx + \int_a^b g(x)\,dx$

(2) $\int_a^b (f(x)-g(x))\,dx = \int_a^b f(x)\,dx - \int_a^b g(x)\,dx$

(3) k가 상수일 때, $\int_a^b kf(x)\,dx = k\int_a^b f(x)\,dx$

(4) $\left|\int_a^b f(x)\,dx\right| \le \int_a^b |f(x)|\,dx$

(5) $c \in (a, b)$일 때, $\int_a^b f(x)\,dx = \int_a^c f(x)\,dx + \int_c^b f(x)\,dx$

정적분의 기본 성질을 이용하면 다양한 적분을 쉽게 계산할 수 있다.

예제 10-3

$\int_0^1 f(x)\,dx = 3$, $\int_0^3 f(x)\,dx = 5$이고 $\int_0^1 g(x)\,dx = -2$일 때, 다음 정적분을 구하라.

(a) $\int_0^1 (f(x)+g(x))\,dx$

(b) $\int_0^1 (f(x)-g(x))\,dx$

(c) $\int_0^1 \frac{1}{4} g(x)\,dx$

(d) $\int_1^3 f(x)\,dx$

TIP (d)는 $\int_1^3 f(x)\,dx = \int_0^3 f(x)\,dx - \int_0^1 f(x)\,dx$ 임을 이용한다.

풀이

(a) $\int_0^1 (f(x)+g(x))\,dx = \int_0^1 f(x)\,dx + \int_0^1 g(x)\,dx = 3+(-2) = 1$

(b) $\int_0^1 (f(x)-g(x))\,dx = \int_0^1 f(x)\,dx - \int_0^1 g(x)\,dx = 3-(-2) = 5$

(c) $\int_0^1 \frac{1}{4} g(x)\,dx = \frac{1}{4}\int_0^1 g(x)\,dx = \frac{1}{4} \cdot (-2) = -\frac{1}{2}$

(d) $\int_1^3 f(x)\,dx = \int_0^3 f(x)\,dx - \int_0^1 f(x)\,dx = 5-3 = 2$

10.2 미적분학의 기본정리

미적분학의 제1 기본정리

미적분학의 기본정리 fundamental theorem of calculus는 두 가지로 나누어진다. 먼저 미분과 적분의 관계를 설명하는 미적분학의 제1 기본정리를 알아보자.

정리 10-5 미적분학의 제1 기본정리

$f(x)$가 폐구간 $[a, b]$에서 연속이고 $x \in [a, b]$에 대하여

$$F(x) = \int_a^x f(t)\,dt$$

이면 $F'(x) = f(x)$이다.

미적분학의 제1 기본정리에 의해 연속함수 $f(x)$를 적분한 후 이를 미분하면 다시 $f(x)$가 됨을 알 수 있다.

예제 10-4

다음을 구하라.

(a) $F(x) = \int_0^x (t^3 - 2t)\,dt$일 때, $F'(x)$

(b) $G(x) = \int_{-1}^x (e^t + \tan t)\,dt$일 때, $G'(x)$

TIP 미적분학의 제1 기본정리를 이용하여 미분을 구한다.

풀이

(a) $f(x) = x^3 - 2x$라 하면 $f(x)$는 연속함수이고, 미적분학의 제1 기본정리에 의하여 $F'(x) = f(x)$이므로 $F'(x) = x^3 - 2x$이다.

(b) $g(x) = e^x + \tan x$라 하면 $g(x)$는 연속함수이고, 미적분학의 제1 기본정리에 의하여 $G'(x) = g(x)$이므로 $G'(x) = e^x + \tan x$이다.

미적분학의 제1 기본정리는 연쇄법칙에 의하여 다음과 같이 확장된다.

정리 10-6 미적분학의 제1 기본정리의 확장

(1) $f(x)$가 폐구간 $[a, b]$에서 연속이고, $g(x)$가 폐구간 $[a, b]$에서 미분가능하며 $x \in [a, b]$에 대하여

$$F(x) = \int_a^{g(x)} f(t)\,dt$$

이면 $F'(x) = f(g(x))g'(x)$이다.

(2) $f(x)$가 폐구간 $[a, b]$에서 연속이고, $g(x)$와 $h(x)$가 폐구간 $[a, b]$에서 미분가능하며 $x \in [a, b]$에 대하여

$$F(x) = \int_{h(x)}^{g(x)} f(t)\,dt$$

이면 $F'(x) = f(g(x)) \cdot g'(x) - f(h(x)) \cdot h'(x)$이다.

예제 10-5

다음을 구하라.

(a) $F(x) = \int_0^{x^3} (t^3 - 2t)\,dt$일 때, $F'(x)$

(b) $G(x) = \int_{\sin x}^{x^2+1} (e^t + \tan t)\,dt$일 때, $G'(x)$

TIP 미적분학의 제1 기본정리의 확장을 이용한다.

풀이

(a) $f(x) = x^3 - 2x$, $g(x) = x^3$이라 하면 $f(x)$가 연속이고 $g(x)$가 미분가능하므로, 미적분학의 제1 기본정리의 확장에 의하여

$$\begin{aligned} F'(x) &= f(g(x)) \cdot g'(x) = f(x^3) \cdot (3x^2) \\ &= ((x^3)^3 - 2x^3)(3x^2) = 3x^{11} - 6x^5 \end{aligned}$$

이다.

(b) $f(x) = e^x + \tan x$, $g(x) = x^2 + 1$, $h(x) = \sin x$라 하면 $f(x)$가 연속이고, $g(x)$와 $h(x)$가 미분가능하므로, 미적분학의 제1 기본정리의 확장에 의하여

$$\begin{aligned} G'(x) &= f(g(x)) \cdot g'(x) - f(h(x)) \cdot h'(x) \\ &= f(x^2+1) \cdot (2x) - f(\sin x) \cdot (\cos x) \\ &= (e^{x^2+1} + \tan(x^2+1))(2x) - (e^{\sin x} + \tan(\sin x))\cos x \end{aligned}$$

이다.

미적분학의 제2기본정리

[정의 10-1]의 극한을 이용한 정적분 계산은 복잡하다. 원시함수를 구할 수 있는 경우 미적분학의 제2기본정리를 이용하면 정적분을 쉽게 구할 수 있다.

정리 10-7 미적분학의 제2기본정리

$f(x)$가 폐구간 $[a, b]$에서 연속이고 $F(x)$가 $f(x)$의 원시함수이면

$$\int_a^b f(x)\,dx = F(x)\Big|_a^b = F(b) - F(a)$$

이다.

예를 들어 폐구간 $[1, 2]$에서 $2x+3$의 정적분을 구할 때, $2x+3$의 한 원시함수인 x^2+3x와 미적분학의 제2기본정리를 이용하면

$$\int_1^2 (2x+3)\,dx = (x^2+3x)\Big|_1^2 = (2^2+6) - (1^2+3) = 6$$

이다. 이와 같이 9장에서 알아본 적분 기법으로 $f(x)$의 원시함수인 $F(x)$를 구한 후, 미적분학의 제2기본정리를 이용하면 쉽게 정적분을 구할 수 있다.

예제 10-6

다음 정적분을 구하라.

(a) $\int_0^1 (x^2+x)\,dx$

(b) $\int_0^{\frac{\pi}{6}} \cos x\,dx$

(c) $\int_{-1}^1 (x-e^x)\,dx$

(d) $\int_1^2 \left(\sqrt{x} - \frac{1}{x}\right)dx$

TIP [정리 10-4]의 정적분의 기본 성질과 미적분학의 제2기본정리를 이용한다.

풀이

(a) $\int_0^1 (x^2+x)\,dx = \left(\frac{1}{3}x^3 + \frac{1}{2}x^2\right)\Big|_0^1 = \left(\frac{1}{3}+\frac{1}{2}\right) - (0+0) = \frac{5}{6}$

(b) $\int_0^{\frac{\pi}{6}} \cos x\,dx = \sin x\Big|_0^{\frac{\pi}{6}} = \sin\frac{\pi}{6} - \sin 0 = \frac{1}{2} - 0 = \frac{1}{2}$

(c) $\int_{-1}^{1}(x-e^{x})\,dx=\left(\frac{1}{2}x^{2}-e^{x}\right)\Big|_{-1}^{1}=\left(\frac{1}{2}-e^{1}\right)-\left(\frac{1}{2}-e^{-1}\right)=e^{-1}-e$

(d) $\int_{1}^{2}\left(\sqrt{x}-\frac{1}{x}\right)dx=\left(\frac{2}{3}x\sqrt{x}-\ln|x|\right)\Big|_{1}^{2}$

$$=\left(\frac{4}{3}\sqrt{2}-\ln 2\right)-\left(\frac{2}{3}-\ln 1\right)=\frac{2}{3}(2\sqrt{2}-1)-\ln 2$$

치환적분을 이용하여 정적분을 구할 경우, 치환에 의해 적분 구간도 변경됨에 유의한다.

예제 10-7

다음 정적분을 구하라.

(a) $\int_{0}^{1}(3x-1)^{4}\,dx$ (b) $\int_{0}^{2}\frac{2x}{x^{2}+1}\,dx$

TIP $g(x)=t$로 치환하면, x에 대한 적분 구간을 t에 대한 적분 구간으로 변경해야 한다.

풀이

(a) $g(x)=3x-1$이라 하고 $g(x)=t$로 치환하면, $g'(x)\,dx=dt$에서 $3\,dx=dt$이다. 또한 x에 대한 구간이 $[0,1]$일 때 t에 대한 구간이 $[-1,2]$이므로,

$$\int_{0}^{1}(3x-1)^{4}\,dx=\int_{-1}^{2}t^{4}\cdot\frac{1}{3}\,dt=\frac{1}{3}\int_{-1}^{2}t^{4}\,dt$$

$$=\frac{1}{15}t^{5}\Big|_{-1}^{2}=\frac{1}{15}(2^{5}-(-1)^{5})=\frac{11}{5}$$

이다.

(b) $g(x)=x^{2}+1$이라 하고 $g(x)=t$로 치환하면, $g'(x)\,dx=dt$에서 $2x\,dx=dt$이다. 또한 x에 대한 구간이 $[0,2]$일 때 t에 대한 구간이 $[1,5]$이므로,

$$\int_{0}^{2}\frac{2x}{x^{2}+1}\,dx=\int_{1}^{5}\frac{1}{t}\,dt=\ln|t|\Big|_{1}^{5}=\ln 5-\ln 1=\ln 5$$

이다.

10.3 영역의 넓이

영역의 넓이는 기본적으로 정적분을 이용하여 구한다.

함수와 x축 사이의 넓이

$y=f(x)$가 구간 $[a, b]$에서 연속일 때, 구간 $[a, b]$에서 함수 $y=f(x)$와 x축 사이의 넓이는

$$A=\int_a^b |f(x)|\, dx$$

이다.

정리 10-8 $\int_a^b |f(x)|\, dx$ **를 구하는 방법**

[1단계] 구간 $[a, b]$에서 $f(x)=0$인 x를 모두 구한다.

[2단계] [1단계]에서 구한 x가 α, β이고 $\alpha<\beta$라 하자. 구간 $[a, b]$를 소구간 $[a, \alpha]$, $[\alpha, \beta]$, $[\beta, b]$로 나누고 각 소구간에서 하나의 x를 선택하여 $f(x)$의 부호를 판정한다.

[3단계] $f(x)$가 양의 값을 갖는 구간에서는 $f(x)$를 적분하고, $f(x)$가 음의 값을 갖는 구간에서는 $-f(x)$를 적분한다.

구간 $[a, b]$에 $f(x)=0$인 x가 없는 경우, 구간 내 하나의 x를 선택하여 $f(x)$의 부호를 판정한 후, [3단계]를 수행한다.

예제 10-8

다음을 구하라.

(a) 구간 $[0, 2]$에서 함수 $f(x) = x^2 - 1$과 x축 사이의 넓이

(b) 구간 $[-1, 1]$에서 함수 $g(x) = 3x - 4$와 x축 사이의 넓이

TIP $f(x)$가 양의 값을 갖는 구간과 음의 값을 갖는 구간을 확인하고 정적분을 구한다.

풀이

(a) $x^2 - 1 = 0$의 해는 $x = -1, x = 1$이고 $-1 \notin [0, 2]$, $1 \in [0, 2]$이다. 소구간 $[0, 1]$에서 $x = \frac{1}{2}$을 선택하면 $f\left(\frac{1}{2}\right) < 0$이고, 소구간 $[1, 2]$에서 $x = \frac{3}{2}$을 선택하면 $f\left(\frac{3}{2}\right) > 0$이다. 따라서 구하고자 하는 넓이는

$$\begin{aligned}\int_0^2 |f(x)|dx &= \int_0^1 -f(x)\,dx + \int_1^2 f(x)\,dx \\ &= \int_0^1 (-x^2+1)\,dx + \int_1^2 (x^2-1)\,dx \\ &= \left(-\frac{x^3}{3} + x\right)\Bigg|_0^1 + \left(\frac{x^3}{3} - x\right)\Bigg|_1^2 \\ &= \left(\frac{2}{3} - 0\right) + \left(\frac{2}{3} - \left(-\frac{2}{3}\right)\right) = 2\end{aligned}$$

이다.

(b) $3x - 4 = 0$의 해는 $x = \frac{4}{3}$이지만 $\frac{4}{3} \notin [-1, 1]$이다. 구간 $[-1, 1]$에서 $x = 0$을 선택하면 $g(0) < 0$이다. 따라서 구하고자 하는 넓이는

$$\begin{aligned}\int_{-1}^1 |g(x)|dx &= \int_{-1}^1 -g(x)\,dx = \int_{-1}^1 (-3x+4)\,dx \\ &= \left(-\frac{3}{2}x^2 + 4x\right)\Bigg|_{-1}^1 = \frac{5}{2} - \left(-\frac{11}{2}\right) = 8\end{aligned}$$

이다.

두 함수 사이의 넓이

$f(x)=g(x)$를 만족하는 해가 $x=\alpha$, $x=\beta$일 때, 두 함수 $y=f(x)$와 $y=g(x)$ 사이의 넓이는

$$A=\int_{\alpha}^{\beta}|f(x)-g(x)|\,dx$$

이다. 이때 α는 $f(x)=g(x)$를 만족하는 x 중 가장 작은 값이고, β는 $f(x)=g(x)$를 만족하는 x 중 가장 큰 값이다.

정리 10-9 $\int_{\alpha}^{\beta}|f(x)-g(x)|\,dx$를 구하는 방법

[1단계] 구간 $[\alpha, \beta]$에서 $f(x)=g(x)$인 x를 모두 구한다.

[2단계] [1단계]에서 구한 x가 α, γ, β이고 $\alpha<\gamma<\beta$라 하자. 구간 $[\alpha, \gamma]$, $[\gamma, \beta]$에서 각각 하나의 x를 선택하여 $f(x)-g(x)$의 부호를 판정한다.

[3단계] $f(x)-g(x)$가 양의 값을 갖는 구간에서는 $f(x)-g(x)$를 적분하고, $f(x)-g(x)$가 음의 값을 갖는 구간에서는 $g(x)-f(x)$를 적분한다.

예제 10-9

다음을 구하라.

(a) 함수 $f(x)=x^2$과 $g(x)=x+2$ 사이의 넓이

(b) 함수 $h(x)=x^3$과 $k(x)=x$ 사이의 넓이

TIP $f(x)-g(x)$, $h(x)-k(x)$가 양의 값을 갖는 구간과 음의 값을 갖는 구간을 확인하고 정적분을 구한다.

풀이

(a) $f(x)=g(x)$라 하면 $x^2=x+2$이다. 이 식을 정리하면 $(x-2)(x+1)=0$이므로 $f(x)=g(x)$를 만족하는 x는 $x=-1, x=2$이다. 구간 $[-1, 2]$에서 $x=0$을 선택하면 $f(0)-g(0)<0$이다. 따라서

$$\begin{aligned}\int_{-1}^{2}|f(x)-g(x)|\,dx &= \int_{-1}^{2}(g(x)-f(x))\,dx\\ &= \int_{-1}^{2}(x+2-x^2)\,dx=\left(\frac{x^2}{2}+2x-\frac{x^3}{3}\right)\Bigg|_{-1}^{2}\\ &= \frac{10}{3}-\left(-\frac{7}{6}\right)=\frac{9}{2}\end{aligned}$$

이다.

(b) $h(x)=k(x)$라 하면 $x^3=x$이다. 이 식을 정리하면 $x(x-1)(x+1)=0$이므로 $h(x)=k(x)$를 만족하는 x는 $x=-1$, $x=0$, $x=1$이다. 구간 $[-1, 0]$에서 $x=-\frac{1}{2}$을 선택하면 $h\left(-\frac{1}{2}\right)-k\left(-\frac{1}{2}\right)>0$이고, 구간 $[0, 1]$에서 $x=\frac{1}{2}$을 선택하면 $h\left(\frac{1}{2}\right)-k\left(\frac{1}{2}\right)<0$이다. 따라서

$$\begin{aligned}\int_{-1}^{1}|h(x)-k(x)|\,dx &= \int_{-1}^{0}(h(x)-k(x))\,dx+\int_{0}^{1}(k(x)-h(x))\,dx \\ &= \int_{-1}^{0}(x^3-x)\,dx+\int_{0}^{1}(x-x^3)\,dx \\ &= \left(\frac{x^4}{4}-\frac{x^2}{2}\right)\Bigg|_{-1}^{0}+\left(\frac{x^2}{2}-\frac{x^4}{4}\right)\Bigg|_{0}^{1} \\ &= \left(0-\left(-\frac{1}{4}\right)\right)+\left(\frac{1}{4}-0\right)=\frac{1}{2}\end{aligned}$$

이다.

■ 구간 $[a, b]$에서 두 함수 사이의 넓이

앞에서 두 함수 $y=f(x)$와 $y=g(x)$ 사이의 넓이가 $\int_{\alpha}^{\beta}|f(x)-g(x)|\,dx$였다. 이제 구간 $[a, b]$가 제시되면 구간 $[a, b]$에서 두 함수 $y=f(x)$와 $y=g(x)$ 사이의 넓이는 다음과 같다.

$$\int_{a}^{b}|f(x)-g(x)|\,dx$$

정리 10-10 $\int_{a}^{b}|f(x)-g(x)|\,dx$**를 구하는 방법**

[1단계] 구간 $[a, b]$에서 $f(x)=g(x)$인 x를 모두 구한다.

[2단계] [1단계]에서 구한 x가 α, β이고 $\alpha<\beta$라 하자. 소구간 $[a, \alpha]$, $[\alpha, \beta]$, $[\beta, b]$에서 각각 하나의 x를 선택하여 $f(x)-g(x)$의 부호를 판정한다.

[3단계] $f(x)-g(x)$가 양의 값을 갖는 구간에서는 $f(x)-g(x)$를 적분하고, $f(x)-g(x)$가 음의 값을 갖는 구간에서는 $g(x)-f(x)$를 적분한다.

예제 10-10

다음을 구하라.

(a) 구간 $[-2, 2]$에서 함수 $f(x)=x^2-1$과 $g(x)=0$ 사이의 넓이

(b) 구간 $[0, 2]$에서 함수 $f(x)=x^2-1$과 $g(x)=0$ 사이의 넓이

TIP 주어진 구간에서 $f(x)=g(x)$를 만족하는 x를 모두 구한 후, $f(x)-g(x)$가 양의 값을 갖는 구간과 음의 값을 갖는 구간을 확인하고 정적분을 구한다.

풀이

(a) $f(x)=g(x)$라 하면 $x^2-1=0$이다. 이 식을 정리하면 $(x-1)(x+1)=0$이므로 $f(x)=g(x)$를 만족하는 x는 $x=-1, x=1$이며 $-1, 1\in[-2, 2]$이다. 소구간 $[-2, -1]$에서 $x=-\frac{3}{2}$을 선택하면 $f\left(-\frac{3}{2}\right)-g\left(-\frac{3}{2}\right)>0$이고, 소구간 $[-1, 1]$에서 $x=0$을 선택하면 $f(0)-g(0)<0$이다. 또한 소구간 $[1, 2]$에서 $x=\frac{3}{2}$을 선택하면 $f\left(\frac{3}{2}\right)-g\left(\frac{3}{2}\right)>0$이다. 따라서

$$\begin{aligned}\int_{-2}^{2}|f(x)-g(x)|\,dx &= \int_{-2}^{-1}(f(x)-g(x))\,dx+\int_{-1}^{1}(g(x)-f(x))\,dx+\int_{1}^{2}(f(x)-g(x))\,dx\\ &=\int_{-2}^{-1}(x^2-1)\,dx+\int_{-1}^{1}(-x^2+1)\,dx+\int_{1}^{2}(x^2-1)\,dx\\ &=\left(\frac{x^3}{3}-x\right)\Big|_{-2}^{-1}+\left(x-\frac{x^3}{3}\right)\Big|_{-1}^{1}+\left(\frac{x^3}{3}-x\right)\Big|_{1}^{2}\\ &=\left(\frac{2}{3}-\left(-\frac{2}{3}\right)\right)+\left(\frac{2}{3}-\left(-\frac{2}{3}\right)\right)+\left(\frac{2}{3}-\left(-\frac{2}{3}\right)\right)\\ &=4\end{aligned}$$

이다.

(b) $f(x)=g(x)$를 만족하는 x는 $x=-1$, $x=1$이며 $-1\notin[0,2]$이고 $1\in[0, 2]$이다. 소구간 $[0, 1]$에서 $x=\frac{1}{2}$을 선택하면 $f\left(\frac{1}{2}\right)-g\left(\frac{1}{2}\right)<0$이다. 또한 소구간 $[1, 2]$에서 $x=\frac{3}{2}$을 선택하면 $f\left(\frac{3}{2}\right)-g\left(\frac{3}{2}\right)>0$이다. 따라서

$$\begin{aligned}\int_{0}^{2}|f(x)-g(x)|dx &= \int_{0}^{1}(g(x)-f(x))\,dx+\int_{1}^{2}(f(x)-g(x))\,dx\\ &=\int_{0}^{1}(-x^2+1)\,dx+\int_{1}^{2}(x^2-1)\,dx\\ &=\left(-\frac{x^3}{3}+x\right)\Big|_{0}^{1}+\left(\frac{x^3}{3}-x\right)\Big|_{1}^{2}\\ &=\left(\left(-\frac{1}{3}+1\right)-0\right)+\left(\left(\frac{8}{3}-2\right)-\left(\frac{1}{3}-1\right)\right)\\ &=2\end{aligned}$$

이다.

10.4 이상적분

미적분학의 기본정리를 이용하여 정적분 $\int_a^b f(x)\,dx$를 구하려면 다음 두 조건을 만족해야 한다.

- 적분 구간 $[a,\ b]$가 유한하다.
- 피적분함수 $f(x)$가 연속이다.

위의 두 조건을 만족하지 않을 때 사용할 수 있는 적분법을 세 가지로 나누어 살펴보자.

① 적분 구간이 무한하고 피적분함수가 해당 구간에서 연속이다.
② 적분 구간이 유한하고 피적분함수가 구간 내 어떤 x에서 발산한다.
③ 적분 구간이 무한하고 피적분함수가 구간 내 어떤 x에서 발산한다.

위 세 가지 경우에 해당하는 적분을 **이상적분**improper integral 또는 **특이적분**이라 한다.

■ 적분 구간이 무한하고 피적분함수가 연속일 때 이상적분

정의 10-3 이상적분 : 적분 구간이 무한하고 피적분함수가 연속

(1) 구간 $[a,\ \infty)$에서 $f(x)$가 연속일 때, 이상적분 $\int_a^\infty f(x)\,dx$는

$$\int_a^\infty f(x)\,dx = \lim_{t\to\infty}\int_a^t f(x)\,dx$$

로 정의한다.

(2) 구간 $(-\infty,\ b]$에서 $f(x)$가 연속일 때, 이상적분 $\int_{-\infty}^b f(x)\,dx$는

$$\int_{-\infty}^b f(x)\,dx = \lim_{s\to-\infty}\int_s^b f(x)\,dx$$

로 정의한다.

(3) 구간 $(-\infty, \infty)$에서 $f(x)$가 연속일 때, 이상적분 $\int_{-\infty}^{\infty} f(x)\,dx$는 실수 c에 대하여

$$\int_{-\infty}^{\infty} f(x)\,dx = \int_{-\infty}^{c} f(x)\,dx + \int_{c}^{\infty} f(x)\,dx$$
$$= \lim_{s \to -\infty} \int_{s}^{c} f(x)\,dx + \lim_{t \to \infty} \int_{c}^{t} f(x)\,dx$$

로 정의한다.

[정의 10-3]의 (1), (2)에서 우변의 극한이 존재하면 이상적분은 **수렴한다**고 하고 우변의 극한이 존재하지 않으면 이상적분은 **발산한다**고 한다. 특히 (3)에서는 우변의 극한이 모두 존재할 때만 이상적분이 수렴한다고 판정한다.

예제 10-11

다음 이상적분을 구하라.

(a) $\int_{1}^{\infty} e^{-x}\,dx$ (b) $\int_{-\infty}^{0} x^2\,dx$

TIP [정의 10-3]을 이용하여 이상적분을 구한다.

풀이

(a) $\int_{1}^{\infty} e^{-x}\,dx = \lim_{t \to \infty} \int_{1}^{t} e^{-x}\,dx = \lim_{t \to \infty} -e^{-x}\Big|_{1}^{t} = \lim_{t \to \infty} (-e^{-t} + e^{-1}) = \frac{1}{e}$

(b) $\int_{-\infty}^{0} x^2\,dx = \lim_{s \to -\infty} \int_{s}^{0} x^2\,dx = \lim_{s \to -\infty} \frac{x^3}{3}\Big|_{s}^{0} = \lim_{s \to -\infty} \left(0 - \frac{s^3}{3}\right) = \infty$

이므로 $\int_{-\infty}^{0} x^2\,dx$는 발산한다.

이상적분 $\int_{-\infty}^{\infty} x\,dx$는 수렴할까?

$$\int_{-\infty}^{\infty} x\,dx = \lim_{t \to \infty} \int_{-t}^{t} x\,dx = \lim_{t \to \infty} \left(\frac{t^2}{2} - \frac{(-t)^2}{2}\right) = \lim_{t \to \infty} 0 = 0$$

위 계산은 [정의 10-3]의 방법이 아니므로 잘못된 계산이다. [정의 10-3]에 따라 실수 c를 이용하여 두 식으로 나누어 계산하면

$$\int_{-\infty}^{\infty} x\,dx = \int_{-\infty}^{c} x\,dx + \int_{c}^{\infty} x\,dx$$

이다. 이때 $\int_{c}^{\infty} x\,dx = \lim_{s\to\infty}\int_{c}^{s} x\,dx = \lim_{s\to\infty} \left.\frac{x^2}{2}\right|_{c}^{s} = \lim_{s\to\infty}\left(\frac{s^2}{2} - \frac{c^2}{2}\right) = \infty$ 이므로 $\int_{-\infty}^{\infty} x\,dx$는 발산한다고 판정한다.

■ 적분 구간이 유한하고 피적분함수가 구간 내 어떤 x에서 발산할 때 이상적분

정의 10-4 이상적분 : 적분 구간이 유한하고 피적분함수가 구간 내 어떤 x에서 발산

구간 $[a, b]$ 내의 $x = c$에서 $\lim_{x\to c^-} f(x) = \pm\infty$ 또는 $\lim_{x\to c^+} f(x) = \pm\infty$일 때, 이상적분 $\int_{a}^{b} f(x)\,dx$는

$$\int_{a}^{b} f(x)\,dx = \lim_{s\to c^-}\int_{a}^{s} f(x)\,dx + \lim_{t\to c^+}\int_{t}^{b} f(x)\,dx$$

로 정의한다.

[정의 10-4]에서 우변의 두 극한이 모두 존재하면 이상적분은 수렴한다고 판정하고, 우변의 두 극한 중 하나라도 존재하지 않으면 이상적분은 발산한다고 판정한다.

예를 들어, $\int_{-1}^{1} \frac{1}{x^2}\,dx$ 는 미적분학의 기본정리를 이용하여

$$\int_{-1}^{1} \frac{1}{x^2}\,dx = -\left.\frac{1}{x}\right|_{-1}^{1} = -1-(+1) = -2$$

로 계산하면 안 된다. 그 이유는 $f(x) = \frac{1}{x^2}$은 구간 $[-1, 1]$ 내의 점 $x = 0$에서 $\lim_{x\to 0}\frac{1}{x^2} = \infty$이기 때문이다. 따라서 $\int_{-1}^{1}\frac{1}{x^2}\,dx$는 [정의 10-4]에 의하여

$$\int_{-1}^{1} \frac{1}{x^2}\,dx = \lim_{s\to 0^-}\int_{-1}^{s} \frac{1}{x^2}\,dx + \lim_{t\to 0^+}\int_{t}^{1} \frac{1}{x^2}\,dx$$

이다. 이때 우변의 두 극한이 모두 존재하면 $\int_{-1}^{1}\frac{1}{x^2}\,dx$는 수렴한다고 판정하고, 우변의 두 극한 중 하나라도 존재하지 않으면 $\int_{-1}^{1}\frac{1}{x^2}\,dx$는 발산한다고 판정한다.

예제 10-12

다음 이상적분을 구하라.

(a) $\int_{-1}^{1} \frac{1}{x^2}\,dx$ (b) $\int_{0}^{1} \frac{1}{\sqrt{x}}\,dx$

TIP $\lim_{x \to 0} \frac{1}{x^2} = \infty$와 $\lim_{x \to 0^+} \frac{1}{\sqrt{x}} = \infty$를 이용하여 이상적분을 구한다.

풀이

(a) $\lim_{x \to 0} \frac{1}{x^2} = \infty$이므로, [정의 10-4]에 의해

$$\int_{-1}^{1} \frac{1}{x^2}\,dx = \lim_{s \to 0^-} \int_{-1}^{s} \frac{1}{x^2}\,dx + \lim_{t \to 0^+} \int_{t}^{1} \frac{1}{x^2}\,dx$$

이다. 이때

$$\lim_{s \to 0^-} \int_{-1}^{s} \frac{1}{x^2}\,dx = \lim_{s \to 0^-} -\frac{1}{x}\bigg|_{-1}^{s} = \lim_{s \to 0^-} \left(-\frac{1}{s} - 1\right) = \infty$$

이므로 $\int_{-1}^{1} \frac{1}{x^2}\,dx$는 발산한다.

(b) $\lim_{x \to 0^+} \frac{1}{\sqrt{x}} = \infty$이므로, [정의 10-4]에 의해

$$\int_{0}^{1} \frac{1}{\sqrt{x}}\,dx = \lim_{t \to 0^+} \int_{t}^{1} \frac{1}{\sqrt{x}}\,dx = \lim_{t \to 0^+} 2\sqrt{x}\bigg|_{t}^{1} = \lim_{t \to 0^+} (2 - 2\sqrt{t}) = 2$$

이다. 따라서 $\int_{0}^{1} \frac{1}{\sqrt{x}}\,dx = 2$ 이다.

■ 적분 구간이 무한하고 피적분함수가 구간 내 어떤 x에서 발산할 때 이상적분

정의 10-5 이상적분 : 적분 구간이 무한하고 피적분함수가 구간 내 어떤 x에서 발산

구간 $(-\infty, \infty)$ 내의 $x = c$에서 $\lim_{x \to c^-} f(x) = \pm\infty$ 또는 $\lim_{x \to c^+} f(x) = \pm\infty$일 때 이상적분 $\int_{-\infty}^{\infty} f(x)\,dx$는

$$\int_{-\infty}^{\infty} f(x)\,dx = \lim_{t \to -\infty,\, s \to c^-} \int_{t}^{s} f(x)\,dx + \lim_{p \to c^+,\, q \to \infty} \int_{p}^{q} f(x)\,dx$$

로 정의한다.

[정의 10-5]에서 우변의 두 극한이 모두 존재하면 이상적분은 수렴한다고 판정하고, 우변의 두 극한 중 하나라도 존재하지 않으면 이상적분은 발산한다고 판정한다.

[정의 10-5]와 같은 방법으로 구간 $[a, \infty)$ 내의 $x=c$에서 $\lim_{x \to c^-} f(x) = \pm\infty$이고 $\lim_{x \to c^+} f(x) = \pm\infty$ 일 때 이상적분 $\int_a^{\infty} f(x)dx$ 는

$$\int_a^{\infty} f(x)dx = \lim_{s \to c^-} \int_a^s f(x)dx + \lim_{p \to c^+,\, q \to \infty} \int_p^q f(x)dx$$

로 정의한다. 이와 같은 이상적분의 수렴, 발산 판정법은 [정의 10-5]와 동일하다.

예제 10-13

다음 이상적분을 구하라.

(a) $\int_{-\infty}^{\infty} \frac{1}{x}\, dx$ (b) $\int_0^{\infty} \frac{1}{(x-2)^2}\, dx$

TIP $\lim_{x \to 0^+} \frac{1}{x} = \infty$, $\lim_{x \to 0^-} \frac{1}{x} = -\infty$와 $\lim_{x \to 2} \frac{1}{(x-2)^2} = \infty$를 이용하여 이상적분을 구한다.

풀이

(a) $\lim_{x \to 0^+} \frac{1}{x} = \infty$, $\lim_{x \to 0^-} \frac{1}{x} = -\infty$이므로, [정의 10-5]에 의해

$$\int_{-\infty}^{\infty} \frac{1}{x}\, dx = \lim_{t \to -\infty,\, s \to 0^-} \int_t^s \frac{1}{x}\, dx + \lim_{p \to 0^+,\, q \to \infty} \int_p^q \frac{1}{x}\, dx$$

이다. 이때

$$\lim_{t \to -\infty,\, s \to 0^-} \int_t^s \frac{1}{x}\, dx = \lim_{t \to -\infty,\, s \to 0^-} (\ln|s| - \ln|t|) = -\infty$$

이므로 $\int_{-\infty}^{\infty} \frac{1}{x}\, dx$는 발산한다.

(b) $\lim_{x \to 2} \frac{1}{(x-2)^2} = \infty$이므로,

$$\int_0^{\infty} \frac{1}{(x-2)^2}\, dx = \lim_{s \to 2^-} \int_0^s \frac{1}{(x-2)^2}\, dx + \lim_{p \to 2^+,\, q \to \infty} \int_p^q \frac{1}{(x-2)^2}\, dx$$

이다. 이때

$$\lim_{s \to 2^-} \int_0^s \frac{1}{(x-2)^2}\, dx = \lim_{s \to 2^-} \left(-\frac{1}{s-2} - \frac{1}{2}\right) = \infty$$

이므로 $\int_0^{\infty} \frac{1}{(x-2)^2}\, dx$ 는 발산한다.

10.5 공학 문제

이동에 필요한 일

생활 속에서 **일**work이란 어떤 작업을 수행하기 위한 노력을 말한다. 하지만 물리학에서 정의하는 일은 '힘force'과 관련된다. 어떤 물체에 일정한 힘 F를 가했을 때, 힘이 가해진 방향으로 물체가 이동한 거리를 d라고 하면 일은 $W = Fd$로 정의된다. 이때 힘의 단위는 N(뉴턴), 거리의 단위는 m, 일의 단위를 J(줄)이다. 만약 힘이 일정하지 않다면 일을 어떻게 구할까? 어떤 물체가 x축을 따라 $x = a$에서 $x = b$까지 이동할 때, 힘 $F(x)$가 작용하면 물체가 이동하는 데 필요한 일 W는 다음과 같이 정의된다. 이때 힘 $F(x)$는 연속함수이다.

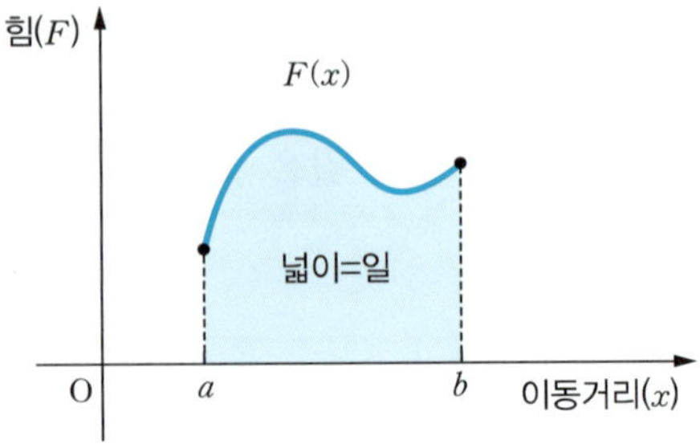

[그림 10-2] 이동 거리와 힘으로 정의되는 일의 그래프

$$W = \int_a^b F(x)\,dx$$

예제 10-14

한 입자가 원점에서 출발하여 x m만큼 이동할 때 작용한 힘이 $(x^2 + 4x)$ N이라 하자. 입자가 $x = 2$에서 $x = 4$까지 이동하는 데 필요한 일을 구하라.

TIP $W = \int_a^b F(x)\,dx$이고 $F(x) = x^2 + 4x$임을 이용한다.

풀이

입자가 $x = 2$에서 $x = 4$까지 이동하는 데 필요한 일 W는

$$W = \int_2^4 (x^2 + 4x)\,dx = \left.\frac{x^3}{3} + 2x^2\right|_2^4 = \left(\frac{64}{3} + 32\right) - \left(\frac{8}{3} + 8\right) = \frac{128}{3}\text{ J}$$

이다.

위치 변화량

시각 t에서 점 P의 위치를 $s(t)$, 속도를 $v(t)$라 하자. 시각 t에 따라 점 P의 위치가 변화한 정도를 점 P의 **위치 변화량**이라 한다. $t=a$에서 $t=b$까지 점 P의 위치 변화량은 다음과 같이 구할 수 있다.

- 점 P의 위치 변화량은 $\int_a^b v(t)\,dt$이다.
- 점 P의 위치는 $s(a)+\int_a^b v(t)\,dt$이다.
- 점 P가 실제로 움직인 거리는 $\int_a^b |v(t)|\,dt$이다.

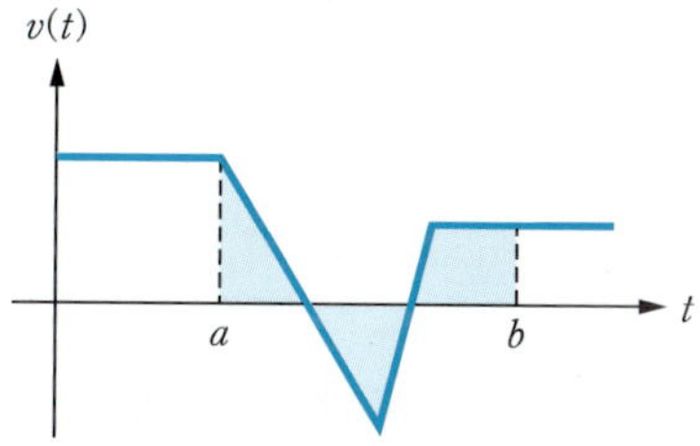

[그림 10-3] 속도-시간 그래프

따라서 점 P가 실제로 움직인 거리는 [그림 10-3]에서 색칠된 부분의 넓이이다.

예제 10-15

어떤 물체가 시각 t에서 속도 $v(t)=t^2-3t-4$로 오른쪽 방향을 향해 직선 운동을 할 때, $2\le t\le 4$초 동안 이 물체의 위치 변화량을 소수점 아래 둘째 자리까지의 근삿값으로 나타내고 실제로 몇 m를 움직였는지 설명하라.

TIP $\int_2^4 v(t)\,dt$는 $2\le t\le 4$초 동안 이 물체의 위치 변화량을 나타낸다.

풀이

$$\begin{aligned} s(4)-s(2) &= \int_2^4 v(t)\,dt \\ &= \int_2^4 (t^2-3t-4)\,dt = \left(\frac{1}{3}t^3-\frac{3}{2}t^2-4t\right)\Bigg|_2^4 \\ &= -\frac{22}{3} \approx -7.33 \end{aligned}$$

이므로 이 물체의 위치 변화량은 약 -7.33이다. 이때 $-$는 왼쪽 방향을 나타내므로, 결과적으로 물체가 $2\le t\le 4$초 동안 왼쪽으로 약 7.33 m 이동하였음을 의미한다.

선밀도

선밀도linear density란 가늘고 긴 선형 물체의 단위 길이당 질량으로, 물체의 길이 단위가 m, 질량 단위가 kg일 때 선밀도의 단위는 kg/m이다. 길이가 l인 어떤 선형 물체를 한쪽 끝에서부터 측정한 거리가 $x(0 \leq x \leq l)$일 때, 이 물체의 총 질량을 M, 선밀도를 $\lambda(x)$라고 하면 다음 관계가 성립한다.

$$M = \int_0^l \lambda(x)dx$$

따라서 선형 물체의 길이와 선밀도를 알고 있다면 이 물체의 총 질량을 구할 수 있다.

예제 10-16

길이가 2m인 막대의 선밀도가 $\lambda(x) = 3 + 2\sqrt{x}$ kg/m로 주어진다고 하자. 이때 x는 막대의 한쪽 끝에서부터 측정한 거리이다. 막대의 총 질량을 소수점 아래 둘째 자리까지의 근삿값으로 나타내라.

TIP $\int_0^2 \lambda(x)dx$는 길이가 2m인 막대의 총 질량을 나타낸다.

풀이

선밀도를 이용하여 막대의 총 질량을 구하면

$$\int_0^2 \lambda(x)\,dx = \int_0^2 (3 + 2\sqrt{x})\,dx = \left(3x + \frac{4}{3}x^{\frac{3}{2}}\right)\Bigg|_0^2 = 6 + \frac{8}{3}\sqrt{2}$$

이다. 이를 소수점 아래 둘째 자리까지의 근삿값으로 나타내면 $6 + \frac{8}{3}\sqrt{2} \approx 9.77$이다. 따라서 막대의 총 질량은 약 9.77 kg이다.

라플라스 변환

라플라스 변환 Laplace transform은 미분방정식으로 표현된 회로의 상태를 나타내는 방정식을 대수방정식으로 바꾸는 변환 방법 중 하나이다. 특히 라플라스 변환을 이용하면 시간 영역에서의 복잡한 미분방정식의 해를 주파수 영역에서의 간단한 대수방정식으로 변환하여 해를 쉽게 구할 수 있다. 라플라스 변환은 본 교재의 14장에서 자세히 학습할 것이다. 아래 식에서 $F(s)$를 $f(t)$의 라플라스 변환이라 하고 $L\{f(t)\}$로 나타낸다.

$$L\{f(t)\} = F(s) = \int_0^{\infty} e^{-st} f(t)\,dt$$

예제 10-17

$f(t) = 1$의 라플라스 변환 $F(s)$를 구하라.

TIP $\int_0^{\infty} e^{-st} f(t)\,dt = \lim_{p \to \infty} \int_0^{p} e^{-st} f(t)\,dt$ 임을 이용한다.

풀이

$f(t) = 1$이므로, 이상적분의 정의에 의해

$$F(s) = \int_0^{\infty} e^{-st}\,dt = \lim_{p \to \infty} \int_0^{p} e^{-st}\,dt = \lim_{p \to \infty} \left. \frac{e^{-st}}{-s} \right|_0^p = \lim_{p \to \infty} \left(\frac{e^{-sp}}{-s} + \frac{1}{s} \right) = \frac{1}{s}$$

이다. 따라서 $f(t) = 1$의 라플라스 변환은 $F(s) = \frac{1}{s}$ 이다.

Chapter 10 연습문제

10.1 다음을 간단히 정리하라.

(a) $\sum_{i=1}^{n}(i^2+i)$

(b) $\sum_{i=1}^{n}(i^2-i)$

(c) $\sum_{i=1}^{n}(3i^2+4)$

(d) $\sum_{i=1}^{n}(2i^2-3)$

(e) $\sum_{i=1}^{n}(n+i)$

(f) $\sum_{i=1}^{n}(n^2-i^2)$

10.2 다음을 정적분으로 나타내라.

(a) $\lim_{n\to\infty}\sum_{i=1}^{n}\left(\frac{3i}{n}+1\right)^2\frac{1}{n}$

(b) $\lim_{n\to\infty}\sum_{i=1}^{n}\left(\frac{2i^2}{n^2}-\frac{i}{n}\right)^3\frac{1}{n}$

(c) $\lim_{n\to\infty}\sum_{i=1}^{n}\sqrt{\frac{i}{5n}}\frac{1}{n}$

(d) $\lim_{n\to\infty}\sum_{i=1}^{n}\sqrt{\frac{n}{n+i}}\frac{1}{n}$

(e) $\lim_{n\to\infty}\sum_{i=1}^{n}\sin\left(\frac{4i^2}{n^2}\right)\frac{1}{n}$

(f) $\lim_{n\to\infty}\sum_{i=1}^{n}\cos\left(\frac{n^2}{i^2+n^2}\right)\frac{1}{n}$

10.3 정적분의 정의를 이용하여 다음 정적분을 구하라.

(a) $\int_0^3 x\,dx$

(b) $\int_{-2}^{-1} x\,dx$

(c) $\int_1^2 (2x+3)\,dx$

(d) $\int_{-3}^{0} (3x-1)\,dx$

(e) $\int_0^2 (x^2+1)\,dx$

(f) $\int_0^1 (-x^2+1)\,dx$

10.4 $\int_0^2 f(x)\,dx=4$, $\int_2^4 f(x)\,dx=1$, $\int_0^2 g(x)\,dx=-3$일 때, 다음 정적분을 구하라.

(a) $\int_0^2 (f(x)+g(x))\,dx$

(b) $\int_0^2 (f(x)-g(x))\,dx$

(c) $\int_0^2 \frac{1}{3}f(x)\,dx$

(d) $\int_0^4 f(x)\,dx$

(e) $\int_2^0 f(x)\,dx$

(f) $\int_2^0 g(x)\,dx$

10.5 다음을 구하라.

(a) $F_1(x)=\int_0^x (t^2+3t+1)\,dt$일 때, $F_1{}'(x)$

(b) $F_2(x)=\int_1^x (\sin t+\cos t^2)\,dt$일 때, $F_2{}'(x)$

(c) $F_3(x)=\int_x^1 (e^t+\ln t)\,dt$일 때, $F_3{}'(x)$

(d) $F_4(x)=\int_x^{-1} (\tan t\, e^{-t})\,dt$일 때, $F_4{}'(x)$

(e) $F_5(x)=\int_5^x \left(e^{\sin t+t^2}-\frac{1}{t^2}\right)dt$일 때, $F_5{}'(x)$

(f) $F_6(x)=\int_{-3}^x (\cos(\sin(t^2-1))+\tan t^3)\,dt$일 때, $F_6{}'(x)$

10.6 다음을 구하라.

(a) $F_1(x)=\int_0^{x^2} (t^2-4t+3)\,dt$일 때, $F_1{}'(x)$

(b) $F_2(x)=\int_{-1}^{x^2+1} \sin t\,dt$일 때, $F_2{}'(x)$

(c) $F_3(x)=\int_0^{\sin x} (\cos t+e^t)\,dt$일 때, $F_3{}'(x)$

(d) $F_4(x)=\int_3^{\cos x} (\sin t+t^7)\,dt$일 때, $F_4{}'(x)$

(e) $F_5(x)=\int_{\cos x}^{\sin x} (t^5+\sqrt{t})\,dt$일 때, $F_5{}'(x)$

(f) $F_6(x)=\int_{-x^2}^{x^3} \ln(t^2+1)\,dt$일 때, $F_6{}'(x)$

10.7 다음 정적분을 구하라.

(a) $\int_0^1 (x^5+3x)\,dx$

(b) $\int_{-1}^0 (x^2-3x-2)\,dx$

(c) $\int_0^{\frac{\pi}{3}} \sin x\,dx$

(d) $\int_{-\frac{\pi}{6}}^{\frac{\pi}{2}} \cos x\,dx$

(e) $\int_{-1}^1 (3x^3-2e^x)\,dx$

(f) $\int_3^4 \left(\frac{1}{x}+\frac{1}{x^2}\right)dx$

10.8 다음 정적분을 구하라.

(a) $\int_0^1 (4x+3)^2\, dx$ (b) $\int_0^2 (-2x+3)^4\, dx$

(c) $\int_1^3 \frac{x^2}{x^3+1}\, dx$ (d) $\int_2^3 \frac{x}{\sqrt{x^2+1}}\, dx$

(e) $\int_0^{\frac{\pi}{4}} \sin 3x\, dx$ (f) $\int_0^{\frac{\pi}{6}} \cos 3x\, dx$

10.9 다음을 구하라.

(a) 구간 $[0, 2]$에서 함수 $f(x) = -x^2+2$와 x축 사이의 넓이

(b) 구간 $[-3, 0]$에서 함수 $g(x) = x^2-3$과 x축 사이의 넓이

(c) 구간 $[-3, -1]$에서 함수 $h(x) = x^3-4x$와 x축 사이의 넓이

(d) 구간 $[1, 5]$에서 함수 $k(x) = x^3-4x$와 x축 사이의 넓이

10.10 다음을 구하라.

(a) 함수 $f(x) = x^2-1$과 $g(x) = -x^2+7$ 사이의 넓이

(b) 함수 $f(x) = 5-\frac{1}{3}x^2$과 $g(x) = \frac{2}{3}x^2-4$ 사이의 넓이

(c) 함수 $f(x) = x^3$과 $g(x) = x^2+2x$ 사이의 넓이

(d) 함수 $f(x) = x^3-x^2+2x+3$과 $g(x) = 2x^2+3$ 사이의 넓이

10.11 다음을 구하라.

(a) 구간 $[-2, 2]$에서 함수 $f(x) = x^2$과 $g(x) = -x^2+2$ 사이의 넓이

(b) 구간 $[0, 2]$에서 함수 $f(x) = x^2$과 $g(x) = -x^2+2$ 사이의 넓이

(c) 구간 $[-4, 4]$에서 함수 $f(x) = x^2$과 $h(x) = 2x+3$ 사이의 넓이

(d) 구간 $[-4, 0]$에서 함수 $f(x) = x^2$과 $h(x) = 2x+3$ 사이의 넓이

10.12 다음 이상적분을 구하라.

(a) $\int_{-\infty}^{1} e^{-x}\,dx$　　(b) $\int_{-\infty}^{-1} \frac{1}{x^2}\,dx$

(c) $\int_{3}^{\infty} x^5\,dx$　　(d) $\int_{0}^{\infty} \frac{2x}{x^2+1}\,dx$

(e) $\int_{0}^{\infty} \cos x\,dx$　　(f) $\int_{1}^{\infty} x e^{-x}\,dx$

10.13 다음 이상적분을 구하라.

(a) $\int_{-4}^{4} \frac{1}{x^4}\,dx$　　(b) $\int_{1}^{3} \frac{1}{\sqrt{x-1}}\,dx$

(c) $\int_{0}^{2} \frac{1}{x}\,dx$　　(d) $\int_{2}^{5} \frac{1}{\sqrt{5-x}}\,dx$

(e) $\int_{-1}^{1} \frac{x^2}{x-1}\,dx$　　(f) $\int_{0}^{\frac{\pi}{2}} \tan x\,dx$

10.14 한 입자가 원점에서 출발하여 x m 만큼 이동할 때 작용한 힘을 (x^3+2x)N이라 하자. 입자가 $x=1$에서 $x=3$까지 이동하는 데 필요한 일을 구하라.

10.15 어떤 물체가 시각 t에서 다음과 같은 속도로 직선 운동을 할 때 $0 \le t \le 2$초 동안 이 물체의 위치 변화량을 소수점 아래 둘째 자리까지의 근삿값으로 나타내고 그 의미를 설명하라.

(a) $v_1(t) = 2t^2 + 3t - 2$　　(b) $v_2(t) = 2t^2 - t - 3$

10.16 $f(t) = e^{3t}$의 라플라스 변환 $F(s)$를 구하라.

P/A/R/T 03

수학의 심화

Advanced Mathematics

PART 03에서는 앞서 배운 내용을 토대로 공학 문제를 해결하기 위한 다섯 가지 기본 요소인 다변수함수, 벡터함수, 미분방정식, 라플라스 변환, 푸리에 해석의 기본적인 풀이법을 학습한다.

Chapter 11
다변수함수의 미분과 적분
Differentiation and Integration of Multivariate Function

CONTENTS

학습목표

- 다변수함수의 개념을 명확하게 이해한다.
- 편미분과 전미분의 정의를 이해한다.
- 합성함수의 편미분법을 학습한다.
- 이변수함수의 이중적분 계산 방법을 익힌다.
- 다변수함수의 미분, 적분과 관련된 공학 문제를 학습한다.

등고선contour line은 지도에서 해발 고도가 같은 지점을 연결하여 땅의 높낮이를 나타낸 곡선이다. 등고선은 1799년 뒤팽 트리엘Dupain Triel이 프랑스 지도를 작성할 때 최초로 사용한 것으로 알려져 있다.

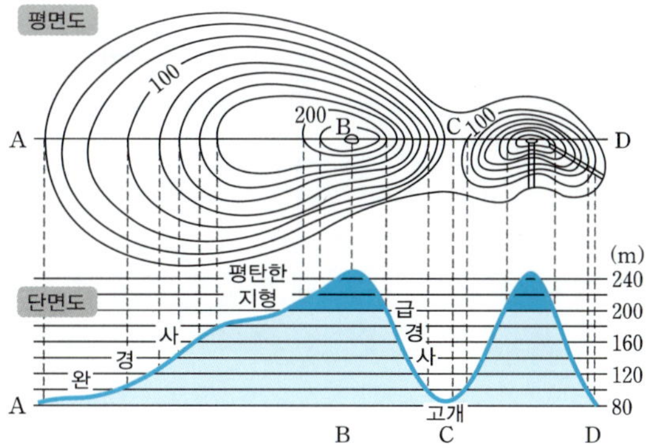

위 등고선에서 선의 간격이 넓은 부분은 산의 경사가 완만하고 간격이 좁은 부분은 급경사임을 알 수 있다. 즉 평면 위의 등고선을 보고, 실제 산의 경사를 추정할 수 있다. 수학에는 이와 비슷한 개념으로 등위 곡선level curve이 있다. 등위 곡선이란 3차원 공간에 표현된 함수 $z=f(x,y)$의 그래프와 평면 $z=c$(c는 상수)의 교선을 xy 평면 위에 사영하여 나타낸 것이다.

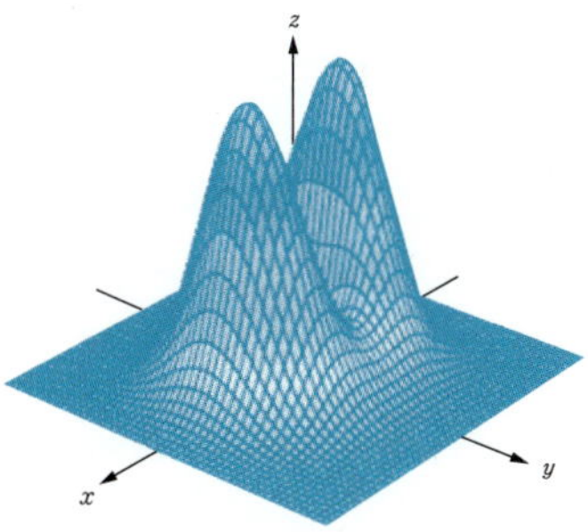

$z=f(x,y)=(4x^2+y^2)e^{-x^2-y^2}$의 그래프

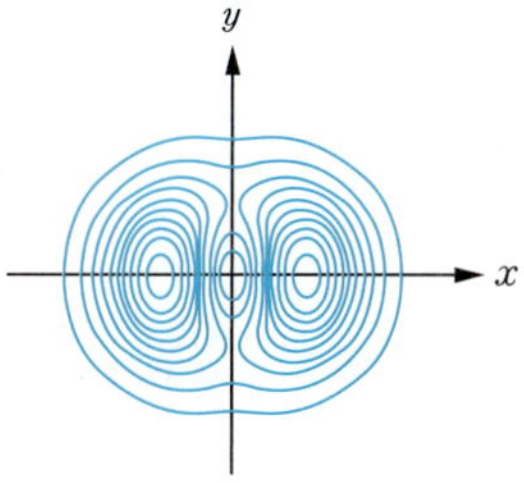

$z=f(x,y)$의 등위 곡선

11.1 다변수함수

우리는 지금까지 $y=f(x)$와 같이 하나의 변수 x에 따라 함숫값 y가 결정되는 일변수함수를 다루었다. 11장에서는 두 개 이상의 변수에 따라 함숫값이 결정되는 다변수함수에 대하여 알아본다.

밑면의 반지름 길이가 x이고 높이가 y인 원기둥의 부피 V는 $V=\pi x^2 y$이며, 이때 V는 x, y에 대한 이변수함수이다. 가로 길이가 x, 세로 길이가 y, 높이가 z인 직육면체의 부피 V는 $V=xyz$이며, 이때 V는 x, y, z에 대한 삼변수함수이다. 이변수함수의 함숫값을 결정하는 x, y와 삼변수함수의 함숫값을 결정하는 x, y, z와 같은 변수를 **독립변수**independent variable라 한다.

일반적으로 n개의 독립변수 x_1, x_2, $\cdots$, x_n을 단 하나의 값 s에 대응하는 대응 규칙 f를 n변수함수라 하고

$$s=f(x_1,\ x_2,\ \cdots,\ x_n)$$

으로 나타낸다. 또한 n이 2 이상의 자연수일 때의 n변수함수를 **다변수함수**multivariate function라 한다.

가장 간단한 다변수함수인 이변수함수는 다음과 같이 정의한다.

> **정의 11-1 이변수함수**
>
> 2개의 독립변수 x와 y를 단 하나의 실수 z에 대응하는 규칙을
>
> $$z=f(x,\ y)$$
>
> 로 나타내고 f를 **이변수함수**function of two variables라 한다. 이때 z를 **종속변수**dependent variable라 한다.

이변수함수의 함숫값은 일변수함수와 같은 방법으로 구한다.

예제 11-1

$f(x, y) = 2x^3 - x^2y + y^2$일 때 다음을 구하라.

(a) $f(2, 0)$

(b) $f(-1, 2)$

TIP $f(x, y)$의 x에 a를, y에 b를 대입하여 $f(a, b)$를 구한다.

풀이

(a) $f(2, 0) = 2 \cdot 2^3 - 2^2 \cdot 0 + 0^2 = 16$

(b) $f(-1, 2) = 2 \cdot (-1)^3 - (-1)^2 \cdot 2 + 2^2 = 0$

이변수함수 $z = f(x, y)$에서 x, y가 실수일 때, 함수의 정의역은 $\mathbb{R}^2$의 부분집합이며, 일변수함수와 마찬가지로 $f(x, y)$가 정의되는 점들의 집합이 이변수함수 f의 정의역이 된다.

예제 11-2

x, y가 실수일 때, 다음 이변수함수의 정의역을 구하라.

(a) $f(x, y) = \dfrac{x - y}{x + y}$

(b) $g(x, y) = \sqrt{x - 2y}$

TIP $\mathbb{R}^2$에서 분모가 0이 되거나 근호 안의 값이 음수가 되는 영역을 제외한다.

풀이

(a) $x + y \neq 0$인 $\mathbb{R}^2$에 있는 모든 점의 집합이 정의역이다. 따라서 $f(x, y)$의 정의역은

$$\{(x, y) : x \neq -y,\ x\text{와 } y\text{는 실수}\}$$

이다.

(b) $x - 2y \geq 0$인 $\mathbb{R}^2$에 있는 모든 점의 집합이 정의역이다. 따라서 $g(x, y)$의 정의역은

$$\{(x, y) : x \geq 2y,\ x\text{와 } y\text{는 실수}\}$$

이다.

이제 이변수함수의 그래프를 간단히 알아보자. 이변수함수의 그래프는 3차원 좌표공간에 나타난다. 다음 페이지의 몇 가지 예를 살펴보자.

• $z=f(x, y)=1-x-y$의 그래프는 세 점 $(1, 0, 0)$, $(0, 1, 0)$, $(0, 0, 1)$을 지나는 평면이다.

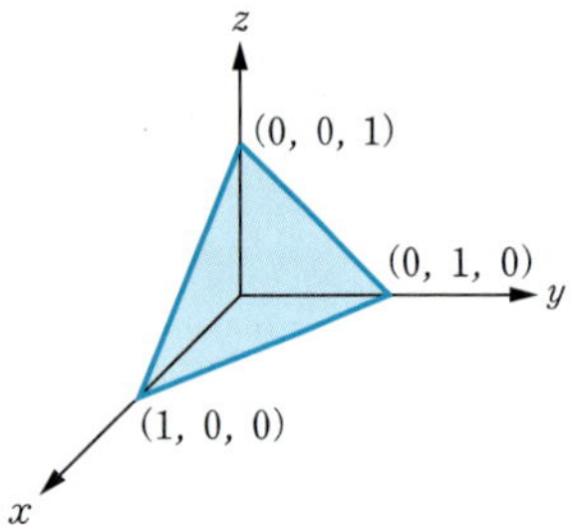

[그림 11-1] $z=f(x, y)=1-x-y$의 그래프

• $z=f(x, y)=\sqrt{1-x^2-y^2}$ 의 그래프는 중심이 원점 $(0, 0, 0)$이고 반지름이 1인 반구이다.

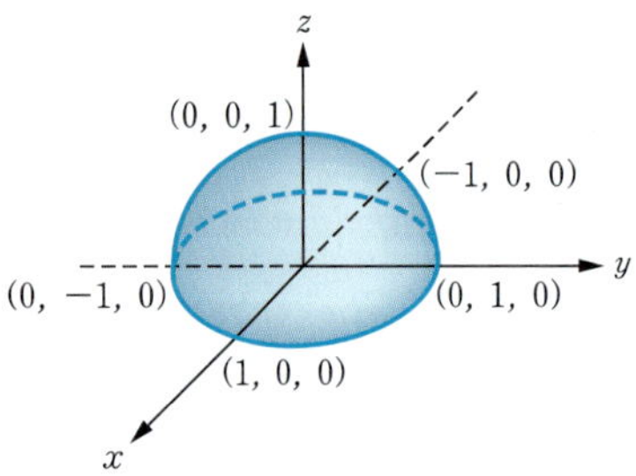

[그림 11-2] $z=f(x, y)=\sqrt{1-x^2-y^2}$ 의 그래프

• $z=f(x, y)=x^2+y^2$의 그래프는 원점 $(0, 0, 0)$을 지나는 토기 모양의 **포물면** paraboloid이다.

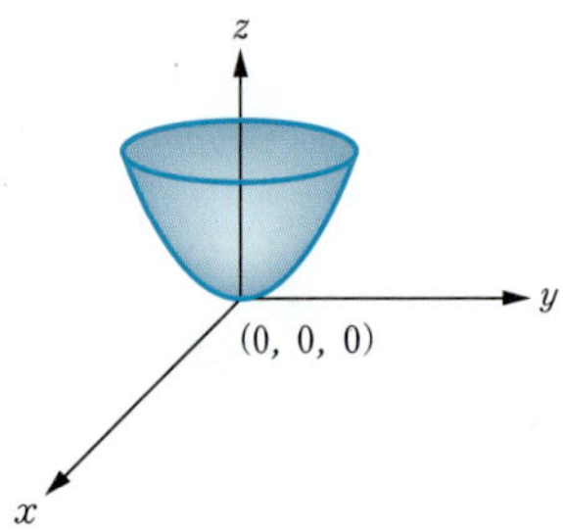

[그림 11-3] $z=f(x, y)=x^2+y^2$의 그래프

11.2 편도함수

편도함수

먼저 이변수함수를 미분하는 방법을 알아보자. 일변수함수와 달리 이변수함수는 독립변수가 2개이므로 이변수함수를 미분할 때 우선 한 독립변수를 고정해야 한다. 즉, 이변수함수 $z=f(x,\ y)$에서 y를 고정하면 $z=f(x,\ y)$는 x만의 함수로 생각할 수 있고, x를 고정하면 $z=f(x,\ y)$는 y만의 함수로 생각할 수 있다. 이와 같이 이변수함수의 경우 하나의 변수를 고정한 후 일변수함수와 같은 방식으로 편도함수를 정의한다.

정의 11-2 편도함수

$z=f(x,\ y)$라 하자.

(1) **x에 대한 f의 편도함수**partial derivative of f with respect to x는 다음과 같이 정의한다.

$$f_x(x,\ y)=\lim_{h\to 0}\frac{f(x+h,\ y)-f(x,\ y)}{h}$$

(2) **y에 대한 f의 편도함수**partial derivative of f with respect to y는 다음과 같이 정의한다.

$$f_y(x,\ y)=\lim_{h\to 0}\frac{f(x,\ y+h)-f(x,\ y)}{h}$$

$z=f(x,\ y)$에 대하여, x에 대한 f의 편도함수를 다음과 같이 다양하게 표현할 수 있다.

$$f_x,\ f_x(x,\ y),\ \frac{\partial f}{\partial x},\ \frac{\partial}{\partial x}f(x,\ y),\ z_x,\ \frac{\partial z}{\partial x}$$

이때 '∂'은 **'파셜**partial'이라고 읽는다.

다음 페이지의 [그림 11-4]를 이용하여 편도함수의 기하학적 의미를 알아보자.
$z=f(x,\ y)$에 대하여, $f_x(a,\ b)$는 [그림 11-4(a)]와 같이 곡면 위의 점 $(a,\ b,\ f(a,\ b))$에서 x축 방향으로의 접선의 기울기이다. 마찬가지로 $f_y(a,\ b)$는 [그림 11-4(b)]와 같이 점 $(a,\ b,\ f(a,\ b))$에서 y축 방향으로의 접선의 기울기이다.

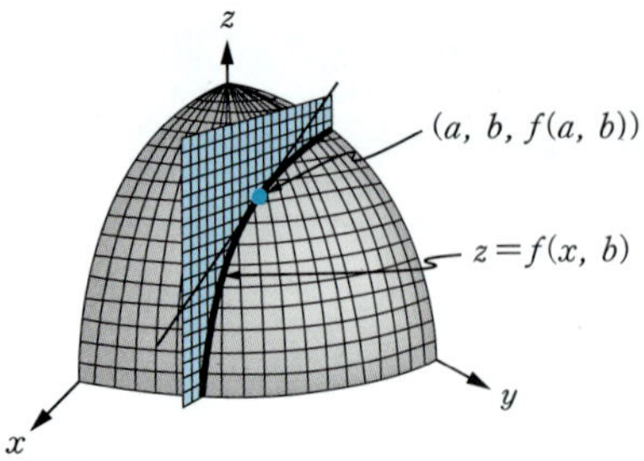

(a) x축 방향으로의 접선의 기울기

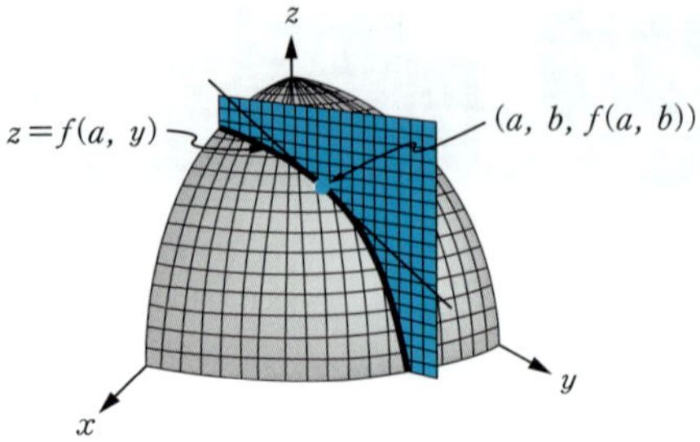

(b) y축 방향으로의 접선의 기울기

[그림 11-4] **편도함수의 기하학적 의미**

다음 정리를 이용하여 이변수함수의 편도함수를 좀 더 쉽게 구하는 방법을 알아보자.

정리 11-1 이변수함수의 편도함수를 쉽게 구하는 방법

$z=f(x, y)$에 대하여

(1) 편도함수 f_x는 y를 상수로 간주하고 x에 대해 미분하여 구한다.

(2) 편도함수 f_y는 x를 상수로 간주하고 y에 대해 미분하여 구한다.

예를 들어 $z=f(x,y)=x^4y^3$일 때, x에 대한 편도함수와 y에 대한 편도함수를 구해보자.

- b가 상수이고 $g(x)=x^4b^3$일 때 $g'(x)=4x^3b^3$이므로, y를 상수로 간주하고 f_x를 구하면 다음과 같다.

$$f_x=4x^3y^3$$

- a가 상수이고 $h(y)=a^4y^3$일 때 $h'(y)=3a^4y^2$이므로, x를 상수로 간주하고 f_y를 구하면 다음과 같다.

$$f_y=3x^4y^2$$

예제 11-3

$z=f(x,y)$일 때, 편도함수 f_x, f_y를 구하라.

(a) $z=3+x^2-y^5$

(b) $z=x^3+x^2y-y^4$

TIP f_x를 구할 때는 y를 상수로 간주하고, f_y를 구할 때는 x를 상수로 간주한다.

풀이

(a) $f_x=0+2x-0=2x$, $f_y=0+0-5y^4=-5y^4$

(b) $f_x=3x^2+2x\cdot y-0=3x^2+2xy$, $f_y=0+x^2\cdot 1-4y^3=x^2-4y^3$

삼변수함수도 이변수함수와 마찬가지로 편미분하는 변수 이외의 변수는 상수로 간주하고 미분한다. 예를 들어 $w = f(x, y, z) = 3x^2 e^y \ln z$일 때 f_x를 구하려면 y와 z를 상수로 간주하고 다음과 같이 미분한다.

$$f_x = 6x e^y \ln z$$

예제 11-4

$w = f(x, y, z)$일 때, 편도함수 f_x, f_y, f_z를 구하라.

(a) $w = x^4 + y^3 + z^2$

(b) $w = x^3 \cos y - y^2 \sin z + z^4 \tan x$

TIP f_x를 구할 때는 y와 z를 상수로 간주한다.

풀이

(a) $f_x = 4x^3$, $f_y = 3y^2$, $f_z = 2z$

(b) $f_x = 3x^2 \cos y + z^4 \sec^2 x$, $f_y = -x^3 \sin y - 2y \sin z$, $f_z = -y^2 \cos z + 4z^3 \tan x$

일변수함수인 $y = \sin(5x+2)$의 도함수는 연쇄법칙에 의하여

$$y' = \cos(5x+2) \cdot 5 = 5\cos(5x+2)$$

이다. 마찬가지로 이변수함수 $z = f(x, y)$에 대하여 f_x와 f_y를 구할 때에도 연쇄법칙을 적용한다.

예제 11-5

$z = f(x, y)$일 때, 편도함수 f_x, f_y를 구하라.

(a) $z = \sin(x^2 + y^3)$

(b) $z = e^{x^4 y^2}$

TIP 연쇄법칙을 이용하여 편미분을 계산한다.

풀이

(a) $f_x = \cos(x^2 + y^3) \cdot \dfrac{\partial}{\partial x}(x^2 + y^3) = \cos(x^2 + y^3) \cdot 2x = 2x\cos(x^2 + y^3)$

$f_y = \cos(x^2 + y^3) \cdot \dfrac{\partial}{\partial y}(x^2 + y^3) = \cos(x^2 + y^3) \cdot 3y^2 = 3y^2\cos(x^2 + y^3)$

(b) $f_x = e^{x^4 y^2} \cdot \dfrac{\partial}{\partial x}(x^4 y^2) = e^{x^4 y^2} \cdot (4x^3 y^2) = 4x^3 y^2 e^{x^4 y^2}$

$f_y = e^{x^4 y^2} \cdot \dfrac{\partial}{\partial y}(x^4 y^2) = e^{x^4 y^2} \cdot (2x^4 y) = 2x^4 y\, e^{x^4 y^2}$

2계 편도함수

$z=f(x, y)$에 대하여, f_x와 f_y는 $f(x, y)$를 한 번 편미분한 것으로 1계 편도함수라 한다. 1계 편도함수를 한 번 더 편미분하면 2계 편도함수 f_{xx}, f_{xy}, f_{yx}, f_{yy}를 얻을 수 있다.

정리 11-2 2계 편도함수 표기법

$z=f(x, y)$일 때 **2계 편도함수**second order partial derivative는 다음과 같이 표기한다.

(1) $f_{xx}=\dfrac{\partial}{\partial x}\left(\dfrac{\partial f}{\partial x}\right)=\dfrac{\partial^2 f}{\partial x^2}$　　(2) $f_{xy}=\dfrac{\partial}{\partial y}\left(\dfrac{\partial f}{\partial x}\right)=\dfrac{\partial^2 f}{\partial y\,\partial x}$

(3) $f_{yx}=\dfrac{\partial}{\partial x}\left(\dfrac{\partial f}{\partial y}\right)=\dfrac{\partial^2 f}{\partial x\,\partial y}$　　(4) $f_{yy}=\dfrac{\partial}{\partial y}\left(\dfrac{\partial f}{\partial y}\right)=\dfrac{\partial^2 f}{\partial y^2}$

[정리 11-2]의 $f_{xy}=\dfrac{\partial^2 f}{\partial y\,\partial x}$에서 좌변과 우변의 x와 y의 순서가 다름에 주의해야 한다.

예제 11-6

다음 이변수함수의 모든 2계 편도함수를 구하라.

(a) $f(x, y)=xy^5$　　(b) $g(x, y)=x\sin y+y\cos x$

TIP 이변수함수 $f(x,y)$의 모든 2계 편도함수는 f_{xx}, f_{xy}, f_{yx}, f_{yy} 이다.

풀이

(a) $f_x=y^5$이고 $f_y=5xy^4$이므로

$$f_{xx}=0,\ f_{xy}=5y^4,\ f_{yx}=5y^4,\ f_{yy}=20xy^3$$

이다.

(b) $g_x=\sin y-y\sin x$ 이고 $g_y=x\cos y+\cos x$ 이므로

$$g_{xx}=-y\cos x,\ g_{xy}=\cos y-\sin x,\ g_{yx}=\cos y-\sin x,\ g_{yy}=-x\sin y$$

이다.

n이 2 이상인 자연수일 때, n계 편도함수를 **고계 편도함수**partial derivative of higher order라 한다. 2계 이상의 고계 편도함수를 구하는 과정은 2계 편도함수를 구하는 과정과 같다. 예를 들어 $z=f(x, y)$에 대하여 f_{xyx}는 f를 x, y, x의 순서로 편미분하는 3계 편도함수이고, f_{xxyy}는 f를 x, x, y, y의 순서로 편미분하는 4계 편도함수이다.

예제 11-7

$f(x, y) = x^2 \cos 3y$ 일 때 다음을 구하라.

(a) f_{xyx} (b) f_{yyxx}

TIP 변수의 순서대로 3계 편도함수와 4계 편도함수를 구한다.

풀이

(a) $f_x = 2x \cos 3y$ 이므로 $f_{xy} = -6x \sin 3y$ 이다. 따라서

$$f_{xyx} = -6\sin 3y$$

이다.

(b) $f_y = -3x^2 \sin 3y$ 이므로 $f_{yy} = -9x^2 \cos 3y$ 이고 $f_{yyx} = -18x \cos 3y$ 이다. 따라서

$$f_{yyxx} = -18\cos 3y$$

이다.

전미분

이제 편도함수를 이용하여 전미분을 정의해보자.

정의 11-3 전미분

$z = f(x, y)$일 때, **전미분**total differential dz를 다음과 같이 정의한다.

$$dz = f_x(x, y)dx + f_y(x, y)dy = \frac{\partial z}{\partial x}dx + \frac{\partial z}{\partial y}dy$$

예를 들어 $f(x, y) = x^2y^3$일 때 $f_x = 2xy^3$, $f_y = 3x^2y^2$ 이므로, 전미분 dz는 다음과 같다.

$$dz = 2xy^3dx + 3x^2y^2dy$$

예제 11-8

$z = f(x, y)$일 때, 전미분 dz를 구하라.

(a) $z = 3x^2y + y^3$　　　　(b) $z = x\tan y - y\sin x$

TIP $dz = f_x(x, y)dx + f_y(x, y)dy$를 이용하여 구한다.

풀이

(a) $f_x = 6xy$이고 $f_y = 3x^2 + 3y^2$이므로, 전미분은 $dz = 6xy\,dx + (3x^2 + 3y^2)\,dy$이다.

(b) $f_x = \tan y - y\cos x$이고 $f_y = x\sec^2 y - \sin x$이므로, 전미분은

$dz = (\tan y - y\cos x)\,dx + (x\sec^2 y - \sin x)\,dy$이다.

전미분을 이용하면 측정하는 양의 최대 오차를 계산할 수 있다. 예를 들어 반지름이 r이고 높이가 h인 원기둥에 대하여 반지름의 오차 dr과 높이의 오차 dh가 주어지면, 부피 $V = \pi r^2 h$를 구할 때 발생하는 최대 오차를 전미분 dV의 최댓값으로 구할 수 있다.

예제 11-9

밑면의 반지름이 5 cm이고 높이가 10 cm인 원기둥의 부피를 측정하려고 한다. 이때 반지름과 높이의 오차 범위는 각각 0.1 cm이다. 원기둥의 부피를 측정할 때 발생하는 최대 오차를 소수점 아래 둘째 자리까지의 근삿값으로 나타내라.

TIP $V = \pi r^2 h$에 대하여 전미분 dV의 최댓값을 구한다.

풀이

원기둥 밑면의 반지름을 r, 높이를 h라 하면, 원기둥의 부피 V는 $V = \pi r^2 h$이다. 따라서 전미분 dV는

$$dV = 2\pi rh\,dr + \pi r^2 dh$$

이다. 이때 $r = 5$, $h = 10$, $dr \le 0.1$, $dh \le 0.1$이므로

$$dV \le 100\pi \cdot (0.1) + 25\pi \cdot (0.1) = 12.5\pi \approx 39.27$$

이다. 따라서 원기둥의 부피를 측정할 때 발생하는 최대 오차는 39.27 cm^3이다.

11.3 합성함수의 편미분법

■ x, y가 일변수함수인 경우

x, y가 모두 t에 대한 일변수함수일 때, $z=f(x, y)$를 편미분하려면 일변수함수와 마찬가지로 연쇄법칙을 적용해야 한다.

정리 11-3 합성함수의 편미분법 : x, y가 t에 대한 일변수함수인 경우

$z=f(x, y)$가 편미분가능하고 $x=g(t)$, $y=h(t)$가 미분가능할 때 다음이 성립한다.

$$\frac{dz}{dt}=\frac{\partial z}{\partial x}\cdot\frac{dx}{dt}+\frac{\partial z}{\partial y}\cdot\frac{dy}{dt}$$

[정리 11-3]에서 미분을 나타내는 문자인 'd'와 '∂'의 차이를 알아보자.

❶ z와 x, y의 관계는 [그림 11-5]와 같다.
z를 미분할 때 x, y 중 한 문자를 선택하여 미분하고, '∂'로 나타낸다.

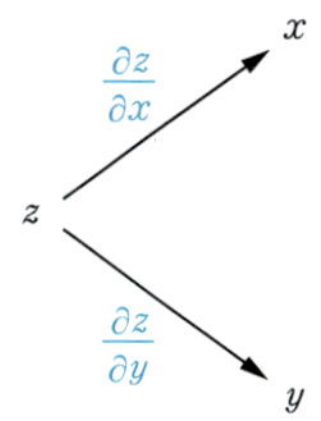

[그림 11-5] z와 x, y의 관계

❷ x와 t, y와 t의 관계는 [그림 11-6]과 같다.
x를 미분할 때는 반드시 t로 미분해야 하고 y를 미분할 때도 반드시 t로 미분해야 한다. 이렇게 선택의 여지없이 한 문자에 대하여 미분을 할 때에는 'd'로 나타낸다.

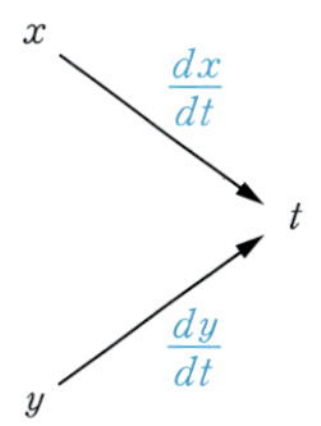

[그림 11-6] x와 t, y와 t의 관계

❶, ❷를 종합하면 다음과 같이 변수들 사이의 관계를 알 수 있다.

$$\frac{dz}{dt}=\frac{\partial z}{\partial x}\cdot\frac{dx}{dt}+\frac{\partial z}{\partial y}\cdot\frac{dy}{dt}$$

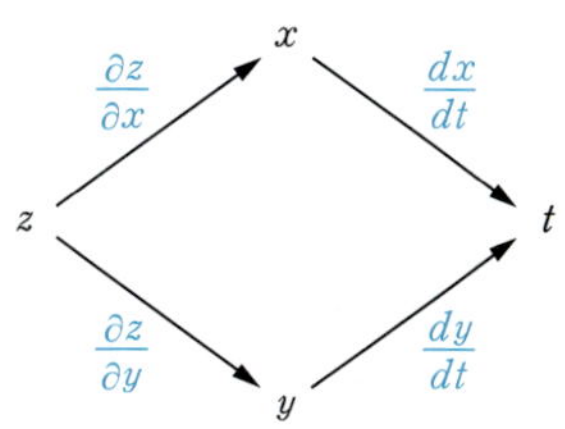

[그림 11-7] z, x, y, t 사이의 관계

예제 11-10

$z=f(x,y)$이고 $x=g(t)$, $y=h(t)$일 때, $\dfrac{dz}{dt}$를 구하라.

(a) $z=x^3+y^2$, $x=\ln t$, $y=\cos t$ (b) $z=x^4y^2$, $x=\sin t$, $y=e^t$

TIP [정리 11-3]의 합성함수의 편미분법을 이용한다.

풀이

(a) $\dfrac{\partial z}{\partial x}=3x^2$, $\dfrac{\partial z}{\partial y}=2y$이고 $\dfrac{dx}{dt}=\dfrac{1}{t}$, $\dfrac{dy}{dt}=-\sin t$이므로

$$\frac{dz}{dt}=3x^2\cdot\frac{1}{t}+2y\cdot(-\sin t)=\frac{3(\ln t)^2}{t}-2\cos t\sin t$$

이다.

(b) $\dfrac{\partial z}{\partial x}=4x^3y^2$, $\dfrac{\partial z}{\partial y}=2x^4y$이고 $\dfrac{dx}{dt}=\cos t$, $\dfrac{dy}{dt}=e^t$이므로

$$\frac{dz}{dt}=4x^3y^2\cdot\cos t+2x^4y\cdot e^t=4\sin^3 t\,e^{2t}\cos t+2e^{2t}\sin^4 t$$

이다.

■ x, y가 이변수함수인 경우

[정리 11-3]에서는 x, y가 모두 t에 대한 일변수함수일 때 합성함수의 편미분법을 다뤘다. 이번에는 x, y가 모두 t, s에 대한 이변수함수일 때 $z=f(x,\ y)$의 편미분법에 대해 알아보자.

정리 11-4 합성함수의 편미분법 : x, y가 t, s에 대한 이변수함수인 경우

$z=f(x,\ y)$가 편미분가능하고 $x=g(t,\ s)$, $y=h(t,\ s)$가 모두 편미분가능할 때 다음이 성립한다.

$$\frac{\partial z}{\partial t}=\frac{\partial z}{\partial x}\cdot\frac{\partial x}{\partial t}+\frac{\partial z}{\partial y}\cdot\frac{\partial y}{\partial t}$$
$$\frac{\partial z}{\partial s}=\frac{\partial z}{\partial x}\cdot\frac{\partial x}{\partial s}+\frac{\partial z}{\partial y}\cdot\frac{\partial y}{\partial s}$$

[정리 11-3]에서는 z를 편미분할 때 선택의 여지없이 t에 대하여 미분해야 하므로 $\frac{dz}{dt}$로 나타냈지만 [정리 11-4]에서는 그림에서 알 수 있듯이 z를 미분할 때 t와 s 중 하나를 선택하여 미분할 수 있으므로 $\frac{\partial z}{\partial t}$, $\frac{\partial z}{\partial s}$로 나타낸다.

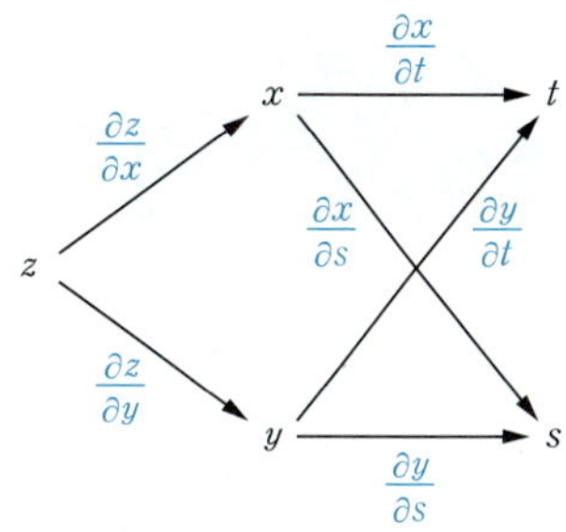

[그림 11-8] z, x, y, t, s의 관계

예제 11-11

$z = x^3 y$이고 $x = 2t^2 + s$, $y = t^2 - e^s$일 때 다음을 구하라.

(a) $\frac{\partial z}{\partial t}$ (b) $\frac{\partial z}{\partial s}$

TIP [정리 11-4]의 합성함수의 편미분법을 이용한다.

풀이

(a) $\frac{\partial z}{\partial x} = 3x^2 y$, $\frac{\partial z}{\partial y} = x^3$이고 $\frac{\partial x}{\partial t} = 4t$, $\frac{\partial y}{\partial t} = 2t$이므로

$$\frac{\partial z}{\partial t} = 3x^2 y \cdot 4t + x^3 \cdot 2t = 12t(2t^2+s)^2(t^2-e^s) + 2t(2t^2+s)^3$$

이다.

(b) $\frac{\partial z}{\partial x} = 3x^2 y$, $\frac{\partial z}{\partial y} = x^3$이고 $\frac{\partial x}{\partial s} = 1$, $\frac{\partial y}{\partial s} = -e^s$이므로

$$\frac{\partial z}{\partial s} = 3x^2 y \cdot 1 + x^3 \cdot (-e^s) = 3(2t^2+s)^2(t^2-e^s) - e^s(2t^2+s)^3$$

이다.

11.4 이중적분

영역 R이 $\mathbb{R}^2$의 부분집합일 때, R에서 $z=f(x, y)$를 적분하는 방법을 알아보자.

정의 11-4 이중적분

영역 $R \subset \mathbb{R}^2$에서 $z=f(x, y)$의 적분은

$$\int_R f(x, y)\,dA = \int\int_R f(x, y)\,dx\,dy = \int\int_R f(x, y)\,dy\,dx$$

로 나타낸다. 이를 **이중적분**double integral 또는 **반복적분**iterated integral이라 한다.

[그림 11-9]는 영역 $R \subset \mathbb{R}^2$에서 $z=f(x, y)$의 이중적분 결과가 가운데의 직육면체와 같은 작은 직육면체들의 부피의 합, 즉 아래 입체도형의 전체 부피를 나타냄을 보여준다.

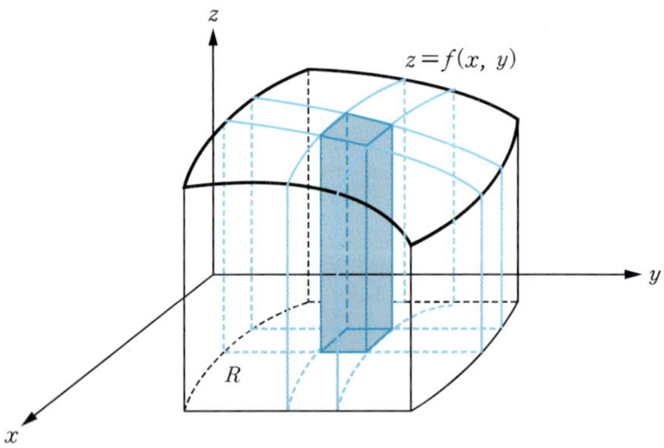

[그림 11-9] 이중적분의 기하학적 의미

이변수함수를 적분할 때는 편도함수와 같은 개념을 적용한다. 즉, $\int_a^b f(x, y)\,dx$와 같이 x에 대하여 적분할 때는 y를 상수로 간주하고, $\int_c^d f(x, y)\,dy$와 같이 y에 대하여 적분할 때는 x를 상수로 간주한다. 예를 들어 $f(x, y)=xy^3$을 각각 x, y에 대하여 적분하면

$$\int xy^3\,dx = \frac{x^2}{2}\cdot y^3 + C = \frac{x^2y^3}{2} + C, \quad \int xy^3\,dy = x\cdot\frac{y^4}{4} + C = \frac{xy^4}{4} + C$$

이다.

영역에 따른 이중적분

이제 영역 R에 따른 이중적분을 살펴보자.

■ 직사각형 영역에서의 이중적분

정리 11-5 이중적분 : R이 직사각형 영역인 경우

영역 $R=\{(x,\ y): a\le x\le b,\ c\le y\le d\}$에서 $z=f(x,\ y)$의 이중적분은 다음과 같다.

$$\int_R f(x,\ y)dA=\int_c^d\int_a^b f(x,\ y)dx\,dy=\int_a^b\int_c^d f(x,\ y)dy\,dx$$

[정리 11-5]에서 $\int_c^d\int_a^b f(x,\ y)dx\,dy=\int_c^d\left(\int_a^b f(x,\ y)\,dx\right)dy$이고
$\int_a^b\int_c^d f(x,\ y)dy\,dx=\int_a^b\left(\int_c^d f(x,\ y)dy\right)dx$ 이다.

예제 11-12

$f(x,\ y)=xy^2+2$일 때, 다음 이중적분을 구하라.

(a) $\int_0^3\int_0^1 f(x,\ y)dy\,dx$ (b) $\int_0^1\int_0^3 f(x,\ y)dx\,dy$

TIP 적분 구간의 순서를 확인한 후 적분한다.

풀이

(a) $\int_0^1 f(x,\ y)\,dy=\int_0^1(xy^2+2)\,dy=\left(\frac{xy^3}{3}+2y\right)\Big|_0^1=\frac{x}{3}+2$ 이므로

$$\int_0^3\int_0^1 f(x,\ y)dy\,dx=\int_0^3\left(\frac{x}{3}+2\right)dx=\left(\frac{x^2}{6}+2x\right)\Big|_0^3=\frac{15}{2}$$

이다.

(b) $\int_0^3 f(x,\ y)dx=\int_0^3(xy^2+2)\,dx=\left(\frac{x^2y^2}{2}+2x\right)\Big|_0^3=\frac{9}{2}y^2+6$ 이므로

$$\int_0^1\int_0^3 f(x,\ y)dx\,dy=\int_0^1\left(\frac{9}{2}y^2+6\right)dy=\left(\frac{3}{2}y^3+6y\right)\Big|_0^1=\frac{15}{2}$$

이다.

[예제 11-12]에서 $\int_0^3\int_0^1 (xy^2+2)\,dy\,dx = \int_0^1\int_0^3 (xy^2+2)\,dx\,dy$이다. [정리 11-5]와 [예제 11-12]에서 알 수 있듯이 R이 직사각형 영역인 $[a,\ b]\times[c,\ d]$일 때 이중적분의 결과는 다음과 같이 적분 순서에 관계없이 같음을 알 수 있다.

$$\int_c^d\int_a^b f(x,\ y)dx\,dy = \int_a^b\int_c^d f(x,\ y)dy\,dx$$

하지만 적분 구간의 변수와 적분하는 변수가 다를 경우

$$\int_0^1\int_0^3 (xy^2+2)\,dy\,dx = \int_0^1\left(\int_0^3 (xy^2+2)\,dy\right)dx = \int_0^1 (9x+6)\,dx = \frac{21}{2}$$

이므로 이중적분의 결과가 다르다. 따라서

$$\int_c^d\int_a^b f(x,\ y)dx\,dy \neq \int_c^d\int_a^b f(x,\ y)dy\,dx$$

임에 주의해야 한다.

■ y의 적분 구간에 변수가 있는 경우의 이중적분

정리 11-6 이중적분 : y의 적분 구간에 변수가 있는 경우

영역 $R=\{(x,\ y): a\le x\le b,\ g_1(x)\le y\le g_2(x)\}$에서 $z=f(x,\ y)$의 이중적분은 다음과 같다.

$$\int_R f(x,\ y)dA = \int_a^b\int_{g_1(x)}^{g_2(x)} f(x,\ y)dy\,dx$$

[정리 11-6]의 영역 R을 그림으로 나타내면 다음과 같다.

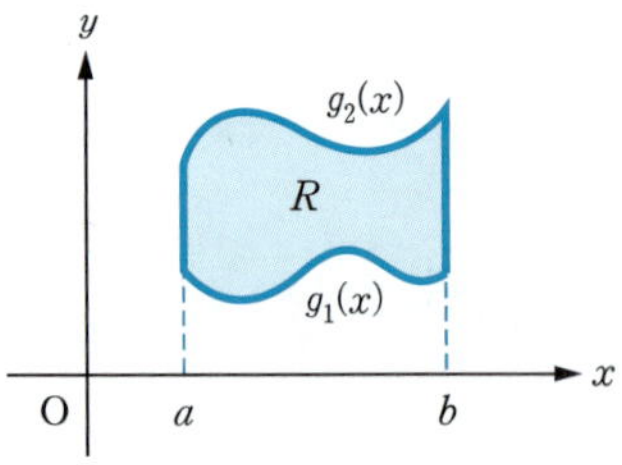

[그림 11-10] $a\le x\le b,\ g_1(x)\le y\le g_2(x)$인 영역

이때 이중적분은 반드시 적분 구간에 변수가 있는 y에 대하여 먼저 적분해야 한다.

예제 11-13

다음 이중적분을 구하라.

(a) $\int_0^1 \int_1^x xy\,dy\,dx$ (b) $\int_0^2 \int_x^{x^2} (x+y)\,dy\,dx$

TIP 적분 구간에 변수가 있는 안쪽을 먼저 적분한 후 바깥쪽을 적분한다.

풀이

(a) $\int_1^x xy\,dy = \left(x \cdot \frac{y^2}{2}\right)\Big|_1^x = \frac{x^3}{2} - \frac{x}{2}$ 이므로

$$\int_0^1 \int_1^x xy\,dy\,dx = \int_0^1 \left(\frac{x^3}{2} - \frac{x}{2}\right) dx = \left(\frac{x^4}{8} - \frac{x^2}{4}\right)\Big|_0^1 = -\frac{1}{8}$$

이다.

(b) $\int_x^{x^2} (x+y)\,dy = \left(xy + \frac{y^2}{2}\right)\Big|_x^{x^2} = \left(x^3 + \frac{x^4}{2}\right) - \left(x^2 + \frac{x^2}{2}\right) = \frac{x^4}{2} + x^3 - \frac{3}{2}x^2$ 이므로

$$\int_0^2 \int_x^{x^2} (x+y)\,dy\,dx = \int_0^2 \left(\frac{x^4}{2} + x^3 - \frac{3}{2}x^2\right) dx = \left(\frac{x^5}{10} + \frac{x^4}{4} - \frac{1}{2}x^3\right)\Big|_0^2 = \frac{16}{5}$$

이다.

■ x의 적분 구간에 변수가 있는 경우의 이중적분

정리 11-7 이중적분 : x의 적분 구간에 변수가 있는 경우

영역 $R = \{(x, y) : h_1(y) \le x \le h_2(y),\ c \le y \le d\}$에서 $z = f(x, y)$의 이중적분은 다음과 같다.

$$\int_R f(x, y)\,dA = \int_c^d \int_{h_1(y)}^{h_2(y)} f(x, y)\,dx\,dy$$

[정리 11-7]의 영역 R을 그림으로 나타내면 다음과 같다.

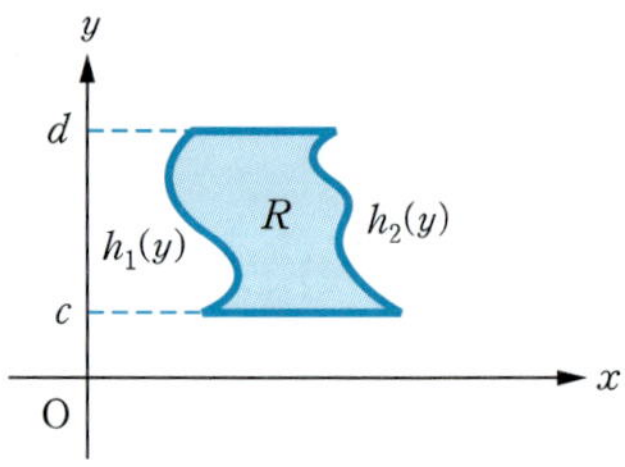

[그림 11-11] $h_1(y) \le x \le h_2(y)$, $c \le y \le d$인 영역

[정리 11-6]과 마찬가지로 이중적분은 반드시 적분 구간에 변수가 있는 x에 대하여 먼저 적분해야 한다.

예제 11-14

다음 이중적분을 구하라.

(a) $\int_0^2 \int_y^1 \cos x \, dx \, dy$ (b) $\int_0^1 \int_0^{y^2} (2xy+1) \, dx \, dy$

TIP 적분 구간에 변수가 있는 안쪽을 먼저 적분한 후 바깥쪽을 적분한다.

풀이

(a) $\int_y^1 \cos x \, dx = \sin x \Big|_y^1 = \sin 1 - \sin y$ 이므로

$$\int_0^2 \int_y^1 \cos x \, dx \, dy = \int_0^2 (\sin 1 - \sin y) \, dy = (\sin 1 \cdot y + \cos y) \Big|_0^2 = 2\sin 1 + \cos 2 - 1$$

이다.

(b) $\int_0^{y^2} (2xy+1) dx = (x^2 y + x) \Big|_0^{y^2} = y^5 + y^2$ 이므로

$$\int_0^1 \int_0^{y^2} (2xy+1) dx \, dy = \int_0^1 (y^5 + y^2) \, dy = \left(\frac{y^6}{6} + \frac{y^3}{3}\right) \Big|_0^1 = \frac{1}{2}$$

이다.

11.5 공학 문제

저항의 직렬연결과 병렬연결

저항 2개가 직렬로 연결된 회로와 병렬로 연결된 회로의 전체 저항은 [표 11-1]과 같다.

[표 11-1] 직렬회로와 병렬회로의 회로도와 전체 저항

	직렬회로	병렬회로
회로도	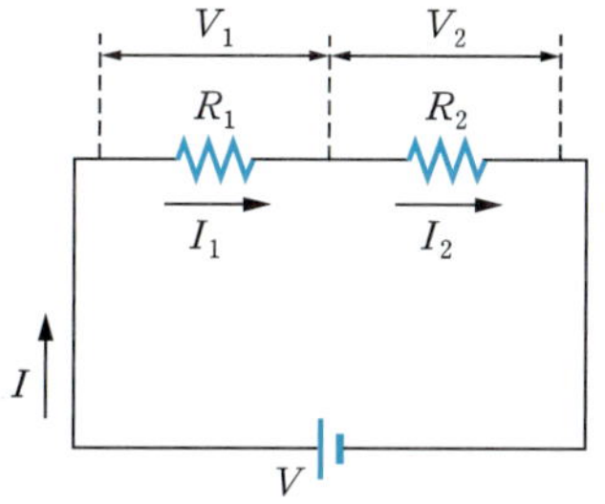	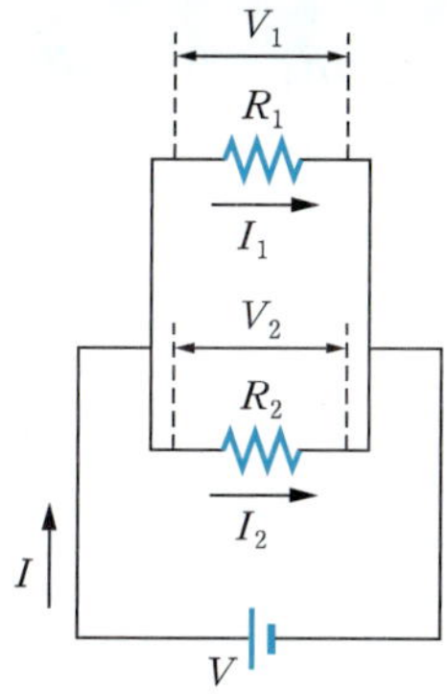
전체 저항	$R_T = R_1 + R_2$	$\frac{1}{R_T} = \frac{1}{R_1} + \frac{1}{R_2}$

이를 일반화하여 저항 n개가 연결된 회로도 같은 방법으로 회로의 전체 저항을 구할 수 있다. 저항 n개가 직렬로 연결된 회로의 전체 저항은 다음과 같다.

$$R_T = R_1 + R_2 + R_3 + R_4 + \cdots + R_n$$

또한 저항 n개가 병렬로 연결된 회로의 전체 저항은 다음과 같다.

$$\frac{1}{R_T} = \frac{1}{R_1} + \frac{1}{R_2} + \frac{1}{R_3} + \frac{1}{R_4} + \cdots + \frac{1}{R_n}$$

예제 11-15

병렬로 연결된 두 저항 R_1, R_2를 $R_1 = 15\,\Omega$, $R_2 = 35\,\Omega$으로 측정하였고 두 저항의 측정 오차가 각각 10% 이하일 때, 전체 저항 R의 최대 오차를 구하라.

TIP 전미분 dR의 최댓값을 구하여, 저항 R의 최대 오차를 구한다.

풀이

R_1, R_2가 병렬로 연결된 저항이므로, $\dfrac{1}{R} = \dfrac{1}{R_1} + \dfrac{1}{R_2} = \dfrac{R_1 + R_2}{R_1 R_2}$이고 따라서 $R = \dfrac{R_1 R_2}{R_1 + R_2}$이다. 그러므로 전미분 dR은

$$dR = \frac{R_2^2}{(R_1 + R_2)^2}\,dR_1 + \frac{R_1^2}{(R_1 + R_2)^2}\,dR_2$$

이다. 또한 측정 오차는 $dR_1 \le 0.1$, $dR_2 \le 0.1$이므로 위 식의 우변에 $R_1 = 15$, $R_2 = 35$, $dR_1 = 0.1$, $dR_2 = 0.1$을 대입하면

$$dR \le \frac{35^2}{50^2} \cdot 0.1 + \frac{15^2}{50^2} \cdot 0.1 = 0.058$$

이다. 따라서 저항 R의 최대 오차는 $0.058\,\Omega$이다.

이상기체의 상태방정식

이상기체ideal gas란 기체 분자 자체의 부피가 무시할 수 있을 정도로 작고, 분자 간 상호 작용이 거의 없는 가상적인 기체이다. 이상기체는 보일-샤를의 법칙Boyle-Charle's law을 완전히 따르는 기체로 보통 공기, 연소가스 등을 이상기체로 취급하는 경우가 많다. 이상기체를 나타내는 양 사이의 관계를 설명하는 **이상기체의 상태방정식**ideal gas equation은 다음과 같다.

$$PV = nRT$$

여기서 P는 기체의 압력(Pa), V는 기체의 부피(m^3), n은 기체의 몰수(mol)[1], T는 절대 온도(K), R은 기체 상수gas constant[2]로 그 값은 약 8.31이다.

---

1 원자, 분자, 이온 등과 같은 작은 입자의 개수를 묶음으로 나타내는 단위이다.
2 이상기체의 상태방정식에서의 상수로, 기체 종류에 영향을 받지 않는 값이다.

예제 11-16

이상기체 1mol의 압력이 P, 부피가 V, 절대 온도가 T, 기체 상수가 8.31일 때, 이상기체의 상태방정식은 $PV = 8.31\,T$이다. 시간 t에 대하여 압력이 50Pa, 절대 온도가 200K이면 압력 변화율은 $\dfrac{dP}{dt} = 0.3$이고 절대 온도 변화율은 $\dfrac{dT}{dt} = 0.1$일 때, 부피 변화율 $\dfrac{dV}{dt}$를 소수점 아래 셋째 자리까지의 근삿값으로 나타내라.

TIP V는 T와 P에 대한 이변수함수이므로 [정리 11-3]을 이용한다.

풀이

이상기체의 상태방정식을 V로 나타내면 $V = \dfrac{8.31\,T}{P}$이다. [정리 11-3]을 이용하여 V의 편미분을 구하면

$$\begin{aligned}\frac{dV}{dt} &= \frac{\partial V}{\partial T}\cdot\frac{dT}{dt} + \frac{\partial V}{\partial P}\cdot\frac{dP}{dt}\\ &= \frac{8.31}{P}\cdot\frac{dT}{dt} - \frac{8.31\,T}{P^2}\cdot\frac{dP}{dt}\end{aligned}$$

이다. 위 식에 $P = 50$, $T = 200$, $\dfrac{dP}{dt} = 0.3$, $\dfrac{dT}{dt} = 0.1$을 대입하면

$$\frac{dV}{dt} = \frac{8.31}{50}\cdot 0.1 - \frac{8.31\cdot 200}{50^2}\cdot 0.3 \approx -0.183$$

이다.

밀도함수

밀도density는 질량을 부피로 나눈 값으로, 물질마다 고유한 값을 갖는다. 만약 밀도가 고정값이 아니고, 특정한 변수로 표현된다면 이를 **밀도함수**density function라 한다. 밀도함수 $\rho(x, y)$가 영역 D에서 음숫값을 갖지 않고 연속이라면, 다음과 같이 주어진 영역 D에 대하여 적분함으로써 질량 m을 구할 수 있다.

$$m = \int_D \rho(x, y)\,dA$$

예제 11-17

영역 D에서 밀도함수 $\rho(x, y)$를 갖는 얇은 판을 생각해보자. 이 판의 질량 m은

$$m = \int_D \rho(x, y)\, dA$$

이다. 영역이 $D = [0, 1] \times [0, 1 - x^2]$이고 밀도함수가 $\rho(x, y) = 2 + x + 2y$일 때 이 판의 질량을 구하라.

TIP y에 대하여 먼저 적분한 후 x에 대하여 적분한다.

풀이

x의 적분 구간은 상수이고 y의 적분 구간은 변수이므로, 먼저 y에 대하여 적분한 후 x에 대하여 적분한다.

$$\int_0^{1-x^2} (2 + x + 2y)\, dy = \left\{(2+x)y + y^2\right\}\Big|_0^{1-x^2} = (2+x)(1-x^2) + (1-x^2)^2$$

$$= 3 + x - 4x^2 - x^3 + x^4$$

따라서 구하고자 하는 이중적분은 다음과 같다.

$$m = \int_D \rho(x, y)\, dA = \int_0^1 \int_0^{1-x^2} (2 + x + 2y)\, dy\, dx$$

$$= \int_0^1 (3 + x - 4x^2 - x^3 + x^4)\, dx$$

$$= \frac{127}{60}$$

관성 모멘트

관성 모멘트 moment of inertia 란 회전축을 중심으로 회전하는 물체가 회전을 지속하려고 하는 에너지의 크기로 보통 I로 표기한다. 길이가 L인 실에 질량이 m인 물체를 매달아 회전할 경우 이 물체에 작용하는 관성 모멘트는 mL^2이다. 이 개념을 밀도함수가 $\rho(x, y)$이고 영역이 D인 얇은 막으로 확장하였을 때 x축에 대한 관성 모멘트 I_x와 y축에 대한 관성 모멘트는 I_y는 다음과 같다.

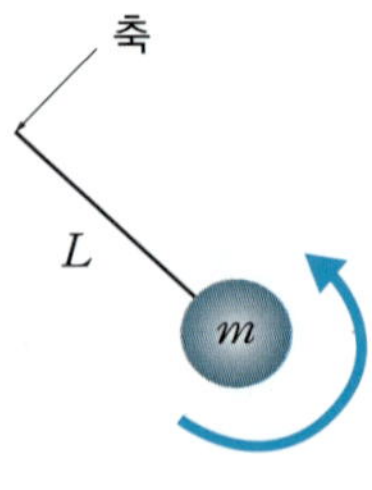

[그림 11-12] 관성 모멘트

$$I_x = \int_D y^2 \rho(x, y)\, dA, \quad I_y = \int_D x^2 \rho(x, y)\, dA$$

예제 11-18

밀도함수가 $\rho(x,y)=3x^2$ 이고 영역이 $D=[0,2]\times[-1,1]$ 인 원판에 대하여 다음을 구하라.

(a) x축에 대한 관성 모멘트 (b) y축에 대한 관성 모멘트

TIP $I_x=\int_D y^2\rho(x,y)\,dA$와 $I_y=\int_D x^2\rho(x,y)\,dA$를 계산한다.

풀이

(a) $\int_{-1}^{1}3x^2y^2\,dy=x^2y^3\Big|_{-1}^{1}=2x^2$ 이다. 따라서 x축에 대한 관성 모멘트는

$$I_x=\int_D y^2\rho(x,y)\,dA=\int_0^2\int_{-1}^{1}3x^2y^2\,dy\,dx=\int_0^2 2x^2\,dx=\frac{16}{3}$$

이다.

(b) $\int_{-1}^{1}3x^4\,dy=3x^4y\Big|_{-1}^{1}=6x^4$ 이다. 따라서 y축에 대한 관성 모멘트는

$$I_y=\int_D x^2\rho(x,y)\,dA=\int_0^2\int_{-1}^{1}3x^4\,dy\,dx=\int_0^2 6x^4\,dx=\frac{192}{5}$$

이다.

Chapter 11 연습문제

11.1 $f(x, y) = x^2 + 2\sqrt{x+y}$, $g(x, y) = \dfrac{y}{x} + xy^2 - \sin y$ 일 때 다음을 구하라.

(a) $f(-1, 2)$　　(b) $f(2, -1)$

(c) $g(3, 1)$　　(d) $g(-1, 3)$

11.2 다음 이변수함수의 정의역을 구하라.

(a) $f(x, y) = \dfrac{x^2 + y}{x - 2}$　　(b) $g(x, y) = \sqrt[3]{2x + y}$

(c) $h(x, y) = e^x \sin y^2$　　(d) $k(x, y) = \dfrac{\ln x}{\sqrt{y+1}}$

11.3 $z = f(x, y)$ 일 때, f_x, f_y를 구하라.

(a) $z = \sqrt[5]{x} + \sqrt{y}$　　(b) $z = x^4 y^2 - x y^5$

(c) $z = \dfrac{x^3}{y^3}$　　(d) $z = \dfrac{\ln y}{e^x}$

11.4 $w = f(x, y, z)$ 일 때, f_x, f_y, f_z를 구하라.

(a) $w = x y^2 z^4$　　(b) $w = \sin x \cos y \tan z$

(c) $w = \dfrac{z}{x^2 + y^2}$　　(d) $w = x^3 e^{y^2 + z^3}$

11.5 $z = f(x, y)$ 일 때, f_x, f_y를 구하라.

(a) $z = \sin(x^2 + y^4)$　　(b) $z = \tan(x + y^3)$

(c) $z = \ln(\sin x + \cos y)$　　(d) $z = (2x - 3y^3)^{10}$

11.6 다음 이변수함수의 모든 2계 편도함수를 구하라.

(a) $f(x, y) = x^2 y^5$

(b) $g(x, y) = \dfrac{x^4}{y^5}$

(c) $h(x, y) = \sin x \cos y$

(d) $k(x, y) = e^y \ln x$

11.7 $f(x, y) = e^{3x} \sin 5y$일 때 다음을 구하라.

(a) f_{xxx}

(b) f_{yxy}

(c) f_{xxyy}

(d) f_{yxxy}

11.8 $z = f(x, y)$일 때, 전미분 dz를 구하라.

(a) $z = x^3 + y^4$

(b) $z = \dfrac{x^4}{y^2}$

(c) $z = \sin x \cos y$

(d) $z = e^{y \tan x}$

11.9 $z = f(x, y)$이고 $x = g(t)$, $y = h(t)$일 때, $\dfrac{dz}{dt}$를 구하라.

(a) $z = x^2 + y^2$, $x = e^t$, $y = t^3$

(b) $z = \dfrac{x^2}{y^3}$, $x = t^2$, $y = \sin t$

(c) $z = \sqrt{xy}$, $x = e^t$, $y = \cos t$

(d) $z = e^x \cos y$, $x = t^2 + 1$, $y = t^3 - t$

11.10 $z = f(x, y)$이고 $x = g(t, s)$, $y = h(t, s)$일 때, $\dfrac{\partial z}{\partial t}$, $\dfrac{\partial z}{\partial s}$를 구하라.

(a) $z = x^2 + y^7$, $x = t^3 + s^3$, $y = ts - 2$

(b) $z = x - y$, $x = t^2 \sin s$, $y = t \cos s$

(c) $z = xe^y$, $x = te^s$, $y = t^3 s$

(d) $z = e^x \ln y$, $x = ts$, $y = t^2 + s^2$

11.11 다음 이중적분을 구하라.

(a) $\int_{1}^{2}\int_{-1}^{1}(x^2+y^2)\,dx\,dy$

(b) $\int_{0}^{1}\int_{-2}^{1}(2x+y^3)\,dy\,dx$

(c) $\int_{0}^{2}\int_{0}^{3}(\sin x+\cos y)\,dx\,dy$

(d) $\int_{-3}^{3}\int_{-2}^{2}e^{y}\,dy\,dx$

11.12 다음 이중적분을 구하라.

(a) $\int_{D_1}(3x^2-2y)\,dA,\ D_1=[0,\ 1]\times[x,\ x^2]$

(b) $\int_{D_2}(3x^2-2y)\,dA,\ D_2=[0,\ 2]\times[-x,\ 3x+1]$

(c) $\int_{D_3}(3x^2-2y)\,dA,\ D_3=[\sqrt{y},\ y]\times[0,\ 1]$

(d) $\int_{D_4}(3x^2-2y)\,dA,\ D_4=[-y,\ 2y+1]\times[0,\ 2]$

11.13 구간 $[a,b]$에서 $y=f(x)$의 평균값은

$$\bar{f}=\frac{1}{b-a}\int_{a}^{b}f(x)\,dx$$

로 정의되고, 직사각형 영역 D에서 $z=f(x,y)$의 평균값은

$$\bar{f}=\frac{1}{A(D)}\int_{D}f(x,y)\,dA$$

로 정의된다. 이때 $A(D)$는 D의 넓이를 나타낸다. $D=[0,3]\times[-2,4]$일 때 $f(x,y)=8xy^3$의 평균값을 구하라.

11.14 병렬로 연결된 두 저항 R_1, R_2를 측정하였더니 $R_1 = 10\Omega$, $R_2 = 12\Omega$이었다. 각 저항의 측정 오차가 5% 이하일 때, 전체 저항 R의 최대 오차를 소수점 아래 셋째 자리까지의 근삿값으로 나타내라.

11.15 이상기체 1mol의 압력이 P, 부피가 V, 절대 온도가 T일 때 이상기체의 상태방정식은

$$PV = 8.31T$$

이다. 절대 온도가 200K이고 부피가 $100\,\mathrm{m}^3$일 때, 온도 변화율은 $\frac{dT}{dt} = 0.2$이고 부피 변화율은 $\frac{dV}{dt} = 0.3$이라 하자. 이때 압력 변화율 $\frac{dP}{dt}$를 구하라.

11.16 영역 D에서 밀도함수 $\rho(x, y)$를 갖는 얇은 판의 x축에 대한 관성 모멘트 I_x는

$$I_x = \int_D y^2 \rho(x, y)\, dA$$

이다. 영역이 $D = [0, 1] \times [-x, x^2]$이고 밀도함수가 $\rho(x, y) = 2 + 3y$일 때, 이 판의 x축에 대한 관성 모멘트 I_x를 소수점 아래 둘째 자리까지의 근삿값으로 나타내라.

11.17 밀도함수가 $\rho(x, y) = x^2 + y$이고 영역이 $D = [-2, 2] \times [0, 3]$인 원판에 대하여 다음을 구하라.

(a) x축에 대한 관성 모멘트 (b) y축에 대한 관성 모멘트

Chapter 12
벡터함수
Vector Function

CONTENTS

학습목표

- 벡터함수의 정의를 알고 벡터함수의 극한, 연속, 미분, 적분을 학습한다.
- 속도벡터와 가속도벡터, 법선벡터의 개념을 이해한다.
- 벡터장과 기울기 벡터장의 개념을 알고, 벡터장의 회전 및 발산을 이해한다.
- 평면에서의 다양한 선적분 계산 방법을 학습한다.
- 벡터함수와 관련된 공학 문제를 학습한다.

바람의 방향과 크기를 벡터로 나타내면 지구의 각 지점에서 공기의 움직임을 쉽게 파악할 수 있다. 기상도에서 고기압인 지점을 바깥쪽으로 나가는 화살표로 그리고, 저기압인 지점을 안쪽으로 들어오는 화살표로 그리면 공기의 흐름이 한눈에 들어온다. 공간의 각 점에 벡터를 대응시키는 함수를 벡터장이라고 하는데, 물리학에서는 벡터장을 이용하여 유체의 흐름이나 중력장 등을 설명한다.

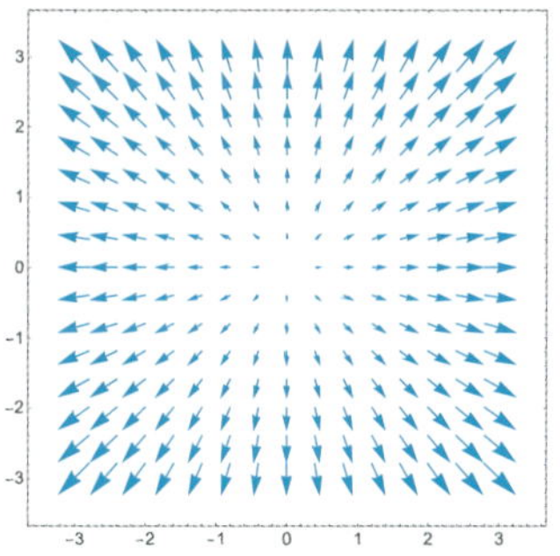

$F(x, y) = < x, y >$

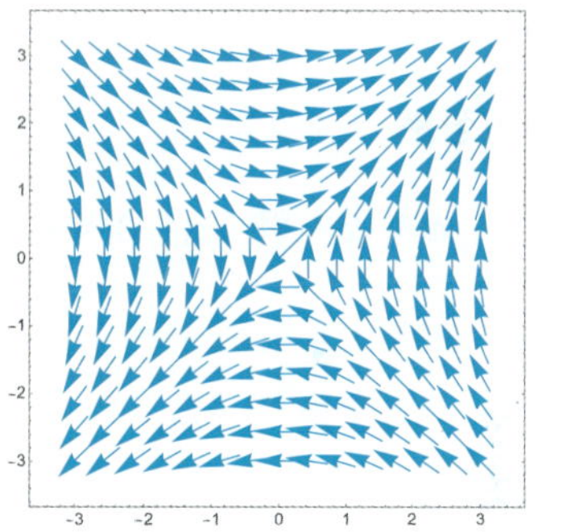

$F(x, y) = \left\langle \dfrac{y}{\sqrt{x^2+y^2}}, \dfrac{x}{\sqrt{x^2+y^2}} \right\rangle$

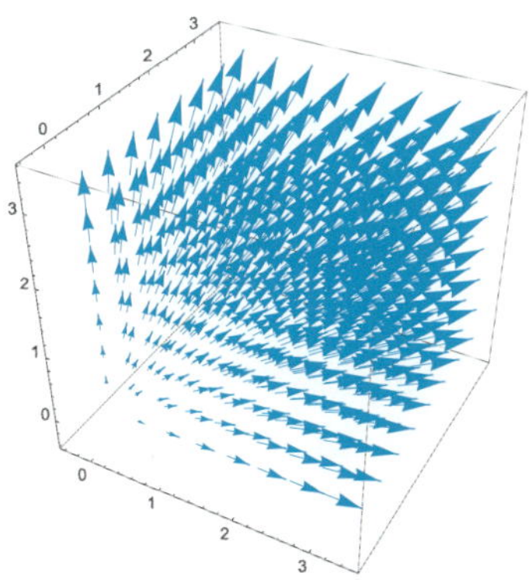

$F(x, y, z) = < x, y, z >$

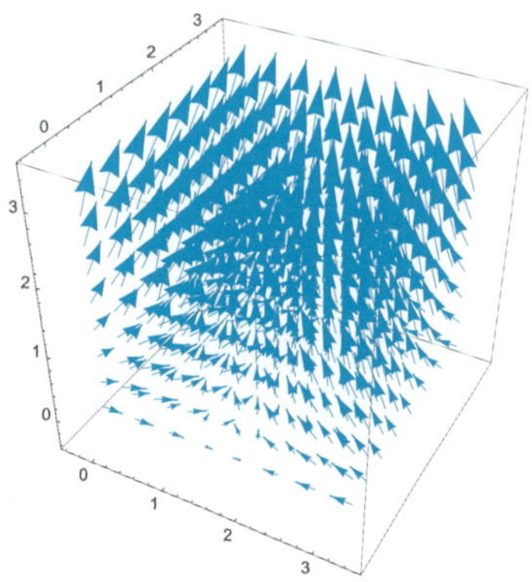

$F(x, y, z) = < \cos x, \sin y, z >$

12.1 벡터와 벡터함수

벡터

공학과 물리학에서는 물리량을 **스칼라**scalar와 **벡터**vector로 구분하여 사용한다. 스칼라는 크기만을 갖는 물리량이고, 벡터는 크기와 방향을 갖는 물리량이다. 벡터함수를 다루기 전 벡터에 대한 기본적인 내용을 먼저 확인해보자.

■ 벡터의 표현

공간에 있는 점 A에서 점 B로 향하는 유향선분[1] AB를 벡터 AB라 하고 이를 $\boldsymbol{a}$ 또는 $\vec{a}$ 또는 $\overrightarrow{AB}$로 나타낸다. 선분 AB의 길이를 벡터 AB의 **크기** 또는 **노름**norm이라 하고, $\|\boldsymbol{a}\|$로 나타낸다.

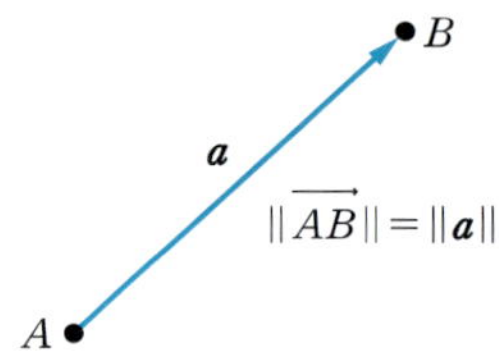

[그림 12-1] **벡터** AB

■ 벡터의 성분

일반적으로 $\boldsymbol{a}$가 2차원 또는 3차원 공간의 벡터일 때 다음과 같이 나타낸다.

> **정리 12-1 성분을 이용한 $\boldsymbol{a}$의 표현**
>
> (1) 2차원 공간의 평면벡터 $\boldsymbol{a}$는 $\boldsymbol{a} = \langle a_1, a_2 \rangle$로 나타낸다.
> 여기서 a_1, a_2를 $\boldsymbol{a}$의 **성분**component이라고 한다.
>
> (2) 3차원 공간의 공간벡터 $\boldsymbol{a}$는 $\boldsymbol{a} = \langle a_1, a_2, a_3 \rangle$로 나타낸다.
> 여기서 a_1, a_2, a_3를 $\boldsymbol{a}$의 **성분**이라고 한다.

성분을 이용하여 $\boldsymbol{a} = \langle a_1, a_2, a_3 \rangle$의 크기를 나타내면 다음과 같다.

$$\|\boldsymbol{a}\| = \sqrt{a_1^2 + a_2^2 + a_3^2}$$

1 방향이 주어진 선분을 말한다.

> **정의 12-1 단위벡터**
>
> $\boldsymbol{a} = \langle a_1,\ a_2,\ a_3 \rangle$일 때 $\| \boldsymbol{a} \| = 1$이면, $\boldsymbol{a}$를 **단위벡터**unit vector라 한다.

3차원 공간에서 한 성분이 1이고 나머지 성분이 0인 다음의 세 단위벡터를 **표준단위벡터** standard unit vector라 한다.

$$\boldsymbol{i} = \langle 1,\ 0,\ 0 \rangle, \quad \boldsymbol{j} = \langle 0,\ 1,\ 0 \rangle, \quad \boldsymbol{k} = \langle 0,\ 0,\ 1 \rangle$$

[그림 12-2]와 같이 3차원 공간에서의 표준단위벡터는 각각의 축에서 크기가 1인 벡터임을 알 수 있다.

성분이 a_1, a_2, a_3인 벡터 $\boldsymbol{a}$는 표준단위벡터를 이용하여 다음과 같이 나타낼 수 있다.

$$\boldsymbol{a} = \langle a_1,\ a_2,\ a_3 \rangle = a_1\boldsymbol{i} + a_2\boldsymbol{j} + a_3\boldsymbol{k}$$

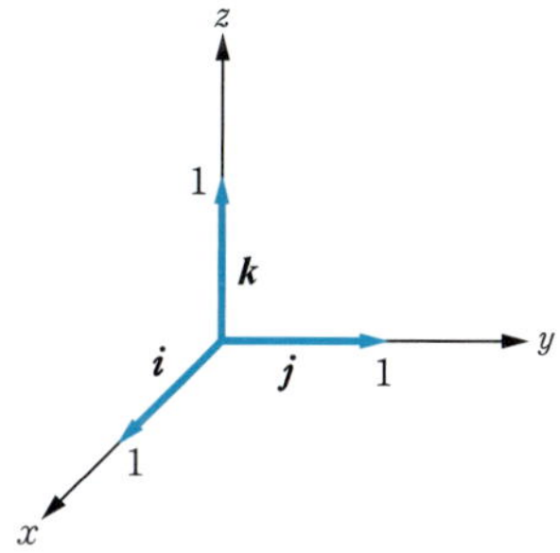

[그림 12-2] 표준단위벡터

■ 벡터의 내적

동일한 차원에서 두 벡터의 크기와 두 벡터가 이루는 각을 계산하기 위해 다음과 같이 내적을 정의한다.

> **정의 12-2 내적**
>
> 두 벡터 $\boldsymbol{a} = \langle a_1,\ a_2,\ a_3 \rangle$, $\boldsymbol{b} = \langle b_1,\ b_2,\ b_3 \rangle$에 대하여 $\boldsymbol{a}$와 $\boldsymbol{b}$가 이루는 각이 θ일 때, $\boldsymbol{a}$와 $\boldsymbol{b}$의 **내적**inner product은 $\boldsymbol{a} \cdot \boldsymbol{b}$로 나타내고 다음과 같이 정의한다.
>
> $$\boldsymbol{a} \cdot \boldsymbol{b} = a_1b_1 + a_2b_2 + a_3b_3 = \| \boldsymbol{a} \| \| \boldsymbol{b} \| \cos\theta$$

[정의 12-2]에 의해 영벡터가 아닌 두 벡터 $\boldsymbol{a}$, $\boldsymbol{b}$가 이루는 각 θ에 대하여 다음이 성립한다.

$$\cos\theta = \frac{\boldsymbol{a} \cdot \boldsymbol{b}}{\| \boldsymbol{a} \| \| \boldsymbol{b} \|}$$

따라서 두 벡터 $\boldsymbol{a}$, $\boldsymbol{b}$가 이루는 각이 $\frac{\pi}{2}$이면 $\cos\frac{\pi}{2} = 0$이므로 $\boldsymbol{a} \cdot \boldsymbol{b} = 0$이다.
이와 같이 $\boldsymbol{a} \cdot \boldsymbol{b} = 0$일 때 $\boldsymbol{a}$와 $\boldsymbol{b}$는 **직교한다**orthogonal고 한다.

벡터함수

$y=f(x)$는 하나의 실수 x에 대하여 하나의 실수 y가 대응하는 함수이다. 이제 하나의 실수 t에 대하여 하나의 벡터가 대응하는 **벡터함수**vector function에 대해 알아보자.

공학에서 가장 많이 사용하는 3차원 벡터함수 $\boldsymbol{r}(t)$는 다음과 같다.

$$\boldsymbol{r}(t)=\langle f(t),\ g(t),\ h(t)\rangle=f(t)\boldsymbol{i}+g(t)\boldsymbol{j}+h(t)\boldsymbol{k}$$

이때 $f(t)$, $g(t)$, $h(t)$를 벡터함수 $\boldsymbol{r}(t)$의 **성분함수**component function라 하고, $t=a$에서 $\boldsymbol{r}(t)$의 함숫값인 $\boldsymbol{r}(a)=\langle f(a),\ g(a),\ h(a)\rangle$를 $t=a$에서의 **위치벡터**position vector라 한다.

다음은 그래프를 쉽게 그려볼 수 있는 대표적인 벡터함수이다.

$$\boldsymbol{r}(t)=\cos t\boldsymbol{i}+\sin t\boldsymbol{j}+t\boldsymbol{k}$$

위 벡터함수의 성분함수는

$$x=\cos t\ ,\quad y=\sin t\ ,\quad z=t$$

이고 $x^2+y^2=\cos^2 t+\sin^2 t=1$이므로, $\boldsymbol{r}(t)$의 그래프는 3차원 공간에서 반지름이 1인 원기둥을 감으며 이동하는 원나선circular helix 형태이다.

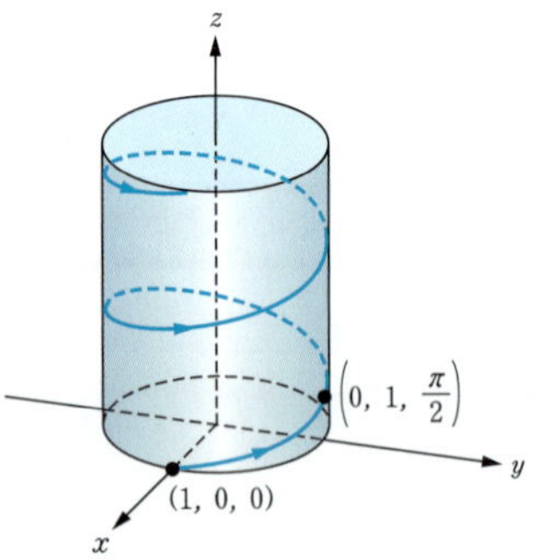

[그림 12-3] $\boldsymbol{r}(t)=\cos t\boldsymbol{i}+\sin t\boldsymbol{j}+t\boldsymbol{k}$의 그래프

■ 벡터함수의 정의역

벡터함수 $\boldsymbol{r}(t)=\langle f(t),\ g(t),\ h(t)\rangle$가 정의되려면 $f(t)$, $g(t)$, $h(t)$가 모두 정의되어야 한다. 즉, $\boldsymbol{r}(t)$의 정의역은 성분함수인 $f(t)$, $g(t)$, $h(t)$의 정의역의 교집합이다.

예제 12-1

다음 벡터함수의 정의역을 구하라.

(a) $\boldsymbol{r}(t) = \left\langle t^2 - 1,\ \dfrac{1}{t+1},\ \cos t \right\rangle$ (b) $\boldsymbol{r}(t) = \left\langle \sqrt{t+2},\ \dfrac{1}{t^2+2},\ e^t \right\rangle$

TIP 세 성분함수의 정의역을 확인한 후 정의역의 교집합을 구한다.

풀이

(a) $\boldsymbol{r}(t) = \langle f(t),\ g(t),\ h(t) \rangle$라 하면, $f(t) = t^2 - 1$, $g(t) = \dfrac{1}{t+1}$, $h(t) = \cos t$의 정의역은 각각 $\mathbb{R}$, $\mathbb{R} - \{-1\}$, $\mathbb{R}$이다.

따라서 $\boldsymbol{r}(t)$의 정의역은 세 정의역의 교집합인 $\mathbb{R} - \{-1\}$이다.

(b) $\boldsymbol{r}(t) = \langle f(t),\ g(t),\ h(t) \rangle$라 하면, $f(t) = \sqrt{t+2}$, $g(t) = \dfrac{1}{t^2+2}$, $h(t) = e^t$의 정의역은 각각 $\{t : t \geq -2\}$, $\mathbb{R}$, $\mathbb{R}$이다.

따라서 $\boldsymbol{r}(t)$의 정의역은 세 정의역의 교집합인 $\{t : t \geq -2\}$이다.

벡터함수의 극한과 연속

■ 벡터함수의 극한

벡터함수 $\boldsymbol{r}(t) = \langle f(t),\ g(t),\ h(t) \rangle$의 극한은 성분함수인 $f(t)$, $g(t)$, $h(t)$의 극한을 이용하여 정의한다.

정의 12-3 벡터함수의 극한

$\boldsymbol{r}(t) = \langle f(t),\ g(t),\ h(t) \rangle$일 때, $t = a$에서 $\boldsymbol{r}(t)$의 **극한**은 다음과 같이 정의한다.

$$\lim_{t \to a} \boldsymbol{r}(t) = \left\langle \lim_{t \to a} f(t),\ \lim_{t \to a} g(t),\ \lim_{t \to a} h(t) \right\rangle$$

$\lim\limits_{t \to a} f(t)$, $\lim\limits_{t \to a} g(t)$, $\lim\limits_{t \to a} h(t)$가 모두 존재하면 $\lim\limits_{t \to a} \boldsymbol{r}(t)$가 존재한다고 판정하고, $\lim\limits_{t \to a} f(t)$, $\lim\limits_{t \to a} g(t)$, $\lim\limits_{t \to a} h(t)$ 중 어느 하나라도 존재하지 않으면 $\lim\limits_{t \to a} \boldsymbol{r}(t)$는 존재하지 않는다고 판정한다.

예제 12-2

다음 벡터함수의 극한을 구하라.

(a) $\boldsymbol{r}(t)=\left\langle \dfrac{t-1}{t^2-1},\ \sqrt{t+3},\ \ln t \right\rangle$일 때, $\lim\limits_{t\to 1}\boldsymbol{r}(t)$

(b) $\boldsymbol{r}(t)=\left\langle \dfrac{\sin 3t}{\cos t},\ \dfrac{4t}{\tan 2t},\ \dfrac{\sin 5t}{3t} \right\rangle$일 때, $\lim\limits_{t\to 0}\boldsymbol{r}(t)$

TIP 세 성분함수의 극한을 구하여 벡터함수의 극한을 구한다.

풀이

(a) $\lim\limits_{t\to 1}\dfrac{t-1}{t^2-1}=\lim\limits_{t\to 1}\dfrac{1}{t+1}=\dfrac{1}{2}$, $\lim\limits_{t\to 1}\sqrt{t+3}=2$, $\lim\limits_{t\to 1}\ln t=0$이다. 따라서

$$\lim_{t\to 1}\boldsymbol{r}(t)=\left\langle \frac{1}{2},\ 2,\ 0 \right\rangle$$

이다.

(b) $\lim\limits_{t\to 0}\dfrac{\sin 3t}{\cos t}=0$, $\lim\limits_{t\to 0}\dfrac{4t}{\tan 2t}=\lim\limits_{t\to 0}2\cdot\dfrac{1}{\dfrac{\tan 2t}{2t}}=2$, $\lim\limits_{t\to 0}\dfrac{\sin 5t}{3t}=\lim\limits_{t\to 0}\dfrac{5}{3}\cdot\dfrac{\sin 5t}{5t}$ $=\dfrac{5}{3}$이다. 따라서

$$\lim_{t\to 0}\boldsymbol{r}(t)=\left\langle 0,\ 2,\ \frac{5}{3} \right\rangle$$

이다.

■ 벡터함수의 연속

실수함수의 연속과 마찬가지로 벡터함수의 연속은 다음과 같이 정의한다.

정의 12-4 벡터함수의 연속

벡터함수 $\boldsymbol{r}(t)$가 다음 세 조건을 모두 만족하면 $\boldsymbol{r}(t)$는 $t=a$에서 **연속**이라 한다.

(1) $\lim\limits_{t\to a}\boldsymbol{r}(t)$가 존재한다.

(2) $\boldsymbol{r}(a)$가 존재한다.

(3) $\lim\limits_{t\to a}\boldsymbol{r}(t)=\boldsymbol{r}(a)$가 성립한다.

[정의 12-4]의 세 조건 중 하나라도 만족하지 않을 경우, $\boldsymbol{r}(t)$는 $t=a$에서 연속이 아니라고 판정한다.

벡터함수의 미분과 적분

벡터함수의 극한과 연속에 이어 벡터함수의 미분과 적분에 대해 알아보자.

■ 벡터함수의 미분

벡터함수의 도함수는 실수함수의 도함수와 비슷한 방법으로 정의한다.

정의 12-5 벡터함수의 도함수

벡터함수 $\boldsymbol{r}(t)$의 **도함수**는 다음과 같이 정의한다.

$$\boldsymbol{r}'(t) = \lim_{h \to 0} \frac{\boldsymbol{r}(t+h) - \boldsymbol{r}(t)}{h}$$

이때 $\boldsymbol{r}'(t)$를 $\boldsymbol{r}(t)$의 **접선벡터**tangent vector라고도 한다.

7장에서 $x = a$에서의 $f(x)$의 순간변화율은 점 $(a,\ f(a))$에서의 접선의 기울기를 의미함을 학습하였다. 마찬가지로 벡터함수 $\boldsymbol{r}(t)$의 도함수인 $\boldsymbol{r}'(t)$도 $\boldsymbol{r}(t)$가 나타내는 곡선에 접하는 벡터임을 알 수 있다.

다음 정리를 이용하면 $\boldsymbol{r}(t)$의 도함수를 쉽게 구할 수 있다.

정리 12-2 벡터함수의 도함수를 구하는 방법

벡터함수 $\boldsymbol{r}(t) = \langle f(t),\ g(t),\ h(t) \rangle$의 도함수는 다음과 같다.

$$\boldsymbol{r}'(t) = \langle f'(t),\ g'(t),\ h'(t) \rangle$$

[정리 12-2]에 의하여 벡터함수의 도함수는 성분함수의 도함수로부터 얻을 수 있다.

예제 12-3

다음 벡터함수의 도함수를 구하라.

(a) $\boldsymbol{r}(t) = \langle t^4 - 3t,\ \cos t,\ e^t \rangle$ (b) $\boldsymbol{r}(t) = \left\langle \frac{1}{t^2},\ \sqrt{t+1},\ \ln t \right\rangle$

TIP 세 성분함수를 미분하여 벡터함수의 도함수를 구한다.

풀이

(a) $\boldsymbol{r}(t) = \langle f(t),\ g(t),\ h(t) \rangle$라 하면, $f'(t) = 4t^3 - 3$, $g'(t) = -\sin t$, $h'(t) = e^t$ 이므로

$$\boldsymbol{r}'(t) = \langle 4t^3 - 3,\ -\sin t,\ e^t \rangle$$

이다.

(b) $\boldsymbol{r}(t) = \langle f(t),\ g(t),\ h(t) \rangle$라 하면, $f'(t) = -\frac{2}{t^3}$, $g'(t) = \frac{1}{2\sqrt{t+1}}$, $h'(t) = \frac{1}{t}$ 이므로

$$\boldsymbol{r}'(t) = \left\langle -\frac{2}{t^3},\ \frac{1}{2\sqrt{t+1}},\ \frac{1}{t} \right\rangle$$

이다.

한편, $\boldsymbol{r}(t)$의 도함수인 $\boldsymbol{r}'(t)$의 크기는

$$\|\boldsymbol{r}'(t)\| = \sqrt{f'(t)^2 + g'(t)^2 + h'(t)^2}$$

이며, 벡터함수의 도함수를 그 크기로 나눈 함수인

$$\boldsymbol{T}(t) = \frac{\boldsymbol{r}'(t)}{\|\boldsymbol{r}'(t)\|}$$

를 **단위접선벡터**unit tangent vector라고 한다.

$\boldsymbol{r}(t)$의 2계 도함수인 $\boldsymbol{r}''(t)$는 접선벡터 $\boldsymbol{r}'(t)$의 도함수이므로

$$\boldsymbol{r}''(t) = \langle f''(t),\ g''(t),\ h''(t) \rangle$$

이다.

■ 벡터함수의 적분

벡터함수 $\mathbf{r}(t)$의 적분은 성분함수를 적분한 결과를 이용하여 정의한다.

정의 12-6 벡터함수의 정적분

$\mathbf{r}(t) = \langle f(t),\ g(t),\ h(t) \rangle$ 일 때, 구간 $[a,\ b]$ 에서 벡터함수 $\mathbf{r}(t)$의 **정적분**은 다음과 같이 정의한다.

$$\int_a^b \mathbf{r}(t)\,dt = \left\langle \int_a^b f(t)\,dt,\ \int_a^b g(t)\,dt,\ \int_a^b h(t)\,dt \right\rangle$$

$\mathbf{r}(t)$의 부정적분은 $\int \mathbf{r}(t)\,dt$ 로 나타낸다.

예제 12-4

다음 벡터함수의 정적분을 구하라.

(a) $\mathbf{r}(t) = \left\langle t^3,\ e^{2t},\ \dfrac{1}{t+2} \right\rangle$ 일 때, $\int_0^1 \mathbf{r}(t)\,dt$

(b) $\mathbf{r}(t) = \langle \cos 2t,\ \sin 3t,\ t \rangle$ 일 때, $\int_0^{\frac{\pi}{4}} \mathbf{r}(t)\,dt$

TIP 세 성분함수를 적분하여 벡터함수의 정적분을 구한다.

풀이

(a) $\mathbf{r}(t)$의 세 성분함수를 적분하면, $\int_0^1 t^3\,dt = \frac{1}{4}t^4 \Big|_0^1 = \frac{1}{4}$,

$\int_0^1 e^{2t}\,dt = \frac{1}{2}e^{2t} \Big|_0^1 = \frac{1}{2}(e^2 - 1)$, $\int_0^1 \frac{1}{t+2}\,dt = \ln|t+2| \Big|_0^1 = \ln 3 - \ln 2 = \ln\frac{3}{2}$

이므로

$$\int_0^1 \mathbf{r}(t)\,dt = \left\langle \frac{1}{4},\ \frac{1}{2}(e^2 - 1),\ \ln\frac{3}{2} \right\rangle$$

이다.

(b) $\mathbf{r}(t)$의 세 성분함수를 적분하면, $\int_0^{\frac{\pi}{4}} \cos 2t\,dt = \frac{1}{2}\sin 2t \Big|_0^{\frac{\pi}{4}} = \frac{1}{2}$,

$\int_0^{\frac{\pi}{4}} \sin 3t\,dt = -\frac{1}{3}\cos 3t \Big|_0^{\frac{\pi}{4}} = \frac{1}{3} + \frac{\sqrt{2}}{6}$, $\int_0^{\frac{\pi}{4}} t\,dt = \frac{1}{2}t^2 \Big|_0^{\frac{\pi}{4}} = \frac{\pi^2}{32}$ 이므로

$$\int_0^{\frac{\pi}{4}} \mathbf{r}(t)dt = \left\langle \frac{1}{2},\ \frac{1}{3} + \frac{\sqrt{2}}{6},\ \frac{\pi^2}{32} \right\rangle$$

이다.

12.2 공간에서의 속도와 가속도

속도벡터와 가속도벡터

물체의 위치를 원점에서 물체까지의 직선거리와 방향으로 나타낸 벡터를 **위치벡터**position vector라 한다. 다음 그림과 같이 공간에서 움직이는 어떤 물체의 위치벡터가 시간에 대한 벡터함수로 표현된다고 하자.

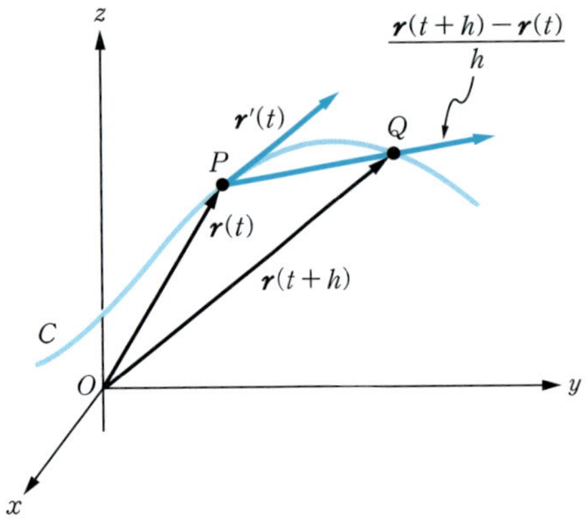

[그림 12-4] 위치벡터와 속도벡터

[그림 12-4]에서 물체는 시각 t일 때 점 P를 지나 곡선 C를 따라 운동하여 시각 $t+h$일 때 점 Q를 지난다. **평균속도**average velocity란 시간에 대한 위치 변화량의 비율이므로 시각 t에서 $t+h$까지 물체의 평균속도를 다음과 같이 벡터로 나타낸다.

$$[t,\ t+h]\text{에서 물체의 평균속도} = \frac{\boldsymbol{r}(t+h)-\boldsymbol{r}(t)}{(t+h)-t} = \frac{\boldsymbol{r}(t+h)-\boldsymbol{r}(t)}{h}$$

또한 시간 간격 h가 0에 가까워질수록 평균속도 $\dfrac{\boldsymbol{r}(t+h)-\boldsymbol{r}(t)}{h}$는 시각 t일 때의 **순간속도**instantaneous velocity, 즉 접선벡터 $\boldsymbol{r}'(t)$에 가까워진다. 시각 t에 대한 속도벡터와 가속도벡터는 다음과 같이 정의한다.

정의 12-7 속도벡터와 가속도벡터

시각 t에 대한 위치벡터가 $\boldsymbol{r}(t)$일 때, **속도벡터**velocity vector $\boldsymbol{v}(t)$와 **가속도벡터**acceleration vector $\boldsymbol{a}(t)$는 다음과 같다.

$$\boldsymbol{v}(t)=\lim_{h\to 0}\frac{\boldsymbol{r}(t+h)-\boldsymbol{r}(t)}{h}=\boldsymbol{r}'(t)$$

$$\boldsymbol{a}(t)=\lim_{h\to 0}\frac{\boldsymbol{v}(t+h)-\boldsymbol{v}(t)}{h}=\boldsymbol{v}'(t)=\boldsymbol{r}''(t)$$

[그림 12-4]에서도 알 수 있듯이 속도벡터의 방향은 그 위치에서의 접선의 방향과 같다. 이때 물체의 **속력**speed은 속도벡터의 크기인 $\|\boldsymbol{v}(t)\|$이다. 또한 [정의 12-7]을 통해 1차원 운동과 마찬가지로 3차원 운동을 하는 물체의 가속도벡터 역시 속도벡터의 도함수로 정의함을 알 수 있다.

예제 12-5

공간에서 움직이는 물체의 위치벡터가 $\boldsymbol{r}(t)=\langle e^{2t}, \cos t, t^5\rangle$일 때 다음을 구하라.

(a) 속도벡터　(b) 속력　(c) 가속도벡터

TIP 속도벡터, 속력과 가속도벡터의 정의를 이용한다.

풀이

(a) $\boldsymbol{r}'(t)=\langle 2e^{2t}, -\sin t, 5t^4\rangle$ 이므로, 속도벡터는 $\boldsymbol{v}(t)=\langle 2e^{2t}, -\sin t, 5t^4\rangle$ 이다.

(b) 속력은 $\|\boldsymbol{v}(t)\|=\sqrt{(2e^{2t})^2+(-\sin t)^2+(5t^4)^2}=\sqrt{4e^{4t}+\sin^2 t+25t^8}$ 이다.

(c) $\boldsymbol{r}''(t)=\langle 4e^{2t}, -\cos t, 20t^3\rangle$ 이므로, 가속도벡터는 $\boldsymbol{a}(t)=\langle 4e^{2t}, -\cos t, 20t^3\rangle$ 이다.

[예제 12-5]에서는 [정의 12-7]을 이용하여 임의의 시각에서의 속도벡터, 속력, 가속도벡터를 구했다. 이제 특정한 시각에서의 속도벡터, 속력, 가속도벡터를 구해보자.

예제 12-6

공간에서 움직이는 물체의 위치벡터가 $\boldsymbol{r}(t)=\langle t^3-1, t^2+3t, 4-2t\rangle$이고 $t=1$일 때 다음을 구하라.

(a) 속도벡터　(b) 속력　(c) 가속도벡터

TIP $\boldsymbol{v}(t)=\boldsymbol{r}'(t)$, $\|\boldsymbol{v}(t)\|=\|\boldsymbol{r}'(t)\|$, $\boldsymbol{a}(t)=\boldsymbol{r}''(t)$를 구한 후 $t=1$을 대입한다.

풀이

(a) $\boldsymbol{r}'(t) = \langle 3t^2,\ 2t+3,\ -2 \rangle$이므로, $t=1$일 때 속도벡터는 $\boldsymbol{v}(1) = \langle 3,\ 5,\ -2 \rangle$이다.

(b) $t=1$일 때 속력은 $\|\boldsymbol{v}(1)\| = \sqrt{3^2+5^2+(-2)^2} = \sqrt{38}$ 이다.

(c) $\boldsymbol{r}''(t) = \langle 6t,\ 2,\ 0 \rangle$이므로, $t=1$일 때 가속도벡터는 $\boldsymbol{a}(1) = \langle 6,\ 2,\ 0 \rangle$이다.

위치벡터를 미분하여 속도벡터를 얻고, 속도벡터를 미분하여 가속도벡터를 얻는다. 이와 반대로 가속도벡터를 적분하면 속도벡터를 얻고, 속도벡터를 적분하면 위치벡터를 얻을 수 있다.

예제 12-7

공간에서 어떤 물체가 초기 위치 $\boldsymbol{r}(0) = \langle 1,\ 1,\ 0 \rangle$에서 초기 속도 $\boldsymbol{v}(0) = \langle 0,\ 1,\ 2 \rangle$로 움직이기 시작했다. 시각 t에 대하여 이 물체의 가속도벡터가 $\boldsymbol{a}(t) = \langle 4t,\ 9t^2,\ 2 \rangle$일 때 다음을 구하라.

(a) 속도벡터 (b) 위치벡터

TIP $\int \boldsymbol{a}(t)dt = \boldsymbol{v}(t)$이고, $\int \boldsymbol{v}(t)dt = \boldsymbol{r}(t)$임을 이용한다.

풀이

(a) $$\begin{aligned}\boldsymbol{v}(t) &= \int \boldsymbol{a}(t)\,dt = \left\langle \int 4t\,dt,\ \int 9t^2\,dt,\ \int 2\,dt \right\rangle \\ &= \langle 2t^2 + C_1,\ 3t^3 + C_2,\ 2t + C_3 \rangle\end{aligned}$$

이때 $\boldsymbol{v}(0) = \langle 0,\ 1,\ 2 \rangle$이므로 $C_1 = 0$, $C_2 = 1$, $C_3 = 2$이다. 따라서 속도벡터는

$$\boldsymbol{v}(t) = \langle 2t^2,\ 3t^3+1,\ 2t+2 \rangle$$

이다.

(b) $$\begin{aligned}\boldsymbol{r}(t) &= \int \boldsymbol{v}(t)\,dt = \left\langle \int 2t^2\,dt,\ \int (3t^3+1)\,dt,\ \int (2t+2)\,dt \right\rangle \\ &= \left\langle \frac{2}{3}t^3 + C_1,\ \frac{3}{4}t^4 + t + C_2,\ t^2 + 2t + C_3 \right\rangle\end{aligned}$$

이때 $\boldsymbol{r}(0) = \langle 1,\ 1,\ 0 \rangle$이므로 $C_1 = 1$, $C_2 = 1$, $C_3 = 0$이다. 따라서 위치벡터는

$$\boldsymbol{r}(t) = \left\langle \frac{2}{3}t^3 + 1,\ \frac{3}{4}t^4 + t + 1,\ t^2 + 2t \right\rangle$$

이다.

법선벡터

공간에서의 위치벡터 $\boldsymbol{r}(t)$에 대하여 단위접선벡터 $\boldsymbol{T}(t)=\dfrac{\boldsymbol{r}'(t)}{\|\boldsymbol{r}'(t)\|}$는 $\|\boldsymbol{T}(t)\|=1$을 만족한다. 따라서 내적의 정의에 의해 $\boldsymbol{T}(t)\cdot\boldsymbol{T}(t)=1$이고 이 식을 t에 대하여 미분하면

$$\boldsymbol{T}'(t)\cdot\boldsymbol{T}(t)+\boldsymbol{T}(t)\cdot\boldsymbol{T}'(t)=0$$

이므로 $\boldsymbol{T}(t)\cdot\boldsymbol{T}'(t)=0$이다. 따라서 벡터의 직교성에 의해 $\boldsymbol{T}(t)$와 $\boldsymbol{T}'(t)$는 서로 직교한다. 이때 $\boldsymbol{T}'(t)$를 $\boldsymbol{T}(t)$의 **법선벡터**normal vector라 하고

$$\boldsymbol{N}(t)=\frac{\boldsymbol{T}'(t)}{\|\boldsymbol{T}'(t)\|}$$

를 **단위법선벡터**unit normal vector라 한다.

예제 12-8

$\boldsymbol{r}(t)=\langle\cos t,\ \sin t,\ t\rangle$에 대하여 다음을 구하라.

(a) 단위접선벡터　　　　(b) 단위법선벡터

TIP $\boldsymbol{T}(t)=\dfrac{\boldsymbol{r}'(t)}{\|\boldsymbol{r}'(t)\|}$, $\boldsymbol{N}(t)=\dfrac{\boldsymbol{T}'(t)}{\|\boldsymbol{T}'(t)\|}$를 이용하여 구한다.

풀이

(a) $\boldsymbol{r}'(t)=\langle-\sin t,\ \cos t,\ 1\rangle$이고 $\|\boldsymbol{r}'(t)\|=\sqrt{(-\sin t)^2+(\cos t)^2+1^2}=\sqrt{2}$이므로 단위접선벡터는

$$\boldsymbol{T}(t)=\frac{\boldsymbol{r}'(t)}{\|\boldsymbol{r}'(t)\|}=\frac{1}{\sqrt{2}}\langle-\sin t,\ \cos t,\ 1\rangle$$

이다.

(b) $\boldsymbol{T}'(t)=\dfrac{1}{\sqrt{2}}\langle-\cos t,\ -\sin t,\ 0\rangle$이고

$\|\boldsymbol{T}'(t)\|=\dfrac{1}{\sqrt{2}}\sqrt{(-\cos t)^2+(-\sin t)^2+0}=\dfrac{1}{\sqrt{2}}$이므로 단위법선벡터는

$$\boldsymbol{N}(t)=\frac{\boldsymbol{T}'(t)}{\|\boldsymbol{T}'(t)\|}=\langle-\cos t,\ -\sin t,\ 0\rangle$$

이다.

12.3 벡터장

벡터장의 정의

12.1절에서 정의역이 $\mathbb{R}$의 부분집합인 벡터함수 $\boldsymbol{r}(t)$를 설명하였다. 이제 정의역이 $\mathbb{R}^2$ 또는 $\mathbb{R}^3$의 부분집합인 벡터함수를 정의해보자.

정의 12-8 벡터장

(1) D가 $\mathbb{R}^2$의 부분집합일 때, D에 속하는 점 (x, y)를 평면벡터에 대응시키는 함수 $\boldsymbol{F}$를 **$\mathbb{R}^2$ 위의 벡터장**vector field이라 한다.

(2) D가 $\mathbb{R}^3$의 부분집합일 때, D에 속하는 점 (x, y, z)를 공간벡터에 대응시키는 함수 $\boldsymbol{F}$를 **$\mathbb{R}^3$ 위의 벡터장**이라 한다.

[정의 12-8]의 (1)에서 설명한 $\mathbb{R}^2$ 위의 벡터장은 다음과 같은 형태이다.

$$\boldsymbol{F}(x, y) = P(x, y)\boldsymbol{i} + Q(x, y)\boldsymbol{j}$$

마찬가지로 [정의 12-8]의 (2)에서 설명한 $\mathbb{R}^3$ 위의 벡터장은 다음과 같은 형태이다.

$$\boldsymbol{F}(x, y, z) = P(x, y, z)\boldsymbol{i} + Q(x, y, z)\boldsymbol{j} + R(x, y, z)\boldsymbol{k}$$

Mathematica 프로그램을 이용하여 $\mathbb{R}^2$ 위의 두 벡터장 $\boldsymbol{F}(x, y) = \boldsymbol{i} + y\boldsymbol{j}$와 $\boldsymbol{F}(x, y) = y\boldsymbol{i} + x\boldsymbol{j}$의 그래프를 그리면 다음과 같다.

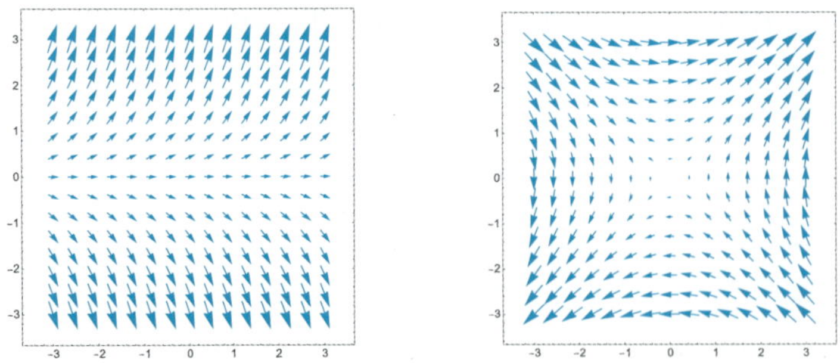

(a) $\boldsymbol{F}(x, y) = \boldsymbol{i} + y\boldsymbol{j}$　　(b) $\boldsymbol{F}(x, y) = y\boldsymbol{i} + x\boldsymbol{j}$

[그림 12-5] 벡터장의 그래프

두 물리량 벡터와 스칼라 중 방향까지 고려해야 하는 벡터보다는 크기만 생각하면 되는 스칼라가 훨씬 다루기 쉽다. 이제 스칼라함수로부터 벡터장을 얻을 수 있어 공학에서 많이 활용되는 기울기 벡터장(그래디언트 벡터장)을 알아보기로 한다.

정의 12-9 기울기 벡터장

(1) f가 두 변수 x, y에 대한 스칼라함수일 때, f의 **기울기 벡터장** 또는 **그래디언트 벡터장**gradient vector field은 $\nabla f(x, y)$로 나타내고 다음과 같이 정의한다.

$$\nabla f(x, y) = \langle f_x(x, y), f_y(x, y) \rangle = \frac{\partial f}{\partial x}\boldsymbol{i} + \frac{\partial f}{\partial y}\boldsymbol{j}$$

(2) f가 세 변수 x, y, z에 대한 스칼라함수일 때, f의 **기울기 벡터장** 또는 **그래디언트 벡터장**은 $\nabla f(x, y, z)$로 나타내고 다음과 같이 정의한다.

$$\begin{aligned}\nabla f(x, y, z) &= \langle f_x(x, y, z), f_y(x, y, z), f_z(x, y, z) \rangle \\ &= \frac{\partial f}{\partial x}\boldsymbol{i} + \frac{\partial f}{\partial y}\boldsymbol{j} + \frac{\partial f}{\partial z}\boldsymbol{k}\end{aligned}$$

예제 12-9

다음 스칼라함수의 기울기 벡터장을 구하라.

(a) $f(x, y) = xy^4 - e^x y^2$ (b) $g(x, y, z) = x^4y^3 - \cos x^2 + z^5$

TIP 기울기 벡터장의 정의를 이용하여 구한다.

풀이

(a) $f_x(x, y) = y^4 - e^x y^2$, $f_y(x, y) = 4xy^3 - 2e^x y$ 이므로

$$\nabla f(x, y) = \langle y^4 - e^x y^2, 4xy^3 - 2e^x y \rangle$$

이다.

(b) $g_x(x, y, z) = 4x^3y^3 + 2x\sin x^2$, $g_y(x, y, z) = 3x^4y^2$, $g_z(x, y, z) = 5z^4$ 이므로

$$\nabla g(x, y, z) = \langle 4x^3y^3 + 2x\sin x^2, 3x^4y^2, 5z^4 \rangle$$

이다.

벡터장의 회전

벡터장 $\boldsymbol{F}(x, y, z) = \langle P(x, y, z), Q(x, y, z), R(x, y, z) \rangle$로부터 새로운 벡터장을 만들어보자.

> **정의 12-10 벡터장의 회전**
> 벡터장 $\boldsymbol{F} = \langle P, Q, R \rangle$에 대하여 벡터장
>
> $$\text{curl}\,\boldsymbol{F} = \langle R_y - Q_z,\ P_z - R_x,\ Q_x - P_y \rangle$$
>
> 를 $\boldsymbol{F}$의 **회전**curl이라 한다.

$\boldsymbol{F}(x, y, z) = \langle xy^2, 2y^3z, 3xz^2 \rangle$일 때 $P(x, y, z) = xy^2$, $Q(x, y, z) = 2y^3z$, $R(x, y, z) = 3xz^2$이라 하면, $R_y - Q_z = 0 - 2y^3 = -2y^3$, $P_z - R_x = 0 - 3z^2 = -3z^2$, $Q_x - P_y = 0 - 2xy = -2xy$이므로 $\boldsymbol{F}$의 회전은

$$\text{curl}\,\boldsymbol{F} = \langle -2y^3, -3z^2, -2xy \rangle$$

이다. 만일 $\boldsymbol{F}$가 어떤 유체 흐름에서 속도를 나타내는 벡터장이라면, 이 유체에서 점 (x, y, z) 근처의 질점[2]은 $\text{curl}\,\boldsymbol{F}$가 가리키는 축에 대하여 회전하려는 경향이 있다. 즉 어떤 점에서 $\text{curl}\,\boldsymbol{F} = 0$이면 유체는 그 점에서 회전하지 않아 소용돌이나 회오리가 일어나지 않지만, $\text{curl}\,\boldsymbol{F} \neq 0$이면 유체는 그 점에서 회전하려는 경향을 갖는다.

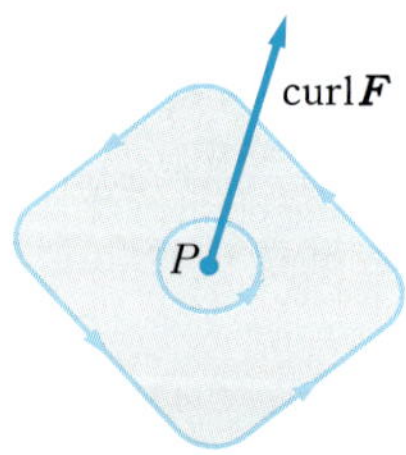

[그림 12-6] **벡터장의 회전**

예제 12-10

다음 벡터장의 회전을 구하라.

(a) $\boldsymbol{F}(x, y, z) = \langle xy^2, yz^3, zx^4 \rangle$ (b) $\boldsymbol{F}(x, y, z) = \langle x^2z, 2y, xz^3 \rangle$

TIP 벡터장의 성분함수를 확인한 후 [정의 12-10]을 이용한다.

풀이

(a) $P(x, y, z) = xy^2$, $Q(x, y, z) = yz^3$, $R(x, y, z) = zx^4$이라 하면,

$R_y - Q_z = 0 - 3yz^2 = -3yz^2$, $P_z - R_x = 0 - 4zx^3 = -4zx^3$,

2 질량만을 갖고 부피를 갖지 않는 이상적인 점을 말한다.

$Q_x - P_y = 0 - 2xy = -2xy$ 이므로 $\boldsymbol{F}$의 회전은

$$\operatorname{curl} \boldsymbol{F} = \langle -3yz^2, -4zx^3, -2xy \rangle$$

이다.

(b) $P(x, y, z) = x^2 z$, $Q(x, y, z) = 2y$, $R(x, y, z) = xz^3$이라 하면,
$R_y - Q_z = 0 - 0 = 0$, $P_z - R_x = x^2 - z^3$, $Q_x - P_y = 0 - 0 = 0$이므로 $\boldsymbol{F}$의 회전은

$$\operatorname{curl} \boldsymbol{F} = \langle 0, x^2 - z^3, 0 \rangle$$

이다.

벡터장의 발산

이번에는 벡터장 $\boldsymbol{F}(x, y, z) = \langle P(x, y, z), Q(x, y, z), R(x, y, z) \rangle$로부터 새로운 스칼라함수를 만들어보자. 벡터장 $\boldsymbol{F} = \langle P, Q, R \rangle$에 대하여 $\dfrac{\partial P}{\partial x}$, $\dfrac{\partial Q}{\partial y}$, $\dfrac{\partial R}{\partial z}$이 존재하면, $\boldsymbol{F}$의 발산은 다음과 같이 정의한다.

정의 12-11 벡터장의 발산

벡터장 $\boldsymbol{F} = \langle P, Q, R \rangle$에 대하여 스칼라함수

$$\operatorname{div} \boldsymbol{F} = P_x + Q_y + R_z$$

를 $\boldsymbol{F}$의 **발산**divergence이라 한다.

벡터장 $\boldsymbol{F}$의 발산은 다음과 같이 그래디언트와 $\boldsymbol{F}$의 내적으로도 나타낼 수 있다.

$$\operatorname{div} \boldsymbol{F} = \nabla \cdot \boldsymbol{F}$$

만일 $\boldsymbol{F}$가 어떤 유체 흐름에서 속도를 나타내는 벡터장이라면, $\operatorname{div} \boldsymbol{F}$는 단위 부피당 유체의 흐름을 나타낸다. $\operatorname{div} \boldsymbol{F}(x, y, z) > 0$이면 점 (x, y, z)의 근처에서 흘러나오는 유체가 있고, $\operatorname{div} \boldsymbol{F}(x, y, z) < 0$이면 점 (x, y, z)의 근처에서 흘러들어가는 유체가 있으며, $\operatorname{div} \boldsymbol{F}(x, y, z) = 0$이면 점 (x, y, z)의 근처에서 유체는 흘러들어가지도, 나오지도 않음을 의미한다.

예제 12-11

다음 벡터장의 발산을 구하라.

(a) $\boldsymbol{F}(x, y, z) = \langle xy^2, yz^3, zx^4 \rangle$ (b) $\boldsymbol{F}(x, y, z) = \langle x\cos y, 3x^4y, y^2z^2 \rangle$

TIP 벡터장의 성분함수를 확인하고, [정의 12-11]을 이용한다.

풀이

(a) $P(x, y, z) = xy^2$, $Q(x, y, z) = yz^3$, $R(x, y, z) = zx^4$이라 하면,

$P_x = y^2$, $Q_y = z^3$, $R_z = x^4$이므로 $\boldsymbol{F}$의 발산은

$$\operatorname{div}\boldsymbol{F} = y^2 + z^3 + x^4$$

이다.

(b) $P(x, y, z) = x\cos y$, $Q(x, y, z) = 3x^4y$, $R(x, y, z) = y^2z^2$ 이라 하면,

$P_x = \cos y$, $Q_y = 3x^4$, $R_z = 2y^2z$ 이므로 $\boldsymbol{F}$의 발산은

$$\operatorname{div}\boldsymbol{F} = \cos y + 3x^4 + 2y^2z$$

이다.

12.4 선적분

선적분의 정의

정적분 $\int_a^b f(x)\,dx$는 기본적으로 선분 형태의 구간 $[a, b]$에서 정의한다. 이 적분을 임의의 곡선에 대해 일반화한 것이 **선적분**line integral이다. 우선 곡선에 관한 몇 가지 용어를 정리해 보자.

매개변수로 정의된 곡선 $C : \begin{cases} x = f(t) \\ y = g(t) \end{cases}$, $a \le t \le b$에 대하여 $f'(t)$와 $g'(t)$가 폐구간 $[a, b]$에서 연속이고 개구간 (a, b)에서 그 값이 동시에 0이 아니면 C를 **매끄러운 곡선**smooth curve이라 한다. 이때 $f(a) = f(b)$와 $g(a) = g(b)$를 만족하면 C를 **폐곡선**closed curve이라 한다.

선적분은 평면과 공간에서 모두 정의할 수 있지만 본 교재에서는 계산의 편의성을 위하여 평면에서의 선적분만을 설명한다.

정의 12-12 선적분

$C : \begin{cases} x = f(t) \\ y = g(t) \end{cases}$, $a \le t \le b$가 평면상의 매끄러운 곡선이고 F는 C를 포함한 평면 위에 정의된 x, y에 대한 이변수함수라 하자. 또한 $x_i = f(t_i)$, $y_i = g(t_i)$ $(0 \le i \le n)$라 하자.

매끄러운 곡선 C를 $a = t_0 < t_1 < \cdots < t_n = b$에 따라 호의 길이가 $\Delta s_i (0 \le i \le n)$인 n개의 부분호로 분할하면 부분호의 x축과 y축에 해당하는 구간 길이는 각각 Δx_i, Δy_i이다. 이때 i번째 부분호에서 임의의 점 (x_i^*, y_i^*)를 선택한다.

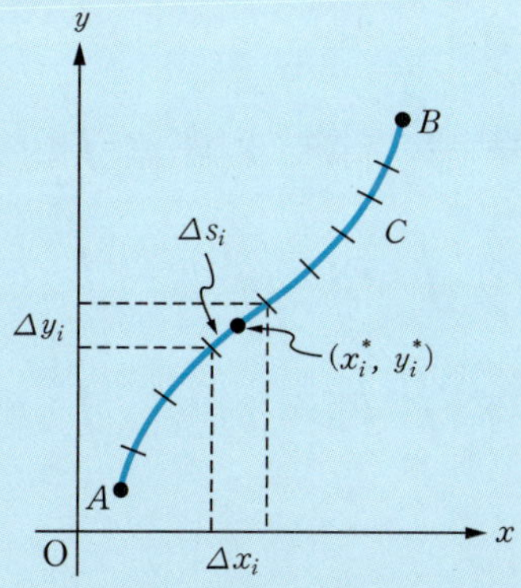

[그림 12-7] 선적분의 정의

(1) **곡선 C를 따르는 x에 대한 함수 F의 선적분**은 다음과 같다.

$$\int_C F(x, y)\,dx = \lim_{n\to\infty} \sum_{i=1}^{n} F(x_i^*, y_i^*)\Delta x_i$$

(2) **곡선 C를 따르는 y에 대한 함수 F의 선적분**은 다음과 같다.

$$\int_C F(x,\, y)\,dy = \lim_{n\to\infty} \sum_{i=1}^{n} F(x_i^*,\, y_i^*)\,\Delta y_i$$

(3) **곡선 C를 따르는 호의 길이 s에 대한 함수 F의 선적분**은 다음과 같다.

$$\int_C F(x,\, y)\,ds = \lim_{n\to\infty} \sum_{i=1}^{n} F(x_i^*,\, y_i^*)\,\Delta s_i$$

곡선에 따른 선적분 방법

선적분은 적분 경로인 매끄러운 곡선 C에 따라 적분 방법이 달라진다.

■ C가 매개변수로 정의될 때의 선적분

C가 매개변수로 정의될 때 선적분의 계산 방법은 다음과 같다.

정리 12-3 선적분 계산 방법 : 매개변수로 정의된 매끄러운 곡선

C가 $\begin{cases} x = f(t) \\ y = g(t) \end{cases}$, $a \le t \le b$로 정의된 매끄러운 곡선이면 선적분은 다음과 같이 계산한다.

(1) $\displaystyle\int_C F(x,\, y)\,dx = \int_a^b F(f(t),\, g(t))f'(t)\,dt$

(2) $\displaystyle\int_C F(x,\, y)\,dy = \int_a^b F(f(t),\, g(t))g'(t)\,dt$

(3) $\displaystyle\int_C F(x,\, y)\,ds = \int_a^b F(f(t),\, g(t))\sqrt{(f'(t))^2 + (g'(t))^2}\,dt$

예제 12-12

곡선 C가 $\begin{cases} x = t \\ y = t^2 \end{cases}$, $0 \le t \le 1$일 때, 다음 선적분을 구하라.

(a) $\displaystyle\int_C (x+y)\,dx$ (b) $\displaystyle\int_C (x+y)\,dy$ (c) $\displaystyle\int_C x\,ds$

TIP 선적분의 적분 변수를 확인하고, [정리 12-3]의 매개변수로 정의된 매끄러운 곡선에 대한 선적분 계산 방법을 이용한다.

풀이

(a) [정리 12-3]의 (1)을 이용하면 $f(t)=t,\ g(t)=t^2$이라 할 때 $f'(t)=1$이므로

$$\int_C (x+y)\,dx = \int_0^1 (t+t^2)\,dt = \frac{1}{2}+\frac{1}{3}=\frac{5}{6}$$

이다.

(b) [정리 12-3]의 (2)를 이용하면 $f(t)=t,\ g(t)=t^2$이라 할 때 $g'(t)=2t$이므로

$$\int_C (x+y)\,dy = \int_0^1 (t+t^2)(2t)\,dt = \int_0^1 (2t^2+2t^3)\,dt = \frac{2}{3}+\frac{1}{2}=\frac{7}{6}$$

이다.

(c) [정리 12-3]의 (3)을 이용하면 $f(t)=t,\ g(t)=t^2$이라 할 때 $f'(t)=1,\ g'(t)=2t$이므로

$$\int_C x\,ds = \int_0^1 t\sqrt{1+4t^2}\,dt$$

이다. 이때 $1+4t^2=u$로 치환하면 $du=8t\,dt$이다. 따라서

$$\int_0^1 t\sqrt{1+4t^2}\,dt = \frac{1}{8}\int_1^5 \sqrt{u}\,du = \frac{1}{12}(5\sqrt{5}-1)$$

이다.

■ C가 양함수로 정의될 때의 선적분

C가 양함수 $y=f(x)$로 정의될 때 선적분의 계산 방법은 다음과 같다.

정리 12-4 선적분 계산 방법 : 양함수로 정의된 매끄러운 곡선

C가 양함수 $y=f(x)$, $a\le x\le b$로 정의된 매끄러운 곡선이면 선적분은 다음과 같이 계산한다.

(1) $\displaystyle\int_C F(x,\ y)\,dx = \int_a^b F(x,\ f(x))\,dx$

(2) $\displaystyle\int_C F(x,\ y)\,dy = \int_a^b F(x,\ f(x))f'(x)\,dx$

(3) $\displaystyle\int_C F(x,\ y)\,ds = \int_a^b F(x,\ f(x))\sqrt{1+(f'(x))^2}\,dx$

복잡한 선적분을 간단히 표현하기 위하여 $\int_C P(x, y)dx + \int_C Q(x, y)dy$ 는 $\int_C P(x, y)dx + Q(x, y)dy$ 또는 $\int_C Pdx + Qdy$로 나타낸다.

예제 12-13

세 곡선 C_1, C_2, C_3에 대하여 다음 선적분을 구하라.

(a) C_1이 $y = x$, $0 \le x \le 1$일 때, $\int_{C_1} xy\,dx + x^3 dy$

(b) C_2가 $y = x^2$, $-1 \le x \le 1$일 때, $\int_{C_2} x^2 y\,dx + xy^2 dy$

(c) C_3가 $y = x$, $0 \le x \le 2$일 때, $\int_{C_3} x^2 y^3 ds$

TIP [정리 12-4]의 양함수로 정의된 매끄러운 곡선에 대한 선적분 계산 방법을 이용한다.

풀이

(a) [정리 12-4]의 (1)을 이용하면 $y = f(x) = x$이므로

$$\int_{C_1} xy\,dx + x^3 dy = \int_0^1 x^2 dx + x^3 dx = \int_0^1 (x^2 + x^3)\,dx = \frac{1}{3} + \frac{1}{4} = \frac{7}{12}$$

이다.

(b) [정리 12-4]의 (2)를 이용하면 $y = f(x) = x^2$이고 $f'(x) = 2x$이므로

$$\int_{C_2} x^2 y\,dx + xy^2 dy = \int_{C_2} x^4 dx + x \cdot x^4 \cdot (2x)\,dx = \int_{-1}^1 (x^4 + 2x^6)\,dx = \frac{2}{5} + \frac{4}{7} = \frac{34}{35}$$

이다.

(c) [정리 12-4]의 (3)을 이용하면 $y = f(x) = x$이고 $f'(x) = 1$이므로

$$\int_{C_3} x^2 y^3 ds = \int_{C_3} x^5 \sqrt{1 + 1^2}\,dx = \int_0^2 \sqrt{2}\,x^5 dx = \frac{32\sqrt{2}}{3}$$

이다.

■ C가 폐곡선일 때의 선적분

C가 폐곡선일 때의 선적분 $\int_C Pdx + Qdy$는 $\oint_C Pdx + Qdy$로 나타낸다.

예제 12-14

폐곡선 C가 $\begin{cases} x = \cos t \\ y = \sin t \end{cases}$, $0 \le t \le 2\pi$일 때, 다음 선적분을 구하라.

(a) $\oint_C 1\,dx$　　　　(b) $\oint_C x\,dy$

TIP 폐곡선에 대한 선적분은 일반적인 매끄러운 곡선에 대한 선적분과 같은 방법으로 구한다.

풀이

(a) $\oint_C 1\,dx = \int_0^{2\pi} (-\sin t)\,dt = \cos t\Big|_0^{2\pi} = 0$

(b) $\cos^2 t = \dfrac{1+\cos 2t}{2}$이므로

$$\begin{aligned}\oint_C x\,dy &= \int_0^{2\pi} \cos t \cos t\,dt = \int_0^{2\pi} \cos^2 t\,dt = \int_0^{2\pi} \frac{1+\cos 2t}{2}\,dt \\ &= \left(\frac{t}{2} + \frac{1}{4}\sin 2t\right)\Big|_0^{2\pi} = \pi\end{aligned}$$

이다.

선적분의 물리적 의미

매끄러운 곡선 C가 $C: \boldsymbol{r}(t) = \langle f(t), g(t) \rangle$, $\begin{cases} x = f(t) \\ y = g(t) \end{cases}$, $a \le t \le b$일 때 벡터장을 $\boldsymbol{F}(x, y) = \langle P(x, y), Q(x, y) \rangle$라 하자. C를 따라 $\boldsymbol{F}(x, y)$가 한 일 W는 다음과 같이 정의한다.

$$\begin{aligned}W &= \int_C P(x, y)\,dx + Q(x, y)\,dy \\ &= \int_C \boldsymbol{F} \cdot d\boldsymbol{r} = \int_C \boldsymbol{F} \cdot \boldsymbol{r}'(t)\,dt\end{aligned}$$

이때 $\boldsymbol{r}(t) = \langle f(t), g(t) \rangle$에서 $\dfrac{d\boldsymbol{r}}{dt} = \left\langle \dfrac{dx}{dt}, \dfrac{dy}{dt} \right\rangle$이므로 $d\boldsymbol{r} = \langle dx, dy \rangle$이다. 따라서

$$\begin{aligned}\boldsymbol{F} \cdot d\boldsymbol{r} &= \langle P(x, y), Q(x, y) \rangle \cdot \langle dx, dy \rangle \\ &= P(x, y)\,dx + Q(x, y)\,dy\end{aligned}$$

이므로 위의 W에 대한 공식이 성립함을 알 수 있다.

예제 12-15

곡선 C가 $\boldsymbol{r}(t)=\langle \cos t,\ \sin t\rangle$, $0\le t\le \pi$일 때, C를 따라 $\boldsymbol{F}$가 한 일을 구하라.

(a) $\boldsymbol{F}=\langle x,\ y\rangle$ (b) $\boldsymbol{F}=\langle y,\ x\rangle$

(c) $\boldsymbol{F}=\langle 1,\ 2\rangle$ (d) $\boldsymbol{F}=\langle 2,\ 1\rangle$

TIP $W=\int_C \boldsymbol{F}\cdot d\boldsymbol{r}=\int_C \boldsymbol{F}\cdot \boldsymbol{r}'(t)\,dt$를 이용하여 C를 따라 $\boldsymbol{F}$가 한 일을 구한다.

풀이

$x=f(t)=\cos t$, $y=g(t)=\sin t$이다.

(a) $$W=\int_C \boldsymbol{F}\cdot d\boldsymbol{r}=\int_C \langle x,\ y\rangle\cdot\langle -\sin t,\ \cos t\rangle\,dt$$
$$=\int_0^{\pi}(-\cos t\sin t+\sin t\cos t)\,dt=\int_0^{\pi}0\,dt=0$$

(b) $\cos^2 t+\sin^2 t=1$ 이고 $\sin^2 t=\dfrac{1-\cos 2t}{2}$ 이므로

$$W=\int_C \boldsymbol{F}\cdot d\boldsymbol{r}=\int_C \langle y,\ x\rangle\cdot\langle -\sin t,\ \cos t\rangle\,dt$$
$$=\int_0^{\pi}(-\sin^2 t+\cos^2 t)\,dt=\int_0^{\pi}(1-2\sin^2 t)\,dt$$
$$=\int_0^{\pi}\left(1-2\cdot\frac{1-\cos 2t}{2}\right)dt=\int_0^{\pi}\cos 2t\,dt=0$$

이다.

(c) $$W=\int_C \boldsymbol{F}\cdot d\boldsymbol{r}=\int_C \langle 1,\ 2\rangle\cdot\langle -\sin t,\ \cos t\rangle dt$$
$$=\int_0^{\pi}(-\sin t+2\cos t)\,dt=(\cos t+2\sin t)\Big|_0^{\pi}=-2$$

(d) $$W=\int_C \boldsymbol{F}\cdot d\boldsymbol{r}=\int_C \langle 2,\ 1\rangle\cdot\langle -\sin t,\ \cos t\rangle dt$$
$$=\int_0^{\pi}(-2\sin t+\cos t)\,dt=(2\cos t+\sin t)\Big|_0^{\pi}=-4$$

12.5 공학 문제

포탄의 궤적

대포에서 발사된 포탄은 포물선 궤도를 따라 비행한다. 예를 들어 단거리용 대포를 쏘면 대포에서 발사된 포탄은 수평 방향으로는 힘을 받지 않고 수직 아래 방향으로는 중력을 받으며 운동하므로 포탄의 가속도벡터는 다음과 같이 나타낸다. 여기서 g는 중력 가속도이다.

$$\boldsymbol{a}(t) = \langle 0, -g \rangle$$

예제 12-16

오른쪽 그림과 같이 초기 위치 $\boldsymbol{r}(0) = \langle 0, r_0 \rangle$에서 초기 속도 $\boldsymbol{v}(0) = \langle v_0 \cos\theta, v_0 \sin\theta \rangle$로 단거리용 대포를 쏘았을 때 이 대포에서 발사된 포탄의 궤적을 구하라.

TIP 중력 가속도에 대한 포탄의 가속도벡터를 두 번 적분하여 포탄의 궤적, 즉 위치벡터를 구한다.

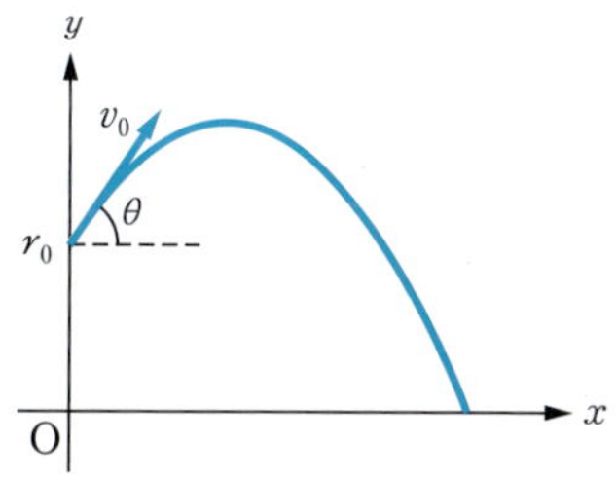

풀이

단거리용 대포에서 발사된 포탄의 가속도벡터는 중력 가속도 g를 이용하여 다음과 같이 설명한다.

$$\boldsymbol{a}(t) = \langle 0, -g \rangle$$

따라서 시각 t에서 포탄의 속도벡터는

$$\boldsymbol{v}(t) = \int_0^t \boldsymbol{a}(t)\,dt = \langle C_1, -gt + C_2 \rangle$$

이다. 이때 $\boldsymbol{v}(0) = \langle v_0 \cos\theta, v_0 \sin\theta \rangle$이므로 포탄의 속도벡터는

$$\boldsymbol{v}(t) = \langle v_0 \cos\theta, -gt + v_0 \sin\theta \rangle$$

이다. 위 식을 다시 적분하여 시각 t에서 포탄의 위치벡터를 구하면

$$\boldsymbol{r}(t) = \int_0^t \boldsymbol{v}(t)\,dt = \left\langle (v_0 \cos\theta)t + C_1, -\frac{1}{2}gt^2 + (v_0 \sin\theta)t + C_2 \right\rangle$$

이다. 이때 $\boldsymbol{r}(0) = \langle 0, r_0 \rangle$이므로 포탄의 위치벡터, 즉 포탄의 궤적은

$$\boldsymbol{r}(t) = \left\langle (v_0 \cos\theta)t, -\frac{1}{2}gt^2 + (v_0 \sin\theta)t + r_0 \right\rangle$$

이다.

선형 물체의 질량

앞서 10장에서는 선밀도를 가늘고 긴 선형 물체의 단위 길이당 질량으로 정의하였고, 이 관계에 따라 정적분 공식을 이용하여 선형 물체의 질량을 구했다. 이번에는 선적분을 이용하여 구하는 방법을 알아본다. x, y의 매개변수로 표현되는 어떤 선형 물체 C의 밀도가 $\rho(x,\ y)$라 할 때, 이 선형 물체의 질량은 다음과 같이 구할 수 있다.

$$M = \int_C \rho(x,\ y)\,ds$$

예제 12-17

원 $x = 1 + \cos t$, $y = \sin t$, $0 \le t \le 2\pi$의 형태인 어떤 선 위의 점 P에서의 밀도가 x축으로부터의 거리에 정비례한다고 할 때, 이 선의 질량을 구하라.

TIP $M = \int_C \rho(x,\ y)\,ds$를 이용하여 구한다.

풀이

선밀도가 x축으로부터의 거리에 정비례하므로, k를 비례상수라 할 때 $\rho = kx$로 나타낼 수 있다. 따라서 선의 질량 M은

$$\begin{aligned} M &= \oint_C \rho\,ds = \int_0^{2\pi} kx\,ds = k\int_0^{2\pi} (1+\cos t)\sqrt{\sin^2 t + \cos^2 t}\,dt \\ &= k\int_0^{2\pi} (1+\cos t)\,dt = k(t+\sin t)\Big|_0^{2\pi} = 2k\pi \end{aligned}$$

이다.

코일 용수철의 관성 모멘트

코일 용수철coil spring이 [그림 12-8]과 같이 원나선 모양의 곡선 C를 따라 놓여 있고, C가 벡터함수 $\boldsymbol{r}(t)$로 표현되면 용수철의 밀도 ρ에 대하여 각 좌표축에 대한 **관성 모멘트**[3]는 다음과 같이 정의한다.

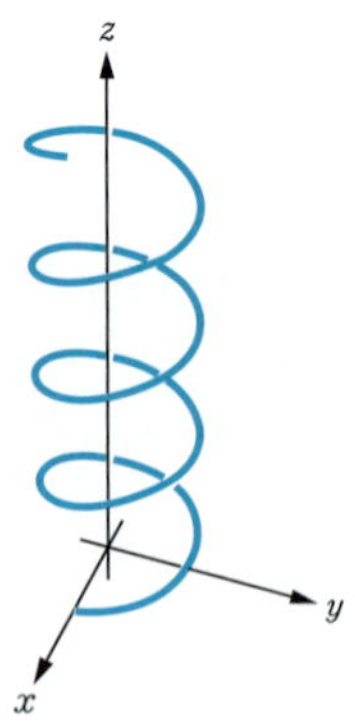

[그림 12-8] 원나선 모양의 코일 용수철

3 관성 모멘트는 I로 표시하며 단위는 kg · m²이다.

$$I_x = \int_C (y^2 + z^2)\rho\, ds$$
$$I_y = \int_C (x^2 + z^2)\rho\, ds$$
$$I_z = \int_C (x^2 + y^2)\rho\, ds$$

예제 12-18

코일 용수철이 나선

$$C: \ \boldsymbol{r}(t) = \langle \cos t, \sin t, t \rangle, \ 0 \le t \le 2\pi$$

를 따라 놓여 있고 밀도가 $\rho = 1$로 일정할 때, z축에 대한 용수철의 관성 모멘트를 소수점 아래 둘째 자리까지의 근삿값으로 나타내라.

TIP $I_z = \int_C (x^2 + y^2)\rho\, ds$에 $\rho = 1$을 대입하여 구한다.

풀이

[정리 12-3]의 두 변수에 대한 선적분 계산 방법을 세 변수에 대해서도 그대로 적용한다. $x = \cos t$, $y = \sin t$, $z = t$이므로,

$$\begin{aligned} I_z &= \int_C (x^2 + y^2)\rho\, ds \\ &= \int_0^{2\pi} (\cos^2 t + \sin^2 t)\sqrt{(-\sin t)^2 + (\cos t)^2 + 1^2}\, dt \\ &= \sqrt{2}\int_0^{2\pi} 1\, dt = 2\sqrt{2}\,\pi \end{aligned}$$

위에서 구한 값을 소수점 아래 둘째 자리까지의 근삿값으로 나타내면 $2\sqrt{2}\,\pi \approx 8.89\,\mathrm{kg\cdot m^2}$이다.

보존장

역학적 에너지는 물체의 운동 에너지와 위치 에너지를 합한 것이다. 공기 저항이나 마찰이 없는 경우 역학적 에너지는 일정하게 보존된다. 즉 위치 에너지가 증가하면 운동 에너지는 감소하고, 운동 에너지가 증가하면 위치 에너지는 감소한다. 이렇게 역학적 에너지가 보존되는 벡터장을 **보존장**conservative field이라고 한다. 만약 어떤 벡터장 $\boldsymbol{F}$가 보존장이면, 벡터장에 있는 두 지점 사이에서 어떤 경로(곡선)를 선택하더라도 그 곡선을 따르는 선적분 결과는 동일하다.

즉, [그림 12-9]의 보존장에서 A와 B를 연결하는 곡선 C_1, C_2, C_3를 따르는 선적분에 대해 다음이 성립한다.

$$\int_{C_1} \boldsymbol{F} \cdot d\boldsymbol{r} = \int_{C_2} \boldsymbol{F} \cdot d\boldsymbol{r} = \int_{C_3} \boldsymbol{F} \cdot d\boldsymbol{r}$$

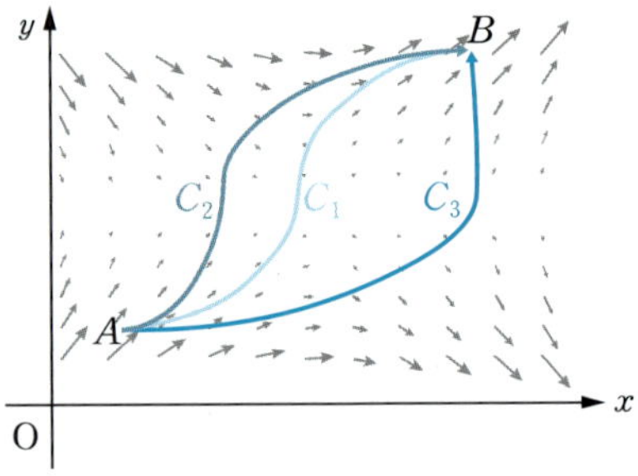

[그림 12-9] **벡터장에서 시작점과 끝점이 같은 세 곡선 C_1, C_2, C_3**

예제 12-19

$a > 0$이고 $\boldsymbol{F} = \langle x^2, y^2 \rangle$일 때, 다음 선적분을 구하라.

(a) $C_1 : \boldsymbol{r}(t) = \langle t, 0 \rangle$, $-a \le t \le a$일 때, $\int_{C_1} \boldsymbol{F} \cdot d\boldsymbol{r}$

(b) $C_2 : \boldsymbol{r}(t) = \langle -a\cos t, -a\sin t \rangle$, $0 \le t \le \pi$일 때, $\int_{C_2} \boldsymbol{F} \cdot d\boldsymbol{r}$

TIP $\int_C \boldsymbol{F} \cdot d\boldsymbol{r} = \int_C \boldsymbol{F} \cdot \boldsymbol{r}'(t)\,dt$를 이용하여 계산한다.

풀이

(a) $\boldsymbol{F} = \langle x^2, y^2 \rangle = \langle t^2, 0 \rangle$이고 $\boldsymbol{r}'(t) = \langle 1, 0 \rangle$이므로

$$\int_{C_1} \boldsymbol{F} \cdot d\boldsymbol{r} = \int_{C_1} \boldsymbol{F} \cdot \boldsymbol{r}'(t)\,dt = \int_{-a}^{a} t^2\,dt = \left.\frac{t^3}{3}\right|_{-a}^{a} = \frac{2}{3}a^3$$

이다.

(b) $\boldsymbol{F} = \langle x^2, y^2 \rangle = \langle a^2\cos^2 t, a^2\sin^2 t \rangle$이고 $\boldsymbol{r}'(t) = \langle a\sin t, -a\cos t \rangle$이므로

$$\int_{C_2} \boldsymbol{F} \cdot d\boldsymbol{r} = \int_{C_2} \boldsymbol{F} \cdot \boldsymbol{r}'(t)\,dt = \int_0^{\pi} (a^3\cos^2 t\sin t - a^3\sin^2 t\cos t)\,dt$$

$$= \left.\left(-a^3\frac{\cos^3 t}{3} - a^3\frac{\sin^3 t}{3}\right)\right|_0^{\pi} = \frac{2}{3}a^3$$

이다.

Chapter 12 연습문제

12.1 다음 벡터함수의 정의역을 구하라.

(a) $\boldsymbol{r}(t) = \left\langle t^2+3,\ \dfrac{1}{t},\ \ln t^2 \right\rangle$

(b) $\boldsymbol{r}(t) = \left\langle \sqrt{t+1},\ \dfrac{1}{t+1},\ e^t \right\rangle$

(c) $\boldsymbol{r}(t) = \left\langle \dfrac{t^2}{t^2-1},\ \dfrac{t+1}{\sqrt{t+2}},\ e^{\cos t} \right\rangle$

(d) $\boldsymbol{r}(t) = \left\langle \ln(t^2+3),\ \sqrt[3]{t-1},\ \sin^2\dfrac{1}{t} \right\rangle$

12.2 다음 벡터함수의 극한을 구하라.

(a) $\boldsymbol{r}(t) = \left\langle \dfrac{t-1}{t^2-1},\ t^3-3,\ \dfrac{t+2}{t^2-4} \right\rangle$일 때, $\lim\limits_{t\to 1}\boldsymbol{r}(t)$

(b) $\boldsymbol{r}(t) = \left\langle \dfrac{t^3-8}{t-2},\ \dfrac{t-2}{\sqrt{t}-4},\ \dfrac{t+2}{t^2+4} \right\rangle$일 때, $\lim\limits_{t\to 2}\boldsymbol{r}(t)$

(c) $\boldsymbol{r}(t) = \left\langle \dfrac{1}{t},\ \dfrac{t^2+3}{e^t},\ \dfrac{\ln t}{3t+1} \right\rangle$일 때, $\lim\limits_{t\to \infty}\boldsymbol{r}(t)$

(d) $\boldsymbol{r}(t) = \left\langle \dfrac{\sin t}{t},\ \dfrac{\tan 3t}{2t},\ \dfrac{\sin t}{\cos t} \right\rangle$일 때, $\lim\limits_{t\to 0}\boldsymbol{r}(t)$

12.3 다음 벡터함수의 1계 도함수와 2계 도함수를 구하라.

(a) $\boldsymbol{r}(t) = \langle t,\ t^4,\ t^6 \rangle$

(b) $\boldsymbol{r}(t) = \langle \sqrt{t},\ \sqrt[3]{t},\ \sqrt[7]{t} \rangle$

(c) $\boldsymbol{r}(t) = \langle e^{3t},\ (4t-1)^2,\ \ln t \rangle$

(d) $\boldsymbol{r}(t) = \langle t\cos t,\ te^t,\ \sin^2 t \rangle$

12.4 다음 벡터함수의 정적분을 구하라.

(a) $\boldsymbol{r}(t) = \langle t,\ t^2,\ t \rangle$일 때, $\displaystyle\int_0^1 \boldsymbol{r}(t)\,dt$

(b) $\boldsymbol{r}(t) = \langle \sqrt{t},\ \sqrt[3]{t},\ \sqrt[4]{t} \rangle$일 때, $\displaystyle\int_0^1 \boldsymbol{r}(t)\,dt$

(c) $\boldsymbol{r}(t) = \left\langle (t-1)^3,\ te^{t^2},\ \dfrac{1}{t} \right\rangle$일 때, $\displaystyle\int_1^2 \boldsymbol{r}(t)\,dt$

(d) $\boldsymbol{r}(t) = \langle \cos t,\ \sin t,\ t \rangle$일 때, $\displaystyle\int_1^2 \boldsymbol{r}(t)\,dt$

12.5 공간에서 움직이는 물체의 위치벡터가 $\boldsymbol{r}(t)=\langle e^{2t},\ t^3-t,\ \sin(2-t)\rangle$일 때 다음을 구하라.

(a) 속도벡터　　(b) 속력　　(c) 가속도벡터

12.6 공간에서 어떤 입자가 초기 위치 $\boldsymbol{r}(0)=\langle -1,\ 0,\ 1\rangle$에서 초기 속도 $\boldsymbol{v}(0)=\langle 2,\ 1,\ -3\rangle$으로 움직이기 시작했다. 시각 t에 대하여 이 입자의 가속도벡터가 $\boldsymbol{a}(t)=\langle \sin t,\ e^t,\ t^2\rangle$일 때 다음을 구하라.

(a) 속도벡터　　(b) 위치벡터

12.7 $\boldsymbol{r}(t)=\langle t^2,\ 4t,\ 1\rangle$일 때 다음을 구하라.

(a) 단위접선벡터 $\boldsymbol{T}(t)$　　(b) 단위법선벡터 $\boldsymbol{N}(t)$

12.8 다음 스칼라함수의 기울기 벡터장을 구하라.

(a) $f(x,\ y)=x^2y^3+y^2\sin x$

(b) $f(x,\ y)=\cos(x+y)-e^{xy}$

(c) $f(x,\ y,\ z)=xy^2z^3+(x^2+y)\ln z$

(d) $f(x,\ y,\ z)=\dfrac{x^2}{y}-y^2\tan z$

12.9 다음 벡터장의 회전과 발산을 구하라.

(a) $\boldsymbol{F}(x,\ y,\ z)=\langle x^2,\ y^3,\ z^4\rangle$

(b) $\boldsymbol{F}(x,\ y,\ z)=\langle x^3y,\ ye^z,\ z^4\rangle$

(c) $\boldsymbol{F}(x,\ y,\ z)=\langle x^2-y,\ x+e^z,\ y+\ln z\rangle$

(d) $\boldsymbol{F}(x,\ y,\ z)=\langle xy^2z,\ 1,\ \sqrt{x}\,y^2\rangle$

12.10 곡선 C가 $\begin{cases} x=t \\ y=\sqrt{t} \end{cases}$, $1\le t\le 3$일 때, 다음 선적분을 구하라.

(a) $\displaystyle\int_C (x^2+y)\,dx$　　(b) $\displaystyle\int_C (x+y^2)\,dy$　　(c) $\displaystyle\int_C y\,ds$

12.11 세 곡선 C_1, C_2, C_3에 대하여 다음 선적분을 구하라.

(a) C_1이 $y = x^2$, $0 \le x \le 2$일 때, $\int_{C_1} (x^2 + 2y)\,dx + 3x^2\,dy$

(b) C_2가 $y = x^3$, $-1 \le x \le 1$일 때, $\int_{C_2} (x + y)\,dx - 2x^2y^2\,dy$

(c) C_3가 $y = x^2$, $1 \le x \le 2$일 때, $\int_{C_3} \frac{y}{x}\,ds$

12.12 C가 원 $x^2 + y^2 = 4$의 둘레일 때 다음 선적분을 구하라.

$$\oint_C (x + 2y)\,dx - 2x\,dy$$

12.13 C가 $\boldsymbol{r}(t) = \langle \sin t,\ \cos t \rangle$, $0 \le t \le \frac{\pi}{2}$일 때, 곡선 C를 따라 $\boldsymbol{F}$가 한 일을 구하라.

(a) $\boldsymbol{F} = \langle x,\ y \rangle$
(b) $\boldsymbol{F} = \langle y,\ x \rangle$
(c) $\boldsymbol{F} = \langle 1,\ 3 \rangle$
(d) $\boldsymbol{F} = \langle 2,\ -1 \rangle$

12.14 어떤 선이 반원 $x^2 + y^2 = 1$, $y \ge 0$의 형태이며 점 P에서의 밀도가 직선 $y = 1$로부터의 거리에 정비례한다고 할 때 이 선의 질량을 구하라.

12.15 점성이 없는 이상적인 가상의 유체를 이상유체ideal fluid라 한다. 원주 주위를 흐르는 이상유체의 2차원 흐름에 대한 속도벡터장은 적당한 상수 a에 대하여

$$\boldsymbol{F}(x,\ y) = a\left(1 - \frac{x^2 - y^2}{(x^2 + y^2)^2}\right)\boldsymbol{i} - \frac{2axy}{(x^2 + y^2)^2}\boldsymbol{j}$$

로 주어진다. $\operatorname{div}\boldsymbol{F}$를 구하고 그 의미를 설명하라.

12.16 곡선 C가 $\boldsymbol{r}(t) = \langle 4t,\ t + 1 \rangle$, $0 \le t \le 1$일 때, C를 따라 힘 $\boldsymbol{F}(x, y) = \langle 2,\ y - x \rangle$가 질점을 움직이는 데 한 일 $\int_C \boldsymbol{F} \cdot d\boldsymbol{r}$을 구하라.

Chapter 13
미분방정식의 기초
Basics of Differential Equation

CONTENTS

학습목표

- 미분방정식의 정의를 이해하고 다양한 방법으로 미분방정식을 분류한다.
- 미분방정식의 해의 의미를 이해하고, 초깃값 문제와 경곗값 문제를 푼다.
- 변수분리형 미분방정식과 완전 미분방정식의 풀이법을 학습한다.
- 동차 선형 미분방정식의 풀이법을 학습한다.
- 미분방정식과 관련된 공학 문제를 학습한다.

미분방정식은 공학, 물리학뿐만 아니라 경제학, 특히 금융공학 분야에서도 중요하게 사용된다. 금융공학은 금융 상품에 내재한 위험을 진단하고자 첨단 경제 이론에 고난도 수학 모델을 적용한 학문이다. 1973년에 경제학자인 피셔 블랙Fischer Black과 마이런 숄즈Myron Scholes가 옵션[1]의 가치를 계산하는 블랙-숄즈 방정식Black-Scholes equation 관련 논문을 발표하였다. 이후 경제학자들은 이 방정식을 이용하여 세계 주요 금융시장에서 옵션의 가치 평가를 엄밀히 할 수 있었으며, 이는 금융공학 분야에 혁명을 일으켰다. 옵션에 대한 가격 함수를 V, 기초 자산에 대한 변수를 S, 변동성을 σ, 무위험 이자율[2]을 r, 시간을 t라 할 때 블랙-숄즈 방정식은 다음과 같다.

$$\frac{\partial V}{\partial t} + rS\frac{\partial V}{\partial S} + \frac{1}{2}\sigma^2 S^2 \frac{\partial^2 V}{\partial S^2} = rV$$

블랙-숄즈 방정식에 대한 업적을 인정받아 숄즈와 이후 연구에 참여한 로버트 머튼Robert Merton은 1997년에 노벨 경제학상을 수상하였다. 블랙은 1995년에 사망하여 안타깝게도 수상하지 못했다.

〈출처〉 https://www.pixabay.com

1 파생상품 중 하나로, 일정한 기간 안에 미리 정해진 조건에서 특정 자산을 사고 팔 수 있는 권리를 말한다.
2 투자의 위험을 포함하지 않은 투자의 순수한 기대 수익률을 말한다.

13.1 미분방정식

미분방정식의 정의

$y=f(x)$의 1계 도함수는 $f'(x)$ 또는 y'이고, n이 자연수일 때 n계 도함수는 $f^{(n)}(x)$ 또는 $y^{(n)}$이다. 이러한 도함수를 이용하여 미분방정식을 다음과 같이 정의한다.

> **정의 13-1 미분방정식**
> 하나 이상의 도함수가 포함된 방정식을 **미분방정식**differential equation이라 한다.

예를 들어 $y'=\cos x$, $y''+7y=0$, $y''+3y'+5y=4$는 미분방정식이지만, $y^2+3y+2=0$은 방정식에 도함수가 없으므로 미분방정식이 아니다.

미분방정식의 분류

공학과 기타 응용 분야에서는 다양한 형태의 미분방정식을 사용한다. 미분방정식은 몇 가지 정해진 기준에 따라 분류한다.

■ 독립변수의 개수에 따른 미분방정식의 분류

미분방정식은 독립변수의 개수에 따라 상미분방정식과 편미분방정식으로 분류한다.

> **정의 13-2 상미분방정식**
> 독립변수가 단 하나뿐인 미분방정식을 **상미분방정식**ordinary differential equation이라 한다.

예를 들어 $\dfrac{dy}{dx}+xy^4=\cos y$는 독립변수가 x인 상미분방정식이며, $\dfrac{dx}{dt}+\dfrac{dy}{dt}=e^{xy}$은 독립변수가 t인 상미분방정식이다.

상미분방정식과 달리 편도함수를 포함하는 미분방정식, 즉 편미분방정식은 다음과 같이 정의한다.

> **정의 13-3 편미분방정식**
> 독립변수가 두 개 이상인 미분방정식을 **편미분방정식**partial differential equation이라 한다.

예를 들어 $\dfrac{\partial u}{\partial x}+\dfrac{\partial u}{\partial y}=4u^2$은 독립변수가 x, y인 편미분방정식이며, $\dfrac{\partial^2 x}{\partial s^2}=\dfrac{\partial^2 y}{\partial s\,\partial t}$는 독립변수가 s, t인 편미분방정식이다.

미분방정식에서 상미분방정식과 편미분방정식을 구분하는 기준이 되는 'd'와 '∂'의 차이는 다음과 같다.

> **정리 13-1 미분방정식에서 'd'와 '∂'의 차이점**
> (1) $\dfrac{dy}{dx}$항이 있는 미분방정식은 독립변수 x만을 갖는 상미분방정식임을 의미한다.
> (2) $\dfrac{\partial y}{\partial x}$항이 있는 미분방정식은 x 이외에 적어도 하나 이상의 독립변수를 더 갖는 편미분방정식임을 의미한다.

■ 계수에 따른 미분방정식의 분류

y를 x에 대하여 한 번 미분한 $\dfrac{dy}{dx}$는 x에 대한 y의 **1계 도함수**라 한다. 1계 도함수를 x에 대하여 한 번 더 미분하면 이를 x에 대한 y의 **2계 도함수**라 하고

$$\frac{d}{dx}\left(\frac{dy}{dx}\right)=\frac{d^2y}{dx^2} \quad \text{또는} \quad y''$$

으로 나타낸다. 같은 방법으로 n이 자연수일 때 y를 x에 대하여 n번 미분한 함수를 x에 대한 y의 ***n*계 도함수**라 하고

$$\frac{d^n y}{dx^n} \quad \text{또는} \quad y^{(n)}$$

으로 나타낸다.

예제 13-1

다음을 x에 대한 y의 n계 도함수라 할 때, n의 값을 구하라.

(a) $\dfrac{d^3y}{dx^3}$ (b) $\left(\dfrac{dy}{dx}\right)^5$ (c) $\left(\dfrac{d^2y}{dx^2}\right)^3$ (d) $\left(\dfrac{d^3y}{dx^3}\right)^4$

TIP $\left(\dfrac{d^ny}{dx^n}\right)^m$은 n계 도함수를 m번 곱한 것임을 이용한다.

풀이

(a) $\dfrac{d^3y}{dx^3}$는 3계 도함수이므로 $n=3$ 이다.

(b) $\left(\dfrac{dy}{dx}\right)^5$은 1계 도함수인 $\dfrac{dy}{dx}$를 다섯 번 곱한 것이므로 1계 도함수이다. 따라서 $n=1$이다.

(c) $\left(\dfrac{d^2y}{dx^2}\right)^3$은 2계 도함수인 $\dfrac{d^2y}{dx^2}$를 세 번 곱한 것이므로 2계 도함수이다. 따라서 $n=2$ 이다.

(d) $\left(\dfrac{d^3y}{dx^3}\right)^4$은 3계 도함수인 $\dfrac{d^3y}{dx^3}$를 네 번 곱한 것이므로 3계 도함수이다. 따라서 $n=3$ 이다.

[예제 13-1]에서 구한 n의 값은 각 도함수의 계수이다. 예를 들어 [예제 13-1(d)]의 도함수의 계수는 3이다. 2개 이상의 항으로 구성된 미분방정식의 계수는 다음과 같이 정의한다.

정의 13-4 미분방정식의 계수

미분방정식에서 각 항의 도함수의 계수 중 가장 큰 값을 그 미분방정식의 **계수**order라 한다.

[정의 13-4]에 의하여 미분방정식의 계수를 구하려면 미분방정식에서 각 항의 도함수의 계수를 확인해야 한다. 예를 들어 미분방정식 $4y''' - 5(y')^4 = 0$에서 좌변의 각 항의 도함수의 계수는 각각 3, 1이므로 이 미분방정식의 계수는 3이다.

예제 13-2

다음 미분방정식의 계수를 구하라.

(a) $\dfrac{d^4y}{dx^4}+\dfrac{dy}{dx}+3y=e^{2x}$

(b) $4\dfrac{d^2y}{dx^2}+2\left(\dfrac{dy}{dx}\right)^3-\tan x=e^x$

(c) $(y'')^4-3(y''')^2+2y=0$

(d) $x^3dy-y^4dx=0$

TIP 미분방정식에서 $\dfrac{d^n y}{dx^n}$ 또는 $y^{(n)}$의 계수는 n임을 이용한다.

풀이

(a) $\dfrac{d^4y}{dx^4}+\dfrac{dy}{dx}+3y=e^{2x}$에서 좌변에 있는 각 항의 도함수의 계수는 차례로 4, 1, 0이므로, 미분방정식의 계수는 4이다.

(b) $4\dfrac{d^2y}{dx^2}+2\left(\dfrac{dy}{dx}\right)^3-\tan x=e^x$에서 좌변에 있는 각 항의 도함수의 계수는 차례로 2, 1, 0이므로 미분방정식의 계수는 2이다.

(c) $(y'')^4-3(y''')^2+2y=0$에서 좌변에 있는 각 항의 도함수의 계수는 차례로 2, 3, 0이므로 미분방정식의 계수는 3이다.

(d) $x^3dy-y^4dx=0$의 양변을 dx로 나누면 $x^3\dfrac{dy}{dx}-y^4=0$이고, 이 식에서 좌변에 있는 각 항의 도함수의 계수는 차례로 1, 0이므로 미분방정식의 계수는 1이다.

미분방정식의 계수에 따라 [예제 13-2]의 미분방정식을 분류하면 (a), (b), (c), (d)는 각각 4계 미분방정식, 2계 미분방정식, 3계 미분방정식, 1계 미분방정식이다. 본 교재에서는 1계 미분방정식과 2계 미분방정식의 풀이법만을 다룬다.

■ 차수에 따른 미분방정식의 분류

미분방정식의 차수는 다음과 같이 정의한다.

정의 13-5 미분방정식의 차수

주어진 미분방정식에서 계수를 결정하는 도함수의 거듭제곱 횟수를 그 미분방정식의 **차수**degree라 한다.

[정의 13-5]에 의하여 미분방정식의 차수를 구하려면 우선 미분방정식의 계수를 결정하는 항을 찾은 후 그 항이 몇 번 곱해졌는가를 확인해야 한다. 예를 들어 미분방정식 $\left(\frac{d^2y}{dx^2}\right)^3 + \left(\frac{dy}{dx}\right)^4 + 5y = 0$의 계수와 차수를 구해보자. 좌변에 있는 각 항의 도함수의 계수는 차례로 2, 1, 0이므로 미분방정식의 계수는 2이고, 계수를 결정하는 항은 $\left(\frac{d^2y}{dx^2}\right)^3$이므로 미분방정식의 차수는 3이다.

예제 13-3

다음 미분방정식의 차수를 구하라.

(a) $\frac{d^4y}{dx^4} + \left(\frac{dy}{dx}\right)^3 + xy = 0$

(b) $\left(\frac{d^2y}{dx^2}\right)^3 - \left(\frac{dy}{dx}\right)^5 + x^2 = y^2$

(c) $\left(\frac{d^6y}{dx^6}\right)^2 = \left(\frac{dy}{dx}\right)^3 + 2$

(d) $(y''')^4 = (1 + y'')^3$

TIP 미분방정식의 계수를 결정하는 항을 찾은 후 차수를 구한다.

풀이

(a) $\frac{d^4y}{dx^4} + \left(\frac{dy}{dx}\right)^3 + xy = 0$에서 계수를 결정하는 항은 $\left(\frac{d^4y}{dx^4}\right)^1$이므로, 미분방정식의 차수는 1이다.

(b) $\left(\frac{d^2y}{dx^2}\right)^3 - \left(\frac{dy}{dx}\right)^5 + x^2 = y^2$에서 계수를 결정하는 항은 $\left(\frac{d^2y}{dx^2}\right)^3$이므로, 미분방정식의 차수는 3이다.

(c) $\left(\frac{d^6y}{dx^6}\right)^2 = \left(\frac{dy}{dx}\right)^3 + 2$에서 계수를 결정하는 항은 $\left(\frac{d^6y}{dx^6}\right)^2$이므로, 미분방정식의 차수는 2이다.

(d) $(y''')^4 = (1 + y'')^3$에서 계수를 결정하는 항은 $(y''')^4$이므로, 미분방정식의 차수는 4이다.

[예제 13-3]의 미분방정식을 계수와 차수를 이용하여 분류하면 (a), (b), (c), (d)는 각각 4계 1차 미분방정식, 2계 3차 미분방정식, 6계 2차 미분방정식, 3계 4차 미분방정식이다.

■ 선형성에 따른 미분방정식의 분류

n이 자연수일 때 미분방정식의 가장 일반적인 형태는 다음과 같다.

$$a_n(x)\frac{d^ny}{dx^n} + a_{n-1}(x)\frac{d^{n-1}y}{dx^{n-1}} + \cdots + a_1(x)\frac{dy}{dx} + a_0(x)y = f(x)$$

이때 $a_0(x)$, $a_1(x)$, $\cdots$, $a_n(x)$를 이용하여 미분방정식을 분류할 수 있다.

정의 13-6 선형 미분방정식

미분방정식

$$a_n(x)\frac{d^n y}{dx^n}+a_{n-1}(x)\frac{d^{n-1}y}{dx^{n-1}}+\cdots+a_1(x)\frac{dy}{dx}+a_0(x)y=f(x)$$

가 다음 두 조건을 모두 만족하면 주어진 미분방정식을 **선형 미분방정식** linear differential equation 이라 한다.

(1) $a_n(x)$, $a_{n-1}(x)$, $\cdots$, $a_1(x)$, $a_0(x)$, $f(x)$가 모두 x만의 함수이다.

(2) y와 도함수 y', y'', $\cdots$, $y^{(n)}$의 차수가 모두 1이다.

만일 [정의 13-6]의 두 조건 중 어느 하나라도 만족하지 않으면 주어진 미분방정식을 **비선형 미분방정식** nonlinear differential equation 이라 한다.

예제 13-4

다음 미분방정식이 선형인지 비선형인지 판정하라.

(a) $y'''+4y=x^2$

(b) $y''+\sin y=0$

(c) $x^4y'''+3xy''-y'+xy=\sin x$

(d) $y''-2(y')^2=1$

TIP 주어진 미분방정식이 [정의 13-6]의 두 조건을 모두 만족해야 선형 미분방정식이다.

풀이

(a) 선형 미분방정식의 두 조건을 모두 만족하므로 $y'''+4y=x^2$은 선형 미분방정식이다.

(b) $\sin y$ 항이 선형 미분방정식의 첫 번째 조건을 만족하지 않으므로 $y''+\sin y=0$은 비선형 미분방정식이다.

(c) 선형 미분방정식의 두 조건을 모두 만족하므로 $x^4y'''+3xy''-y'+xy=\sin x$는 선형 미분방정식이다.

(d) $-2(y')^2$항이 선형 미분방정식의 두 번째 조건을 만족하지 않으므로 $y''-2(y')^2=1$은 비선형 미분방정식이다.

13.2 미분방정식의 해

미분방정식의 해

미분방정식의 해는 다음과 같이 정의한다.

정의 13-7 미분방정식의 해

구간 I에서 연속인 도함수를 갖는 함수 f에 대하여 f를 미분방정식에 대입하였을 때 미분방정식의 등식이 성립하면, f를 구간 I에서 **미분방정식의 해**solution라 한다.

예를 들어 $y=f(x)=x^2+x$일 때 $y'=2x+1$이다. 미분방정식 $xy'=x^2+y$에 $y'=2x+1$을 대입하면

$$xy'=x(2x+1)=2x^2+x=x^2+(x^2+x)=x^2+y$$

이므로 $y=x^2+x$는 미분방정식 $xy'=x^2+y$의 해이다. 반면에 $y=f(x)=\cos x$일 때 $y'=-\sin x$이고, 미분방정식 $y'+\sin x+1=0$에 $y'=-\sin x$를 대입하면

$$y'+\sin x+1=-\sin x+\sin x+1=1\neq 0$$

이므로 $y=\cos x$는 미분방정식 $y'+\sin x+1=0$의 해가 아니다.

예제 13-5

주어진 함수 f가 미분방정식의 해임을 증명하라.

(a) $\dfrac{dy}{dx}-y-e^x=0;\ y=f(x)=xe^x$　　(b) $\dfrac{d^2y}{dx^2}+4y=0;\ y=f(x)=\sin 2x$

TIP 주어진 함수 f를 미분방정식에 대입하여 등식이 성립하는지 확인한다.

풀이

(a) $y=xe^x$일 때 $\dfrac{dy}{dx}=e^x+xe^x$이다. 미분방정식 $\dfrac{dy}{dx}-y-e^x=0$에 $\dfrac{dy}{dx}=e^x+xe^x$을 대입하면

$$\frac{dy}{dx}-y-e^x=(e^x+xe^x)-xe^x-e^x=0$$

이므로 $y=xe^x$은 주어진 미분방정식의 해이다.

(b) $y=\sin 2x$일 때 $\dfrac{dy}{dx}=2\cos 2x$이고 $\dfrac{d^2y}{dx^2}=-4\sin 2x$이다. 미분방정식 $\dfrac{d^2y}{dx^2}+4y=0$에 $\dfrac{d^2y}{dx^2}=-4\sin 2x$를 대입하면

$$\frac{d^2y}{dx^2}+4y=(-4\sin 2x)+4\sin 2x=0$$

이므로 $y=\sin 2x$는 주어진 미분방정식의 해이다.

■ 자명한 해와 비자명한 해

미분방정식의 해는 다음과 같이 자명한 해와 비자명한 해로 구분한다.

정의 13-8 자명한 해와 비자명한 해

(1) 구간 I에서 상수함수 $y=0$이 미분방정식의 해가 되면, $y=0$을 미분방정식의 **자명한 해**trivial solution라 한다.

(2) 미분방정식의 자명한 해 $y=0$이 아닌 해를 미분방정식의 **비자명한 해**nontrivial solution라 한다.

예를 들어 상수함수 $y=0$은 $y'-y=0$의 해이므로 미분방정식 $y'-y=0$은 자명한 해를 갖는다. 또한 미분방정식 $y'-y=0$은 자명한 해 $y=0$ 이외에 $y=e^x$을 해로 가지며 $y=e^x$은 미분방정식 $y'-y=0$의 비자명한 해이다.

■ 일반해와 특수해

미분방정식의 해는 다음과 같이 일반해와 특수해로 구분하여 정의한다.

정의 13-9 일반해와 특수해

(1) 임의의 상수 c를 포함하는 미분방정식의 해를 그 미분방정식의 **일반해**general solution라 한다.

(2) 임의의 상수 c를 포함하지 않는 미분방정식의 해를 그 미분방정식의 **특수해**particular solution라 한다.

예를 들어 c가 임의의 상수일 때, $y = c\sin x$를 $y'' + y = 0$에 대입하면 등식이 성립하므로 $y = c\sin x$는 미분방정식 $y'' + y = 0$의 일반해이다. $c = 2$라고 하면 $y = 2\sin x$도 $y'' + y = 0$에 대입할 때 등식이 성립하므로 $y = 2\sin x$는 미분방정식 $y'' + y = 0$의 해이고 임의의 상수 c를 포함하지 않으므로 특수해이다.

예제 13-6

c가 임의의 상수일 때, 주어진 함수 f가 미분방정식의 일반해임을 증명하라.

(a) $\dfrac{d^2y}{dx^2} + 9y = 0;\ \ y = f(x) = c\cos 3x$ (b) $\dfrac{d^2y}{dx^2} - 4\dfrac{dy}{dx} = 0;\ \ y = f(x) = ce^{4x}$

TIP 주어진 함수 f를 미분방정식에 대입하여 등식이 성립함을 보인다.

풀이

(a) $y = c\cos 3x$일 때, $\dfrac{dy}{dx} = -3c\sin 3x$이고 $\dfrac{d^2y}{dx^2} = -9c\cos 3x$이다. 따라서

$$\frac{d^2y}{dx^2} + 9y = (-9c\cos 3x) + 9c\cos 3x = 0$$

이므로 $y = c\cos 3x$는 주어진 미분방정식의 일반해이다.

(b) $y = ce^{4x}$일 때, $\dfrac{dy}{dx} = 4ce^{4x}$이고 $\dfrac{d^2y}{dx^2} = 16ce^{4x}$이다. 따라서

$$\frac{d^2y}{dx^2} - 4\frac{dy}{dx} = (16ce^{4x}) - 4(4ce^{4x}) = 0$$

이므로 $y = ce^{4x}$은 주어진 미분방정식의 일반해이다.

초깃값 문제와 경곗값 문제

미분방정식은 조건에 따라서 초깃값 문제와 경곗값 문제로 분류할 수 있다. 이 두 문제는 일반적으로 고계 선형 미분방정식에 대하여 정의할 수 있지만 본 교재에서는 이해를 쉽게 할 수 있도록 2계 미분방정식에 대하여 정의하기로 한다.

정의 13-10 초깃값 문제와 경곗값 문제

a와 b가 서로 다른 상수이고 구간 I에 다음과 같은 2계 선형 미분방정식이 주어졌다고 하자.

$$a_2(x)\frac{d^2y}{dx^2}+a_1(x)\frac{dy}{dx}+a_0(x)y=f(x)$$

(1) $y(a)=\alpha_1$, $y'(a)=\alpha_2$와 같은 추가적인 조건을 **초기조건**initial condition이라 하고, 초기조건이 주어진 미분방정식의 해를 구하는 문제를 **초깃값 문제**initial value problem라 한다.

(2) $y(a)=\beta_1$, $y(b)=\beta_2$와 같은 추가적인 조건을 **경계조건**boundary condition이라 하고, 경계조건이 주어진 미분방정식의 해를 구하는 문제를 **경곗값 문제**boundary value problem라 한다.

초깃값 문제나 경곗값 문제를 풀 때는 미분방정식의 일반해를 구한 다음 초기조건 또는 경계조건을 사용하여 특수해를 구한다.

예제 13-7

다음 물음에 답하라.

(a) c가 임의의 상수일 때, $y=ce^{4x}$은 미분방정식 $\frac{dy}{dx}-4y=0$의 일반해이다. 이를 이용하여 초깃값 문제 $\frac{dy}{dx}-4y=0$, $y(0)=2$의 해를 구하라.

(b) c_1, c_2가 임의의 상수일 때, $y=c_1\sin 4x+c_2\cos 4x$는 미분방정식 $\frac{d^2y}{dx^2}+16y=0$의 일반해이다. 이를 이용하여 경곗값 문제 $\frac{d^2y}{dx^2}+16y=0$, $y(0)=1$, $y\left(\frac{\pi}{8}\right)=2$의 해를 구하라.

TIP 일반해에 초기조건 또는 경계조건을 대입하여 상수 c, c_1, c_2를 구한다.

풀이

(a) 일반해 $y=ce^{4x}$에 초기조건을 대입하면 $y(0)=ce^0=2$이므로 $c=2$이다. 따라서 초깃값 문제의 해는 $y=2e^{4x}$이다.

(b) 일반해 $y=c_1\sin 4x+c_2\cos 4x$에 경계조건을 대입하면

$$y(0)=c_1\sin 0+c_2\cos 0=c_2=1,\quad y\left(\frac{\pi}{8}\right)=c_1\sin\frac{\pi}{2}+c_2\cos\frac{\pi}{2}=c_1=2$$

이다. 따라서 경곗값 문제의 해는 $y=2\sin 4x+\cos 4x$이다.

13.3 완전 미분방정식

변수분리형 미분방정식

1계 미분방정식 $y' = F(x,\ y)$에서 $F(x,\ y)$가 $f(x)g(y)$ 꼴로 표현되면 1계 미분방정식이 **분리가능하다**separable 또는 **변수분리가능하다**separable variables고 한다.

예를 들어 $y' = F(x,\ y) = x^3ye^{x-y}$은 $F(x,\ y) = (x^3e^x)(ye^{-y})$ 꼴로 표현되므로 $y' = x^3ye^{x-y}$은 변수분리가능한 미분방정식이지만, $y' = G(x,\ y) = x\sin(xy)$는 $G(x, y)$를 $f(x)g(y)$ 꼴로 나타낼 수 없으므로 $y' = x\sin(xy)$는 변수분리가능하지 않은 미분방정식이다.

정의 13-11 변수분리형 미분방정식

$y' = f(x)g(y)$ 꼴로 표현되는 미분방정식을 **변수분리형**separable type **미분방정식**이라 한다.

변수분리형 1계 미분방정식은 다음 [정리 13-2]를 이용하여 풀 수 있다.

정리 13-2 변수분리형 1계 미분방정식의 풀이법

변수분리형 미분방정식 $\dfrac{dy}{dx} = f(x)g(y)$의 해는 다음과 같이 구한다.

[1단계] 주어진 미분방정식을 변형하여 양변에 각각 하나의 변수만 존재하도록 분리한다.

$$\frac{dy}{g(y)} = f(x)\,dx$$

[2단계] 변수가 분리된 식의 양변을 적분하여 해를 구한다.

$$\int \frac{dy}{g(y)} = \int f(x)\,dx$$

[정리 13-2]를 이용하여 미분방정식 $y' = 3y$ 의 해를 구해보자.

[1단계] $\dfrac{dy}{dx} = 3y$ 를 변형하면 $\dfrac{1}{y}dy = 3\,dx$ 이다.

[2단계] 양변을 적분하면 $\displaystyle\int \frac{1}{y}dy = \int 3\,dx$ 로부터

$$\ln|y| + C_1 = 3x + C_2$$

이므로 미분방정식 $y' = 3y$의 해는 $\ln|y| = 3x + C$이다. 이 식을 y에 대하여 정리하면 다음과 같다.

$$y = \pm e^{3x+C} = \pm e^{C}e^{3x} = ce^{3x}$$

예제 13-8

다음 미분방정식을 풀어라.

(a) $\dfrac{dy}{dx} = \dfrac{x^3}{y}$

(b) $(y+3)\,dx + (x-4)\,dy = 0$

TIP [정리 13-2]를 이용한다.

풀이

(a) [1단계] $\dfrac{dy}{dx} = \dfrac{x^3}{y}$ 을 변형하면 $x^3 dx = y\,dy$ 이다.

[2단계] 양변을 적분하면 $\displaystyle\int x^3 dx = \int y\,dy$ 로부터 $\dfrac{x^4}{4} + C_1 = \dfrac{y^2}{2} + C_2$ 이다. 따라서 주어진 미분방정식의 해는

$$\frac{x^4}{4} - \frac{y^2}{2} + C = 0$$

이다.

(b) [1단계] $(y+3)\,dx + (x-4)\,dy = 0$을 변형하면 $\dfrac{1}{x-4}dx = -\dfrac{1}{y+3}dy$ 이다.

[2단계] 양변을 적분하면 $\displaystyle\int \frac{1}{x-4}dx = -\int \frac{1}{y+3}dy$ 로부터 $\ln|x-4| + C_1 = -\ln|y+3| + C_2$ 이다. 따라서 주어진 미분방정식의 해는

$$\ln|x-4| + \ln|y+3| + C = 0$$

이다.

변수분리형 미분방정식으로 주어진 초깃값 문제는 앞에서 살펴봤듯이 미분방정식의 일반해를 구한 다음 일반해에 초기조건을 대입하여 특수해를 구한다.

예제 13-9

다음 미분방정식을 풀어라.

(a) $\frac{dy}{dx} = 2x, \ y(0) = 5$ (b) $(x+1)dy = x\,dx, \ y(1) = 1$

TIP 미분방정식의 일반해를 구하고 초기조건을 이용하여 적분 상수 C를 구한다.

풀이

(a) [1단계] $\frac{dy}{dx} = 2x$를 변형하면 $dy = 2x\,dx$이다.

[2단계] 양변을 적분하면 $\int dy = \int 2x\,dx$로부터 $y = x^2 + C$이다. 이 식에 초기조건 $y(0) = 5$를 대입하면 $C = 5$이다. 따라서 주어진 미분방정식의 해는

$$y = x^2 + 5$$

이다.

(b) [1단계] $(x+1)dy = x\,dx$를 변형하면 $dy = \frac{x}{x+1}dx$이다.

[2단계] 양변을 적분하면 $\int dy = \int \frac{x}{x+1}dx$로부터 $y = x - \ln|x+1| + C$이다. 이 식에 초기조건 $y(1) = 1$을 대입하면 $1 = 1 - \ln 2 + C$이므로 $C = \ln 2$이다. 따라서 주어진 미분방정식의 해는

$$y = x - \ln|x+1| + \ln 2$$

이다.

완전 미분방정식

다음 미분방정식을 살펴보자.

$$dz = \frac{\partial z}{\partial x}dx + \frac{\partial z}{\partial y}dy$$

위 미분방정식은 11장에서 학습한 이변수함수 $z = f(x, y)$의 전미분 dz를 나타낸다. 만일 z가 상수함수, 즉 $z = f(x, y) = c$라면 $dz = 0$이 되어 위 미분방정식은

$$\frac{\partial z}{\partial x}dx + \frac{\partial z}{\partial y}dy = 0$$

으로 표현된다. 이때 위 미분방정식의 양변을 적분하여 미분방정식의 해를 구할 수 있다. 이와 같은 내용을 바탕으로 완전 미분방정식을 정의해보자.

정의 13-12 완전 미분방정식

$M(x, y)\,dx + N(x, y)\,dy$가 이변수함수 $z = f(x, y)$의 전미분일 때, $M(x, y)\,dx + N(x, y)\,dy$를 **완전 미분**exact differential이라 하고

$$M(x, y)\,dx + N(x, y)\,dy = 0$$

을 **완전 미분방정식**exact differential equation이라 한다.

예를 들어 $z = f(x, y) = xy^3$일 때, $d(xy^3) = y^3\,dx + 3xy^2\,dy$이므로 $y^3\,dx + 3xy^2\,dy = 0$은 완전 미분방정식이다. 다음 정리는 주어진 미분방정식이 완전 미분방정식인지를 판정하는 데 유용하게 사용된다.

정리 13-3 완전 미분방정식 판정법

1계 편도함수가 연속인 두 함수 $M(x, y)$, $N(x, y)$에 대하여

$$M(x, y)\,dx + N(x, y)\,dy = 0$$

이 완전 미분방정식이 되기 위한 필요충분조건은

$$\frac{\partial M}{\partial y} = \frac{\partial N}{\partial x}$$

이다.

[정리 13-3]을 이용하여 완전 미분방정식임을 확인한 후, [정리 13-4]를 이용하여 완전 미분방정식의 해를 구한다.

정리 13-4 완전 미분방정식 풀이법

완전 미분방정식 $M(x, y)\,dx + N(x, y)\,dy = 0$의 해를 $f(x, y)$라 하자.

[1단계] 주어진 미분방정식이 완전 미분방정식이므로 M, N을 다음과 같이 놓는다.

$$M = \frac{\partial f(x, y)}{\partial x}, \quad N = \frac{\partial f(x, y)}{\partial y}$$

[2단계] $M = \dfrac{\partial f(x, y)}{\partial x}$의 양변을 x에 대하여 적분하여 $f(x, y)$를 구한다. 이때 적분 상수는 $g(y)$로 둔다.

[3단계] $N = \dfrac{\partial f(x, y)}{\partial y}$의 양변을 y에 대하여 적분하여 $f(x, y)$를 구한다. 이때 적분 상수는 $h(x)$로 둔다.

[4단계] [2단계]와 [3단계]에서 구한 $f(x, y)$가 같음을 이용해 $g(y)$ 또는 $h(x)$를 구하여 완전 미분방정식의 해를 얻는다.

[정리 13-4]를 이용하여 미분방정식 $(xy+3)dx + \left(\dfrac{1}{2}x^2 - 2\right)dy = 0$의 해 $f(x, y)$를 구해보자.

[1단계] $M = xy+3$, $N = \dfrac{1}{2}x^2 - 2$라 하면 $\dfrac{\partial M}{\partial y} = x = \dfrac{\partial N}{\partial x}$이므로 주어진 미분방정식은 완전 미분방정식이다. 따라서

$$M = \frac{\partial f(x, y)}{\partial x} = xy+3, \quad N = \frac{\partial f(x, y)}{\partial y} = \frac{1}{2}x^2 - 2$$

이다.

[2단계] $M = \dfrac{\partial f(x, y)}{\partial x} = xy+3$을 x에 대하여 적분하면

$$f(x, y) = \int (xy+3)\,dx = \frac{1}{2}x^2 y + 3x + g(y)$$

이다.

[3단계] $N = \dfrac{\partial f(x, y)}{\partial y} = \dfrac{1}{2}x^2 - 2$를 y에 대하여 적분하면

$$f(x, y) = \int \left(\frac{1}{2}x^2 - 2\right)dy = \frac{1}{2}x^2 y - 2y + h(x)$$

이다.

[4단계] [2단계]와 [3단계]에서 구한 $f(x, y)$는 같으므로

$$\frac{1}{2}x^2 y + 3x + g(y) = \frac{1}{2}x^2 y - 2y + h(x)$$

이어야 한다. 따라서 $g(y) = -2y + C_1$, $h(x) = 3x + C_2$이어야 한다.

그러므로 미분방정식 $(xy+3)dx + \left(\dfrac{1}{2}x^2 - 2\right)dy = 0$의 해는

$$f(x, y) = \frac{1}{2}x^2 y + 3x - 2y + C$$

이다.

예제 13-10

다음 미분방정식을 풀어라.

(a) $(3x^2-2y)\,dx+(-2x+2y)\,dy=0$ (b) $(y^2-1)\,dx+2xy\,dy=0$

TIP 주어진 식이 완전 미분방정식임을 확인하고, [정리 13-4]를 이용한다.

풀이

(a) [1단계] $M=3x^2-2y$, $N=-2x+2y$라 하면 $\dfrac{\partial M}{\partial y}=-2=\dfrac{\partial N}{\partial x}$이므로 주어진 미분방정식은 완전 미분방정식이다.

[2단계] $M=3x^2-2y$이므로 이 식을 x에 대하여 적분하면

$$f(x,\ y)=x^3-2xy+g(y)$$

이다.

[3단계] $N=-2x+2y$이므로 이 식을 y에 대하여 적분하면

$$f(x,\ y)=-2xy+y^2+h(x)$$

이다.

[4단계] $x^3-2xy+g(y)=-2xy+y^2+h(x)$이어야 하므로 $g(y)=y^2+C_1$, $h(x)=x^3+C_2$이다. 그러므로 주어진 미분방정식의 해는

$$f(x,\ y)=x^3-2xy+y^2+C$$

이다.

(b) [1단계] $M=y^2-1$, $N=2xy$라 하면 $\dfrac{\partial M}{\partial y}=2y=\dfrac{\partial N}{\partial x}$이므로 주어진 미분방정식은 완전 미분방정식이다.

[2단계] $M=y^2-1$이므로 이 식을 x에 대하여 적분하면

$$f(x,\ y)=xy^2-x+g(y)$$

이다.

[3단계] $N=2xy$이므로 이 식을 y에 대하여 적분하면

$$f(x,\ y)=xy^2+h(x)$$

이다.

[4단계] $xy^2-x+g(y)=xy^2+h(x)$이어야 하므로 $g(y)=C_1$, $h(x)=-x+C_2$이다. 그러므로 주어진 미분방정식의 해는

$$f(x,\ y)=xy^2-x+C$$

이다.

13.4 선형 미분방정식

선형 미분방정식은 다음과 같이 동차 선형 미분방정식과 비동차 선형 미분방정식으로 나누어진다.

정의 13-13 동차 선형 미분방정식과 비동차 선형 미분방정식

$a(x) \neq 0$인 2계 선형 미분방정식

$$a(x)\frac{d^2y}{dx^2} + b(x)\frac{dy}{dx} + c(x)y = f(x)$$

가 주어졌을 때,

(1) $f(x) = 0$이면 이 미분방정식을 **동차**homogeneous **선형 미분방정식**이라 한다.
(2) $f(x) \neq 0$이면 이 미분방정식을 **비동차**non-homogeneous **선형 미분방정식**이라 한다.

예를 들어 $x^3y'' + 3xy' - 2y = 0$은 2계 동차 선형 미분방정식이고, $y'' + y' + 2y = x$는 2계 비동차 선형 미분방정식이다. 이 절에서는 계수coefficient가 상수인 2계 동차 선형 미분방정식의 풀이법만 다룬다. 비동차 선형 미분방정식은 14.4절 라플라스 변환의 응용에서 다룬다.

■ 동차 선형 미분방정식의 해

계수가 상수인 1계 동차 선형 미분방정식

$$y' - py = 0 \quad (p\text{는 상수})$$

의 해를 구해보자. 이 식은 13.3절에서 학습한 변수분리형 미분방정식이므로, [정리 13-2]를 이용하여 해를 구하면 다음과 같다.

[1단계] $y' - py = 0$을 변형하면 $\frac{1}{y}dy = p\,dx$이다.

[2단계] 양변을 적분하면 $\int \frac{1}{y}dy = \int p\,dx$로부터 $\ln|y| + C_1 = px + C_2$이므로 미분방정식 $y' - py = 0$의 해는 $\ln|y| = px + C$이다. 이 식을 y에 대하여 정리하면 다음과 같다.

$$y = \pm e^{px + C} = \pm e^{px} e^{C} = c e^{px}$$

즉, 계수가 상수인 1계 동차 선형 미분방정식의 해는 $y = ce^{px}$과 같은 지수함수 형태이다. 마찬가지로 계수가 상수인 2계 동차 선형 미분방정식의 해도 지수함수 $y = e^{kx}$과 비슷한 형태일 것이라 예상할 수 있다. 계수가 상수인 2계 동차 선형 미분방정식

$$a\frac{d^2y}{dx^2} + b\frac{dy}{dx} + cy = 0$$

에 지수함수 $y = e^{kx}$을 해로 가정하여 대입하면

$$ak^2e^{kx} + bke^{kx} + ce^{kx} = e^{kx}(ak^2 + bk + c) = 0$$

이고, 이때 $e^{kx} > 0$이므로 다음 등식이 성립한다.

$$ak^2 + bk + c = 0$$

$ak^2 + bk + c = 0$을 미분방정식 $a\frac{d^2y}{dx^2} + b\frac{dy}{dx} + cy = 0$의 **보조방정식**auxiliary equation 또는 **특성방정식**characteristic equation이라 한다. 예를 들어 $3\frac{d^2y}{dx^2} + 2\frac{dy}{dx} - y = 0$의 보조방정식은 $3k^2 + 2k - 1 = 0$이고, $-2\frac{d^2y}{dx^2} + 3\frac{dy}{dx} = 0$의 보조방정식은 $-2k^2 + 3k = 0$이다.

보조방정식을 이용하면 계수가 상수인 2계 동차 선형 미분방정식의 일반해를 구할 수 있다.

정리 13-5 계수가 상수인 2계 동차 선형 미분방정식의 일반해

계수가 상수인 2계 동차 선형 미분방정식

$$a\frac{d^2y}{dx^2} + b\frac{dy}{dx} + cy = 0$$

의 일반해를 보조방정식의 근에 따라 구하면 다음과 같다.

[표 13-1] 보조방정식의 근에 따른 계수가 상수인 2계 동차 선형 미분방정식의 일반해

보조방정식	보조방정식의 판별식	보조방정식의 근	미분방정식의 일반해
$ak^2+bk+c=0$	$b^2-4ac>0$	α, β(실근)	$y=c_1e^{\alpha x}+c_2e^{\beta x}$
	$b^2-4ac=0$	α(실근)	$y=(c_1+c_2x)e^{\alpha x}$
	$b^2-4ac<0$	$\alpha=p+qi$, $\beta=p-qi$(허근)	$y=e^{px}(c_1\cos qx+c_2\sin qx)$

[정리 13-5]에서 보조방정식이 허근을 가질 때 미분방정식의 해는 4장에서 학습한 오일러 공식으로 유도할 수 있다. 이에 대한 유도 과정은 생략한다.

우선 보조방정식이 서로 다른 두 실근 α, β를 갖는 미분방정식의 해를 구해보자.

예제 13-11

다음 미분방정식을 풀어라.

(a) $\frac{d^2y}{dx^2} - 3\frac{dy}{dx} - 10y = 0$ (b) $\frac{d^2y}{dx^2} - \frac{dy}{dx} - y = 0$

TIP 인수분해나 근의 공식을 이용하여 보조방정식의 서로 다른 두 실근을 구한 후 [정리 13-5]를 이용한다.

풀이

(a) 미분방정식의 보조방정식이 $k^2 - 3k - 10 = 0$이므로 $(k-5)(k+2) = 0$에서 $\alpha = 5$, $\beta = -2$이다. 따라서 미분방정식의 일반해는

$$y = c_1 e^{5x} + c_2 e^{-2x}$$

이다.

(b) 미분방정식의 보조방정식이 $k^2 - k - 1 = 0$ 이므로 근의 공식에 의하여 $\alpha = \frac{1+\sqrt{5}}{2}$, $\beta = \frac{1-\sqrt{5}}{2}$ 이다. 따라서 미분방정식의 일반해는

$$y = c_1 e^{\frac{1+\sqrt{5}}{2}x} + c_2 e^{\frac{1-\sqrt{5}}{2}x}$$

이다.

이번에는 보조방정식이 중근 α를 갖는 미분방정식의 해를 구해보자.

예제 13-12

다음 미분방정식을 풀어라.

(a) $\frac{d^2y}{dx^2} + 4\frac{dy}{dx} + 4y = 0$ (b) $\frac{d^2y}{dx^2} - 8\frac{dy}{dx} + 16y = 0$

TIP 보조방정식을 인수분해하여 중근을 구한 후 [정리 13-5]를 이용한다.

풀이

(a) 미분방정식의 보조방정식이 $k^2+4k+4=0$이므로 $\alpha=-2$이다. 따라서 미분방정식의 일반해는

$$y=(c_1+c_2x)e^{-2x}$$

이다.

(b) 미분방정식의 보조방정식이 $k^2-8k+16=0$이므로 $\alpha=4$이다. 따라서 미분방정식의 일반해는

$$y=(c_1+c_2x)e^{4x}$$

이다.

마지막으로 보조방정식이 서로 다른 두 허근 $\alpha=p+qi$, $\beta=p-qi$를 갖는 미분방정식의 해를 구해보자.

예제 13-13

다음 미분방정식을 풀어라.

(a) $\dfrac{d^2y}{dx^2}+\dfrac{dy}{dx}+y=0$　　(b) $\dfrac{d^2y}{dx^2}-2\dfrac{dy}{dx}+4y=0$

TIP 근의 공식을 이용하여 보조방정식의 서로 다른 두 허근을 구한 후 [정리 13-5]를 이용한다.

풀이

(a) 미분방정식의 보조방정식이 $k^2+k+1=0$이므로 근의 공식에 의하여 $\alpha=\dfrac{-1+\sqrt{3}\,i}{2}$, $\beta=\dfrac{-1-\sqrt{3}\,i}{2}$이다. 따라서 미분방정식의 일반해는

$$y=e^{-\frac{1}{2}x}\left(c_1\cos\frac{\sqrt{3}}{2}x+c_2\sin\frac{\sqrt{3}}{2}x\right)$$

이다.

(b) 미분방정식의 보조방정식이 $k^2-2k+4=0$이므로 근의 공식에 의하여 $\alpha=1+\sqrt{3}\,i$, $\beta=1-\sqrt{3}\,i$이다. 따라서 미분방정식의 일반해는

$$y=e^{x}\left(c_1\cos\sqrt{3}\,x+c_2\sin\sqrt{3}\,x\right)$$

이다.

13.5 공학 문제

뉴턴의 냉각 법칙

[그림 13-1] **뜨거운 커피**

뉴턴의 냉각 법칙 Newton's law of cooling은 물질의 온도 변화율이 물질의 온도와 그 물질을 둘러싼 주변 매체의 온도차에 비례한다는 원리를 설명하는 이론이다. 예를 들어 뜨거운 커피가 있을 때 커피가 식어가는 정도는 커피를 둔 장소의 온도에 따라서 달라진다. 냉각 법칙을 식으로 나타내면 다음과 같다.

$$\frac{dT(t)}{dt} = k\left(T(t) - T_m\right)$$

여기서 $T(t)$는 시간 t에 따른 커피의 온도, T_m은 커피를 둔 장소의 온도, k는 비례상수이다.

예제 13-14

온도가 $90\,°\mathrm{C}$인 커피를 실내에 두고 4분 후 온도를 쟀더니 $40\,°\mathrm{C}$였다. 실내 온도가 $20\,°\mathrm{C}$이고 시간이 t일 때 커피의 온도를 구하라.

TIP 뉴턴의 냉각 법칙 공식이 변수분리형 미분방정식임을 이용한다.

풀이

시간 t에서 커피의 온도를 미분방정식으로 표현하면 다음과 같다.

$$\frac{dT(t)}{dt} = k\left(T(t) - 20\right), \quad T(0) = 90$$

이 공식은 변수분리형 미분방정식이므로 변수를 분리하면

$$\frac{dT(t)}{T(t) - 20} = k\,dt$$

이다. 위 식의 양변을 적분하면

$$\ln|T(t) - 20| = kt + C_1$$

이다. 따라서 $T(t) - 20 = ce^{kt}$이므로

$$T(t) = 20 + ce^{kt}$$

이다. 위 식에 초기조건 $T(0) = 90$을 대입하면 $90 = 20 + ce^0$이므로 $c = 70$이다. 따라서

$$T(t) = 20 + 70e^{kt}$$

이다. 4분 후 커피의 온도가 40 °C이므로 $40 = T(4) = 20 + 70e^{4k}$이고, $20 = 70e^{4k}$으로부터 $k = \frac{1}{4}\ln\frac{2}{7}$이다. 따라서 시간이 t일 때 커피의 온도는

$$T(t) = 20 + 70e^{\frac{1}{4}\ln\frac{2}{7}t}\ °\mathrm{C}$$

이다.

화학반응

어떤 화학물질이 다른 화학물질과 상호작용하거나, 한 화학물질 자체에 변화가 일어나 새로운 화학물질로 변하는 현상을 **화학반응**chemical reaction이라 한다. 화학반응이 일어나는 데는 짧게는 몇 초에서 길게는 몇 년이 걸리기도 한다. 화학반응의 속도는 반응이 일어나는 시간에 대한 화학물질의 농도 변화로 정의하는데, 이러한 화학물질의 농도 변화는 다음과 같은 미분방정식으로 설명된다.

$$\frac{dC(t)}{dt} = -k(C(t))^n$$

이때 $C(t)$는 t시간 후 화학물질의 농도[3], n은 반응계수, k는 비례상수를 나타낸다.

〈출처〉 https://www.pixabay.com

[그림 13-2] **화학물질**

3 화학물질의 농도 단위는 보통 mol/L이다.

예제 13-15

다음 식은 3-부틸브로마이드와 물을 결합하여 3-부틸알코올과 브로민화수소를 생성하는 화학 반응식이다.

$$(CH_3)_3CBr + H_2O \rightarrow (CH_3)_3COH + HBr$$

$n=1$, $k=0.0537$, $C(0)=0.2\,\mathrm{mol/L}$일 때, 4시간 후 이 화학물질의 농도를 소수점 아래 넷째 자리까지의 근삿값으로 나타내라.

TIP $n=1$일 때 화학물질의 농도 변화와 관련된 초깃값 문제를 푼다.

풀이

화학반응을 나타내는 미분방정식은

$$\frac{dC(t)}{dt} = -0.0537\,C(t)$$

이다. 위 식의 변수를 분리하면

$$\frac{dC(t)}{C(t)} = -0.0537\,dt$$

이고 위 식의 양변을 적분하면 $\int \frac{dC(t)}{C(t)} = \int -0.0537\,dt$ 이므로

$$\ln|C(t)| = -0.0537t + C_1$$

이다. 따라서 $C(t) = ce^{-0.0537t}$이다. 위 식에 초기조건 $C(0)=0.2$를 대입하면 $0.2 = ce^0$이므로 $c=0.2$이다. 따라서 t시간 후 이 화학물질의 농도는

$$C(t) = 0.2e^{-0.0537t}$$

이다. 그러므로 4시간 후 이 화학물질의 농도는 $C(4) = 0.2e^{-0.0537 \cdot 4} \approx 0.1613\,\mathrm{mol/L}$ 이다.

키르히호프의 전압 법칙

5장에서 살펴본 **키르히호프의 전압 법칙**(제2법칙)은 임의의 폐회로에서 회로 내부에 걸린 전압의 합과 외부에 걸리는 전압이 같음을 의미한다. 오른쪽 그림과 같이 코일과 저항만을 포함한 RL 직렬회로에 키르히호프의 전압 법칙을 적용하면 코일과 저항에 걸리는 전압의 합, 즉 회로 내부 전압의 합은 외부 전압 $E(t)$와 같다. 이는 다음과 같은 미분방정식으로 설명된다.

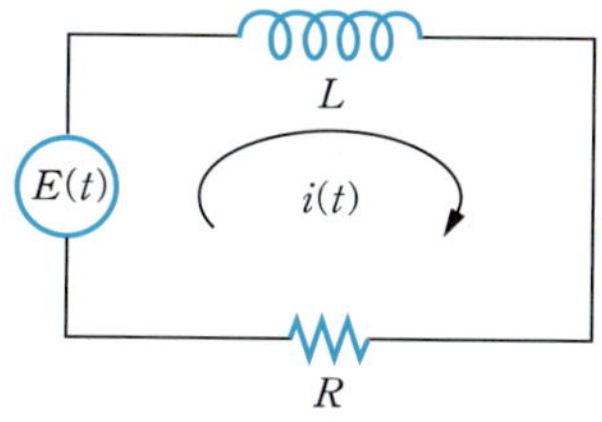

[그림 13-3] **RL 직렬회로**

$$L\frac{di}{dt}+Ri(t)=E(t)$$

위 식에서 L은 인덕턴스, R은 저항, $i(t)$는 시간 t에서의 전류, $E(t)$는 시간 t일 때 외부에 걸리는 전압을 의미한다.

예제 13-16

인덕턴스 L이 2H인 코일과 20Ω의 저항이 연결된 직렬회로에서 외부에 걸리는 전압이 8V로 일정하다고 하자. 초기 전류가 0A일 때 시간 t에서 전류 $i(t)$를 구하라.

TIP RL 직렬회로에서 키르히호프의 전압 법칙을 적용하여 미분방정식을 푼다.

풀이

키르히호프의 전압 법칙으로부터 다음 미분방정식이 성립한다.

$$2\frac{di(t)}{dt}+20i(t)=8, \quad i(0)=0$$

위 식의 변수를 분리하면

$$-\frac{di(t)}{10i(t)-4}=dt$$

이고 위 식의 양변을 적분하면 $\int -\frac{di(t)}{10i(t)-4}=\int dt$이므로

$$-\frac{1}{10}\ln|10i(t)-4|=t+C_1$$

이다. 따라서 $\ln|10i(t)-4|=-10t-10C_1$이므로 미분방정식의 해는

$$10i(t)-4=ce^{-10t}$$

이다. 이때 초기 전류는 $i(0)=0$이므로 $-4=c$이다. 따라서

$$10i(t)-4=-4e^{-10t}$$

이므로 임의의 시간 t에서의 전류 $i(t)$는

$$i(t)=\frac{2}{5}-\frac{2}{5}e^{-10t}\,\mathrm{A}$$

이다.

질병의 전염

아프리카 돼지 열병(ASF)으로 알려진 돼지 전염병은 감염된 돼지와의 접촉으로 인해 전파된다고 한다. $x(t)$는 t시간 후 감염된 돼지의 수이고 $y(t)$는 t시간 후 감염되지 않은 돼지의 수라 할 때, 돼지 열병이 전염되는 비율 $\frac{dx}{dt}$는 감염된 돼지와 감염되지 않은 돼지의 접촉 횟수에 비례한다고 가정하는 것이 일반적이다. 이를 미분방정식으로 나타내면 다음과 같다.

〈출처〉 https://www.pixabay.com

[그림 13-4] **아프리카 돼지 열병**

$$\frac{dx(t)}{dt}=kx(t)y(t)$$

이때 k는 비례상수, t는 시간을 나타낸다.

예제 13-17

t시간 후 아프리카 돼지 열병에 감염된 돼지의 수 $x(t)$와 감염되지 않은 돼지의 수 $y(t)$에 대하여 돼지 열병이 전염되는 비율이 다음 미분방정식을 만족한다고 하자.

$$\frac{dx(t)}{dt}=\frac{1}{50}x(t)y(t)$$

100마리의 돼지가 있는 농장에 대하여 $x(0)=1$이라 할 때, $x(t)$를 구하라.

TIP 변수를 분리하여 초깃값 문제를 푼다.

풀이

$y(t)=100-x(t)$이고, $x(0)=1$, $y(0)=99$이므로 전염 비율에 대한 미분방정식은

$$\frac{dx(t)}{dt}=\frac{1}{50}x(t)(100-x(t))$$

이고 이 식을 변형하면

$$\frac{1}{50}\,dt = \frac{1}{x(t)(100-x(t))}\,dx(t) = \frac{1}{100}\left(\frac{1}{x(t)} + \frac{1}{100-x(t)}\right)dx(t)$$

이다. 위 식의 양변을 적분하면 $\int \frac{1}{50}\,dt = \int \frac{1}{100}\left(\frac{1}{x(t)} + \frac{1}{100-x(t)}\right)dx(t)$ 이므로

$$\frac{1}{50}t + C_1 = \frac{1}{100}\ln\left|\frac{x(t)}{100-x(t)}\right|$$

이다. 따라서 $ce^{2t} = \frac{x(t)}{100-x(t)}$ 이고, $x(0)=1$ 이므로 $c=\frac{1}{99}$ 이다. $\frac{1}{99}e^{2t} = \frac{x(t)}{100-x(t)}$ 를 $x(t)$ 에 대하여 정리하면

$$x(t) = \frac{100e^{2t}}{99+e^{2t}}$$

이다.

Chapter 13 연습문제

13.1 다음 미분방정식이 상미분방정식인지 편미분방정식인지 판별하라.

(a) $\dfrac{d^3y}{dx^3} + x^2y^2 = 5$

(b) $\dfrac{\partial y}{\partial x} + 3x^4y^2 = 0$

(c) $(x^2 - \sqrt{x})\,dy + y^2\,dx = 0$

(d) $\dfrac{\partial^2 u}{\partial x^2} - \dfrac{\partial^2 u}{\partial y^2} = 2$

(e) $2y\dfrac{dy}{dx} = 3x^2\left(\dfrac{dy}{dx}\right)^2$

(f) $\dfrac{\partial y}{\partial x} = -\left(\dfrac{\partial y}{\partial x}\right)^3$

13.2 다음 미분방정식의 차수와 계수를 구하라.

(a) $4x^2\dfrac{d^2y}{dx^2} + 5x\dfrac{dy}{dx} + y^2 = 0$

(b) $3x\left(\dfrac{dy}{dx}\right)^2 - 2x^3\dfrac{dy}{dx} + 2 = 0$

(c) $(3x^2 + y)\,dx + dy = 0$

(d) $\sin x\,dx - \cos y\,dy = 1$

(e) $\left(2x^3 + \dfrac{d^5y}{dx^5}\right)^3 = \left(\dfrac{d^2y}{dx^2}\right)^4$

(f) $\dfrac{dy}{dx} = \left(3x^5 - \dfrac{d^3y}{dx^3}\right)^2$

13.3 다음 미분방정식이 선형인지 비선형인지 판별하라.

(a) $(x+1)\dfrac{d^2y}{dx^2} + 5y = 0$

(b) $e^x\dfrac{dy}{dx} - y^2 = x^2$

(c) $\dfrac{d^4y}{dx^4} + x^2y = x$

(d) $x^2\dfrac{d^3y}{dx^3} - 2x\left(\dfrac{dy}{dx}\right)^2 + y = 0$

13.4 주어진 함수 f가 미분방정식의 해임을 증명하라.

(a) $x\dfrac{dy}{dx} + y - 1 = 0\,;\; y = f(x) = \dfrac{2}{x} + 1$

(b) $x\dfrac{dy}{dx} - 2y = 0\,;\; y = f(x) = 2x^2$

(c) $\dfrac{d^4y}{dx^4} - 81y = 0\,;\; y = f(x) = \cos 3x$

(d) $\dfrac{dy}{dx} - y^2 = 4\,;\; y = f(x) = 2\tan 2x$

13.5 다음 물음에 답하라.

(a) c가 임의의 상수일 때, $y = ce^{5x}$이 미분방정식 $\frac{dy}{dx} = 5y$의 일반해임을 이용하여 초깃값 문제 $\frac{dy}{dx} = 5y$, $y(0) = -2$ 의 해를 구하라.

(b) c가 임의의 상수일 때, $y = ce^{x}$이 미분방정식 $y'' - 2y' + y = 0$의 일반해임을 이용하여 초깃값 문제 $y'' - 2y' + y = 0$, $y(1) = 1$의 해를 구하라.

(c) c_1, c_2가 임의의 상수일 때, $y = c_1 e^{x} - c_2 e^{-x}$이 미분방정식 $y'' - y = 0$ 의 일반해임을 이용하여 초깃값 문제 $y'' - y = 0$, $y(0) = 1$, $y'(0) = 2$ 의 해를 구하라.

(d) c가 임의의 상수일 때, $y = \frac{1}{cx - x^2}$이 미분방정식 $\frac{dy}{dx} + \frac{y}{x} = xy^2$의 일반해임을 이용하여 초깃값 문제 $\frac{dy}{dx} + \frac{y}{x} = xy^2$, $y(1) = 2$의 해를 구하라.

13.6 다음 미분방정식을 풀어라.

(a) $\frac{dy}{dx} = \frac{x^2}{3y^4}$

(b) $\frac{dy}{dx} = \frac{\sqrt[3]{y}}{\sqrt{x}}$

(c) $3\sin x\, dx + 2\cos y\, dy = 0$

(d) $e^{-y} dx - 4x^2 dy = 0$

(e) $xe^{-y} dx + y\, dx = 0$

(f) $(y - yx^2)\, dy = (y+1)^2 dx$

13.7 다음 미분방정식을 풀어라.

(a) $dy = x\, dx$, $y(0) = 1$

(b) $(x^2 + 1)\, dy = x\, dx$, $y(1) = 2$

(c) $\frac{dy}{dx} = x^4$, $y(0) = 1$

(d) $\frac{dy}{dx} = -\frac{x+1}{2y+3}$, $y(1) = 5$

(e) $\frac{dy}{dx} = \frac{\sqrt{x}}{y^2}$, $y(0) = 3$

(f) $\frac{dy}{dx} = (1+x)e^{y}$, $y(0) = 4$

13.8 다음 미분방정식을 풀어라.

(a) $2xy\,dx + (x^2 - 1)\,dy = 0$

(b) $(2xy^2 - 3)\,dx + (2x^2y + 4)\,dy = 0$

(c) $(2xy - \sec^2 x)\,dx + (x^2 + 2y)\,dy = 0$

(d) $(3x^2 + 2y + 1)\,dx + (2x - 4y)\,dy = 0$

(e) $(\sin 2x + 2xy^2 + e^x)\,dx + 2x^2y\,dy = 0$

(f) $(2xy + e^x \sin y - \sin x)\,dx + (x^2 + e^x \cos y)\,dy = 0$

13.9 다음 미분방정식을 풀어라.

(a) $\dfrac{d^2y}{dx^2} + 4\dfrac{dy}{dx} + 3y = 0$

(b) $\dfrac{d^2y}{dx^2} + 6\dfrac{dy}{dx} + 8y = 0$

(c) $\dfrac{d^2y}{dx^2} - 6\dfrac{dy}{dx} + 5y = 0$

(d) $\dfrac{d^2y}{dx^2} - 4\dfrac{dy}{dx} - 12y = 0$

(e) $\dfrac{d^2y}{dx^2} - 5\dfrac{dy}{dx} + y = 0$

(f) $\dfrac{d^2y}{dx^2} - 6\dfrac{dy}{dx} - 3y = 0$

13.10 다음 미분방정식을 풀어라.

(a) $\dfrac{d^2y}{dx^2} + 2\dfrac{dy}{dx} + y = 0$

(b) $\dfrac{d^2y}{dx^2} + 14\dfrac{dy}{dx} + 49y = 0$

(c) $\dfrac{d^2y}{dx^2} - 16\dfrac{dy}{dx} + 64y = 0$

(d) $\dfrac{d^2y}{dx^2} - \dfrac{dy}{dx} + \dfrac{1}{4}y = 0$

13.11 다음 미분방정식을 풀어라.

(a) $\dfrac{d^2y}{dx^2} + 2\dfrac{dy}{dx} + 3y = 0$

(b) $\dfrac{d^2y}{dx^2} + \dfrac{dy}{dx} + 7y = 0$

(c) $\dfrac{d^2y}{dx^2} - 3\dfrac{dy}{dx} + 16y = 0$

(d) $\dfrac{d^2y}{dx^2} - \dfrac{dy}{dx} + 4y = 0$

13.12 방사성 동위원소의 양이 현재의 양에 비례하여 줄어들 때, t일 후 방사성 동위원소의 양 $p(t)$는 비례상수 $k<0$에 대하여 다음 미분방정식으로 설명한다.

$$\frac{dp}{dt}=kp(t)$$

초기에 100mg이었던 방사성 동위원소가 30일 후 93mg으로 줄어들었을 때, 시간 t에 대한 방사성 동위원소의 양 $p(t)$를 구하라.

13.13 오븐에서 케이크를 꺼냈을 때 케이크의 온도는 120°C였는데 2분 후 다시 케이크의 온도를 쟀더니 80°C였다. 케이크의 온도가 식어가는 현상은 다음과 같은 초깃값 문제로 설명된다.

$$\frac{dT}{dt}=k(T-20),\quad T(0)=120$$

실내 온도가 20°C일 때 케이크의 온도가 25°C까지 내려가는 데 걸리는 시간을 소수점 아래 넷째 자리까지의 근삿값으로 나타내라.

13.14 아래와 같은 RLC 직렬회로에 흐르는 전류를 $i(t)$, 축전기의 전하량을 $q(t)$라 하면 $i(t)=\dfrac{dq}{dt}$가 성립한다. 회로 외부에 걸리는 전체 전압을 $E(t)$라 할 때 이 직렬회로에 키르히호프의 전압 법칙을 적용하면 다음과 같은 미분방정식을 얻는다.

$$L\frac{d^2q}{dt^2}+R\frac{dq}{dt}+\frac{q(t)}{C}=E(t)$$

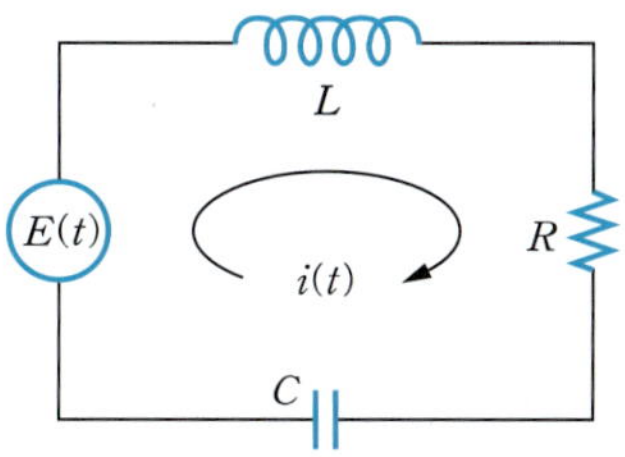

저항 $R=20\Omega$, 인덕턴스 $L=1\mathrm{H}$, 커패시턴스 $C=2\times10^{-3}\mathrm{F}$인 저항, 코일, 축전기가 직렬로 연결된 RLC 직렬회로에서 초기조건이 $q(0)=5$, $i(0)=0$이고, 회로 외부에 걸리는 전체 전압이 0V로 일정할 때, 시간 t에서 축전기의 전하량 $q(t)$를 구하라.

Chapter 14

라플라스 변환

Laplace Transform

CONTENTS

학습목표

- 라플라스 변환의 정의와 기본 성질을 학습한다.
- 라플라스 역변환을 이해한다.
- 라플라스 변환을 이용하여 미분방정식의 해를 구하는 방법을 학습한다.
- 라플라스 변환과 관련된 공학 문제를 학습한다.

공학에서는 복잡한 미분방정식의 해를 구해야 하는 경우가 많다. 라플라스 변환을 이용하면 미분방정식을 비교적 간단한 대수방정식으로 바꿔 대수방정식의 해를 쉽게 구할 수 있다. 이렇게 구한 대수방정식의 해를 라플라스 역변환하면 원래 구하고자 한 미분방정식의 해를 구할 수 있다. 이러한 흐름을 그림으로 나타내면 다음과 같다.

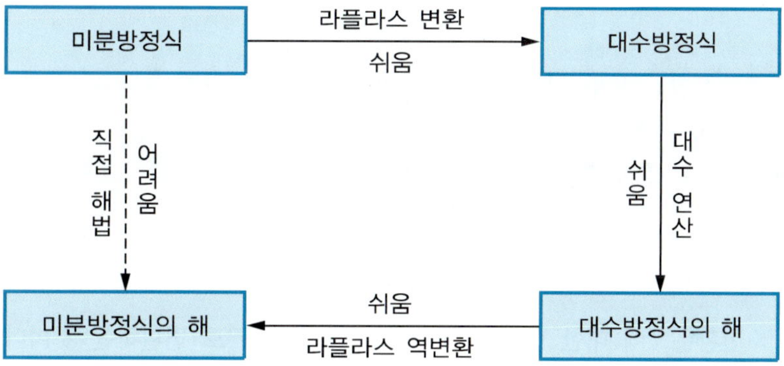

예를 들어 비동차 선형 미분방정식인 $y'(t)-2y=e^{2t}$, $y(0)=0$을 라플라스 변환하여 얻은 대수방정식의 해를 구하면 $Y(s)=\dfrac{1}{(s-2)^2}$ 이고, 이 결과에 라플라스 역변환을 적용하면 미분방정식의 해 $y(t)=te^{2t}$ 을 쉽게 얻을 수 있다.

14.1 라플라스 변환

라플라스 변환의 정의

라플라스 변환은 프랑스의 수학자 피에르 시몽 마르키스 드 라플라스Pierre-Simon Marquis de Laplace가 기초를 마련하였고, 영국의 전기공학자 올리버 헤비사이드Oliver Heaviside가 체계를 세운 변환 방법이다. 이 절에서는 라플라스 변환의 정의와 기본적인 함수의 라플라스 변환에 대하여 알아본다.

정의 14-1 라플라스 변환

구간 $[0, \infty)$에서 정의된 함수 $f(t)$에 대하여 이상적분

$$\int_0^{\infty} e^{-st} f(t)\,dt = \lim_{b\to\infty} \int_0^b e^{-st} f(t)\,dt = F(s)$$

가 존재하면 $F(s)$를 함수 $f(t)$의 **라플라스 변환**Laplace transform이라 하며 $\mathcal{L}\{f(t)\}$로 나타낸다.

즉, 라플라스 변환은 t에 대한 함수 f를 s에 대한 함수 F로 변환하는 것이다. 라플라스 변환을 할 때, 적분 구간은 항상 $[0, \infty)$로 한다.

예제 14-1

다음 라플라스 변환을 구하라.

(a) $\mathcal{L}\{1\}$　　(b) $\mathcal{L}\{t\}$

TIP 라플라스 변환의 정의를 이용한다.

풀이

(a) $\mathcal{L}\{1\} = \int_0^{\infty} e^{-st}\cdot 1\,dt = \lim_{b\to\infty}\int_0^b e^{-st}\,dt = \lim_{b\to\infty} \left.\frac{-e^{-st}}{s}\right|_0^b = \lim_{b\to\infty}\frac{-e^{-sb}+1}{s} = \frac{1}{s}$

(b) $\mathcal{L}\{t\} = \int_0^{\infty} e^{-st}\cdot t\,dt = \lim_{b\to\infty}\int_0^b e^{-st}\cdot t\,dt = \lim_{b\to\infty}\left.\frac{-te^{-st}}{s}\right|_0^b + \frac{1}{s}\int_0^{\infty} e^{-st}\,dt$

$= \frac{1}{s}\mathcal{L}\{1\} = \frac{1}{s^2}$

[예제 14-1]에서 다룬 함수를 포함한 자주 사용하는 함수의 라플라스 변환은 다음과 같다.

정리 14-1 기본 함수의 라플라스 변환

(1) $\mathcal{L}\{1\} = \dfrac{1}{s}$

(2) $\mathcal{L}\{t\} = \dfrac{1}{s^2}$

(3) $\mathcal{L}\{t^n\} = \dfrac{n!}{s^{n+1}}$ (n은 자연수)

(4) $\mathcal{L}\{e^{at}\} = \dfrac{1}{s-a}$ $(s > a)$

(5) $\mathcal{L}\{\sin bt\} = \dfrac{b}{s^2+b^2}$

(6) $\mathcal{L}\{\cos bt\} = \dfrac{s}{s^2+b^2}$

[정리 14-1]은 이상적분, 치환적분, 부분적분을 이용하여 증명할 수 있다. [정의 14-1]과 [정리 14-1]을 이용하면 0 이상의 실수에서 정의된 함수 $f(t)$의 라플라스 변환을 구할 수 있다. 특히 다음 식을 활용하면 계단함수[1]의 이상적분을 쉽게 얻을 수 있다.

$$\int_a^\infty e^{-st}dt = \lim_{b\to\infty}\int_a^b e^{-st}dt = \lim_{b\to\infty} -\frac{e^{-st}}{s}\Bigg|_a^b$$

$$= \lim_{b\to\infty}\left(-\frac{e^{-sb}}{s}+\frac{e^{-sa}}{s}\right) = \frac{e^{-as}}{s} \tag{14.1}$$

예제 14-2

다음 함수의 라플라스 변환을 구하라.

(a) $f(t) = \begin{cases} 0, & 0 \le t < 1 \\ 2, & 1 \le t \end{cases}$

(b) $g(t) = \begin{cases} 0, & 0 \le t < 2 \\ 5, & 2 \le t < 4 \\ 7, & 4 \le t \end{cases}$

TIP [정의 14-1]과 식 (14.1)을 이용하여 라플라스 변환을 구한다.

풀이

(a) $\mathcal{L}\{f(t)\} = \displaystyle\int_0^\infty e^{-st}f(t)\,dt = \int_0^1 e^{-st}\cdot 0\,dt + \int_1^\infty e^{-st}\cdot 2\,dt = 2\int_1^\infty e^{-st}dt$

$= 2\cdot\dfrac{e^{-s}}{s} = \dfrac{2e^{-s}}{s}$

(b) $\mathcal{L}\{g(t)\} = \displaystyle\int_0^\infty e^{-st}g(t)\,dt = \int_0^2 e^{-st}\cdot 0\,dt + \int_2^4 e^{-st}\cdot 5\,dt + \int_4^\infty e^{-st}\cdot 7\,dt$

이다. 이때

1 정의역이 여러 개의 소구간으로 나누어질 때, 각 소구간에서 상수함수인 함수를 계단함수라 한다. 계단함수는 소구간의 경계점에서 불연속이다.

$$\int_2^4 e^{-st}\cdot 5\,dt = 5\int_2^4 e^{-st}\,dt = 5\left(-\frac{e^{-4s}}{s}+\frac{e^{-2s}}{s}\right)$$

$$\int_4^{\infty} e^{-st}\cdot 7\,dt = 7\int_4^{\infty} e^{-st}\,dt = \frac{7e^{-4s}}{s}.$$

이므로

$$\mathcal{L}\{g(t)\} = 5\left(-\frac{e^{-4s}}{s}+\frac{e^{-2s}}{s}\right)+\frac{7e^{-4s}}{s} = \frac{2e^{-4s}+5e^{-2s}}{s}$$

이다.

라플라스 변환의 선형성

두 함수 $f(t)$와 $g(t)$에 대하여 이상적분 $\int_0^{\infty} e^{-st}f(t)\,dt$와 $\int_0^{\infty} e^{-st}g(t)\,dt$가 모두 수렴하면 임의의 실수 a, b에 대하여

$$\int_0^{\infty}\left(ae^{-st}f(t)+be^{-st}g(t)\right)dt = a\int_0^{\infty} e^{-st}f(t)\,dt + b\int_0^{\infty} e^{-st}g(t)\,dt$$

가 성립한다. 따라서 라플라스 변환은 다음과 같이 선형성을 갖는다.

정리 14-2 라플라스 변환의 선형성

두 함수 $f(t)$, $g(t)$의 라플라스 변환이 존재할 때, 임의의 실수 a, b에 대하여 다음이 성립한다.

$$\mathcal{L}\{af(t)+bg(t)\} = a\mathcal{L}\{f(t)\}+b\mathcal{L}\{g(t)\}$$

[정리 14-1]과 [정리 14-2]를 이용하여 다양한 함수의 라플라스 변환을 구할 수 있다.

예제 14-3

다음 라플라스 변환을 구하라.

(a) $\mathcal{L}\{2t^3+t\}$

(b) $\mathcal{L}\{2t^2-e^{4t}\}$

(c) $\mathcal{L}\{(e^t+e^{-t})^2\}$

(d) $\mathcal{L}\{\sin 3t-\cos 4t\}$

TIP [정리 14-1]과 [정리 14-2]를 이용하여 구한다.

풀이

(a) $\mathcal{L}\{2t^3+t\} = 2\mathcal{L}\{t^3\}+\mathcal{L}\{t\} = 2\cdot\frac{3!}{s^4}+\frac{1}{s^2} = \frac{12}{s^4}+\frac{1}{s^2}$

(b) $\mathcal{L}\{2t^2-e^{4t}\} = 2\mathcal{L}\{t^2\}-\mathcal{L}\{e^{4t}\} = 2\cdot\frac{2!}{s^3}-\frac{1}{s-4} = \frac{4}{s^3}-\frac{1}{s-4}$

(c) $\mathcal{L}\{(e^t+e^{-t})^2\} = \mathcal{L}\{e^{2t}+2+e^{-2t}\} = \mathcal{L}\{e^{2t}\}+2\mathcal{L}\{1\}+\mathcal{L}\{e^{-2t}\}$
$= \dfrac{1}{s-2}+\dfrac{2}{s}+\dfrac{1}{s+2}$

(d) $\mathcal{L}\{\sin 3t-\cos 4t\} = \mathcal{L}\{\sin 3t\}-\mathcal{L}\{\cos 4t\} = \dfrac{3}{s^2+9}-\dfrac{s}{s^2+16}$

임의의 함수 $f(t)$에 대하여 $\mathcal{L}\{f(t)\}$는 존재할까?

$$f(t)=\frac{1}{t}\text{이면 } \mathcal{L}\{f(t)\} = \int_0^\infty e^{-st}\frac{1}{t}\,dt = \lim_{b\to\infty}\int_0^b e^{-st}\frac{1}{t}\,dt\text{는 발산하고}$$

$$g(t)=e^{t^2}\text{이면 } \mathcal{L}\{g(t)\} = \int_0^\infty e^{-st}e^{t^2}\,dt = \lim_{b\to\infty}\int_0^b e^{-st}e^{t^2}\,dt\text{도 발산한다.}$$

주어진 함수의 라플라스 변환이 존재하는지 확인하고자 할 때 지수적 차수 a의 함수를 활용할 수 있다.

정의 14-2 지수적 차수 a의 함수

$T<t$ 인 모든 t에 대하여

$$|f(t)| \le Me^{at}$$

을 만족하는 음이 아닌 상수 a와 $T>0$, $M>0$이 존재하면, $f(t)$를 **지수적 차수 a의 함수**function of exponential order a라 한다.

[정의 14–2]에 의하여 $f(t)$가 지수적 차수 a의 함수일 때,

$$|\mathcal{L}\{f(t)\}| = \left|\int_0^\infty e^{-st}f(t)\,dt\right| \le \int_0^\infty e^{-st}|f(t)|\,dt \le \frac{M}{s-a}$$

이 성립하므로 다음과 같은 라플라스 변환의 존재성 정리를 얻을 수 있다.

정리 14-3 라플라스 변환의 존재성

$f(t)$가 구간 $[0,\infty)$에서 조각 연속piecewise continuous[2]이고 지수적 차수 a의 함수이면, $a<s$인 모든 s에 대하여 함수 $f(t)$의 라플라스 변환 $\mathcal{L}\{f(t)\}$가 존재한다.

2 조각 연속이란 정의된 구간이 여러 개의 부분구간으로 나누어지고, 각 부분구간에서 함수의 비약jump이 없음을 말한다.

14.2 라플라스 변환의 성질

제1 이동정리

[정의 14-1]을 적용하여 주어진 함수의 라플라스 변환을 구하는 것은 쉽지 않을 수 있다. 따라서 라플라스 변환의 성질을 활용한 제1 이동정리를 이용하여 복잡한 함수의 라플라스 변환을 구하는 과정을 알아보자.

정리 14-4 제1 이동정리 first shifting theorem

함수 $f(t)$의 라플라스 변환이 존재하면

$$\mathcal{L}\{e^{at} f(t)\} = F(s-a) \quad (s > a)$$

이다.

[정리 14-4]는 함수 $f(t)$에 지수함수 e^{at}이 곱해진 $e^{at}f(t)$의 라플라스 변환이 함수 $f(t)$의 라플라스 변환인 $F(s)$를 s축 방향으로 a만큼 평행이동한 함수인 $F(s-a)$임을 의미한다. 참고로 제2이동정리second shifting theorem는 단위계단함수와 연계된 라플라스 변환인데, 이 책에서는 다루지 않는다.

예제 14-4

다음 함수의 라플라스 변환을 구하라.

(a) $t^3 e^{2t}$ (b) $\sin t e^{-4t}$

TIP [정리 14-1]과 제1이동정리를 이용한다.

풀이

(a) $f(t) = t^3$이라 하면 $\mathcal{L}\{f(t)\} = \mathcal{L}\{t^3\} = \dfrac{3!}{s^4} = \dfrac{6}{s^4} = F(s)$이고,

제1 이동정리에서 $a = 2$이므로

$$\mathcal{L}\{t^3 e^{2t}\} = F(s-2) = \frac{6}{(s-2)^4}$$

이다.

(b) $f(t) = \sin t$라 하면 $\mathcal{L}\{f(t)\} = \mathcal{L}\{\sin t\} = \dfrac{1}{s^2+1} = F(s)$이고

제1 이동정리에서 $a = -4$이므로

$$\mathcal{L}\{\sin te^{-4t}\} = F(s+4) = \frac{1}{(s+4)^2+1}$$

이다.

도함수의 라플라스 변환

1계 도함수의 라플라스 변환은 이상적분과 부분적분을 이용하여 계산한다.

$$\begin{aligned}\mathcal{L}\{f'(t)\} &= \int_0^\infty e^{-st} f'(t)\,dt \\ &= \lim_{b\to\infty} e^{-st} f(t)\Big|_0^b + s\int_0^\infty e^{-st} f(t)\,dt \\ &= -f(0) + s\mathcal{L}\{f(t)\}\end{aligned}$$

이므로

$$\mathcal{L}\{f'(t)\} = s\mathcal{L}\{f(t)\} - f(0)$$

이다. 같은 방법으로 n계 도함수의 라플라스 변환을 구하면 다음과 같다.

정리 14-5 n계 도함수의 라플라스 변환

n이 자연수일 때 n계 도함수 $f^{(n)}(t)$의 라플라스 변환은 다음과 같다.

$$\mathcal{L}\{f^{(n)}(t)\} = s^n\mathcal{L}\{f(t)\} - s^{n-1}f(0) - s^{n-2}f'(0) - \cdots - sf^{(n-2)}(0) - f^{(n-1)}(0)$$

[정리 14-5]에 따라 2계 도함수 $f''(t)$의 라플라스 변환은

$$\mathcal{L}\{f''(t)\} = s^2\mathcal{L}\{f(t)\} - sf(0) - f'(0)$$

이고, 3계 도함수 $f^{(3)}(t)$의 라플라스 변환은

$$\mathcal{L}\{f^{(3)}(t)\} = s^3\mathcal{L}\{f(t)\} - s^2f(0) - sf'(0) - f''(0)$$

이다. 도함수의 라플라스 변환은 초깃값 문제를 풀 때 중요하게 이용된다.

예제 14-5

$f(t)=t^3e^{2t}$일 때, $\mathcal{L}\{f(t)\}=\dfrac{6}{(s-2)^4}$ 임을 이용하여 다음을 구하라.

(a) $\mathcal{L}\{f'(t)\}$

(b) $\mathcal{L}\{f''(t)\}$

TIP [정리 14-5]를 이용한다.

풀이

(a) $f(0)=0\cdot e^0=0$이므로

$$\mathcal{L}\{f'(t)\}=s\mathcal{L}\{f(t)\}-f(0)=s\cdot\frac{6}{(s-2)^4}-0=\frac{6s}{(s-2)^4}$$

이다.

(b) $f'(t)=3t^2e^{2t}+2t^3e^{2t}$이므로 $f'(0)=0$이다. 따라서

$$\mathcal{L}\{f''(t)\}=s^2\mathcal{L}\{f(t)\}-sf(0)-f'(0)=s^2\cdot\frac{6}{(s-2)^4}-0-0=\frac{6s^2}{(s-2)^4}$$

이다.

[예제 14-5]에서 $f'(t)=(3t^2+2t^3)e^{2t}$, $f''(t)=(6t+12t^2+4t^3)e^{2t}$ 이므로

$$\mathcal{L}\{(3t^2+2t^3)e^{2t}\}=\frac{6s}{(s-2)^4},\quad \mathcal{L}\{(6t+12t^2+4t^3)e^{2t}\}=\frac{6s^2}{(s-2)^4}$$

임을 알 수 있다.

라플라스 변환의 미분

도함수의 라플라스 변환은 [정리 14-5]를 이용하거나 주어진 함수를 미분한 다음 그 식을 라플라스 변환하여 구한다. 이제 주어진 함수를 라플라스 변환한 후 미분하면 어떤 결과가 나오는지 살펴보자.

함수 $f(t)$의 라플라스 변환은 $F(s)=\mathcal{L}\{f(t)\}=\int_0^\infty e^{-st}f(t)\,dt$이다. 이 식을 s에 대하여 미분하면

$$\frac{dF(s)}{ds}=\int_0^\infty\frac{d}{ds}(e^{-st})f(t)\,dt=-\int_0^\infty te^{-st}f(t)\,dt=-\mathcal{L}\{tf(t)\}$$

이다. 이 결과를 한 번 더 s에 대하여 미분하면

$$\frac{d^2F(s)}{ds^2} = \int_0^\infty \frac{d}{ds}(-te^{-st})f(t)\,dt = \int_0^\infty t^2e^{-st}f(t)\,dt = \mathcal{L}\{t^2f(t)\}$$

이다. 이상적분을 이용하여 라플라스 변환의 3계 도함수와 4계 도함수를 구하면

$$\frac{d^3F(s)}{ds^3} = -\mathcal{L}\{t^3f(t)\}, \qquad \frac{d^4F(s)}{ds^4} = \mathcal{L}\{t^4f(t)\}$$

이다. 이 결과를 정리하면 다음과 같다.

정리 14-6 라플라스 변환의 미분

n이 자연수일 때 함수 $t^nf(t)$의 라플라스 변환은 다음과 같다.

$$\mathcal{L}\{t^nf(t)\} = (-1)^n\frac{d^nF(s)}{ds^n}$$

예제 14-6

다음 함수의 라플라스 변환을 구하라.

(a) $g(t) = t\sin 3t$ (b) $h(t) = t^2e^{-4t}$

TIP 주어진 함수에서 t^n을 제외한 나머지 함수의 라플라스 변환을 구하고 [정리 14-6]을 이용한다.

풀이

(a) $f(t) = \sin 3t$라 하면 $F(s) = \mathcal{L}\{\sin 3t\} = \dfrac{3}{s^2+9}$이므로, [정리 14-6]에 의해 $g(t)$의 라플라스 변환은

$$\mathcal{L}\{t\sin 3t\} = (-1)\cdot\frac{d}{ds}\left(\frac{3}{s^2+9}\right) = \frac{6s}{(s^2+9)^2}$$

이다.

(b) $f(t) = e^{-4t}$이라 하면 $F(s) = \mathcal{L}\{e^{-4t}\} = \dfrac{1}{s+4}$이므로, [정리 14-6]에 의해 $h(t)$의 라플라스 변환은

$$\mathcal{L}\{t^2e^{-4t}\} = (-1)^2\cdot\frac{d^2}{ds^2}\left(\frac{1}{s+4}\right) = \frac{d}{ds}\left(-\frac{1}{(s+4)^2}\right) = \frac{2}{(s+4)^3}$$

이다.

14.3 라플라스 역변환

s에 대한 함수 $F(s)$와 $t \geq 0$에서 정의되는 함수 $f(t)$ 사이에 $\mathcal{L}\{f(t)\} = F(s)$의 관계가 성립할 때 $f(t)$를 $F(s)$의 **라플라스 역변환**inverse Laplace transform이라 하고 다음과 같이 나타낸다.

$$f(t) = \mathcal{L}^{-1}\{F(s)\}$$

$$f(t) \underset{\mathcal{L}^{-1}}{\overset{\mathcal{L}}{\rightleftarrows}} F(s)$$

[정리 14–1]의 기본 함수의 라플라스 변환에 대응하는 라플라스 역변환 정리는 다음과 같다.

정리 14-7 기본 함수의 라플라스 역변환

(1) $\mathcal{L}^{-1}\left\{\dfrac{1}{s}\right\} = 1$ (2) $\mathcal{L}^{-1}\left\{\dfrac{1}{s^2}\right\} = t$

(3) $\mathcal{L}^{-1}\left\{\dfrac{n!}{s^{n+1}}\right\} = t^n$ (n은 자연수) (4) $\mathcal{L}^{-1}\left\{\dfrac{1}{s-a}\right\} = e^{at}$ $(s > a)$

(5) $\mathcal{L}^{-1}\left\{\dfrac{b}{s^2+b^2}\right\} = \sin bt$ (6) $\mathcal{L}^{-1}\left\{\dfrac{s}{s^2+b^2}\right\} = \cos bt$

라플라스 변환이 선형성을 갖는 것처럼 라플라스 역변환도 선형성을 갖는다. 예를 들어

$$\mathcal{L}^{-1}\left\{\frac{2}{s}\right\} = 2\mathcal{L}^{-1}\left\{\frac{1}{s}\right\} = 2,$$

$$\mathcal{L}^{-1}\left\{\frac{3}{s^2} + \frac{1}{s-4}\right\} = 3\mathcal{L}^{-1}\left\{\frac{1}{s^2}\right\} + \mathcal{L}^{-1}\left\{\frac{1}{s-4}\right\} = 3t + e^{4t}$$

이다.

예제 14-7

다음 라플라스 역변환을 구하라.

(a) $\mathcal{L}^{-1}\left\{\dfrac{1}{s^4}\right\}$ (b) $\mathcal{L}^{-1}\left\{\dfrac{1}{s^2+16}\right\}$

TIP [정리 14-7]과 라플라스 역변환의 선형성을 이용한다.

풀이

(a) [정리 14-7]의 (3)을 적용하기 위하여 $\dfrac{1}{s^4}$ 을 $\dfrac{1}{3!}\cdot\dfrac{3!}{s^4}$ 로 변형한다. 라플라스 역변환의 선형성에 의하여

$$\mathcal{L}^{-1}\left\{\frac{1}{s^4}\right\}=\mathcal{L}^{-1}\left\{\frac{1}{3!}\cdot\frac{3!}{s^3}\right\}=\frac{1}{3!}\mathcal{L}^{-1}\left\{\frac{3!}{s^4}\right\}=\frac{1}{6}\cdot t^3=\frac{t^3}{6}$$

이다.

(b) [정리 14-7]의 (5)를 적용하기 위하여 $\dfrac{1}{s^2+16}$ 을 $\dfrac{1}{4}\cdot\dfrac{4}{s^2+4^2}$ 로 변형한다. 라플라스 역변환의 선형성에 의하여

$$\mathcal{L}^{-1}\left\{\frac{1}{s^2+16}\right\}=\mathcal{L}^{-1}\left\{\frac{1}{4}\cdot\frac{4}{s^2+4^2}\right\}=\frac{1}{4}\mathcal{L}^{-1}\left\{\frac{4}{s^2+4^2}\right\}=\frac{1}{4}\cdot\sin 4t=\frac{\sin 4t}{4}$$

이다.

라플라스 역변환의 선형성을 이용하면 좀 더 복잡한 함수의 라플라스 역변환도 쉽게 구할 수 있다.

예제 14-8

다음 함수의 라플라스 역변환을 구하라.

(a) $F(s)=\dfrac{1}{s}+\dfrac{2}{s^2}$ (b) $F(s)=\dfrac{s+4}{s^2+4}$

TIP 라플라스 역변환과 라플라스 역변환의 선형성을 이용한다.

풀이

(a) $\mathcal{L}^{-1}\left\{\dfrac{1}{s}+\dfrac{2}{s^2}\right\}=\mathcal{L}^{-1}\left\{\dfrac{1}{s}\right\}+2\mathcal{L}^{-1}\left\{\dfrac{1}{s^2}\right\}=1+2t$

(b) $\mathcal{L}^{-1}\left\{\dfrac{s+4}{s^2+4}\right\}=\mathcal{L}^{-1}\left\{\dfrac{s}{s^2+2^2}\right\}+2\mathcal{L}^{-1}\left\{\dfrac{2}{s^2+2^2}\right\}=\cos 2t+2\sin 2t$

■ **제1이동정리를 이용한 라플라스 역변환**

[정리 14-7]을 이용할 수 없는 경우, [정리 14-4]의 제1이동정리를 이용하여 라플라스 역변환을 구할 수 있다. 즉, $\mathcal{L}\{e^{at}f(t)\}=F(s-a)$와 $\mathcal{L}\{e^{-at}f(t)\}=F(s+a)$에 라플라스 역변환을 하면 다음이 성립한다.

$$\mathcal{L}^{-1}\{F(s-a)\}=e^{at}f(t)=e^{at}\mathcal{L}^{-1}\{F(s)\}$$
$$\mathcal{L}^{-1}\{F(s+a)\}=e^{-at}f(t)=e^{-at}\mathcal{L}^{-1}\{F(s)\}$$

이 관계를 이용하면 다음과 같이 라플라스 역변환을 쉽게 계산할 수 있다.

$$\mathcal{L}^{-1}\left\{\frac{1}{(s-a)^n}\right\}=e^{at}\mathcal{L}^{-1}\left\{\frac{1}{s^n}\right\}=\frac{t^{n-1}e^{at}}{(n-1)!}$$
$$\mathcal{L}^{-1}\left\{\frac{1}{(s+a)^n}\right\}=e^{-at}\mathcal{L}^{-1}\left\{\frac{1}{s^n}\right\}=\frac{t^{n-1}e^{-at}}{(n-1)!}$$

예제 14-9

다음 함수의 라플라스 역변환을 구하라.

(a) $F(s)=\dfrac{2}{s-1}$ (b) $F(s)=\dfrac{3}{(s+2)^2}$

TIP $\mathcal{L}^{-1}\{F(s-a)\}=e^{at}\mathcal{L}^{-1}\{F(s)\}$임을 이용하여 구한다.

풀이

(a) $\mathcal{L}^{-1}\{F(s)\}=\mathcal{L}^{-1}\left\{\dfrac{2}{s-1}\right\}=2\mathcal{L}^{-1}\left\{\dfrac{1}{s-1}\right\}=2e^t\mathcal{L}^{-1}\left\{\dfrac{1}{s}\right\}=2e^t\cdot 1=2e^t$

(b) $\mathcal{L}^{-1}\{F(s)\}=\mathcal{L}^{-1}\left\{\dfrac{3}{(s+2)^2}\right\}=3\mathcal{L}^{-1}\left\{\dfrac{1}{(s+2)^2}\right\}$

$=3e^{-2t}\mathcal{L}^{-1}\left\{\dfrac{1}{s^2}\right\}=3e^{-2t}\cdot t=3te^{-2t}$

■ **부분분수 전개를 이용한 라플라스 역변환**

복잡한 분수함수의 라플라스 역변환 문제는 9.4절에서 학습한 부분분수를 이용하여 해결할 수 있다. 예를 들어 $F(s)=\dfrac{1}{(s-1)(s-2)}$을 부분분수로 전개하여 라플라스 역변환을 구해보자.

$\frac{1}{(s-1)(s-2)} = \frac{A}{s-1} + \frac{B}{s-2}$로 두고, 우변을 통분하면

$$\frac{1}{(s-1)(s-2)} = \frac{A(s-2)+B(s-1)}{(s-1)(s-2)}$$

이다. 항등식의 성질에 의하여 $A+B=0$, $-2A-B=1$이므로 $A=-1$, $B=1$이다. 따라서

$$F(s) = \frac{1}{(s-1)(s-2)} = -\frac{1}{s-1} + \frac{1}{s-2}$$

이다. 즉, 구하고자 하는 라플라스 역변환은 다음과 같다.

$$\mathcal{L}^{-1}\{F(s)\} = -\mathcal{L}^{-1}\left\{\frac{1}{s-1}\right\} + \mathcal{L}^{-1}\left\{\frac{1}{s-2}\right\} = -e^{t} + e^{2t}$$

주어진 분수함수가 $\frac{1}{(x+a)(x+b)}$이거나 $\frac{1}{(x+a)(x-b)}$ 형태인 경우 또는 분자에 있는 다항함수가 상수는 아니면서 분모에 있는 다항함수보다 차수가 낮은 경우에도 같은 방법으로 분수함수의 합 또는 차로 나타낼 수 있다.

예제 14-10

다음 함수의 라플라스 역변환을 구하라.

(a) $F(s) = \frac{4}{s(s-1)}$ (b) $F(s) = \frac{5s}{(s-2)(s+3)}$

TIP 부분분수로 전개하여 라플라스 역변환을 구한다.

풀이

(a) $\frac{4}{s(s-1)} = \frac{A}{s} + \frac{B}{s-1}$ 로 두고 우변을 통분하면

$$\frac{4}{s(s-1)} = \frac{A(s-1)+Bs}{s(s-1)} = \frac{(A+B)s-A}{s(s-1)}$$

이다. 항등식의 성질에 의하여 $A+B=0$, $A=-4$이므로 $B=4$이다. 따라서

$$F(s) = \frac{4}{s(s-1)} = -\frac{4}{s} + \frac{4}{s-1}$$

이므로 구하고자 하는 라플라스 역변환은

$$\mathcal{L}^{-1}\{F(s)\} = \mathcal{L}^{-1}\left\{-\frac{4}{s} + \frac{4}{s-1}\right\} = -4\mathcal{L}^{-1}\left\{\frac{1}{s}\right\} + 4\mathcal{L}^{-1}\left\{\frac{1}{s-1}\right\}$$

$$= -4\mathcal{L}^{-1}\left\{\frac{1}{s}\right\} + 4e^t \cdot \mathcal{L}^{-1}\left\{\frac{1}{s}\right\} = -4 + 4e^t$$

이다.

(b) $\dfrac{5s}{(s-2)(s+3)} = \dfrac{A}{s-2} + \dfrac{B}{s+3}$ 로 두고 우변을 통분하면

$$\frac{5s}{(s-2)(s+3)} = \frac{A(s+3)+B(s-2)}{(s-2)(s+3)} = \frac{(A+B)s+(3A-2B)}{(s-2)(s+3)}$$

이다. 항등식의 성질에 의하여 $A+B=5$, $3A-2B=0$ 이므로 $A=2$, $B=3$이다. 따라서

$$F(s) = \frac{5s}{(s-2)(s+3)} = \frac{2}{s-2} + \frac{3}{s+3}$$

이므로 구하고자 하는 라플라스 역변환은

$$\begin{aligned}
\mathcal{L}^{-1}\{F(s)\} &= \mathcal{L}^{-1}\left\{\frac{2}{s-2} + \frac{3}{s+3}\right\} \\
&= 2\mathcal{L}^{-1}\left\{\frac{1}{s-2}\right\} + 3\mathcal{L}^{-1}\left\{\frac{1}{s+3}\right\} \\
&= 2e^{2t}\mathcal{L}^{-1}\left\{\frac{1}{s}\right\} + 3e^{-3t}\mathcal{L}^{-1}\left\{\frac{1}{s}\right\} \\
&= 2e^{2t} + 3e^{-3t}
\end{aligned}$$

이다.

14.4 라플라스 변환의 응용

라플라스 변환을 이용하면 복잡한 미분방정식을 쉽게 풀 수 있다. 13장에서는 2계 동차 선형 미분방정식의 풀이법을 다뤘다. 라플라스 변환을 이용하면 계수가 상수인 n계 비동차 선형 미분방정식의 해를 구할 수 있다. 초기조건과 상수계수 $a_0, a_1, \cdots, a_n$을 갖는 n계 비동차 선형 미분방정식은 다음과 같다.

$$a_n y^{(n)}(t) + a_{n-1} y^{(n-1)}(t) + \cdots + a_1 y'(t) + a_0 y(t) = f(t),$$
$$y(0) = y_0,\ y'(0) = y_1,\ \cdots,\ y^{(n-1)}(0) = y_{n-1}$$

라플라스 변환을 이용하여 미분방정식의 해를 구하는 방법은 다음과 같다.

정리 14-8 라플라스 변환을 이용한 미분방정식의 풀이법

함수 $y(t)$에 대한 미분방정식의 풀이법은 다음과 같다.

[1단계] 라플라스 변환의 선형성을 이용하여 미분방정식의 각 항을 라플라스 변환한다.
[2단계] $\mathcal{L}\{y(t)\} = Y(s)$로 두고 식을 정리한다.
[3단계] $Y(s)$에 대한 라플라스 역변환을 계산하여 $y(t)$를 구한다.

[정리 14-8]의 [2단계]에서 미분방정식의 도함수 항을 라플라스 변환할 때에는 [정리 14-5]를 적용한 후 초기조건을 대입한다.

라플라스 변환을 이용하여 초기조건이 주어진 1계 미분방정식의 해를 구해보자.

예제 14-11

초깃값 문제 $y'(t) - 3y(t) = e^t,\ y(0) = 0$의 해를 구하라.

TIP [정리 14-1], [정리 14-5], [정리 14-7], [정리 14-8]을 이용하여 해를 구한다.

풀이

[1단계] 주어진 미분방정식의 각 항에 라플라스 변환을 적용하면

$$\mathcal{L}\{y'(t)\} - \mathcal{L}\{3y(t)\} = \mathcal{L}\{e^t\}$$

이다.

[2단계] $\mathcal{L}\{y(t)\}=Y(s)$라 하면, $y(0)=0$이므로 [정리 14-5]에 의하여,

$\mathcal{L}\{y'(t)\}=s\mathcal{L}\{y(t)\}-y(0)=sY(s)$이고 $\mathcal{L}\{3y(t)\}=3\mathcal{L}\{y(t)\}=3Y(s)$이며

[정리 14-1]에 의하여 $\mathcal{L}\{e^t\}=\dfrac{1}{s-1}$이다. 따라서

$$sY(s)-3Y(s)=\frac{1}{s-1}$$

이고 이를 정리하면

$$Y(s)=\frac{1}{(s-1)(s-3)}$$

이다.

[3단계] $Y(s)$를 부분분수로 전개하면

$$Y(s)=\frac{-\frac{1}{2}}{s-1}+\frac{\frac{1}{2}}{s-3}$$

이다. 부분분수를 이용하여 $Y(s)$에 대한 라플라스 역변환을 계산하면

$$\begin{aligned}y(t)&=\mathcal{L}^{-1}\left\{\frac{-\frac{1}{2}}{s-1}\right\}+\mathcal{L}^{-1}\left\{\frac{\frac{1}{2}}{s-3}\right\}\\&=-\frac{1}{2}\mathcal{L}^{-1}\left\{\frac{1}{s-1}\right\}+\frac{1}{2}\mathcal{L}^{-1}\left\{\frac{1}{s-3}\right\}\\&=-\frac{1}{2}e^t+\frac{1}{2}e^{3t}\end{aligned}$$

이다.

이제 라플라스 변환을 이용하여 초기조건이 주어진 2계 미분방정식의 해를 구해보자.

예제 14-12

초깃값 문제 $y''(t)+y(t)=t$, $y(0)=1$, $y'(0)=-1$의 해를 구하라.

TIP [정리 14-1], [정리 14-5], [정리 14-7], [정리 14-8]을 이용하여 해를 구한다.

풀이

[1단계] 주어진 미분방정식의 각 항을 라플라스 변환하면

$$\mathcal{L}\{y''(t)\}+\mathcal{L}\{y(t)\}=\mathcal{L}\{t\}$$

이다.

[2단계] $\mathcal{L}\{y(t)\} = Y(s)$라 하면, $y(0) = 1$, $y'(0) = -1$이므로 [정리 14-5]에 의하여

$\mathcal{L}\{y''(t)\} = s^2Y(s) - sy(0) - y'(0) = s^2Y(s) - s + 1$이고

$\mathcal{L}\{y(t)\} = Y(s)$이며 [정리 14-1]에 의하여 $\mathcal{L}\{t\} = \dfrac{1}{s^2}$이다. 따라서

$$s^2Y(s) - s + 1 + Y(s) = \frac{1}{s^2}$$

이고 이를 정리하면

$$\begin{aligned} Y(s) &= \frac{s-1}{s^2+1} + \frac{1}{s^2(s^2+1)} \\ &= \frac{s}{s^2+1} - \frac{1}{s^2+1} + \frac{1}{s^2} - \frac{1}{s^2+1} \\ &= \frac{s}{s^2+1} - \frac{2}{s^2+1} + \frac{1}{s^2} \end{aligned}$$

이다.

[3단계] $Y(s)$의 각 항을 라플라스 역변환하면

$$\begin{aligned} &\mathcal{L}^{-1}\left\{\frac{s}{s^2+1}\right\} = \cos t, \\ &\mathcal{L}^{-1}\left\{\frac{2}{s^2+1}\right\} = 2\mathcal{L}^{-1}\left\{\frac{1}{s^2+1}\right\} = 2\sin t, \\ &\mathcal{L}^{-1}\left\{\frac{1}{s^2}\right\} = t \end{aligned}$$

이므로

$$y(t) = \mathcal{L}^{-1}\{Y(s)\} = \cos t - 2\sin t + t$$

이다.

14.5 공학 문제

감쇠 진동

진동계vibration system[3]에서는 속도에 비례하는 마찰력이 존재할 경우 시간이 지남에 따라 파동의 진폭이 점차 줄어드는데, 이러한 현상이 발생하는 진동을 **감쇠 진동**damped oscillation이라 한다. 지수함수에 코사인함수나 사인함수를 곱한 $e^{at}\sin bt$ 또는 $e^{at}\cos bt$는 [그림 14-1]과 같이 감쇠 진동하는 파형을 나타내는 함수이다.

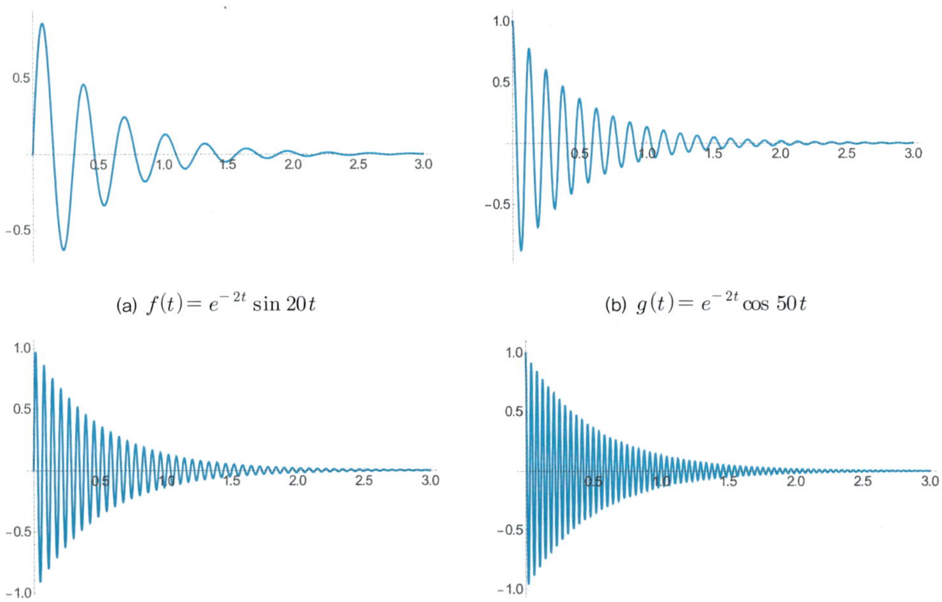

(a) $f(t)=e^{-2t}\sin 20t$

(b) $g(t)=e^{-2t}\cos 50t$

(c) $h(t)=e^{-2t}\sin 100t$

(d) $k(t)=e^{-2t}\cos 150t$

[그림 14-1] 감쇠 진동하는 다양한 파형

3 진동에 의해 발생한 물리적인 양을 기계적·광학적·전기적으로 확대하여 지시하거나 기록하는 장치를 말한다.

예제 14-13

감쇠 진동하는 두 파형을 나타내는 함수 $e^{-2t}\sin 50t$와 $e^{-2t}\cos 100t$의 라플라스 변환을 구하라.

TIP 제1이동정리와 $\mathcal{L}\{\sin bt\}=\dfrac{b}{s^2+b^2}$, $\mathcal{L}\{\cos bt\}=\dfrac{s}{s^2+b^2}$를 이용한다.

풀이

$e^{-2t}\sin 50t=e^{-2t}f(t)$라 하면 $F(s)=\mathcal{L}\{f(t)\}=\dfrac{50}{s^2+2500}$이다.

따라서 제1이동정리에 의하여 $\mathcal{L}\left\{e^{-2t}\sin 50t\right\}=F(s+2)=\dfrac{50}{(s+2)^2+2500}$이다.

$e^{-2t}\cos 100t=e^{-2t}g(t)$라 하면 $G(s)=\mathcal{L}\{g(t)\}=\dfrac{s}{s^2+10000}$이다.

따라서 제1이동정리에 의하여 $\mathcal{L}\left\{e^{-2t}\cos 100t\right\}=G(s+2)=\dfrac{s+2}{(s+2)^2+10000}$이다.

보의 처짐량

토목공학, 기계공학 등에서 다루는 중요한 문제 중 하나는 자체 무게 또는 외력에 의한 탄성 보beam[4]의 처짐량을 파악하는 것이다. 이는 보의 처짐deflection을 제한하여 구조물이 제 기능을 할 수 있도록 하기 위해서이다. 만약 보가 규정 범위를 벗어나 처지면 바닥이 평평하지 않아 사용자가 불편함을 느끼게 된다. 따라서 구조물의 양호한 상태를 유지하기 위해 구조물의 종류 등에 따라 허용 처짐을 규정한다.

[그림 14-2] 다리의 보

[그림 14-3]과 같이 왼쪽 끝은 완전히 고정되고 오른쪽 끝은 자유롭게 놓아둔 외팔보cantilever[5]의 처짐량 $y(x)$는 다음 4계 미분방정식을 만족한다.

$$EI\frac{d^4y(x)}{dx^4}=w(x)$$

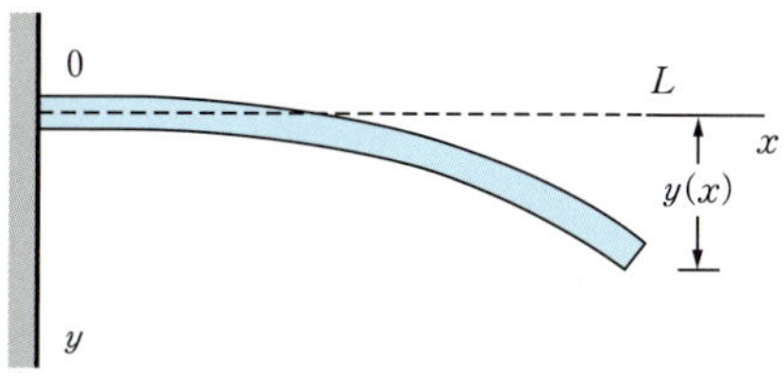

[그림 14-3] 직선 상태일 때의 길이가 L인 외팔보의 처짐량

이때 E는 보의 재질의 탄성계수이고 I는 보의 단면의 관성 모멘트이며 $w(x)$는 하중이다.

4 보란 수직재의 기둥에 연결되어 하중을 지탱하고 있는 수평 구조부재로, 축이 직각 방향의 힘을 받아 하중을 지탱한다.
5 한쪽 끝만 고정되어 있는 보를 말한다.

예제 14-14

다음 그림과 같이 왼쪽 끝($x=0$)은 완전히 고정되고 오른쪽 끝($x=1$)은 자유롭게 놓아둔 외팔보는 다음 식을 만족한다.

$$EI\frac{d^4y(x)}{dx^4}=w(x),\ y(0)=0,\ y'(0)=0,\ y''(1)=0,\ y^{(3)}(1)=0$$

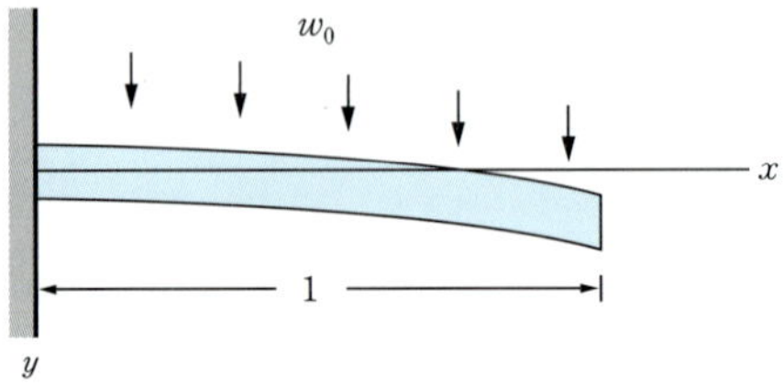

일정한 하중 w_0가 보에 균일하게 가해질 때 보의 변위 $y(x)$를 구하라.

TIP 보의 처짐량 공식과 [정리 14-5], [정리 14-8]을 이용한다.

풀이

$EI\frac{d^4y(x)}{dx^4}=w_0$의 양변을 라플라스 변환하면 $\mathcal{L}\left\{EI\frac{d^4y(x)}{dx^4}\right\}=\mathcal{L}\{w_0\}$이고 이를 정리하면

$$EI\{s^4Y(s)-s^3y(0)-s^2y'(0)-sy''(0)-y^{(3)}(0)\}=w_0\cdot\frac{1}{s}$$

이다. $y''(0)=c_1$, $y^{(3)}(0)=c_2$라 하고 초기조건 $y(0)=0$, $y'(0)=0$을 대입하여 식을 정리하면

$$Y(s)=\frac{c_1}{s^3}+\frac{c_2}{s^4}+\frac{w_0}{EI}\cdot\frac{1}{s^5}$$

이다. 각 항을 라플라스 역변환하면

$$\begin{aligned}y(x)&=\mathcal{L}^{-1}\{Y(s)\}=\mathcal{L}^{-1}\left\{\frac{c_1}{s^3}+\frac{c_2}{s^4}+\frac{w_0}{EI}\cdot\frac{1}{s^5}\right\}\\&=\frac{c_1}{2!}\mathcal{L}^{-1}\left\{\frac{2!}{s^3}\right\}+\frac{c_2}{3!}\mathcal{L}^{-1}\left\{\frac{3!}{s^4}\right\}+\frac{w_0}{EI}\cdot\frac{1}{4!}\mathcal{L}^{-1}\left\{\frac{4!}{s^5}\right\}\\&=\frac{c_1}{2}x^2+\frac{c_2}{6}x^3+\frac{w_0}{24EI}x^4\end{aligned}$$

이다. 위 식을 미분하여 구한 $y''(x)=c_1+c_2x+\frac{w_0}{2EI}x^2$, $y^{(3)}(x)=c_2+\frac{w_0}{EI}x$에 $y''(1)=0$, $y^{(3)}(1)=0$을 대입하면

$$0=y''(1)=c_1+c_2+\frac{w_0}{2EI},\quad 0=y^{(3)}(1)=c_2+\frac{w_0}{EI}$$

이다. 따라서 $c_2 = -\frac{w_0}{EI}$, $c_1 = \frac{w_0}{2EI}$ 이므로 구하고자 하는 보의 변위는

$$y(x) = \frac{w_0}{4EI}x^2 - \frac{w_0}{6EI}x^3 + \frac{w_0}{24EI}x^4$$

이다.

RLC 직렬회로

오른쪽 그림과 같은 RLC 직렬회로에 흐르는 전류를 $i(t)$, 축전기의 전하량을 $q(t)$, 회로에 공급된 전체 전압을 $E(t)$라 하면, 저항에 걸리는 전압은 Ri, 코일에 걸리는 전압은 $L\frac{di}{dt}$, 축전기에 걸리는 전압은 $\frac{q(t)}{C}$이다. 또한 $i(t) = \frac{dq}{dt}$의 관계가 성립하므로 이 회로에 키르히호프의 전압 법칙을 적용하면 $q(t)$에 대한 미분방정식은 다음과 같다.

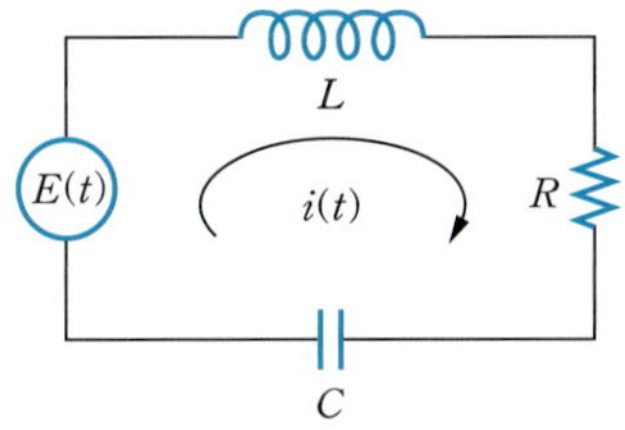

[그림 14-4] RLC 직렬회로

$$L\frac{d^2q(t)}{dt^2} + R\frac{dq(t)}{dt} + \frac{q(t)}{C} = E(t)$$

예제 14-15

[그림 14-4]와 같은 RLC 직렬회로에서 인덕턴스, 저항, 커패시턴스가 각각 $L = 2\mathrm{H}$, $R = 8\,\Omega$, $C = 0.0625\mathrm{F}$이고 $E(t) = 96\mathrm{V}$일 때, 축전기의 전하량 $q(t)$를 구하라(단, $q(0) = 0$, $q'(0) = 0$이다).

TIP RLC 직렬회로의 전하량에 대한 미분방정식과 [정리 14-5], [정리 14-8]을 이용한다.

풀이

$q(t)$에 대한 미분방정식에 $L = 2$, $R = 8$, $C = 0.0625$, $E(t) = 96$을 대입하면

$$2\frac{d^2q(t)}{dt^2} + 8\frac{dq(t)}{dt} + \frac{1}{0.0625}q(t) = 96$$

이고 이를 정리하면

$$\frac{d^2q(t)}{dt^2} + 4\frac{dq(t)}{dt} + 8q(t) = 48$$

이다. 위 미분방정식의 각 항을 라플라스 변환하면

$$(s^2\mathcal{L}\{q(t)\} - s\,q(0) - q'(0)) + 4(s\mathcal{L}\{q(t)\} - q(0)) + 8\mathcal{L}\{q(t)\} = \mathcal{L}\{48\}$$

이므로 $q(0)=0$, $q'(0)=0$을 대입하여 위 식을 정리하면

$$(s^2+4s+8)\mathcal{L}\{q(t)\}=\frac{48}{s}$$

이다. 따라서

$$\begin{aligned}\mathcal{L}\{q(t)\}&=\frac{48}{s(s^2+4s+8)}\\&=\frac{6}{s}-\frac{6s+24}{s^2+4s+8}\\&=\frac{6}{s}-\frac{6(s+2)}{(s+2)^2+2^2}-\frac{12}{(s+2)^2+2^2}\end{aligned}$$

이다. 각 항을 라플라스 역변환하면

$$\mathcal{L}^{-1}\left\{\frac{6}{s}\right\}=6,$$

$$\mathcal{L}^{-1}\left\{\frac{6(s+2)}{(s+2)^2+2^2}\right\}=6e^{-2t}\cos 2t,$$

$$\mathcal{L}^{-1}\left\{\frac{12}{(s+2)^2+2^2}\right\}=6e^{-2t}\sin 2t$$

이므로 구하고자 하는 축전기의 전하량은

$$q(t)=6-6e^{-2t}\cos 2t-6e^{-2t}\sin 2t$$

이다.

단위계단함수

단위계단함수unit step function $u(t)$는 전기회로 등에서 스위치를 'on' 또는 'off'로 하는 상태에 관한 함수이다. 다음과 같은 단위계단함수는 시간 $t=0$에서 시스템에 일정한 크기의 기준 입력이 가해진 경우를 표현하기 위해 제어공학, 통신공학, 전자공학 등에서 자주 사용한다.

$$u(t)=\begin{cases}0 & (t<0)\\1 & (t\geq 0)\end{cases}$$

임의의 시점 a를 기준으로 한 단위계단함수는 다음과 같이 나타낸다.

$$u(t-a)=\begin{cases}0 & (t<a)\\ 1 & (t\geq a)\end{cases}$$

이 함수는 a초 직전에는 스위치가 'off'이고, a초 직후에는 스위치가 'on'임을 나타낸다.

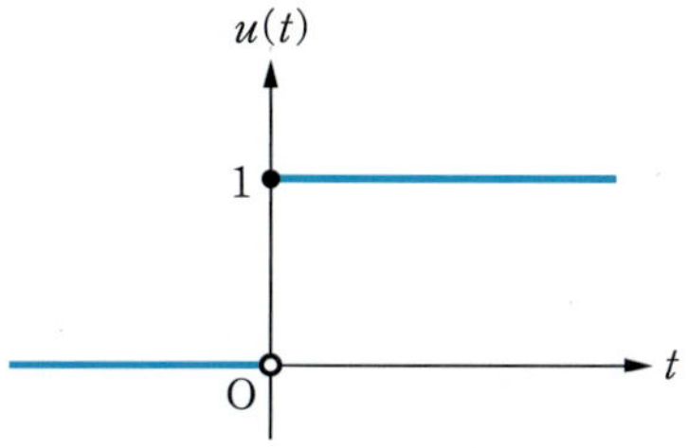

[그림 14-5] **원점을 기준으로 한 단위계단함수**

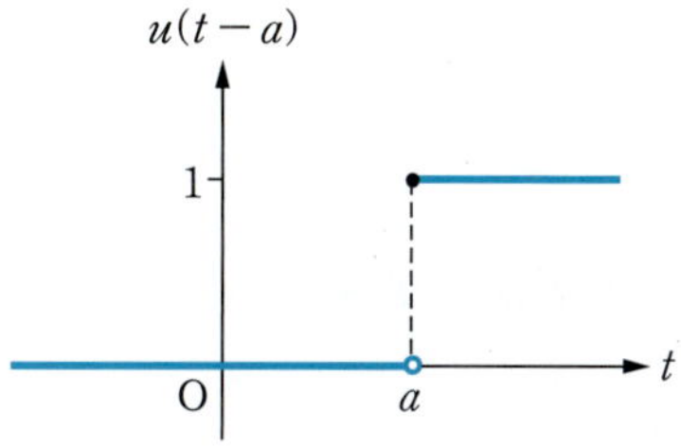

[그림 14-6] **임의의 시점 a를 기준으로 한 단위계단함수**

예제 14-16

라플라스 변환의 정의를 이용하여 $\mathcal{L}\{u(t-a)\}=\dfrac{e^{-as}}{s}$ 임을 증명하라.

TIP [정의 14-1]과 이상적분을 이용한다.

풀이

$$\mathcal{L}\{u(t-a)\}=\int_0^\infty e^{-st}u(t-a)\,dt=\int_0^a e^{-st}\cdot 0\,dt+\int_a^\infty e^{-st}\cdot 1dt$$

$$=\lim_{b\to\infty}-\frac{1}{s}e^{-st}\Big|_a^b=0-\left(-\frac{1}{s}e^{-as}\right)=\frac{e^{-as}}{s}$$

Chapter 14 연습문제

14.1 라플라스 변환의 정의를 이용하여 다음을 증명하라.

(a) $\mathcal{L}\{t^2\} = \dfrac{2}{s^3}$ (b) $\mathcal{L}\{e^{-at}\} = \dfrac{1}{s+a}$

(c) $\mathcal{L}\{\sin bt\} = \dfrac{b}{s^2+b^2}$ (d) $\mathcal{L}\{\cos bt\} = \dfrac{s}{s^2+b^2}$

14.2 라플라스 변환의 정의를 이용하여 다음을 구하라.

(a) $\mathcal{L}\{t^5\}$ (b) $\mathcal{L}\{e^{\sqrt{2}\,t}\}$

(c) $\mathcal{L}\{\sin 4t\}$ (d) $\mathcal{L}\{\cos 5t\}$

14.3 다음 함수의 라플라스 변환을 구하라.

(a) $f(t) = \begin{cases} 0, & 0 \le t < 3 \\ 2, & 3 \le t \end{cases}$ (b) $g(t) = \begin{cases} 1, & 0 \le t < 2 \\ 3, & 2 \le t \end{cases}$

(c) $h(t) = \begin{cases} 0, & 0 \le t < 1 \\ 1, & 1 \le t < 4 \\ 4, & 4 \le t \end{cases}$ (d) $k(t) = \begin{cases} 3, & 0 \le t < 2 \\ 2, & 2 \le t < 6 \\ 1, & 6 \le t \end{cases}$

14.4 라플라스 변환의 선형성을 이용하여 다음을 구하라.

(a) $\mathcal{L}\{t^5 + 3t^2\}$ (b) $\mathcal{L}\{(t-3)^2\}$

(c) $\mathcal{L}\{\sin 4t + \cos 2t\}$ (d) $\mathcal{L}\{e^{3t} - 2e^{-4t}\}$

14.5 제1이동정리를 이용하여 다음 함수의 라플라스 변환을 구하라.

(a) $f(t) = t^4 e^{3t}$ (b) $g(t) = 3e^{-4t}$

(c) $h(t) = \sin t\, e^{5t}$ (d) $k(t) = \cos t\, e^{-9t}$

14.6 $f(t)=t+\frac{1}{2}\sin 2t$, $g(t)=3\cos 3t+\frac{8}{3}\sin 3t$ 일 때

$\mathcal{L}\{f(t)\}=\frac{2s^2+4}{s^2(s^2+4)}$, $\mathcal{L}\{g(t)\}=\frac{3s+8}{s^2+9}$ 임을 이용하여 다음을 구하라.

(a) $\mathcal{L}\{f'(t)\}$
(b) $\mathcal{L}\{f''(t)\}$
(c) $\mathcal{L}\{g'(t)\}$
(d) $\mathcal{L}\{g''(t)\}$

14.7 라플라스 변환의 미분을 이용하여 다음 함수의 라플라스 변환을 구하라.

(a) $f(t)=t\sin 6t$
(b) $g(t)=t\cos 5t$
(c) $h(t)=t^5e^{4t}$
(d) $k(t)=t^3e^{-4t}$

14.8 라플라스 역변환의 선형성을 이용하여 다음 함수의 라플라스 역변환을 구하라.

(a) $F(s)=\frac{2}{s}+\frac{3}{s+2}$
(b) $G(s)=\frac{5}{s^2}-\frac{4}{s^3}$
(c) $H(s)=\frac{\sqrt{3}}{s-1}+\frac{\sqrt{5}}{s+5}$
(d) $K(s)=\frac{3}{s+2}-\frac{2}{s^4}$

14.9 제1이동정리에 대한 라플라스 역변환을 이용하여 다음 함수의 라플라스 역변환을 구하라.

(a) $F(s)=\frac{3}{(s+2)^4}$
(b) $G(s)=\frac{5}{(s-7)^5}$
(c) $H(s)=\frac{2}{s^2-6s+9}$
(d) $K(s)=\frac{7}{s^3+3s^2+3s+1}$

14.10 부분분수를 이용하여 다음 함수의 라플라스 역변환을 구하라.

(a) $F(s)=\frac{3s}{(s+1)(s+4)}$
(b) $G(s)=\frac{2}{s(s-2)}$
(c) $H(s)=\frac{2s+3}{s^2+3s+2}$
(d) $K(s)=\frac{s+2}{s^2-8s-9}$

14.11 라플라스 변환을 이용하여 다음 초깃값 문제의 해를 구하라.

(a) $y''(t) + 3y(t) = 0$, $y(0) = 3$, $y'(0) = 4$

(b) $y''(t) + 5y'(t) + 4y(t) = 0$, $y(0) = 1$, $y'(0) = 0$

(c) $y''(t) + y(t) = \sin 2t$, $y(0) = 0$, $y'(0) = 0$

(d) $y''(t) + 2y'(t) + y(t) = 1$, $y(0) = 1$, $y'(0) = 1$

14.12 다음 그림과 같이 $[0, \infty)$에서 정의된 함수의 라플라스 변환을 구하라.

(a)

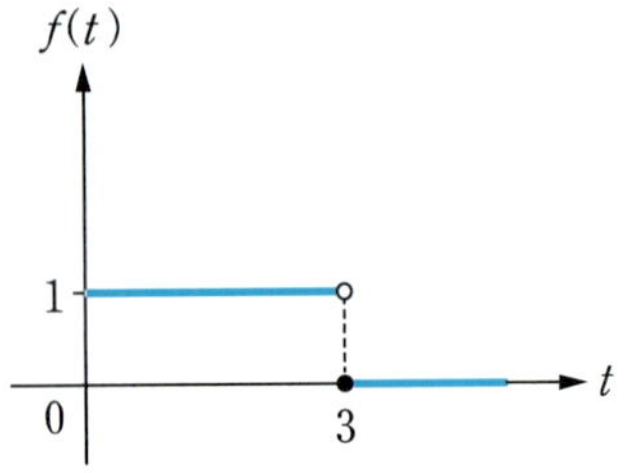

(b)

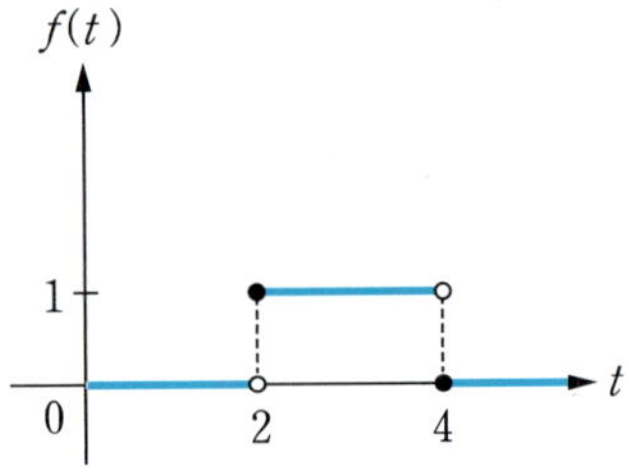

14.13 선형 시불변 시스템linear time invariable system은 선형성linearity과 시간 불변성time invariant을 모두 가진 시스템으로 입력과 출력이 모두 선형성을 만족하는 시스템을 의미한다. 또한 시불변 시스템은 입력에서 시간의 지연 또는 선행이 있을 때, 출력에도 같은 시간 지연이 생긴다. 선형 시불변 시스템의 어느 응답이 $f(t) = e^{-3t} + 3e^{-4t}$일 때, $f(t)$의 라플라스 변환을 구하라.

14.14 탄성계수가 4.5 kg/m인 스프링에 16 kg의 중량이 가해졌다. 시간 $t = 0$에서부터 $f(t) = 2\cos 3t + 4\sin 3t$인 힘이 계에 전달되고 제동력이 없다는 가정하에 중량이 평형 위치의 멈춘 점에서 운동을 시작할 때 다음 미분방정식을 얻는다.

$$\frac{1}{2}x''(t) + 4.5x(t) = f(t), \quad x(0) = 0, \quad x'(0) = 0$$

이때 $x(t)$를 구하라.

14.15 RLC 직렬회로에서 축전기의 전하량 $q(t)$에 대한 미분방정식은

$$L\frac{d^2q(t)}{dt^2}+R\frac{dq(t)}{dt}+\frac{q(t)}{C}=E(t)$$

이다. $L=1\mathrm{H}$, $R=6\Omega$, $C=\frac{1}{9}\mathrm{F}$, $E(t)=10\mathrm{V}$이고
$q(0)=0$, $q'(0)=0$일 때 라플라스 변환을 이용하여 $q(t)$를 구하라.

Chapter 15

푸리에 급수와 푸리에 변환

Fourier Series and Fourier Transform

CONTENTS

학습목표

- 직교함수와 직교집합, 정규직교집합의 개념을 이해한다.
- 구간 $[-\pi, \pi]$에서 정의된 함수의 푸리에 급수를 구하는 방법을 학습한다.
- 구간 $[0, \pi]$에서 정의된 함수의 푸리에 사인 급수와 푸리에 코사인 급수를 구하는 방법을 학습한다.
- 비주기함수의 푸리에 변환을 구하는 방법을 알아본다.
- 푸리에 급수 및 푸리에 변환과 관련된 공학 문제를 학습한다.

푸리에 급수와 푸리에 변환은 전자공학, 통신공학 등의 기초가 되는 신호 및 시스템signal and system에서 신호를 주파수 영역으로 표현하여 시스템의 해석을 쉽게 하는 도구이다. 연속적인 주기를 갖는 신호는 다양한 주파수의 정현파 신호를 조합하여 만든다. 정현파sine wave란 일정하고 연속적인 가장 기본이 되는 아날로그 신호이며, 다음과 같이 삼각함수로 구성된다.

$$x_1(t) = A\sin(2\pi f_0 t + \phi), \quad x_2(t) = A\cos(2\pi f_0 t + \phi)$$

어떤 주기 신호에 대해 알기 위해서는 정현파의 진폭과 주파수를 파악해야 한다. 시간 영역에서 표현된 주기 신호를 정현파로 분해하여 삼각함수로 나타내는 것이 바로 푸리에 급수이다.

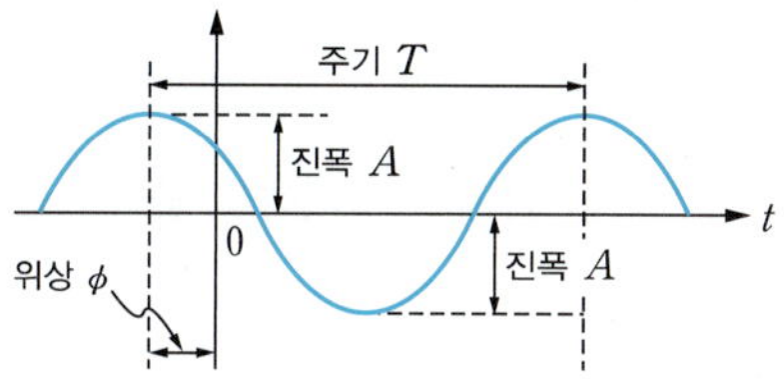

예를 들어, $f(x) = x$의 푸리에 급수는 $2\sum_{n=1}^{\infty}\frac{(-1)^{n+1}}{n}\sin nx$이고, 이 푸리에 급수의 50번째 항까지의 부분합 S_{50}과 1000번째 항까지의 부분합 S_{1000}을 그래프로 나타내면 다음과 같다.

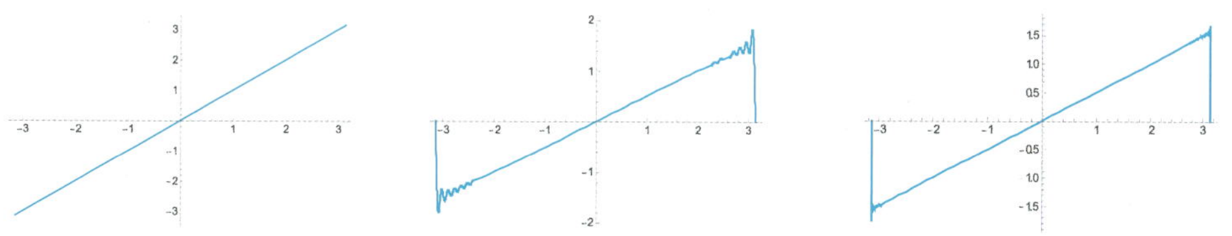

$f(x) = x$ $\quad S_{50} = 2\sum_{n=1}^{50}\frac{(-1)^{n+1}}{n}\sin nx$ $\quad S_{1000} = 2\sum_{n=1}^{1000}\frac{(-1)^{n+1}}{n}\sin nx$

따라서 푸리에 급수는 원래 신호인 $f(x)$에 근접함을 알 수 있다.

15.1 직교함수

함수의 내적과 직교함수

직교함수를 살펴보기에 앞서 구간 위에 정의된 두 함수의 내적을 알아보자.

정의 15-1 함수의 내적

구간 $[a, b]$에서 정의된 두 함수 f와 g의 **내적**inner product을 다음과 같이 정의한다.

$$(f, g) = \int_a^b f(x)g(x)\,dx$$

[정의 15-1]에 의하여 두 함수의 내적 결과는 실수가 된다.

예제 15-1

구간 $[-1, 1]$에서 정의된 다음 두 함수의 내적을 구하라.

(a) $f(x) = x,\ g(x) = x^4$ (b) $p(x) = x^2,\ q(x) = x^6$

TIP [정의 15-1]에 따라 두 함수를 곱한 후 정적분을 계산한다.

풀이

(a) $(f, g) = \int_{-1}^{1} x \cdot x^4\,dx = \int_{-1}^{1} x^5\,dx = \frac{1}{6}x^6 \Big|_{-1}^{1} = 0$

(b) $(p, q) = \int_{-1}^{1} x^2 \cdot x^6\,dx = \int_{-1}^{1} x^8\,dx = \frac{1}{9}x^9 \Big|_{-1}^{1} = \frac{2}{9}$

이제 두 함수의 내적이 0인 경우를 다음과 같이 정의해보자.

정의 15-2 함수의 직교성과 직교함수

구간 $[a, b]$에서 정의된 두 함수 f와 g의 내적이 0일 때, 즉

$$(f, g) = \int_a^b f(x)g(x)\,dx = 0$$

이면 구간 $[a, b]$에서 두 함수 f와 g는 **직교한다**orthogonal고 한다. 이때 직교하는 두 함수 f와 g를 **직교함수**orthogonal function라 한다.

[정의 15-2]에 의하여 [예제 15-1]의 두 함수 f와 g는 구간 $[-1, 1]$에서 직교하지만, 두 함수 p와 q는 구간 $[-1, 1]$에서 직교하지 않는다.

직교집합

이제 서로 직교하는 함수로 만들어진 무한집합을 정의해보자.

정의 15-3 직교집합

$\{\phi_0, \phi_1, \phi_2, \phi_3, \cdots\}$가 구간 $[a, b]$에서 정의된 함수의 집합일 때, $m \neq n$인 모든 음이 아닌 정수 m과 n에 대하여

$$(\phi_m, \phi_n) = \int_a^b \phi_m(x)\phi_n(x)\,dx = 0$$

이면 $\{\phi_0, \phi_1, \phi_2, \phi_3, \cdots\}$를 구간 $[a, b]$에서의 **직교집합**orthogonal set이라 한다.

삼각함수로 구성된 직교집합을 학습하려면 9.3절에서 학습한 [정리 9-5]와 [정리 9-6]을 정확히 알아야 한다.

예제 15-2

구간 $[-\pi, \pi]$에서 $\{\sin x, \sin 2x, \sin 3x, \cdots\}$가 직교집합임을 증명하라.

TIP 삼각함수의 곱을 합 또는 차로 표현한 후 [정의 15-3]을 만족하는지 확인한다.

풀이

$m \neq n$인 모든 음이 아닌 정수 m과 n에 대하여

$$\begin{aligned}\int_{-\pi}^{\pi} \sin mx \sin nx\,dx &= \int_{-\pi}^{\pi} -\frac{1}{2}\{\cos(m+n)x - \cos(m-n)x\}\,dx \\ &= -\frac{1}{2}\left(\frac{\sin(m+n)x}{m+n} - \frac{\sin(m-n)x}{m-n}\right)\Bigg|_{-\pi}^{\pi} \\ &= 0\end{aligned}$$

이다. 따라서 구간 $[-\pi, \pi]$에서 $\{\sin x, \sin 2x, \sin 3x, \cdots\}$는 직교집합이다.

■ 노름과 정규직교집합

이제 내적을 이용하여 함수의 크기인 노름을 정의해보자.

정의 15-4 노름

구간 $[a, b]$에서 정의된 함수 f의 **노름**은 다음과 같이 정의한다.

$$\| f \| = \sqrt{(f,\ f)}$$

이때 $(f,\ f) = \int_a^b f(x) \cdot f(x)\, dx$이다.

[정의 15-4]에 의하여 상수함수인 $f(x) = 1$의 노름도 f가 정의된 구간에 따라 1이 아닐 수 있다.

예제 15-3

구간 $[-\pi,\ \pi]$에서 다음 함수의 노름을 구하라.

(a) $f_1(x) = 1$

(b) $f_2(x) = \cos x$

(c) $f_3(x) = \sin nx$ (n은 자연수)

(d) $f_4(x) = \cos mx$ (m은 자연수)

TIP $(f,\ f)$를 계산한 후 그 결과에 근호를 취하여 노름을 구한다.

풀이

(a) $(f_1,\ f_1) = \int_{-\pi}^{\pi} 1 \cdot 1\, dx = 2\pi$이므로

$$\| f_1 \| = \sqrt{(f_1,\ f_1)} = \sqrt{2\pi}$$

이다.

(b) $(f_2,\ f_2) = \int_{-\pi}^{\pi} \cos x \cdot \cos x\, dx = \int_{-\pi}^{\pi} \frac{1 + \cos 2x}{2}\, dx = \left(\frac{1}{2}x + \frac{1}{4}\sin 2x \right)\Big|_{-\pi}^{\pi} = \pi$이므로

$$\| f_2 \| = \sqrt{(f_2,\ f_2)} = \sqrt{\pi}$$

이다.

(c) $(f_3,\ f_3) = \int_{-\pi}^{\pi} \sin nx \cdot \sin nx\, dx = \int_{-\pi}^{\pi} \frac{1 - \cos 2nx}{2}\, dx = \left(\frac{1}{2}x - \frac{1}{4n}\sin 2nx \right)\Big|_{-\pi}^{\pi} = \pi$
이므로

$$\| f_3 \| = \sqrt{(f_3,\ f_3)} = \sqrt{\pi}$$

이다.

(d) $(f_4, f_4) = \int_{-\pi}^{\pi} \cos mx \cdot \cos mx\, dx = \int_{-\pi}^{\pi} \frac{1+\cos 2mx}{2}\, dx = \left(\frac{1}{2}x + \frac{1}{4m}\sin 2mx\right)\Big|_{-\pi}^{\pi}$
$= \pi$이므로

$$\| f_4 \| = \sqrt{(f_4, f_4)} = \sqrt{\pi}$$

이다.

벡터함수에서의 단위접선벡터와 비슷한 개념으로 함수 f를 함수의 노름인 $\| f \|$로 나누면 $\frac{f}{\| f \|}$는 노름이 1인 함수가 된다. 이때 $\frac{f}{\| f \|}$를 f의 **정규화**normalization라 한다.

정의 15-5 정규직교집합

구간 $[a, b]$에서 $\{\phi_0, \phi_1, \phi_2, \phi_3, \cdots\}$가 직교집합이고 모든 음이 아닌 정수 n에 대하여 $\| \phi_n \| = 1$이면 $\{\phi_0, \phi_1, \phi_2, \phi_3, \cdots\}$를 구간 $[a, b]$에서의 **정규직교집합** orthonormal set이라 한다.

[예제 15-2]와 [예제 15-3]에 의하여 구간 $[-\pi, \pi]$에서

$$\left\{\frac{\sin x}{\sqrt{\pi}}, \frac{\sin 2x}{\sqrt{\pi}}, \frac{\sin 3x}{\sqrt{\pi}}, \cdots\right\}$$

는 정규직교집합이다. 또한 구간 $[-\pi, \pi]$에서

$$\left\{\frac{1}{\sqrt{2\pi}}, \frac{\cos x}{\sqrt{\pi}}, \frac{\cos 2x}{\sqrt{\pi}}, \frac{\cos 3x}{\sqrt{\pi}}, \cdots\right\}, \left\{\frac{1}{\sqrt{2\pi}}, \frac{\sin x}{\sqrt{\pi}}, \frac{\cos x}{\sqrt{\pi}}, \frac{\sin 2x}{\sqrt{\pi}}, \cdots\right\}$$

도 정규직교집합이다. 이에 대한 증명은 [연습문제 15.4]와 [연습문제 15.5]에서 다룬다.

15.2 푸리에 급수

삼각함수의 급수

$p>0$일 때 구간 $[-p,\ p]$에서 정의된 함수에 대한 푸리에 급수를 정의하는 것이 일반적이다. 하지만 쉽게 이해할 수 있도록 구간을 $[-\pi,\ \pi]$로 한정하고 푸리에 급수를 유도해 보자.

구간 $[-\pi,\ \pi]$에서 $\left\{\frac{1}{\sqrt{2\pi}}, \frac{\sin x}{\sqrt{\pi}}, \frac{\cos x}{\sqrt{\pi}}, \frac{\sin 2x}{\sqrt{\pi}}, \frac{\cos 2x}{\sqrt{\pi}}, \frac{\sin 3x}{\sqrt{\pi}}, \frac{\cos 3x}{\sqrt{\pi}}, \cdots\right\}$는 정규직교집합이므로 집합 안의 서로 다른 두 함수는 직교한다. 구간 $[-\pi,\ \pi]$에서 정의된 함수 f를 다음 삼각함수의 급수로 전개할 수 있다고 가정하자.

$$f(x) = \frac{a_0}{2} + \sum_{n=1}^{\infty}(a_n \cos nx + b_n \sin nx) \tag{15.1}$$

이제 식 (15.1)이 성립하도록 하는 계수 $a_0,\ a_1,\ a_2,\ \cdots,\ b_1,\ b_2,\ \cdots$를 구해보자.

[1단계] a_0 **구하기**

식 (15.1)의 양변을 적분하면

$$\int_{-\pi}^{\pi} f(x)\,dx = \int_{-\pi}^{\pi} \frac{a_0}{2}\,dx + \sum_{n=1}^{\infty}\left(\int_{-\pi}^{\pi} a_n \cos nx\,dx + \int_{-\pi}^{\pi} b_n \sin nx\,dx\right) \tag{15.2}$$

이다. $\int_{-\pi}^{\pi}\frac{a_0}{2}\,dx = a_0\pi$이고 n이 자연수일 때

$$\int_{-\pi}^{\pi} a_n \cos nx\,dx = \left.\frac{a_n \sin nx}{n}\right|_{-\pi}^{\pi} = 0,$$
$$\int_{-\pi}^{\pi} b_n \sin nx\,dx = -\left.\frac{b_n \cos nx}{n}\right|_{-\pi}^{\pi} = 0$$

이므로 식 (15.2)로부터 다음 결과를 얻는다.

$$a_0 = \frac{1}{\pi}\int_{-\pi}^{\pi} f(x)\,dx$$

[2단계] 코사인함수항의 계수 a_n 구하기

구간 $[-\pi, \pi]$에서 $\left\{\frac{1}{\sqrt{2\pi}}, \frac{\sin x}{\sqrt{\pi}}, \frac{\cos x}{\sqrt{\pi}}, \frac{\sin 2x}{\sqrt{\pi}}, \frac{\cos 2x}{\sqrt{\pi}}, \cdots\right\}$는 정규직교 집합이므로

$$\int_{-\pi}^{\pi} \frac{\cos mx}{\sqrt{\pi}} \cdot \frac{\cos nx}{\sqrt{\pi}}\, dx = \begin{cases} 0, & m \neq n \\ 1, & m = n \end{cases}$$

이다. 따라서

$$\int_{-\pi}^{\pi} \cos mx \cdot \cos nx\, dx = \begin{cases} 0, & m \neq n \\ \pi, & m = n \end{cases}$$

이다. 또한 모든 자연수 m, n에 대하여

$$\int_{-\pi}^{\pi} \cos mx \cdot \sin nx\, dx = 0$$

이다. a_n을 구하기 위해 식 (15.1)의 양변에 $\cos mx$를 곱하고 적분하면

$$\int_{-\pi}^{\pi} f(x)\cos mx\, dx = \int_{-\pi}^{\pi} \frac{a_0}{2}\cos mx\, dx + \sum_{n=1}^{\infty}\left(\int_{-\pi}^{\pi} a_n \cos mx \cdot \cos nx\, dx + \int_{-\pi}^{\pi} b_n \cos mx \cdot \sin nx\, dx\right) \quad (15.3)$$

이다. $\int_{-\pi}^{\pi} \frac{a_0}{2}\cos mx\, dx = 0$이고 $\int_{-\pi}^{\pi} a_n \cos mx \cdot \cos nx\, dx = \begin{cases} 0 &, m \neq n \\ a_n\pi, & m = n \end{cases}$ 이며 $\int_{-\pi}^{\pi} b_n \cos mx \cdot \sin nx\, dx = 0$이므로 식 (15.3)으로부터 $m = n$일 때 다음 결과를 얻는다.

$$a_n = \frac{1}{\pi}\int_{-\pi}^{\pi} f(x)\cos nx\, dx$$

[3단계] 사인함수항의 계수 b_n 구하기

구간 $[-\pi, \pi]$에서 $\left\{\frac{1}{\sqrt{2\pi}}, \frac{\sin x}{\sqrt{\pi}}, \frac{\cos x}{\sqrt{\pi}}, \frac{\sin 2x}{\sqrt{\pi}}, \frac{\cos 2x}{\sqrt{\pi}}, \cdots\right\}$는 정규직교 집합이므로

$$\int_{-\pi}^{\pi} \frac{\sin mx}{\sqrt{\pi}} \cdot \frac{\sin nx}{\sqrt{\pi}}\, dx = \begin{cases} 0, & m \neq n \\ 1, & m = n \end{cases}$$

이다. 따라서

$$\int_{-\pi}^{\pi} \sin mx \cdot \sin nx\, dx = \begin{cases} 0\,, & m \neq n \\ \pi\,, & m = n \end{cases}$$

이다. b_n을 구하기 위해 식 (15.1)의 양변에 $\sin mx$를 곱하고 적분하면

$$\int_{-\pi}^{\pi} f(x)\sin mx\, dx = \int_{-\pi}^{\pi} \frac{a_0}{2} \sin mx\, dx$$
$$+ \sum_{n=1}^{\infty} \left(\int_{-\pi}^{\pi} a_n \cos nx \cdot \sin mx\, dx + \int_{-\pi}^{\pi} b_n \sin nx \cdot \sin mx\, dx \right) \quad (15.4)$$

이다. $\int_{-\pi}^{\pi} \frac{a_0}{2} \sin mx\, dx = 0$이고 $\int_{-\pi}^{\pi} a_n \cos nx \cdot \sin mx\, dx = 0$이며 $\int_{-\pi}^{\pi} b_n \sin nx \cdot \sin mx\, dx = \begin{cases} 0 & , \quad m \neq n \\ b_n \pi\,, & m = n \end{cases}$이므로 식 (15.4)로부터 $m = n$일 때 다음 결과를 얻는다.

$$b_n = \frac{1}{\pi} \int_{-\pi}^{\pi} f(x) \sin nx\, dx$$

푸리에 급수의 정의

앞에서 구한 삼각함수의 급수를 이용하여 푸리에 급수를 정의해보자.

정의 15-6 푸리에 급수

구간 $[-\pi, \pi]$에서 정의된 함수 f의 **푸리에 급수**Fourier series는 다음과 같이 정의한다.

$$f(x) = \frac{a_0}{2} + \sum_{n=1}^{\infty} (a_n \cos nx + b_n \sin nx)$$

이때 다음과 같이 정의되는 a_0, a_n, b_n을 **푸리에 계수**Fourier coefficient라고 한다.

$$a_0 = \frac{1}{\pi} \int_{-\pi}^{\pi} f(x)\, dx$$

$$a_n = \frac{1}{\pi} \int_{-\pi}^{\pi} f(x) \cos nx\, dx$$

$$b_n = \frac{1}{\pi} \int_{-\pi}^{\pi} f(x) \sin nx\, dx$$

구간 $[-\pi,\ \pi]$에서 정의된 함수에 대한 푸리에 급수에서 푸리에 계수 a_0, a_n, b_n을 구하려면 치환적분 또는 부분적분을 이용해야 한다. 따라서 푸리에 계수를 구하기 위한 계산이 복잡하므로 정적분과 관련된 많은 계산 연습이 필요하다.

예제 15-4

구간 $[-\pi,\ \pi]$에서 $f(x) = x + 1$의 푸리에 급수를 구하라.

TIP 푸리에 계수 a_0, a_n, b_n을 구한다.

풀이

[1단계] **a_0 구하기**

$$a_0 = \frac{1}{\pi}\int_{-\pi}^{\pi}(x+1)dx = \frac{1}{\pi}\cdot\left(\frac{x^2}{2}+x\right)\Big|_{-\pi}^{\pi} = \frac{1}{\pi}\cdot 2\pi = 2$$

[2단계] **코사인함수항의 계수 a_n 구하기**

부분적분을 이용하면

$$\int_{-\pi}^{\pi} x\cos nx\,dx = \frac{x\sin nx}{n}\Big|_{-\pi}^{\pi} - \frac{1}{n}\int_{-\pi}^{\pi}\sin nx\,dx = 0 + \frac{1}{n}\cdot\frac{\cos nx}{n}\Big|_{-\pi}^{\pi} = 0$$

이다. 또한

$$\int_{-\pi}^{\pi}\cos nx\,dx = \frac{\sin nx}{n}\Big|_{-\pi}^{\pi} = 0$$

이므로

$$\begin{aligned} a_n &= \frac{1}{\pi}\int_{-\pi}^{\pi}(x+1)\cos nx\,dx \\ &= \frac{1}{\pi}\left(\int_{-\pi}^{\pi}x\cos nx\,dx + \int_{-\pi}^{\pi}\cos nx\,dx\right) = 0 \end{aligned}$$

이다.

[3단계] **사인함수항의 계수 b_n 구하기**

부분적분을 이용하면

$$\begin{aligned} \int_{-\pi}^{\pi}x\sin nx\,dx &= -\frac{x\cos nx}{n}\Big|_{-\pi}^{\pi} + \frac{1}{n}\int_{-\pi}^{\pi}\cos nx\,dx \\ &= \frac{2\pi}{n}(-1)^{n+1} + \frac{1}{n}\cdot\frac{\sin nx}{n}\Big|_{-\pi}^{\pi} = \frac{2\pi}{n}(-1)^{n+1} \end{aligned}$$

이다. 또한

$$\int_{-\pi}^{\pi}\sin nx\,dx = -\frac{\cos nx}{n}\Big|_{-\pi}^{\pi} = 0$$

이므로

$$b_n = \frac{1}{\pi}\int_{-\pi}^{\pi}(x+1)\sin nx\,dx$$
$$= \frac{1}{\pi}\left(\int_{-\pi}^{\pi}x\sin nx\,dx + \int_{-\pi}^{\pi}\sin nx\,dx\right) = \frac{2}{n}(-1)^{n+1}$$

이다.

[1단계], [2단계], [3단계]로부터 $f(x)$의 푸리에 급수는

$$f(x) = \frac{a_0}{2} + \sum_{n=1}^{\infty}(a_n\cos nx + b_n\sin nx) = 1 + \sum_{n=1}^{\infty}\frac{2}{n}(-1)^{n+1}\sin nx$$

이다.

[그림 15-1]은 Mathematica 프로그램을 이용하여 $m=5$, 50, 500, 5000일 때 구간 $[-\pi,\ \pi]$에서 [예제 15-4]의 푸리에 급수의 부분합

$$1 + \sum_{n=1}^{m}\frac{2}{n}(-1)^{n+1}\sin nx$$

의 그래프를 나타낸 것이다. 구간 $[-\pi,\ \pi]$에서 m값이 증가할수록 그래프가 $f(x)=x+1$의 그래프에 근접함을 알 수 있다.

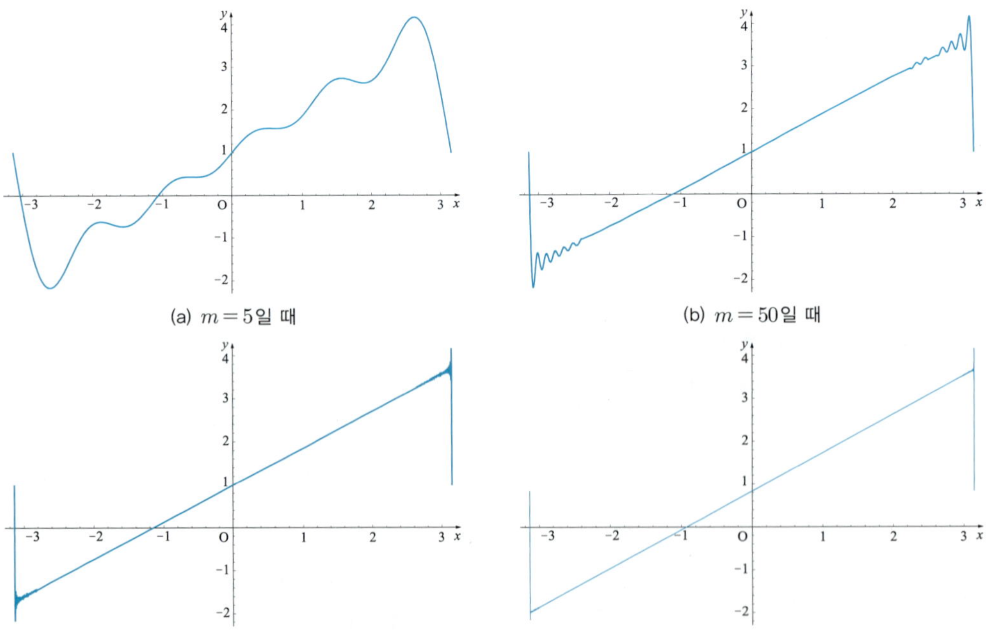

(a) $m=5$일 때
(b) $m=50$일 때
(c) $m=500$일 때
(d) $m=5000$일 때

[그림 15-1] m값에 따른 푸리에 급수의 부분합 $1+\sum_{n=1}^{m}\frac{2}{n}(-1)^{n+1}\sin nx$의 그래프

푸리에 급수는 함수 f가 구간 $[-\pi, \pi]$에서 연속이 아닌 경우에도 구할 수 있다.

예제 15-5

$g(x)=\begin{cases}0, & -\pi \le x < 0 \\ 1, & 0 \le x \le \pi\end{cases}$일 때, 구간 $[-\pi, \pi]$에서 g의 푸리에 급수를 구하라.

TIP 푸리에 계수 a_0, a_n, b_n을 구한다.

풀이

[1단계] **a_0 구하기**

$$a_0 = \frac{1}{\pi}\int_{-\pi}^{\pi} g(x)\,dx = \frac{1}{\pi}\int_{0}^{\pi} 1dx = 1$$

[2단계] **코사인함수항의 계수 a_n 구하기**

$$a_n = \frac{1}{\pi}\int_{-\pi}^{\pi} g(x)\cos nx\,dx = \frac{1}{\pi}\int_{0}^{\pi} \cos nx\,dx = \frac{1}{\pi}\cdot \left.\frac{\sin nx}{n}\right|_0^{\pi} = 0$$

[3단계] **사인함수항의 계수 b_n 구하기**

$$\begin{aligned} b_n &= \frac{1}{\pi}\int_{-\pi}^{\pi} g(x)\sin nx\,dx = \frac{1}{\pi}\int_{0}^{\pi} \sin nx\,dx \\ &= \frac{1}{\pi}\left.\left(-\frac{\cos nx}{n}\right)\right|_0^{\pi} = \frac{1}{n\pi}\left(1-(-1)^n\right) \end{aligned}$$

[1단계], [2단계], [3단계]로부터 g의 푸리에 급수는

$$g(x) = \frac{a_0}{2} + \sum_{n=1}^{\infty}(a_n\cos nx + b_n \sin nx) = \frac{1}{2} + \frac{1}{\pi}\sum_{n=1}^{\infty}\frac{1-(-1)^n}{n}\sin nx$$

이다.

[그림 15-2]는 Mathematica 프로그램을 이용하여 $m=2$, 20, 200, 2000일 때 구간 $[-\pi, \pi]$에서 [예제 15-5]의 푸리에 급수의 부분합

$$\frac{1}{2} + \frac{1}{\pi}\sum_{n=1}^{m}\frac{1-(-1)^n}{n}\sin nx$$

의 그래프를 나타낸 것이다. 구간 $[-\pi, \pi]$에서 m값이 증가할수록 그래프가 $g(x)$의 그래프에 근접함을 알 수 있다.

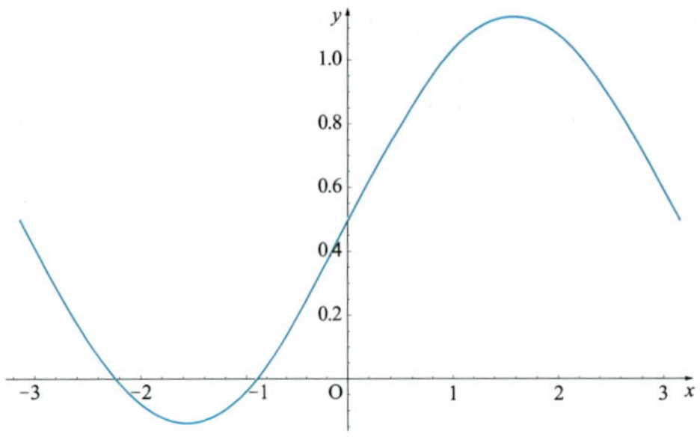

(a) $m=2$일 때

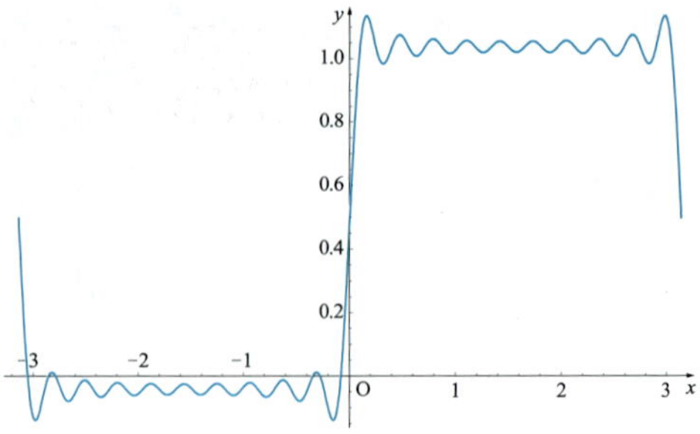

(b) $m=20$일 때

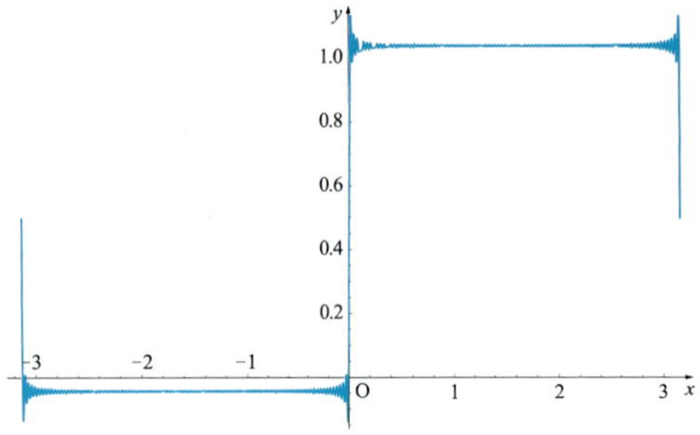

(c) $m=200$일 때

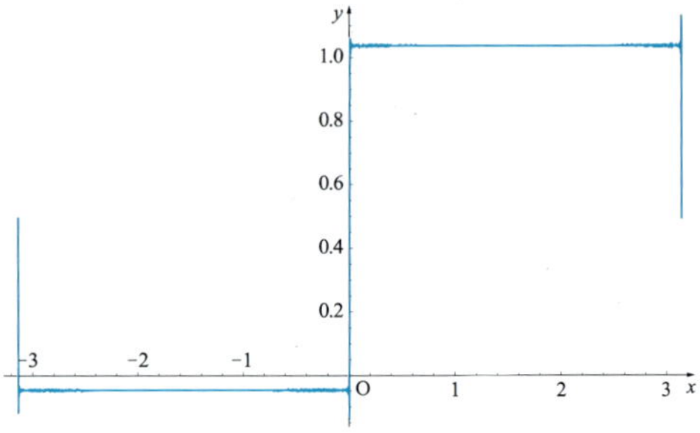

(d) $m=2000$일 때

[그림 15-2] m값에 따른 푸리에 급수의 부분합 $\frac{1}{2}+\frac{1}{\pi}\sum_{n=1}^{m}\frac{1-(-1)^n}{n}\sin nx$의 그래프

사인함수는 연속함수이므로 사인함수의 합인 다음 푸리에 급수의 부분합

$$\frac{1}{2}+\frac{1}{\pi}\sum_{n=1}^{m}\frac{1-(-1)^n}{n}\sin nx$$

도 연속함수이다. 하지만 이 연속함수가 불연속함수인 $g(x)$에 근접한다는 것은 무슨 의미일까? 이 물음에 대한 답은 다음 정리로 설명한다.

정리 15-1 푸리에 급수의 수렴성

만일 함수 f와 f'이 모두 구간 $[-\pi,\ \pi]$에서 조각 연속이면

(1) f의 푸리에 급수는 연속인 점에서 $f(x)$로 수렴한다.

(2) f의 푸리에 급수는 불연속인 점에서 $\frac{f(x+)-f(x-)}{2}$로 수렴한다.

이때 $f(x+)$는 x에서의 우극한, $f(x-)$는 x에서의 좌극한을 나타낸다.

[정리 15-1]을 이용하여 [예제 15-5]의 푸리에 급수를 살펴보자. $g(x)$가 구간 $[-\pi, \pi]$에서 $x=0$을 제외한 모든 x에 대하여 연속이므로 $g(x)$는 구간 $[-\pi, \pi]$에서 조각 연속이다. 만일 $x \in [-\pi, \pi]$이고 $x \neq 0$이면 $m \to \infty$일 때

$$\frac{1}{2} + \frac{1}{\pi}\sum_{n=1}^{m} \frac{1-(-1)^n}{n} \sin nx \to g(x)$$

가 성립한다. 그러나 $g(x)$는 $x=0$에서 불연속이며 $g(0+)=1$이고 $g(0-)=0$이다. [정리 15-1]에 의하여 $x=0$이면 $m \to \infty$일 때

$$\frac{1}{2} + \frac{1}{\pi}\sum_{n=1}^{m} \frac{1-(-1)^n}{n} \sin nx \to \frac{1-0}{2} = \frac{1}{2}$$

이 성립한다. 따라서 [그림 15-2(d)]는 시각적으로 불연속인 것처럼 보이지만 실제로는 $x=0$의 왼쪽에서 급격하게 증가하면서 $x=0$일 때 $y=\dfrac{1}{2}$을 지나고 $x=0$의 오른쪽에서 다시 급격하게 증가하며 $y=1$의 값을 갖는 연속함수를 나타낸다.

15.3 푸리에 사인 급수와 코사인 급수

우함수와 기함수

푸리에 사인 급수와 푸리에 코사인 급수를 도입하기 위하여 먼저 우함수와 기함수를 정의해보자.

정의 15-7 우함수와 기함수

(1) $f(-x)=f(x)$이면 f를 **우함수**even function라 한다.

(2) $f(-x)=-f(x)$이면 f를 **기함수**odd function라 한다.

우함수의 그래프는 y축 대칭이고 기함수의 그래프는 원점 대칭이다.

예제 15-6

다음 함수가 우함수인지 기함수인지 판정하라.

(a) $f(x)=x^5$

(b) $g(x)=x^8$

(c) $h(x)=x^3+3$

(d) $k(x)=x^4-3$

TIP [정의 15-7]을 이용하여 판정한다.

풀이

(a) $f(-x)=(-x)^5=-x^5=-f(x)$이므로 f는 기함수이다.

(b) $g(-x)=(-x)^8=x^8=g(x)$이므로 g는 우함수이다.

(c) $h(-x)=(-x)^3+3=-x^3+3$이고 $-h(x)=-x^3-3$이므로 $h(-x)\neq h(x)$, $h(-x)\neq -h(x)$이다. 따라서 h는 우함수도 아니고 기함수도 아니다.

(d) $k(-x)=(-x)^4-3=x^4-3=k(x)$이므로 k는 우함수이다.

우함수와 기함수는 다음과 같은 성질을 갖는다.

정리 15-2 우함수와 기함수의 성질

(1) (기함수)×(기함수)는 우함수이다.

(2) (기함수)×(우함수)는 기함수이다.

(3) (우함수)×(우함수)는 우함수이다.

(4) $a>0$이고 f가 우함수이면, $\int_{-a}^{a} f(x)\,dx = 2\int_{0}^{a} f(x)\,dx$이다.

(5) $a>0$이고 f가 기함수이면, $\int_{-a}^{a} f(x)\,dx = 0$이다.

[정의 15-7]과 [정리 15-2]에 의하여 사인함수와 탄젠트함수는 기함수이고 코사인함수는 우함수임을 알 수 있다.

푸리에 사인 급수

함수 $f(x)$가 구간 $[0,\ \pi]$에서 정의될 때, f를 사인함수의 급수로 전개하기 위해 구간 $[-\pi,\ \pi]$에서 f_o를 다음과 같이 정의한다.

$$f_o(x) = \begin{cases} -f(-x), & -\pi \le x < 0 \\ \ \ f(x), & 0 \le x \le \pi \end{cases}$$

이때 $f_o(-x) = -f_o(x)$이므로 f_o는 기함수이고 모든 $x \in [0,\ \pi]$에서 $f_o(x) = f(x)$가 성립한다. 이와 같이 정의한 f_o를 구간 $[-\pi,\ \pi]$에서 f의 **기함수 확장**odd extension이라 한다. 구간 $[-\pi,\ \pi]$에서 f_o는 기함수이므로 [정리 15-2]에 의해 f_o의 푸리에 계수는

$$a_0 = \frac{1}{\pi}\int_{-\pi}^{\pi} f_o(x)\,dx = 0,$$

$$a_n = \frac{1}{\pi}\int_{-\pi}^{\pi} f_o(x)\cos nx\,dx = 0,$$

$$b_n = \frac{1}{\pi}\int_{-\pi}^{\pi} f_o(x)\sin nx\,dx = \frac{2}{\pi}\int_{0}^{\pi} f_o(x)\sin nx\,dx$$

이다. 따라서 구간 $[-\pi, \pi]$에서 f_o의 푸리에 급수는

$$f_o(x) = \sum_{n=1}^{\infty} b_n \sin nx, \quad b_n = \frac{2}{\pi}\int_0^{\pi} f_o(x)\sin nx\, dx$$

로, 사인함수만으로 표현된다. 구간 $[0, \pi]$에서 $f(x) = f_o(x)$이므로 구간 $[0, \pi]$에서 f의 푸리에 사인 급수와 그 계수는 다음과 같다.

정의 15-8 푸리에 사인 급수

구간 $[0, \pi]$에서 정의된 함수 f의 **푸리에 사인 급수** Fourier sine series는 다음과 같이 정의한다.

$$f(x) = \sum_{n=1}^{\infty} b_n \sin nx$$

이때 계수 b_n은 $b_n = \dfrac{2}{\pi}\displaystyle\int_0^{\pi} f(x)\sin nx\, dx$이다.

예제 15-7

구간 $[0, \pi]$에서 $f(x) = x$일 때, f의 푸리에 사인 급수를 구하라.

TIP [정의 15-8]에 따라 푸리에 사인 급수의 계수를 구한다.

풀이

푸리에 사인 급수의 계수를 구하면

$$\begin{aligned} b_n = \frac{2}{\pi}\int_0^{\pi} x\sin nx\, dx &= \frac{2}{\pi}\left(-\frac{x\cos nx}{n}\Big|_0^{\pi} + \int_0^{\pi}\frac{\cos nx}{n}dx\right) \\ &= \frac{2}{n}(-1)^{n+1} + \left(\frac{2}{\pi}\cdot\frac{1}{n^2}\sin nx\right)\Big|_0^{\pi} \\ &= \frac{2}{n}(-1)^{n+1} \end{aligned}$$

이므로 구간 $[0, \pi]$에서 f의 푸리에 사인 급수는

$$f(x) = \sum_{n=1}^{\infty}\frac{2}{n}(-1)^{n+1}\sin nx$$

이다.

[그림 15-3]은 Mathematica 프로그램을 이용하여 $m=10$, 100, 1000일 때 구간 $[0, \pi]$에서 [예제 15-7]의 푸리에 사인 급수의 부분합

$$\sum_{n=1}^{m} \frac{2}{n}(-1)^{n+1}\sin nx$$

의 그래프를 나타낸 것이다. 구간 $[0, \pi]$에서 m값이 증가할수록 그래프가 $f(x)$의 그래프에 근접함을 알 수 있다.

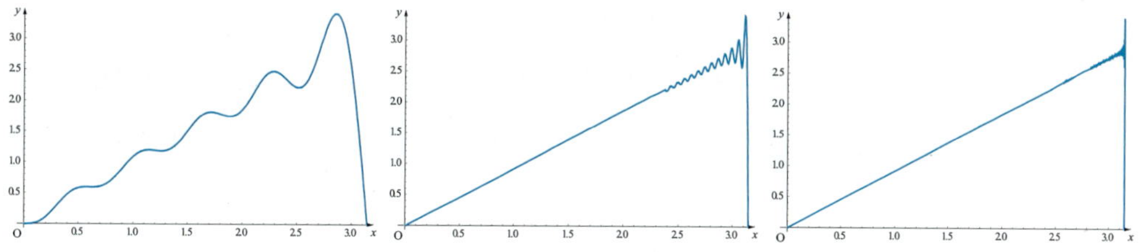

(a) $m=10$일 때　(b) $m=100$일 때　(c) $m=1000$일 때

[그림 15-3] m값에 따른 푸리에 사인 급수의 부분합 $\sum_{n=1}^{m} \frac{2}{n}(-1)^{n+1}\sin nx$의 그래프

푸리에 코사인 급수

함수 $f(x)$가 구간 $[0, \pi]$에서 정의되었을 때 f를 코사인함수의 급수로 전개하기 위해 구간 $[-\pi, \pi]$에서 f_e를 다음과 같이 정의한다.

$$f_e(x)=\begin{cases} f(-x), & -\pi \le x < 0 \\ f(x), & 0 \le x \le \pi \end{cases}$$

이때 $f_e(-x)=f_e(x)$이므로 f_e는 우함수이고 모든 $x \in [0, \pi]$에서 $f_e(x)=f(x)$가 성립한다. 이와 같이 정의한 f_e를 구간 $[-\pi, \pi]$에서 f의 **우함수 확장** even extension이라 한다. 구간 $[-\pi, \pi]$에서 f_e는 우함수이므로 [정리 15-2]에 의해 f_e의 푸리에 계수는

$$a_0=\frac{1}{\pi}\int_{-\pi}^{\pi} f_e(x)\,dx=\frac{2}{\pi}\int_0^{\pi} f_e(x)\,dx,$$

$$a_n=\frac{1}{\pi}\int_{-\pi}^{\pi} f_e(x)\cos nx\,dx=\frac{2}{\pi}\int_0^{\pi} f_e(x)\cos nx\,dx,$$

$$b_n=\frac{1}{\pi}\int_{-\pi}^{\pi} f_e(x)\sin nx\,dx=0$$

이다. 따라서 구간 $[-\pi, \pi]$에서 f_e의 푸리에 급수는

$$f_e(x) = \frac{a_0}{2} + \sum_{n=1}^{\infty} a_n \cos nx,$$

$$a_0 = \frac{2}{\pi}\int_0^{\pi} f_e(x)\,dx, \quad a_n = \frac{2}{\pi}\int_0^{\pi} f_e(x)\cos nx\,dx$$

로, 코사인함수만으로 표현된다. 구간 $[0, \pi]$에서 $f(x) = f_e(x)$이므로 구간 $[0, \pi]$에서 f의 푸리에 코사인 급수와 그 계수는 다음과 같다.

정의 15-9 푸리에 코사인 급수

구간 $[0, \pi]$에서 정의된 함수 f의 **푸리에 코사인 급수**Fourier cosine series는 다음과 같이 정의한다.

$$f(x) = \frac{a_0}{2} + \sum_{n=1}^{\infty} a_n \cos nx$$

이때 계수 a_0, a_n은 $a_0 = \frac{2}{\pi}\int_0^{\pi} f(x)\,dx$, $a_n = \frac{2}{\pi}\int_0^{\pi} f(x)\cos nx\,dx$이다.

예제 15-8

구간 $[0, \pi]$에서 $f(x) = x$일 때, f의 푸리에 코사인 급수를 구하라.

TIP [정의 15-9]에 따라 푸리에 코사인 급수의 계수를 구한다.

풀이

푸리에 코사인 급수의 계수를 각각 구하면

$$a_0 = \frac{2}{\pi}\int_0^{\pi} x\,dx = \frac{2}{\pi}\cdot\frac{\pi^2}{2} = \pi,$$

$$\begin{aligned} a_n &= \frac{2}{\pi}\int_0^{\pi} x\cos nx\,dx = \frac{2}{\pi}\left(\frac{x\sin nx}{n}\Big|_0^{\pi} - \int_0^{\pi}\frac{\sin nx}{n}\,dx\right) \\ &= \frac{2}{\pi}\cdot\frac{1}{n^2}\cos nx\Big|_0^{\pi} \\ &= \frac{2}{n^2\pi}\left((-1)^n - 1\right) \end{aligned}$$

이므로 구간 $[0, \pi]$에서 f의 푸리에 코사인 급수는

$$f(x) = \frac{\pi}{2} + \sum_{n=1}^{\infty}\frac{2}{n^2\pi}\left((-1)^n - 1\right)\cos nx$$

이다.

[그림 15-4]는 Mathematica 프로그램을 이용하여 $m=10$, 100일 때 구간 $[0, \pi]$에서 [예제 15-8]의 푸리에 코사인 급수의 부분합

$$\frac{\pi}{2}+\sum_{n=1}^{m}\frac{2}{n^2\pi}\left((-1)^n-1\right)\cos nx$$

의 그래프를 나타낸 것이다. 구간 $[0, \pi]$에서 m값이 증가할수록 그래프가 $f(x)$의 그래프에 근접함을 알 수 있다.

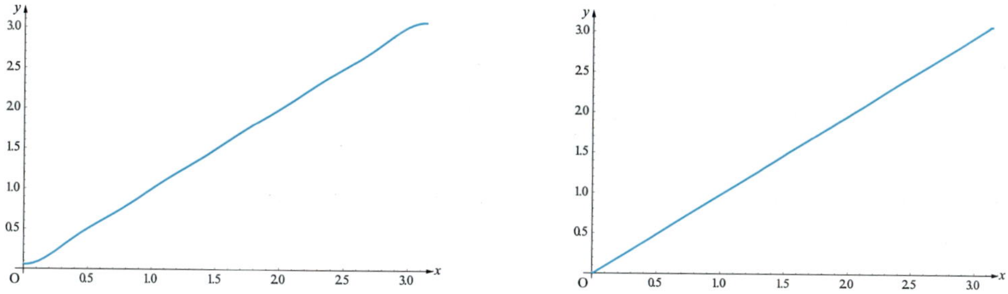

(a) $m=10$일 때　　(b) $m=100$일 때

[그림 15-4] m값에 따른 푸리에 코사인 급수의 부분합 $\frac{\pi}{2}+\sum_{n=1}^{m}\frac{2}{n^2\pi}\left((-1)^n-1\right)\cos nx$ 의 그래프

15.4 푸리에 변환

푸리에 변환을 이해하기 위해 먼저 오일러 공식 $e^{i\theta}=\cos\theta+i\sin\theta$를 이용하여 푸리에 급수를 복소 푸리에 급수로 나타내보자.

오일러 공식으로부터 $\sin\theta=\dfrac{e^{i\theta}-e^{-i\theta}}{2i}$, $\cos\theta=\dfrac{e^{i\theta}+e^{-i\theta}}{2}$ 이므로

$$\sin nx=\frac{e^{inx}-e^{-inx}}{2i},\quad \cos nx=\frac{e^{inx}+e^{-inx}}{2}$$

이다. 이 결과를 이용하면 구간 $[-\pi,\ \pi]$에서 정의된 함수 f의 푸리에 급수는 다음과 같이 표현된다.

$$\begin{aligned}
f(x)&=\frac{a_0}{2}+\sum_{n=1}^{\infty}(a_n\cos nx+b_n\sin nx)\\
&=\frac{a_0}{2}+\sum_{n=1}^{\infty}\left(a_n\frac{e^{inx}+e^{-inx}}{2}+b_n\frac{e^{inx}-e^{-inx}}{2i}\right)\\
&=\frac{a_0}{2}+\sum_{n=1}^{\infty}\left(\frac{a_n-ib_n}{2}e^{inx}+\frac{a_n+ib_n}{2}e^{-inx}\right)\\
&=\frac{a_0}{2}+\sum_{n=1}^{\infty}\frac{a_n-ib_n}{2}e^{inx}+\sum_{n=-1}^{-\infty}\frac{a_{-n}+ib_{-n}}{2}e^{inx}
\end{aligned}$$

$c_0=\dfrac{a_0}{2}$, $c_n=\begin{cases}\dfrac{a_n-ib_n}{2}, & n>0\\ \dfrac{a_{-n}+ib_{-n}}{2}, & n<0\end{cases}$ 이라 하면 구간 $[-\pi,\ \pi]$에서 f의 푸리에 급수는

$$f(x)=\sum_{n=-\infty}^{\infty}c_ne^{inx}$$

으로 표현된다. 한편, 푸리에 계수 a_n, b_n은 각각

$$a_n=\frac{1}{\pi}\int_{-\pi}^{\pi}f(x)\cos nx\,dx,\qquad b_n=\frac{1}{\pi}\int_{-\pi}^{\pi}f(x)\sin nx\,dx$$

이므로, a_n, b_n을 이용하여 복소 푸리에 급수의 계수 c_n을 나타내면 다음과 같다.

c_n의 아래 첨자 n이 양수인 경우, 즉 $n>0$일 때

$$c_n = \frac{a_n - i b_n}{2} = \frac{1}{2\pi}\int_{-\pi}^{\pi} f(x)(\cos nx - i\sin nx)\,dx = \frac{1}{2\pi}\int_{-\pi}^{\pi} f(x)e^{-inx}\,dx$$

이다. 마찬가지로 c_{-n}의 아래 첨자 $-n$이 음수인 경우, 즉 $n > 0$일 때

$$c_{-n} = \frac{a_n + i b_n}{2} = \frac{1}{2\pi}\int_{-\pi}^{\pi} f(x)(\cos nx + i\sin nx)\,dx = \frac{1}{2\pi}\int_{-\pi}^{\pi} f(x)e^{inx}\,dx$$

이다. 따라서 모든 정수 n에 대하여 c_n은 다음과 같다.

$$c_n = \frac{1}{2\pi}\int_{-\pi}^{\pi} f(x)e^{-inx}\,dx$$

푸리에 변환은 시간 영역time domain의 함수를 주파수 영역frequency domain의 함수로 변환하는 것을 의미하며, 복소 푸리에 급수와 유사하게 정의된다.

정의 15-10 푸리에 변환

함수 f가 $\mathbb{R}$에서 적분가능할 때, f의 **푸리에 변환**Fourier transform은 다음과 같이 정의한다.

$$\mathcal{F}\{f(t)\} = \hat{f}(\omega) = \int_{-\infty}^{\infty} f(t)e^{-i\omega t}\,dt$$

[정의 15-10]에서 t는 시간을, ω는 주파수를 나타낸다. 수학의 관점에서 보면 푸리에 변환은 주기함수가 아닌 일반 함수를 주기가 무한대인 주기함수로 간주한 후, 이 함수를 삼각함수의 합으로 표현한 것으로 볼 수 있다.

예제 15-9

$f(t) = \begin{cases} 1, & |t| < 1 \\ 0, & |t| \ge 1 \end{cases}$일 때, f의 푸리에 변환을 구하라.

TIP [정의 15-10]을 이용한다.

풀이

$$\begin{aligned}\hat{f}(\omega) &= \int_{-\infty}^{\infty} f(t)e^{-i\omega t}\,dt = \int_{-1}^{1} e^{-i\omega t}dt = \left.\frac{e^{-i\omega t}}{-i\omega}\right|_{-1}^{1} \\ &= \frac{1}{-i\omega}(e^{-i\omega} - e^{i\omega}) = \frac{1}{-i\omega}(-2i\sin\omega) = \frac{2}{\omega}\sin\omega\end{aligned}$$

a가 실수일 때 함수 f를 a만큼 평행이동한 함수 $f(t-a)$의 푸리에 변환은 [예제 15-10]을 통해 설명할 수 있다.

예제 15-10

a가 실수일 때 $\mathcal{F}\{f(t-a)\} = e^{-i\omega a}\hat{f}(\omega)$임을 보여라.

TIP [정의 15-10]과 치환적분을 이용한다.

풀이

$$\mathcal{F}\{f(t-a)\} = \int_{-\infty}^{\infty} e^{-i\omega t} f(t-a)\, dt$$

위 식에서 $t-a=s$라 하면 $t=a+s$이고 $dt=ds$이다. 따라서 다음이 성립한다.

$$\begin{aligned}\int_{-\infty}^{\infty} e^{-i\omega t} f(t-a)\, dt &= \int_{-\infty}^{\infty} e^{-i\omega(a+s)} f(s)\, ds \\ &= \int_{-\infty}^{\infty} e^{-i\omega a} e^{-i\omega s} f(s)\, ds \\ &= e^{-i\omega a}\int_{-\infty}^{\infty} e^{-i\omega s} f(s)\, ds = e^{-i\omega a}\hat{f}(\omega)\end{aligned}$$

이번에는 푸리에 변환된 주파수 영역의 함수를 시간 영역의 원래 함수로 되돌리는 푸리에 역변환을 알아보자.

정의 15-11 푸리에 역변환

ω에 대한 함수 $\hat{f}(\omega)$가 주어질 때, 이 변환에 대응하는 시간 영역의 함수 $f(t)$를 $\hat{f}(\omega)$의 **푸리에 역변환** inverse Fourier transform이라 하고 다음과 같이 나타낸다.

$$f(t) = \mathcal{F}^{-1}\{\hat{f}(\omega)\} = \frac{1}{2\pi}\int_{-\infty}^{\infty} \hat{f}(\omega) e^{i\omega t}\, d\omega$$

예제 15-11

함수 f가 $\mathbb{R}$에서 적분가능할 때, $\mathcal{F}^{-1}\left\{\hat{f}\left(\frac{\omega}{3}\right)\right\} = 3f(3t)$임을 보여라.

TIP [정의 15-11]을 이용한다.

풀이

$\frac{\omega}{3} = x$라 하면 $\frac{1}{3}d\omega = dx$이다. 따라서 다음이 성립한다.

$$\mathcal{F}^{-1}\left\{\hat{f}\left(\frac{\omega}{3}\right)\right\} = \frac{1}{2\pi}\int_{-\infty}^{\infty} \hat{f}\left(\frac{\omega}{3}\right) e^{i\omega t}\, d\omega = \frac{3}{2\pi}\int_{-\infty}^{\infty} \hat{f}(x)\, e^{ix(3t)}\, dx = 3f(3t)$$

15.5 공학 문제

비감쇠 스프링 질량계의 운동 방정식

마찰이 없는 비감쇠 스프링 질량계undamped spring-mass system[1]에 힘 $f(t)$가 가해졌을 때, 질량이 m인 물체가 $x(t)$만큼 움직였다면 뉴턴의 운동 제2법칙과 후크의 법칙Hooke's law[2]에 의해 다음과 같은 운동 방정식이 성립한다.

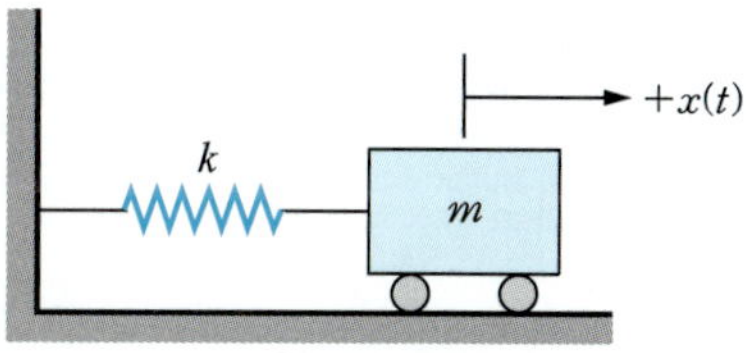

[그림 15-5] **비감쇠 스프링 질량계**

$$m\frac{d^2x(t)}{dt^2}+kx(t)=f(t)$$

이때 k는 스프링 상수, m은 물체의 질량, $\dfrac{d^2x(t)}{dt^2}$는 물체의 가속도를 의미한다.

예제 15-12

질량이 $1\,\mathrm{kg}$이고 스프링 상수가 $2\,\mathrm{N/m}$인 마찰이 없는 비감쇠 스프링 질량계에 힘 $f(t)$가 다음 그림과 같이 가해질 때 다음 물음에 답하라.

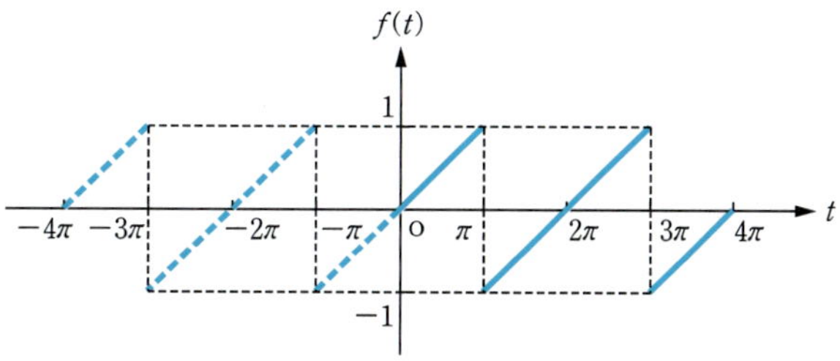

구간 $[0,\ \pi]$에서 함수 f의 푸리에 사인 급수를 구하라.

TIP 푸리에 사인 급수의 정의를 이용하여 구한다.

풀이

$f(t)=\dfrac{1}{\pi}t,\ \ t\in[0,\ \pi]$이므로 자연수 n에 대하여

1 스프링과 질량으로 구성되어 있는 진동계이다.

2 후크의 법칙은 용수철과 같이 탄성이 있는 물체에 힘을 가했을 때, 변형된 길이는 물체가 원래 형태로 돌아가려는 복원력에 비례함을 설명한다.

$$b_n = \frac{2}{\pi}\int_0^{\pi}\frac{1}{\pi}t\sin nt\,dt = \frac{2}{\pi^2}\int_0^{\pi}t\sin nt\,dt$$
$$= \frac{2}{\pi^2}\left(-\frac{t\cos nt}{n}\Big|_0^{\pi} + \int_0^{\pi}\frac{\cos nt}{n}dt\right)$$
$$= \frac{2}{n\pi}(-1)^{n+1}$$

이다. 따라서 구간 $[0, \pi]$에서 함수 f의 푸리에 사인 급수는

$$f(t) = \sum_{n=1}^{\infty}\frac{2}{n\pi}(-1)^{n+1}\sin nt$$

이다.

신호의 변조

변조modulation란 어떤 신호 정보를 전송할 때, 전송 채널에 적합한 형태로 신호의 주파수, 위상 등을 변환하는 것을 말한다. 왜 신호의 변조가 필요할까? 일반적으로 전달되는 정보에 대한 전기 신호의 주파수는 낮다. 주파수가 낮으면 파장이 길고 파장이 길면 송신 및 수신의 효율이 떨어질 뿐만 아니라 송·수신이 가능한 거리도 짧아진다. 이러한 전기 신호의 단점을 보완하기 위해 변조 과정을 거쳐서 전달하려는 정보를 포함하여 주파수가 높은 신호를 송신한다.

예제 15-13

[그림 15-6]은 변조할 신호를 나타내는 함수 $f(t) = \dfrac{1}{t^2+1}$의 그래프와 $f(t)$에 정현파 $\cos 3t$를 곱하여 진폭을 변조시킨 함수의 그래프를 나타낸다. $\hat{f}(\omega)$가 함수 $f(t)$의 푸리에 변환일 때, 함수 $f(t)\cos 3t$의 푸리에 변환을 $\hat{f}(\omega)$에 대하여 나타내라.

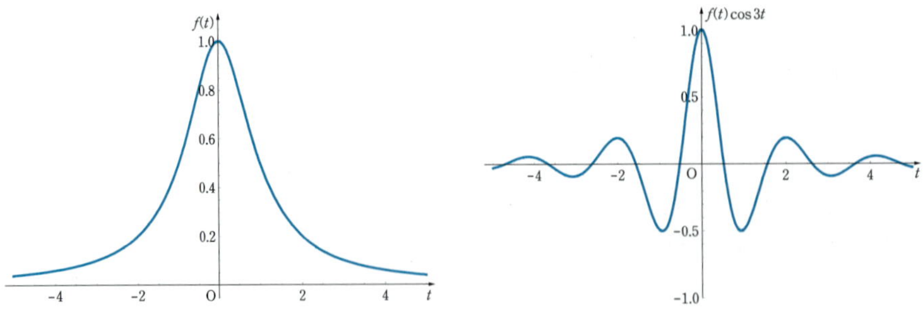

(a) $f(t)$의 그래프 (b) $f(t)\cos 3t$의 그래프

[그림 15-6] 신호를 나타내는 함수의 그래프

TIP 푸리에 변환의 정의를 이용하여 구한다.

풀이

오일러 공식에 의해 다음이 성립한다.

$$\cos 3t = \frac{e^{i3t} + e^{-i3t}}{2}$$

따라서 함수 $f(t)\cos 3t$의 푸리에 변환은 다음과 같다.

$$\begin{aligned}\mathcal{F}\{f(t)\cos 3t\} &= \frac{1}{2}\int_{-\infty}^{\infty} f(t)\left(e^{i3t} + e^{-i3t}\right)e^{-i\omega t}\,dt \\ &= \frac{1}{2}\left(\int_{-\infty}^{\infty} f(t)\,e^{-i(\omega-3)t}\,dt + \int_{-\infty}^{\infty} f(t)\,e^{-i(\omega+3)t}\,dt\right) \\ &= \frac{1}{2}\left(\hat{f}(\omega-3) + \hat{f}(\omega+3)\right)\end{aligned}$$

Chapter 15 연습문제

15.1 구간 $[0, 1]$에서 정의된 다음 두 함수의 내적을 구하라.

(a) $f_1(x)=x^3,\ g_1(x)=x^3$ (b) $f_2(x)=x^2,\ g_2(x)=x^5$

(c) $f_3(x)=x,\ g_3(x)=e^x$ (d) $f_4(x)=x^2,\ g_4(x)=\sin x$

15.2 구간 $[-\pi, \pi]$에서 다음 집합이 직교집합임을 증명하라.

$$\{1,\ \cos x,\ \cos 2x,\ \cos 3x,\ \cdots\}$$

15.3 구간 $[-\pi, \pi]$에서 다음 함수의 노름을 구하라.

(a) $f_1(x)=2$ (b) $f_2(x)=\cos 2x$

(c) $f_3(x)=\sin 3x$ (d) $f_4(x)=\cos^2 x$

15.4 구간 $[-\pi, \pi]$에서 다음 집합이 정규직교집합임을 증명하라.

$$\left\{\frac{1}{\sqrt{2\pi}},\ \frac{\cos x}{\sqrt{\pi}},\ \frac{\cos 2x}{\sqrt{\pi}},\ \frac{\cos 3x}{\sqrt{\pi}},\ \cdots\right\}$$

15.5 구간 $[-\pi, \pi]$에서 다음 집합이 정규직교집합임을 증명하라.

$$\left\{\frac{1}{\sqrt{2\pi}},\ \frac{\sin x}{\sqrt{\pi}},\ \frac{\cos x}{\sqrt{\pi}},\ \frac{\sin 2x}{\sqrt{\pi}},\ \frac{\cos 2x}{\sqrt{\pi}},\ \frac{\sin 3x}{\sqrt{\pi}},\ \frac{\cos 3x}{\sqrt{\pi}},\ \cdots\right\}$$

15.6 구간 $[-\pi, \pi]$에서 다음 함수의 푸리에 급수를 구하라.

(a) $f(x)=-x+\pi$ (b) $g(x)=x^2$

15.7 구간 $[-\pi, \pi]$에서 다음 함수의 푸리에 급수를 구하라.

(a) $f(x)=\begin{cases} \pi^2, & -\pi \le x < 0 \\ -x^2+\pi^2, & 0 \le x \le \pi \end{cases}$

(b) $g(x)=\begin{cases} x, & -\pi \le x < 0 \\ 1, & 0 \le x \le \pi \end{cases}$

15.8 구간 $[0,\ \pi]$에서 다음 함수의 푸리에 사인 급수를 구하라.

(a) $f(x)=1$

(b) $g(x)=\begin{cases} x\ , & 0 \le x < \dfrac{\pi}{2} \\ \pi - x\ , & \dfrac{\pi}{2} \le x \le \pi \end{cases}$

15.9 구간 $[0,\ \pi]$에서 다음 함수의 푸리에 코사인 급수를 구하라.

(a) $f(x)=1$

(b) $g(x)=\begin{cases} x\ , & 0 \le x < \dfrac{\pi}{2} \\ \pi - x\ , & \dfrac{\pi}{2} \le x \le \pi \end{cases}$

15.10 구간 $[0,\ \pi]$에서 $f(x)=x^2$의 푸리에 사인 급수와 푸리에 코사인 급수를 구하라.

15.11 다음 함수의 푸리에 변환을 구하라.

(a) $f(x)=\begin{cases} -1, & -2 < x < 0 \\ 1, & 0 \le x < 2 \\ 0, & |x| \ge 2 \end{cases}$

(b) $g(x)=\begin{cases} 1, & |x-2| \le 3 \\ 0, & |x-2| > 3 \end{cases}$

15.12 다음과 같은 신호를 나타내는 함수 f의 푸리에 변환을 구하라.

(a)

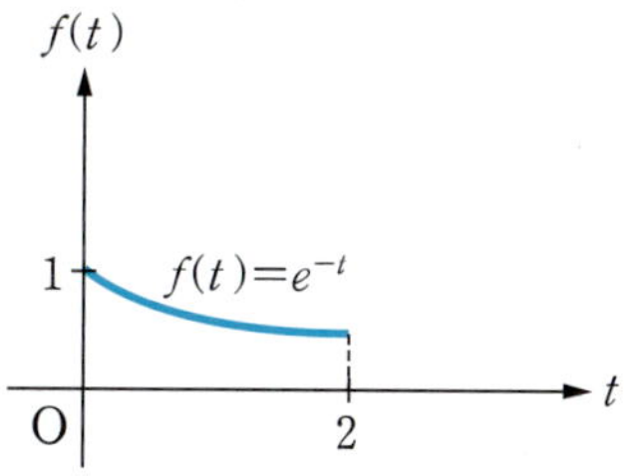

(b)

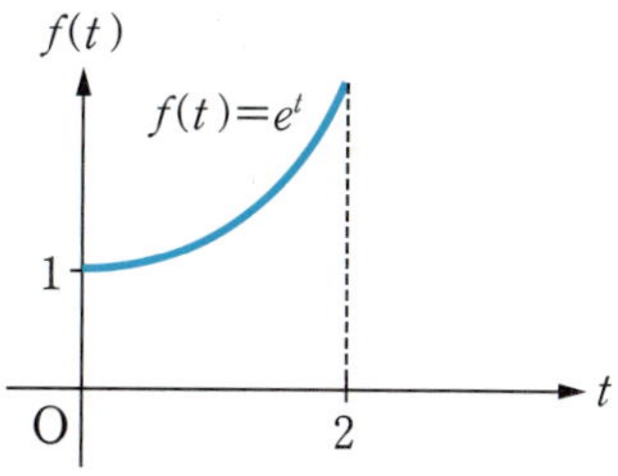

15.13 $\mathbb{R}$에서 정의된 함수 f와 g에 대하여 두 함수의 합성[convolution]을 $f * g$로 나타내고 다음과 같이 정의한다.

$$(f * g)(t)=\int_{-\infty}^{\infty} f(t-\tau)\,g(\tau)\,d\tau$$

함수 f와 g가 $\mathbb{R}$에서 유계[3]이고 연속이며 $\int_{-\infty}^{\infty} |f(t)|\,dt$와 $\int_{-\infty}^{\infty} |g(t)|\,dt$가 수렴하면 $\widehat{f * g}(\omega)=\hat{f}(\omega)\,\hat{g}(\omega)$임을 증명하라.

3 적당한 양의 상수 M이 존재하여 임의의 실수 x에 대하여 $|f(x)| \le M$이 성립하면, 함수 f는 $\mathbb{R}$에서 유계라고 한다.

15.14 주파수 스펙트럼frequency spectrum은 푸리에 변환 결과의 절댓값을 의미한다.

$f(x)=\begin{cases}2, & |x|<2 \\ 0, & |x|\geq 2\end{cases}$ 일 때, $f(x)$의 주파수 스펙트럼을 구하라.

15.15 질량이 2kg이고 스프링 상수가 3N/m인 마찰이 없는 비감쇠 스프링 질량계에 힘 $f(t)$가 그림과 같이 가해질 때 물체가 움직인 거리 $x(t)$에 대하여 스프링 질량계의 운동 방정식은 다음과 같이 표현된다.

$$2\frac{d^2x(t)}{dt^2}+3x(t)=f(t)$$

구간 $[0, \pi]$에서 $f(t)$의 푸리에 사인 급수를 구하라.

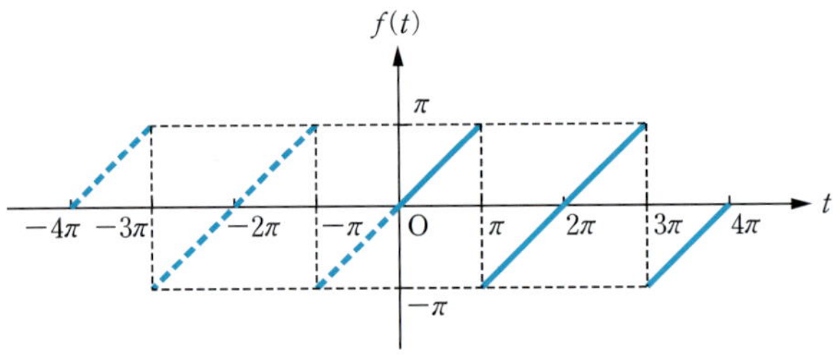

15.16 다음 그림과 같이 $x=0$에서 단순히 지지되어 있고, 길이가 π이며 하중이 $w(x)=\frac{w_0x}{\pi}$, $0\leq x\leq\pi$인 외팔보에 대하여, 함수 w를 구간 $[0, \pi]$에서 푸리에 사인 급수로 전개하라(단, w_0는 하중을 나타내는 상수이다).

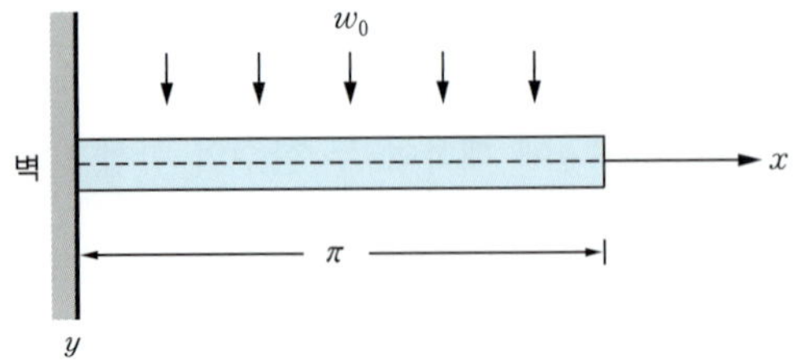

바

사

아

자

차

카

타

파

하